软件开发微视频讲堂

SQL Server 从入门到精通

（微视频精编版）

明日科技　编著

清华大学出版社

北京

内 容 简 介

本书内容浅显易懂，实例丰富，详细介绍了从基础入门到 SQL Server 数据库高手需要掌握的知识。

全书分为上下两册：核心技术分册和项目实战分册。核心技术分册共 2 篇 19 章，包括数据库基础、SQL Server 2014 安装与配置、创建和管理数据库、操作数据表、操作表数据、SQL 函数的使用、视图操作、Transact-SQL 语法基础、数据的查询、子查询与嵌套查询、索引与数据完整性、流程控制、存储过程、触发器、游标的使用、SQL 中的事务、SQL Server 高级开发、SQL Server 安全管理和 SQL Server 维护管理等内容。项目实战分册共 6 章，运用软件工程的设计思想，介绍了腾宇超市管理系统、学生成绩管理系统、图书商城、房屋中介管理系统、客房管理系统和在线考试系统共 6 个完整企业项目的真实开发流程。

本书除纸质内容外，配书资源包中还给出了海量开发资源，主要内容如下。

☑ 微课视频讲解：总时长 8 小时，共 71 集   ☑ 实例资源库：126 个实例及源码分析

☑ 模块资源库：15 个经典模块完整展现   ☑ 项目资源库：15 个企业项目开发过程

☑ 测试题库系统：596 道能力测试题目

本书适合有志于从事软件开发的初学者、高校计算机相关专业学生和毕业生，也可作为软件开发人员的参考手册，或者高校的教学参考书。

图书在版编目（CIP）数据

SQL Server 从入门到精通：微视频精编版 / 明日科技编著．—北京：清华大学出版社，2020.7
（软件开发微视频讲堂）
ISBN 978-7-302-52090-0

Ⅰ．①S… Ⅱ．①明… Ⅲ．①关系数据库系统 Ⅳ．①TP311.132.3

中国版本图书馆 CIP 数据核字（2019）第 010403 号

责任编辑：贾小红
封面设计：魏润滋
版式设计：文森时代
责任校对：马军令
责任印制：杨 艳

出版发行：清华大学出版社
    网 址：http://www.tup.com.cn，http://www.wqbook.com
    地 址：北京清华大学学研大厦 A 座   邮 编：100084
    社 总 机：010-62770175   邮 购：010-62786544
    投稿与读者服务：010-62776969，c-service@tup.tsinghua.edu.cn
    质量反馈：010-62772015，zhiliang@tup.tsinghua.edu.cn
印 刷 者：北京富博印刷有限公司
装 订 者：北京市密云县京文制本装订厂
经 销：全国新华书店
开 本：203mm×260mm   印 张：38   字 数：1025 千字
版 次：2020 年 9 月第 1 版   印 次：2020 年 9 月第 1 次印刷
定 价：99.80 元（全 2 册）

产品编号：079180-01

前 言
Preface

SQL Server 是由美国微软（Microsoft）公司制作并发布的一种性能优越的关系型数据库管理系统（Relational Database Management System，RDBMS），因其具有良好的数据库设计、管理与网络功能，又与 Windows 系统紧密集成，因此成为数据库产品的首选。

本书内容

本书分上下两册，上册为核心技术分册，下册为项目实战分册，大体结构如下图所示。

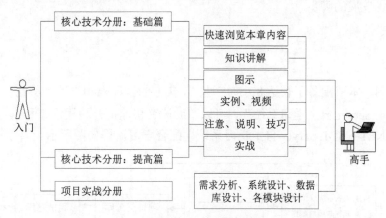

核心技术分册共分 2 篇 19 章，提供了从基础入门到 SQL Server 数据库高手所必备的各类知识。

基础篇：介绍了数据库基础、SQL Server 2014 安装与配置、创建和管理数据库、操作数据表、操作表数据、SQL 函数的使用、视图操作、Transact-SQL 语法基础、数据的查询、子查询与嵌套查询等内容，并结合大量的图示、实例、视频和实战等，使读者快速掌握 SQL 语言基础。

提高篇：介绍了索引与数据完整性、流程控制、存储过程、触发器、游标的使用、SQL 中的事务、SQL Server 高级开发、SQL Server 安全管理和 SQL Server 维护管理等内容。学习完本篇，能够掌握比较高级的 SQL 及 SQL Server 管理知识，并对数据库进行管理。

项目实战分册共 6 章，运用软件工程的设计思想，介绍了 6 个完整企业项目（腾宇超市管理系统、学生成绩管理系统、图书商城、房屋中介管理系统、客房管理系统和在线考试系统）的真实开发流程。书中按照"需求分析→系统设计→数据库设计→项目主要功能模块的实现"的流程进行介绍，带领读者亲身体验开发项目的全过程，提升实战能力，实现从小白到高手的跨越。

本书特点

☑ **由浅入深，循序渐进**。本书以初、中级读者为对象，先从 SQL 语言基础学起，再学习数据库对象的使用，如视图、存储过程、触发器等，最后学习开发一个完整项目。讲解过程中步骤详尽，版式新颖，使读者在阅读时一目了然，从而快速掌握书中内容。

☑ **实例典型，轻松易学**。通过例子学习是最好的学习方式，本书通过"一个知识点、一个例子、一个结果、一段评析，一个综合应用"的模式，透彻详尽地讲述了实际开发中所需的各类知识。另外，为了便于读者阅读程序代码，快速学习编程技能，书中绝大多数代码提供了注释。

☑ **微课视频，讲解详尽**。本书为便于读者直观感受程序开发的全过程，书中大部分章节都配备了教学微视频，使用手机扫描正文小节标题一侧的二维码，即可观看学习，能快速引导初学者入门，感受编程的快乐和成就感，进一步增强学习的信心。

☑ **精彩栏目，贴心提醒**。本书根据需要在各章安排了"注意""说明"等小栏目，让读者可以在学习过程中更轻松地理解相关知识点及概念，更快地掌握个别技术的应用技巧。

☑ **紧跟潮流，着眼未来**。本书采用使用广泛的数据库版本——SQL Server 2014 实现，使读者能够紧跟技术发展的脚步。

本书资源

为帮助读者学习，本书配备了长达 8 小时（共 71 集）的微课视频讲解。除此以外，还为读者提供了"ASP.NET + SQL Server 自主学习系统"，可以帮助读者快速提升编程水平和解决实际问题的能力。本书和"ASP.NET + SQL Server 自主学习系统"配合学习流程如图所示。

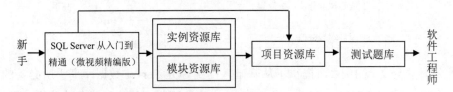

"ASP.NET + SQL Server 自主学习系统"的主界面如下图所示。

开发资源库
使用说明

在学习本书的过程中，可以选择实例资源库和项目资源库的相应内容，全面提升个人综合编程技能和解决实际开发问题的能力，为成为软件开发工程师打下坚实基础。

对于数学及逻辑思维能力和英语基础较为薄弱的读者，或者想了解个人数学及逻辑思维能力和编程英语基础的用户，本书提供了数学及逻辑思维能力测试和编程英语能力测试供练习和测试。

读者对象

- ☑ 初学编程的自学者
- ☑ 大中专院校的老师和学生
- ☑ 做毕业设计的学生
- ☑ 程序测试及维护人员

- ☑ 编程爱好者
- ☑ 相关培训机构的老师和学员
- ☑ 初、中级程序开发人员
- ☑ 参加实习的"菜鸟"程序员

读者服务

学习本书时，请先扫描封底的权限二维码（需要刮开涂层）获取学习权限，然后即可免费学习书中的所有线上线下资源。本书所附赠的各类学习资源，读者可登录清华大学出版社网站（www.tup.com.cn），在对应图书页面下获取其下载方式。也可扫描图书封底的"文泉云盘"二维码，获取其下载方式。

致读者

本书由明日科技软件开发团队组织编写。明日科技是一家专业从事软件开发、教育培训以及软件开发教育资源整合的高科技公司，其编写的教材非常注重选取软件开发中的必需、常用内容，同时也很注重内容的易学、方便性以及相关知识的拓展性，深受读者喜爱。其教材多次荣获"全行业优秀畅销品种""全国高校出版社优秀畅销书"等奖项，多个品种长期位居同类图书销售排行榜的前列。

在编写本书的过程中，我们始终本着科学、严谨的态度，力求精益求精，但错误、疏漏之处在所难免，敬请广大读者批评指正。

感谢您购买本书，希望本书能成为您编程路上的领航者。

"零门槛"编程，一切皆有可能。

祝读书快乐！

编　者
2020 年 8 月

目 录

Contents

第 20 章　腾宇超市管理系统

进入 21 世纪，随着经济的高速发展，各行各业的竞争进入了前所未有的激烈状态，竞争已不再是规模的竞争，还包括技术的竞争、管理的竞争、人才的竞争。超市的竞争也随之进入了一个全新的阶段。仓储店、便利店、特许加盟店、专卖店等都对超市产生了很大的冲击，为了提高物资管理的水平和工作效率，尽可能避免商品流通中各环节出现的问题，为超市开发一套管理系统是十分必要的。本章介绍的超市管理系统主要包括基本档案管理、采购订货管理、仓库入货管理、仓库出货管理、人员管理和部门管理等功能。

通过本章的学习，可以掌握以下要点：

- ☑ 超市管理系统的软件结构和业务流程
- ☑ 超市管理系统的数据库设计
- ☑ Java 程序连接数据库的方法
- ☑ 设计项目的基本流程

20.1　项目设计思路

20.1.1　功能阐述

超市管理系统是一款辅助超市管理员管理超市的实用性项目，根据超市的日常管理需要，超市管理系统应包括基本档案管理、采购订货管理、仓库入库管理、仓库出库管理、人员管理、部门管理 6 大功能。其中基本档案管理又分为供货商管理、销售商管理、货品档案管理、仓库管理，为管理员提供日常基本信息的功能；采购订货管理模块，用来对日常的采购订货信息进行管理；仓库入库管理，用来管理各种商品入库的信息；仓库出库管理，用来管理商品出库记录；人员管理，用来实现对超市内员工的管理；部门管理，用来实现对超市的各个独立部门进行管理。

20.1.2　系统预览

超市管理系统由多个窗体组成，其中包括系统不可缺少的登录窗体、系统的主窗体、功能模块的子窗体等。下面列出几个典型窗体，其他窗体请参见光盘中的源程序。

超市管理系统的登录窗体如图 20.1 所示。

当用户输入合法的用户名和密码后，单击"登录"按钮，即可进入系统的主窗体，运行结果如图 20.2 所示。

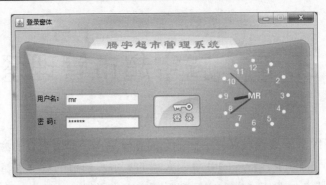

图 20.1　超市管理系统的登录窗体

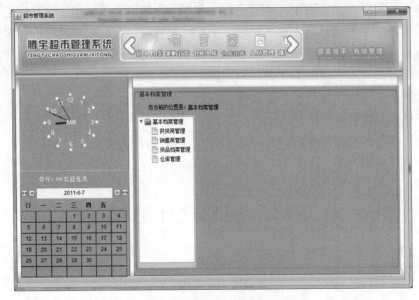

图 20.2　超市管理系统的主窗体

本程序的主窗体中提供了进入各功能模块的按钮，通过单击这些按钮，可进入各子模块中。各个子功能模块还提供了查询、修改和添加相关信息的操作，例如，修改仓库入库窗体运行结果如图 20.3 所示。

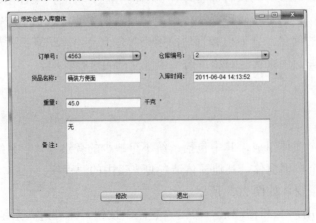

图 20.3　修改仓库入库信息

20.1.3　功能结构

超市管理系统是辅助超市管理员实现对超市的日常管理而设计的，本系统的功能结构如图 20.4 所示。

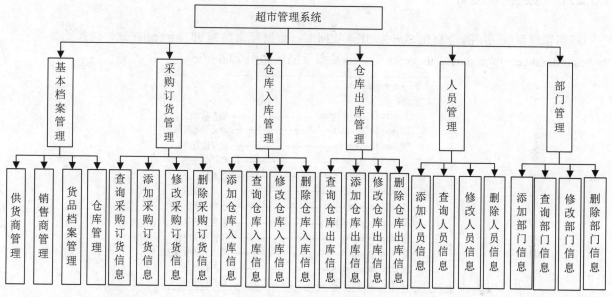

图 20.4　系统功能结构图

20.1.4　文件组织结构

超市管理系统中使用的根目录文件夹是 16，其中包括的文件架构如图 20.5 所示。

图 20.5　超市管理系统的文件架构图

20.2 数据库设计

20.2.1 数据库设计

超市管理系统采用的是 SQL Server 2014 数据库，数据库命名为 db_supermarket，包括的数据表有 tb_basicMessage、tb_contact、tb_depot 等，各数据表描述如图 20.6 所示。

```
☐ 🗄 db_supermarket
  ☐ 📁 表
    ⊞ 🞐 dbo.tb_basicMessage ————————— 员工基本信息
    ⊞ 🞐 dbo.tb_contact ————————————— 员工详细信息
    ⊞ 🞐 dbo.tb_depot ——————————————— 仓库信息表
    ⊞ 🞐 dbo.tb_dept ————————————————— 部门信息表
    ⊞ 🞐 dbo.tb_headship ———————————— 职务信息表
    ⊞ 🞐 dbo.tb_joinDepot ——————————— 仓库入库表
    ⊞ 🞐 dbo.tb_outDepot ———————————— 仓库出库表
    ⊞ 🞐 dbo.tb_provide ————————————— 供应商信息表
    ⊞ 🞐 dbo.tb_sell ————————————————— 销售商信息表
    ⊞ 🞐 dbo.tb_stock ——————————————— 采购订货信息表
    ⊞ 🞐 dbo.tb_users ——————————————— 用户信息表
    ⊞ 🞐 dbo.tb_ware ———————————————— 货品信息表
```

图 20.6 数据库结构

20.2.2 数据表设计

数据表设计是一个非常关键的环节，下面对系统中的数据表结构进行分析。由于篇幅有限，本章只给出了主要的数据表结构。其他数据表结构可参考资源包中的源程序。

1. 员工基本信息表（tb_basicMessage）

员工基本信息表包括了员工姓名、年龄、性别、员工所在部门等信息，数据表字段设计如表 20.1 所示。

表 20.1 员工基本信息表设计（tb_basicMessage）

字　段	类　型	额　外	说　明
id	int	自动编号	主键
name	varchar(10)		员工姓名
age	int		员工年龄
sex	varchar(50)		员工性别
dept	int		员工部门，与部门表主键对应
headship	int		员工职务，与职务表主键对应

2．员工详细信息表（tb_contact）

员工详细信息表中保存了员工联系电话、办公电话、传真、邮箱地址、家庭地址等详细信息，数据表字段设计如表 20.2 所示。

表 20.2　员工详细信息表设计（tb_contact）

字　　段	类　　型	额　　外	说　　明
id	int	自动编号	主键
hid	int	外键	与员工基本信息表主键对应
contact	varchar(20)		联系电话
officePhone	varchar(30)		办公电话
fax	varchar(20)		传真
email	varchar(50)		邮箱地址
faddress	varchar(50)		家庭地址

3．仓库入库表（tb_joinDepot）

仓库入库表保存仓库入库信息，其中包括订单编号、仓库编号、货品名称等，数据表字段设计如表 20.3 所示。

表 20.3　仓库入库表设计（tb_joinDepot）

字　　段	类　　型	额　　外	说　　明
id	int	自动编号	主键
oid	vrchar(50)		订货编号
dId	int		仓库编号
wareName	varchar(40)		货品名称
joinTime	varchar(50)		入库时间
weight	float		货品重量
remark	varchar(200)		备注信息

4．用户信息表（tb_users）

用户信息表主要用于存储登录系统用户的用户名与密码信息，数据表字段设计如表 20.4 所示。

表 20.4　用户信息表设计（tb_users）

字　　段	类　　型	额　　外	说　　明
id	int	自动编号	主键
userName	varchar(20)		登录系统用户名
passWord	varchar(20)		登录系统密码

5．供应商信息表（tb_provide）

供应商信息表用于保存供应商相关信息，数据表字段设计如表 20.5 所示。

表 20.5　供应商信息表设计（tb_provide）

字　　段	类　　型	额　　外	说　　明
id	int	自动编号	主键

字　　段	类　　型	额　　外	说　　明
cName	varchar(20)		供应商姓名
address	varchar(40)		供应商地址
linkman	varchar(50)		联系人
linkPhone	varchar(20)		联系电话
faxes	varchar(20)		传真
postNum	varchar(10)		邮箱地址
bankNum	varchar(30)		银行账号
netAddress	varchar(30)		主页
emaillAddress	varchar(50)		邮箱地址
remark	varchar(200)		备注信息

20.3　公共类设计

20.3.1　连接数据库

任何系统的设计都离不开数据库，每一步数据库操作都需要与数据库建立连接，为了增加代码的重用性，可以将连接数据库的相关代码保存在一个类中，以便随时调用。创建类 GetConnection，在该类的构造方法中加载数据库驱动，具体代码如下：

```
private Connection con;                                          //定义数据库连接类对象
private PreparedStatement pstm;
private String user="sa";                                       //连接数据库用户名
private String password="";                                     //连接数据库密码
private String className="com.microsoft.sqlserver.jdbc.SQLServerDriver";
//数据库驱动
private String url="jdbc:sqlserver://localhost:1433;DatabaseName=db_supermarket";
//连接数据库的 URL
public GetConnection(){
    try{
        Class.forName(className);
    }catch(ClassNotFoundException e){
        System.out.println("加载数据库驱动失败！");
        e.printStackTrace();
    }
}
```

在该类中定义获取数据库连接方法 getCon()，该方法返回值为 Connection 对象，具体代码如下：

```
public Connection getCon(){
    try {
```

```
        con=DriverManager.getConnection(url,user,password);              //获取数据库连接
    } catch (SQLException e) {
        System.out.println("创建数据库连接失败！");
        con=null;
        e.printStackTrace();
    }
    return con;                                                          //返回数据库连接对象
}
```

20.3.2　获取当前系统时间类

本系统中多处使用到了应用系统时间的模块，因此可以将获取当前系统时间类作为公共类设计。创建类 GetDate，在该类中定义获取时间方法 getDateTime()，具体代码如下：

```
public static String getDateTime(){                                      //该方法返回值为 String 类型
    SimpleDateFormat format;
    //SimpleDateFormat 类可以选择任何用户定义的日期-时间格式的模式
    Date date = null;
    Calendar myDate = Calendar.getInstance();
    //Calendar 的方法 getInstance()，以获得此类型的一个通用的对象
    myDate.setTime(new java.util.Date());
    //使用给定的 Date 设置此 Calendar 的时间
    date = myDate.getTime();
    //返回一个表示此 Calendar 时间值（从历元至现在的毫秒偏移量）的 Date 对象
    format = new SimpleDateFormat("yyyy-MM-dd HH:mm:ss");
    //编写格式化时间为"年-月-日 时:分:秒"
    String strRtn = format.format(date);
    //将给定的 Date 格式化为日期/时间字符串，并将结果赋值给给定的 String
    return strRtn;                                                       //返回保存返回值变量
}
```

20.4　登录模块设计

20.4.1　登录模块概述

运行程序，首先进入系统的登录窗体。为了使窗体中的各个组件摆放得更加美观，笔者采用了绝对布局方式，并在窗体中添加了时钟面板来显示时间。运行结果请读者参照 20.1.2 小节中的图 20.1。

20.4.2　实现带背景的窗体

在创建窗体时，需要向窗体中添加面板，之后在面板中添加各种组件。Swing 中代表面板组件的类为 JPanel，该类是以灰色为背景，并且没有任何图片，这样就不能达到很好的美观效果。要实现在窗体中添加背景，就要通过重写 JPanel 面板来实现。

本项目中通过自定义 JPanel 组件来实现，并重写了面板绘制方法，面板绘制方法的声明如下：

```
protected void paintComponent(Graphics graphics)
```

其中，参数 graphics 是指控件中的绘图对象。

例如，本系统中创建的自定义面板 BackgroundPanel，该类继承 JPanel 类，在该类中定义表示背景图片的 Image 对象，重写 paintComponent 方法，实现绘制背景，具体代码如下：

```java
public class BackgroundPanel extends JPanel {
    private Image image;                         //背景图片
    public BackgroundPanel() {
        setOpaque(false);
        setLayout(null);                         //使用绝对定位布局控件
    }
    /**
     * 设置背景图片对象的方法
     *
     * @param image
     */
    public void setImage(Image image) {
        this.image = image;
    }
    /**
     * 画出背景
     */
    protected void paintComponent(Graphics g) {
        if (image != null) {                     //如果图片已经初始化
            g.drawImage(image, 0, 0, this);      //画出图片
        }
        super.paintComponent(g);
    }
}
```

20.4.3　登录模块实现过程

登录窗体设计十分简单，由一个"用户名"文本框和一个"密码"文本框组成，为了窗体的美观，笔者还添加了一个显示时钟的面板，该窗体设计如图 20.7 所示。

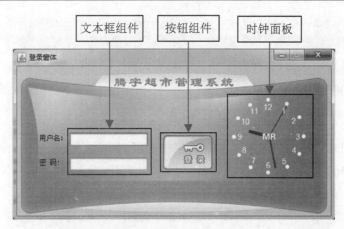

图 20.7　登录窗体设计效果

下面为大家详细地介绍登录模块的实现过程。

（1）实现用户登录操作的数据表是 tb_users，首先创建与数据表对应的 JavaBean 类 User，该类中属性与数据表中字段一一对应，并包含了属性的 setXXX()与 getXXX()方法，具体代码如下：

```
public class User {
    private int id;                          //定义映射主键的属性
    private String userName;                 //定义映射用户名的属性
    private String passWord;                 //定义映射密码的属性
    public int getId() {                     //id 属性的 getXXX()方法
        return id;
    }
    public void setId(int id) {              //id 属性的 setXXX()方法
        this.id = id;
    }
    public String getUserName() {
        return userName;
    }
    public void setUserName(String userName) {
        this.userName = userName;
    }
    public String getPassWord() {
        return passWord;
    }
    public void setPassWord(String passWord) {
        this.passWord = passWord;
    }
}
```

（2）由于本系统的主窗体中显示了当前登录系统的用户名，而当前登录的用户对象是在登录窗体中查询出来的，为了实现两个窗体间的通信，可以创建保存用户会话的 Session 类，该类中包含有 User 对象的属性，并含有该属性的 setXXX()与 getXXX()方法，代码如下：

```
public class Session {
    private static User user;                            //User 对象属性
```

```
        public static User getUser() {                          //属性的 getXXX()方法
            return user;
        }
        public static void setUser(User user) {                 //属性的 setXXX()方法
            Session.user = user;
        }
    }
```

（3）定义类 UserDao，在该类中实现按用户名与密码查询用户方法 getUser()，该方法的返回值为 User 对象，具体代码如下：

```
GetConnection connection = new GetConnection();
Connection conn = null;
//编写按用户名和密码查询用户的方法
public User getUser(String userName,String passWord){
        User user = new User();                                 //创建 JavaBean 对象
        conn = connection.getCon();                             //获取数据库连接
        try {
            String sql = "select * from tb_users where userName = ? and passWord = ?";
            //定义查询预处理语句
            PreparedStatement statement = conn.prepareStatement(sql);
            //实例化 PreparedStatement 对象
            statement.setString(1, userName);                   //设置预处理语句参数
            statement.setString(2, passWord);
            ResultSet rest = statement.executeQuery();          //执行预处理语句
            while(rest.next()){
                user.setId(rest.getInt(1));                     //应用查询结果设置对象属性
                user.setUserName(rest.getString(2));
                user.setPassWord(rest.getString(3));
            }
        } catch (SQLException e) {
            e.printStackTrace();
        }
        return user;                                            //返回查询结果
}
```

（4）在"登录"按钮的单击事件中，调用判断用户是否合法方法 getUser()，实现如果用户输入的用户名与密码合法将转发至系统主窗体，如果用户输入了错误的用户名与密码，则给出相应的提示，具体代码如下：

```
enterButton.addActionListener(new ActionListener() {            //按钮的单击事件
    public void actionPerformed(ActionEvent e) {
        UserDao userDao = new UserDao();                        //创建保存有操作数据库类对象
        //以用户添加的用户名与密码为参数调用查询用户方法
        User user
        = userDao.getUser(userNameTextField.getText(),passwordField.getText());
        if(user.getId()>0){                                     //判断用户编号是否大于 0
            Session.setUser(user);                              //设置 Session 对象的 User 属性值
            RemoveButtomFrame frame = new RemoveButtomFrame();  //创建主窗体对象
            frame.setVisible(true);                             //显示主窗体
```

```
            Enter.this.dispose();                                        //销毁登录窗体
        }
        else{                                                           //如果用户输入的用户名与密码错误
            JOptionPane.showMessageDialog(getContentPane(), "用户名或密码错误");     //给出提示信息
            userNameTextField.setText("");                              // "用户名" 文本框设置为空
            passwordField.setText("");                                  // "密码" 文本框设置为空
        }
    }
});
```

20.5　主窗体设计

20.5.1　主窗体概述

成功登录系统后，即可进入系统的主窗体。系统的主窗体中以移动面板的形式显示了各功能按钮，并在初始化状态中显示了基本档案管理模块的相关功能，并为用户提供了时钟和日历面板。主窗体运行结果如图 20.8 所示。

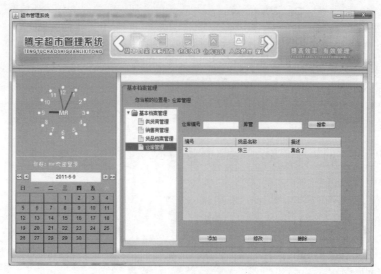

图 20.8　主窗体运行结果

20.5.2　平移面板控件

在主窗体中笔者添加了移动面板控件，移动面板在水平方向添加了多个控件，通过左右平移两个按钮可以调整显示内容。在窗体中添加平移面板不仅可以增加窗体的灵活性，还能够提升窗体的美观效果。实现平移面板关键在于控制滚动面板中滚动条的当前值，就需要获取滚动面板的滚动条与设置滚动条当前值的相关知识，下面分别进行介绍。

☑ 获取滚动面板的水平滚动条

滚动面板包含水平和垂直两个方向的滚动条，通过适当的方法可以获取它们，下面的方法可以获取控制视口的水平视图位置的水平滚动条。方法声明如下：

```
public JScrollBar getHorizontalScrollBar()
```

☑ 获取滚动条当前值

滚动条的控制对象就是当前值，这个值控制着滚动条滑块的位置和滚动面板视图的位置。可以通过 getValue()方法来获取这个值，方法声明如下：

```
public int getValue()
```

☑ 设置滚动条当前值

```
public void setValue(int value)
```

其中，参数 value 指滚动条新的当前值。

创建成功滚动面板后，将按钮添加到滚动面板即可，本系统实现滚动面板的类为 SmallScrollPanel，该类是一个面板类，在该类的构造方法中初始化面板滚动事件处理器，代码如下：

```
public SmallScrollPanel() {
    scrollMouseAdapter = new ScrollMouseAdapter();              //初始化处理器
    //初始化程序用图
    icon1 = new ImageIcon(getClass().getResource("top01.png"));
    icon2 = new ImageIcon(getClass().getResource("top02.png"));
    setIcon(icon1);                                            //设置用图
    setIconFill(BOTH_FILL);                                    //将图标拉伸适应界面大小
    initialize();                                             //调用初始化方法
}
```

在 SmallScrollPanel 类的初始化方法中设置面板布局，并在窗体中添加左侧和右侧的微调按钮，具体代码如下：

```
private void initialize() {
    BorderLayout borderLayout = new BorderLayout();
    borderLayout.setHgap(0);
    this.setLayout(borderLayout);                              //设置布局管理器
    this.setSize(new Dimension(300, 84));
    this.setOpaque(false);                                     //使控件透明
    //添加滚动面板到界面居中位置
    this.add(getAlphaScrollPanel(), BorderLayout.CENTER);
    //添加左侧微调按钮
    this.add(getLeftScrollButton(), BorderLayout.WEST);
    //添加右侧微调按钮
    this.add(getRightScrollButton(), BorderLayout.EAST);
}
```

在平移面板中左右侧的两个箭头形状平移按钮，为两个添加背景的按钮，将该按钮的边框去掉，就可显示大家看到的效果。下面以左侧微调按钮为例，介绍微调按钮的实现代码：

```
private JButton getLeftScrollButton() {
    if (leftScrollButton == null) {
        leftScrollButton = new JButton();
        //创建按钮图标
        ImageIcon icon1 = new ImageIcon(getClass().getResource(
                "/com/mingrisoft/frame/buttonIcons/zuoyidongoff.png"));
        //创建按钮图标 2
        ImageIcon icon2 = new ImageIcon(getClass().getResource(
                "/com/mingrisoft/frame/buttonIcons/zuoyidongon.png"));
        leftScrollButton.setOpaque(false);                          //按钮透明
        //设置边框
        leftScrollButton.setBorder(createEmptyBorder(0, 10, 0, 0));
        //设置按钮图标
        leftScrollButton.setIcon(icon1);
        leftScrollButton.setPressedIcon(icon2);
        leftScrollButton.setRolloverIcon(icon2);
        //取消按钮内容填充
        leftScrollButton.setContentAreaFilled(false);
        //设置初始大小
        leftScrollButton.setPreferredSize(new Dimension(38, 0));
        //取消按钮焦点功能
        leftScrollButton.setFocusable(false);
        //添加滚动事件监听器
        leftScrollButton.addMouseListener(scrollMouseAdapter);
    }
    return leftScrollButton;
}
```

创建左右微调按钮的事件监听器，实现当用户单击左右微调按钮时，移动面板，具体代码如下：

```
private final class ScrollMouseAdapter extends MouseAdapter implements
        Serializable {
    private static final long serialVersionUID = 5589204752770150732L;
    JScrollBar scrollBar = getAlphaScrollPanel().getHorizontalScrollBar();
    //获取滚动面板的水平滚动条
    private boolean isPressed = true;                            //定义线程控制变量
    public void mousePressed(MouseEvent e) {
        Object source = e.getSource();                          //获取事件源
        isPressed = true;
        if (source == getLeftScrollButton()) {     //判断事件源是左侧按钮还是右侧按钮，并执行相应操作
            scrollMoved(-1);
        } else {
            scrollMoved(1);
        }
    }
    /**
     * 移动滚动条的方法
     * @param orientation
```

```
 *      移动方向 -1 是左或上移动，1 是右或下移动
 */
private void scrollMoved(final int orientation) {
    new Thread() {                                    //开辟新的线程
        private int oldValue = scrollBar.getValue();  //保存原有滚动条的值

        public void run() {
            while (isPressed) {                       //循环移动面板
                try {
                    Thread.sleep(10);
                } catch (InterruptedException e1) {
                    e1.printStackTrace();
                }
                oldValue = scrollBar.getValue();      //获取滚动条当前值
                EventQueue.invokeLater(new Runnable() {
                    public void run() {
                        scrollBar.setValue(oldValue + 3 * orientation);
                        //设置滚动条移动 3 个像素
                    }
                });
            }
        }
    }.start();
}
public void mouseExited(java.awt.event.MouseEvent e) {
    isPressed = false;
}

@Override
public void mouseReleased(MouseEvent e) {
    isPressed = false;
}
}
```

平移面板 SmallScrollPanel 类的设计效果如图 20.9 所示。

图 20.9　平移面板设计效果

20.5.3　主窗体实现过程

　　主窗体由多个面板组成，除了前面介绍过的功能按钮面板、时钟面板、日历面板外，还包括功能区面板，与主窗体中的其他面板不同，功能区面板是随时更换的，当用户单击不同的功能按钮，系统通过显示不同的面板来实现窗体内容的随时更换，设计效果如图 20.10 所示。

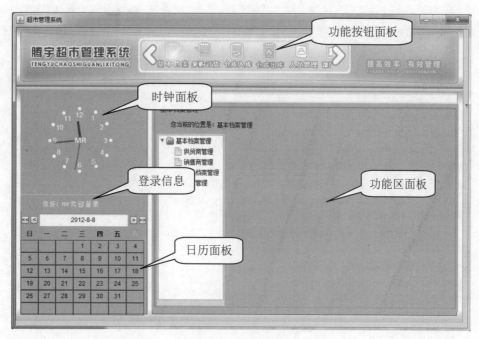

图 20.10　主窗体设计效果

下面介绍在主窗体的实现过程中几个重要的实现过程。

（1）通过如图 20.10 所示的主窗体设计效果可以看到，在主窗体中显示了当前登录的用户名，实现显示当前登录用户名代码如下：

```
User user = Session.getUser();                              //获取登录用户对象
String info = "<html><body>" + "<font color=#FFFFFF>你 好：</font>"
        + "<font color=yellow><b>" + user.getUserName() + "</b></font>"
        + "<font color=#FFFFFF> 欢 迎 登 录</font>" + "</body></html>";
//定义窗体显示内容
clockpanel.add(getPanel());
JLabel label = new JLabel(info);                            //定义显示指定内容的标签对象
```

（2）创建完成如图 20.9 所示的平移面板后，需要创建按钮组面板，再将按钮组面板添加到平移面板，才实现了主窗体中显示的效果，按钮组面板采用网格布局，设计效果如图 20.11 所示。

图 20.11　按钮组面板设计效果

按钮组面板实现代码如下：

```
public BGPanel getJPanel() {
    if (jPanel == null) {
        GridLayout gridLayout = new GridLayout();          //定义网格布局管理器
        gridLayout.setRows(1);                             //设置网格布局管理器的行数
```

```
        gridLayout.setHgap(0);                                    //设置组件间水平间距
        gridLayout.setVgap(0);                                    //设置组件间垂直间距
        jPanel = new BGPanel();
        jPanel.setLayout(gridLayout);                             //设置布局管理器
        jPanel.setPreferredSize(new Dimension(400, 50));          //设置初始大小
        jPanel.setOpaque(false);
        jPanel.add(getWorkSpaceButton(), null);                   //添加按钮
        jPanel.add(getProgressButton(), null);
        jPanel.add(getrukuButton(), null);
        jPanel.add(getchukuButton(), null);
        jPanel.add(getPersonnelManagerButton(), null);
        jPanel.add(getDeptManagerButton(), null);
        if (buttonGroup == null) {
            buttonGroup = new ButtonGroup();
        }
        // 把所有按钮添加到一个组控件中
        buttonGroup.add(getProgressButton());
        buttonGroup.add(getWorkSpaceButton());
        buttonGroup.add(getrukuButton());
        buttonGroup.add(getchukuButton());
        buttonGroup.add(getPersonnelManagerButton());
        buttonGroup.add(getDeptManagerButton());
    }
    return jPanel;
}
```

（3）本系统中将平移面板中的各个按钮都封装在单独的方法中，下面以"基本档案"按钮为例，介绍平移面板中的各按钮的实现代码：

```
private GlassButton getWorkSpaceButton() {
    if (workSpaceButton == null) {
        workSpaceButton = new GlassButton();
        workSpaceButton.setActionCommand("基本档案管理");    //设置按钮的动作命令
        workSpaceButton.setIcon(new ImageIcon(getClass().getResource(
                "/com/mingrisoft/frame/buttonIcons/myWorkSpace.png")));
        //定义按钮的初始化背景
        ImageIcon icon = new ImageIcon(getClass().getResource(
                "/com/mingrisoft/frame/buttonIcons/myWorkSpace2.png"));
        //创建图片对象
        workSpaceButton.setRolloverIcon(icon);                    //设置按钮的翻转图片
        workSpaceButton.setSelectedIcon(icon);                    //设置按钮被选中时显示图片
        workSpaceButton.setSelected(true);
        workSpaceButton.addActionListener(new toolsButtonActionAdapter());
        //按钮的监听器
    }
    return workSpaceButton;
}
```

20.6　采购订货模块设计

20.6.1　采购订货模块概述

在超市的日常管理活动中，对于商品的采购和订货是不可缺少的。当用户单击平移面板中的"采购订货"按钮，即可进入采购订货模块，该模块中以表格的形式显示采购订货信息，在采购订货模块中还包括添加采购订货信息、修改采购订货信息、删除采购订货信息功能，运行效果如图20.12所示。

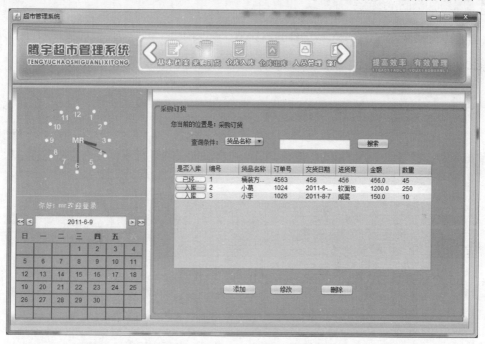

图 20.12　采购订货模块运行效果

20.6.2　在表格中添加按钮

表格用于显示复合数据，其中可以指定表格的表头和表文，默认的表格控件完全是以文本方式显示目标数据，要实现在表格中添加按钮或其他组件就要通过设置自定义的渲染器来实现，表格的渲染器通过 TableCellRenderer 接口实现，该接口中定义了 getTableCellRendererComponent()方法，这个方法将被表格控件回调来渲染指定的单元格控件。重写这个方法并在方法体中控制单元格的渲染，就可以把按钮作为表格的单元格控件。该方法的声明如下：

```
Component getTableCellRendererComponent(JTable table, Object value, boolean isSelected,boolean hasFocus,
int row, int column)
```

方法中的参数说明如表 20.6 所示。

表 20.6　getTableCellRendererComponent()方法的参数说明

字　　段	类　　型
table	要求渲染器绘制的 JTable；可以为 NULL
value	要呈现的单元格的值。由具体的渲染器解释和绘制该值。例如，如果 value 是字符串 "TRUE"，则它可呈现为字符串，或者也可呈现为已选中的复选框。NULL 是有效值
isSelected	如果使用选中样式的高亮显示来呈现该单元格，则为 TRUE；否则为 FALSE
hasFocus	如果为 TRUE，则适当地呈现单元格。例如，在单元格上放入特殊的边框，如果可以编辑该单元格，则以彩色呈现它，用于表示正在进行编辑
row	要绘制的单元格的行索引。绘制表头时，row 值是-1
column	要绘制的单元格的列索引

例如，本模块中，设置"是否入库"列的渲染器，代码如下：

```
table.getColumn("是否入库").setCellRenderer(new ButtonRenderer());     //设置指定列的渲染器
```

20.6.3　添加采购订货信息实现过程

用户单击采购订货窗体中的"添加"按钮，即可弹出添加采购订货窗体，该窗体运行结果如图 20.13 所示。

图 20.13　添加采购订货窗体运行结果

下面详细地介绍添加采购订货窗体的实现过程。

（1）创建与采购订货信息表 tb_stock 对应的 JavaBean 对象 Stock，该类中的属性与 tb_stock 表中的字段一一对应，并包括了各属性的 setXXX()与 getXXX()方法，具体代码如下：

```
public class Stock {
    private int id;
    private String sName;
    private String orderId;
    private String consignmentDate;
    private String baleName;
    private String count;
    private float money;
    private String lairage;
```

```
    public int getId() {
        return id;
    }
    public void setId(int id) {
        this.id = id;
    }
    …//省略了其他属性的 setXXX()与 getXXX()方法
}
```

（2）定义对采购订货信息表 tb_stock 中数据进行操作类 StockDao，其中添加采购订货信息方法 insertStock()，该方法以 Stock 为对象，具体代码如下：

```
public void insertStock(Stock stock) {
    conn = connection.getCon();                          //获取数据库连接
    try {
        PreparedStatement statement = conn
                    .prepareStatement("insert into tb_stock values(?,?,?,?,?,?)");
        //定义查询数据的 SQL 语句
        statement.setString(1,stock.getsName());         //设置预处理语句参数
        statement.setString(2,stock.getOrderId());
        statement.setString(3,stock.getConsignmentDate());
        statement.setString(4,stock.getBaleName());
        statement.setString(5,stock.getCount());
        statement.setFloat(6,stock.getMoney());
        statement.executeUpdate();                       //执行插入操作
    } catch (SQLException e) {
        e.printStackTrace();
    }
}
```

（3）在添加采购订货窗体的"添加"按钮的单击事件中，实现判断用户填写的信息是否合法，再将这些信息保存到数据库中，具体代码如下：

```
JButton insertButton = new JButton("添加");
insertButton.addActionListener(new ActionListener() {
    public void actionPerformed(ActionEvent e) {
        StockDao dao = new StockDao();                   //定义操作数据表方法
        String old = orderIdTextField.getText();         //获取用户添加的订单号
        String wname = nameTextField.getText();          //获取用户添加的客户名称
        String wDate = dateTextField.getText();          //获取用户添加的交货日期
        String count = countTextField.getText();         //获取用户添加的商品数量
        String bName = wNameTextField.getText();         //获取用户添加的货品名称
        String money = moneyTextField.getText();         //获取用户添加的货品金额
        int countIn = 0;
        float fmoney = 0;
        if((old.equals(""))||(wname.equals("")) ||(wDate.equals("")) ||
            (count.equals("")) || (money.equals(""))){   //判断用户添加的信息是否完整
        JOptionPane.showMessageDialog(getContentPane(), "请将带星号的内容填写完整！",
                    "信息提示框", JOptionPane.INFORMATION_MESSAGE);
        //给出提示信息
```

```
        return;                                          //退出程序
    }
    try{
        countIn = Integer.parseInt(count);               //将用户添加的数量转换为整型
        fmoney = Float.parseFloat(money);
    }catch (Exception ee) {
        JOptionPane.showMessageDialog(getContentPane(), "要输入数字！",
                "信息提示框", JOptionPane.INFORMATION_MESSAGE);
        return;
    }
    Stock stock = new Stock();                            //定义与数据表对应的 JavaBean 对象
    stock.setsName(wname);                               //设置对象属性
    stock.setBaleName(bName);
    stock.setConsignmentDate(wDate);
    stock.setCount(count);
    stock.setMoney(fmoney);
    stock.setOrderId(old);
    dao.insertStock(stock);
    //调用数据库添加方法
    JOptionPane.showMessageDialog(getContentPane(), "数据添加成功！",
            "信息提示框", JOptionPane.INFORMATION_MESSAGE);        //提示信息
    }
});
```

20.6.4　搜索采购订货信息实现过程

在采购订货模块中，添加了按指定条件搜索采购订货信息功能，用户可按照自己的需求指定查询条件。搜索采购订货窗体运行结果如图 20.14 所示。

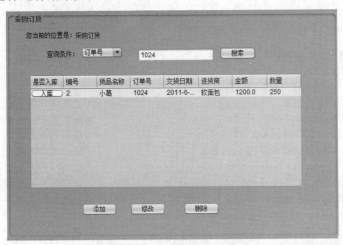

图 20.14　搜索采购订货窗体

下面介绍搜索采购订货信息的具体实现过程。

（1）在搜索采购订货窗体中，为用户提供按"货品名称""订单号""交货时间"搜索指定采购订

货信息。下面以按货品名称查询采购订货信息为例，为大家介绍查询数据库方法，具体代码如下：

```java
public List selectStockBySName(String sName) {
    List list = new ArrayList<Stock>();                            //定义保存查询结果的 List 对象
    conn = connection.getCon();                                    //获取数据库连接
    int id = 0;
    try {
        Statement statement = conn.createStatement();              //实例化 Statement 对象
        //定义查询语句，获取查询结果集
        ResultSet rest = statement.executeQuery("select * from tb_stock where sName ='"+sName+"'");
        while (rest.next()) {                                      //循环遍历查询结果集
            Stock stock = new Stock();                             //定义与数据表对象的 JavaBean 对象
            stock.setId(rest.getInt(1));                           //应用查询结果设置 JavaBean 属性
            stock.setsName(rest.getString(2));
            stock.setOrderId(rest.getString(3));
            stock.setConsignmentDate(rest.getString(4));
            stock.setBaleName(rest.getString(5));
            stock.setCount(rest.getString(6));
            stock.setMoney(rest.getFloat(7));
            list.add(stock);                                       //将 JavaBean 对象添加到集合
        }
    } catch (SQLException e) {
        e.printStackTrace();
    }
    return list;                                                   //返回查询集合
}
```

（2）当用户单击"搜索"按钮时，首先将表格中的数据全部删除，再将满足条件的数据填写到表格中，关键代码如下：

```java
JButton findButton = new JButton("搜索");
findButton.addActionListener(new ActionListener() {
    public void actionPerformed(ActionEvent e) {
        dm.setRowCount(0);                                         //将表格内容清空
        String condition = comboBox.getSelectedItem().toString();
        //获取用户选择的查询条件
        String conditionText = conditionTextField.getText();      //获取用户添加的查询条件
        if(conditionText.equals("")){                             //如果用户没有添加查询条件
            JOptionPane.showMessageDialog(getParent(), "请输入查询条件！",
                    "信息提示框", JOptionPane.INFORMATION_MESSAGE); //给出提示信息
            return;                                               //退出程序
        }
        if(condition.equals("货品名称")){                          //如果用户选择按货品名称进行搜索
            List list = dao.selectStockBySName(conditionText);
            //调用按货品名称查询数据方法
            for(int i= 0;i<list.size();i++){                      //循环遍历查询结果
                Stock stock = (Stock)list.get(i);
                String oid = stock.getOrderId();                 //获取订单号信息
                int id = dao.selectJoinStockByOid(oid);          //根据订单号查询入库信息
                if(id <=0){                                      //如果该订单的货品在入库表中不存在
```

```
                dm.addRow(new Object[]{"入库",stock.getId(),stock.getsName(),stock.getOrderId(),
                        stock. getConsignmentDate(),stock.getBaleName(),
                        stock.getMoney(),stock.getCount()});   //向表格中添加数据
            }
            else{                                    //如果指定订单号的货品名称在入库表中存在
                dm.addRow(new Object[]{"已经入库",stock.getId(),stock.getsName(),stock.getOrderId(),
                        stock.getConsignmentDate(),stock.getBaleName(),
                        stock.getMoney(),stock.getCount()});
            }
        }
    }
```

20.6.5 修改采购订货信息实现过程

采购订货模块中提供了修改采购订货信息功能，当用户在显示采购订货信息的表格中选择要修改的信息后，单击窗体中的"修改"按钮，即可打开修改采购订单窗体，运行结果如图 20.15 所示。

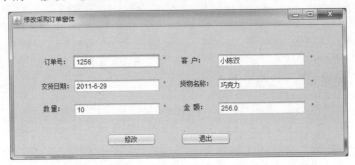

图 20.15　修改采购订单窗体

下面详细地介绍修改采购订单窗体的实现过程。

（1）创建修改采购订货信息方法 updateStock()，该方法以 Stock 对象作为参数，具体代码如下：

```
public void updateStock(Stock stock) {
    conn = connection.getCon();                          //获取数据库连接
    try {
        String sql = "update tb_stock set sName=?,orderId=?,consignmentDate=?," +
                "baleName=?,count=?,money=? where id =?";    //定义修改数据表方法
        PreparedStatement statement = conn.prepareStatement(sql);
                                                         //获取 PreparedStatement 对象
        statement.setString(1, stock.getsName());        //设置预处理语句参数值
        statement.setString(2, stock.getOrderId());
        statement.setString(3, stock.getConsignmentDate());
        statement.setString(4, stock.getBaleName());
        statement.setString(5, stock.getCount());
        statement.setFloat(6, stock.getMoney());
        statement.setInt(7, stock.getId());
        statement.executeUpdate();                        //执行更新语句
    } catch (SQLException e) {
```

366

```
        e.printStackTrace();
    }
}
```

（2）要实现修改采购订货信息，首先将要修改的内容查询出来，并显示在窗体中。这样才能实现修改操作，首先编写按编号查询采购订货信息方法 selectStockByid()，具体代码如下：

```
public Stock selectStockByid(int id) {
    Stock stock = new Stock();                              //定义与数据库对应的 JavaBean 对象
    conn = connection.getCon();                             //获取数据库连接
    try {
        Statement statement = conn.createStatement();
        String sql = "select * from tb_stock where id = " + id;    //定义查询 SQL 语句
        ResultSet rest = statement.executeQuery(sql);       //执行查询语句获取查询结果集
        while (rest.next()) {                               //循环遍历查询结果集
            stock.setId(id);                               //应用查询结果设置对象属性
            stock.setsName(rest.getString(2));
            stock.setOrderId(rest.getString(3));
            stock.setConsignmentDate(rest.getString(4));
            stock.setBaleName(rest.getString(5));
            stock.setCount(rest.getString(6));
            stock.setMoney(rest.getFloat(7));
        }
    } catch (SQLException e) {
        e.printStackTrace();
    }
    return stock;                                           //返回 Stock 对象
}
```

（3）由于显示采购订单窗体与修改采购订单窗体是两个独立的窗体，用户需要在显示采购订单窗体中选择要修改的信息，系统会将指定采购订货信息的编号写入文本文件中，之后在修改采购订单窗体中读取出来，这样就可实现在修改采购订单窗体中显示要修改的订货信息。在显示采购订单窗体中，将用户选择的采购订货信息保存在文本文件中，具体代码如下：

```
JButton updateButton = new JButton("修改");
updateButton.addActionListener(new ActionListener() {
    public void actionPerformed(ActionEvent e) {
        int row = table.getSelectedRow();                   //获取用户选中表格的行数
        if (row < 0) {
            JOptionPane.showMessageDialog(getParent(), "没有选择要修改的数据！",
                    "信息提示框", JOptionPane.INFORMATION_MESSAGE);
            return;
        } else {
            File file = new File("filedd.txt");             //创建文件对象
            try {
                String column = dm.getValueAt(row, 1).toString();
                                                            //获取表格中的数据
                file.createNewFile();                       //新建文件
                FileOutputStream out = new FileOutputStream(file);
```

```
                out.write((Integer.parseInt(column)));        //将数据写入文件中
                UpdateStockFrame frame = new UpdateStockFrame();
                                                              //创建修改信息窗体
                frame.setVisible(true);
                out.close();                                   //将流关闭
                repaint();
            } catch (Exception ee) {
                ee.printStackTrace();
            }
        }
    }
});
```

（4）在修改采购订单窗体 UpdateStockFrame 中，读取用户写在文本文件中保存的要修改的采购订货信息的编号，再按照这个编号查询要修改的采购订货信息对象，将该对象的信息显示在窗体中，关键代码如下：

```
try {
    File file = new File("filedd.txt");                    //创建文件对象
    FileInputStream fin = new FileInputStream(file);        //创建文件输入流对象
    int count =    fin.read();                              //读取文件中数据
    stock = dao.selectStockByid(count);                     //调用按编号查询数据方法
    file.delete();                                          //删除文件
} catch (Exception e) {
        e.printStackTrace();
}
JLabel orderIdLabel = new JLabel("订单号：");
orderIdLabel.setBounds(59, 55, 60, 15);
contentPane.add(orderIdLabel);
orderIdTextField = new JTextField();                        //创建文本框对象
orderIdTextField.setText(stock.getOrderId());              //设置文本框对象内容
orderIdTextField.setBounds(114, 50, 164, 25);
contentPane.add(orderIdTextField);                          //将文本框对象添加到面板中
orderIdTextField.setColumns(10);
...//省略了设置窗体其他内容的代码
```

（5）在修改采购订单窗体的"修改"按钮中，调用修改采购订货信息方法，将用户修改的信息保存到数据库中，具体代码如下：

```
JButton insertButton = new JButton("修改");
insertButton.addActionListener(new ActionListener() {
    public void actionPerformed(ActionEvent e) {
        StockDao dao = new StockDao();                      //创建保存有修改方法的类对象
        String oId = orderIdTextField.getText();            //获取用户填写订单数据
        String wname = nameTextField.getText();             //获取用户填写的客户名信息
        String wDate = dateTextField.getText();             //获取用户填写的交货日期信息
        String count = countTextField.getText();
        String bName = wNameTextField.getText();
        String money = moneyTextField.getText();
```

```
                int countIn = 0;
                float fmoney = 0;
                if((old.equals("")))||(wname.equals("")) ||(wDate.equals("")) ||
                        (count.equals("")) || (money.equals(""))){          //判断用户是否将信息添加完整
                    JOptionPane.showMessageDialog(getContentPane(), "请将带星号的内容填写完整！",
                            "信息提示框", JOptionPane.INFORMATION_MESSAGE);     //给出提示信息
                    return;
                }
                try{
                    countIn = Integer.parseInt(count);                  //将用户填写的数量转换为整数
                    fmoney = Float.parseFloat(money);
                }catch (Exception ee) {
                    JOptionPane.showMessageDialog(getContentPane(), "要输入数字！",
                            "信息提示框", JOptionPane.INFORMATION_MESSAGE);
                    //如果有异常抛出给出提示信息
                    return;
                }
                stock.setsName(wname);                                //将设置采购订货信息属性
                stock.setBaleName(bName);
                stock.setConsignmentDate(wDate);
                stock.setCount(count);
                stock.setMoney(fmoney);
                stock.setOrderId(old);
                dao.updateStock(stock);                               //调用修改信息方法
                JOptionPane.showMessageDialog(getContentPane(), "数据添加成功！",
                        "信息提示框", JOptionPane.INFORMATION_MESSAGE);
            }
        });
```

20.6.6 删除采购订货信息实现过程

如果要删除某采购订货信息，可以在采购订货信息表格中选中要删除的内容，再单击页面中的"删除"按钮，即可实现删除操作。实现删除功能的具体实现步骤如下。

（1）定义删除数据 deleteStock()方法，该方法有一个 int 类型参数，用于指定要删除采购订货信息的编号，具体代码如下：

```
public void deleteStock(int id){
    conn = connection.getCon();                          //获取数据库连接
    String sql = "delete from tb_stock where id ="+id;    //定义删除数据 SQL 语句
    try {
        Statement statement = conn.createStatement();    //实例化 Statement 对象
        statement.executeUpdate(sql);                    //执行 SQL 语句
    } catch (SQLException e) {
        e.printStackTrace();
    }
}
```

（2）在"删除"按钮的单击事件中，获取用户选择的表格中选择的要删除的采购订货信息的编号，

再调用删除采购订货信息方法，具体代码如下：

```
JButton deleteButton = new JButton("删除");
deleteButton.addActionListener(new ActionListener() {
    public void actionPerformed(ActionEvent e) {
        int row = table.getSelectedRow();                              //获取用户选择的表格的行号
        if (row < 0) {                                                 //判断用户选择的行号是否大于 0
            JOptionPane.showMessageDialog(getParent(), "没有选择要删除的数据！",
                    "信息提示框", JOptionPane.INFORMATION_MESSAGE);
            return;                                                    //退出程序
        }
        String column = dm.getValueAt(row, 1).toString();             //获取用户选择的行的第一列数据
        dao.deleteStock(Integer.parseInt(column));                    //调用删除数据方法
        JOptionPane.showMessageDialog(getParent(), "数据删除成功！",
                "信息提示框", JOptionPane.INFORMATION_MESSAGE); //给出提示信息
    }
});
```

20.7 人员管理模块设计

20.7.1 人员管理模块概述

人员管理模块为超市管理员提供了管理超市内部员工的功能，人员管理模块涉及 4 张表，分别为部门信息表、职务信息表、员工基本信息表、员工详细信息表。人员管理窗体运行效果如图 20.16 所示。

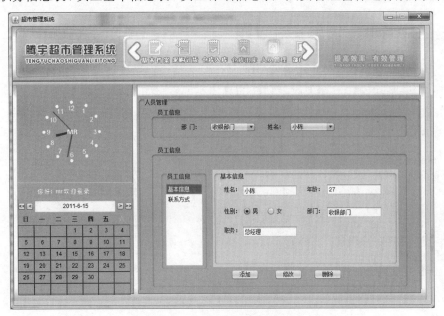

图 20.16 人员管理窗体运行效果

20.7.2　使用触发器级联删除数据

本模块在保存员工信息时，使用了两张表，分别为员工基本信息表与员工详细信息表，这两个表中的数据是一一对应的，如果在员工基本表中删除数据后，对应的员工详细信息表中的数据也应该删除，因此可以通过创建 DELETE 触发器来实现。创建触发器要在数据库中实现，具体语法如下：

```
CREATE TRIGGER trigger_name
ON {table | view}
[WITH ENCRYPTION]
{
    {{FOR | AFTER | INSTEAD OF} {[INSERT] [,] [UPDATE]}
        [WITH APPEND]
        [NOT FOR REPLICATION]
        AS
        [{IF UPDATE (column)
            [{AND | OR} UPDATE (column)]
                [...n]
        | IF (COLUMNS_UPDATED() {bitwise_operator} updated_bitmask)
                {comparison_operator} column_bitmask [...n]
        }]
            sql_statement [...n]
    }
}
```

参数说明如表 20.7 所示。

表 20.7　CREATE TRIGGER 函数的参数说明

参　　数	说　　明
trigger_name	所要创建的触发器的名称
table|view	指创建触发器所在的表或视图，也可以称为触发器表或触发器视图
AFTER	指定触发器只有在完成指定的所有 SQL 语句之后才会被触发
AS	触发器要执行的操作
sql_statement	触发器的条件或操作。触发器条件指定其他准则，以确定 DELETE、INSERT 或 UPDATE 语句是否导致执行触发器

例如，本系统中员工基本信息表上创建触发器，实现删除指定的员工信息时，对应员工详细信息表中的数据也将删除。具体代码如下：

```
create trigger triGradeDelete on tb_basicMessage
for delete
 as
  declare @id varchar(10)
  select @id = id from deleted
  delete from tb_contact where tb_contact.id = @id
```

20.7.3　显示查询条件实现过程

本系统中将查询员工信息的条件以列表的形式给出，其中部门列表中的数据是从部门信息表中查询并显示在窗体中的，当用户选择了要查询员工的部门，系统会将该部门中的所有员工名称都显示在姓名列表中。人员管理模块的查询条件设计效果如图 20.17 所示。

图 20.17　显示查询条件设计效果

下面详细地介绍显示查询条件的实现过程。

（1）定义查询部门信息表中所有数据方法 selectDept()，该方法将查询结果以 List 形式返回，具体代码如下：

```
public List selectDept() {
    List list = new ArrayList<Dept>();                              //定义 List 集合对象
    conn = connection.getCon();                                     //获取数据库连接
    try {
        Statement statement = conn.createStatement();               //获取 Statement 方法
        ResultSet rest = statement.executeQuery("select * from tb_dept");
        //执行查询语句获取查询结果集
        while (rest.next()) {                                        //循环遍历查询结果集
            Dept dept = new Dept();
            dept.setId(rest.getInt(1));                             //应用查询结果设置对象属性
            dept.setdName(rest.getString(2));
            dept.setPrincipal(rest.getString(3));
            dept.setBewrite(rest.getString(4));
            list.add(dept);                                         //将对象添加到集合中
        }
    } catch (SQLException e) {
        e.printStackTrace();
    }
    return list;
}
```

（2）在人员管理窗体中，调用查询所有部门信息方法，并将查询出的结果显示在窗体中。具体代码如下：

```
List list = dao.selectDept();                                      //调用查询所有部门信息方法
String dName[] = new String[list.size() + 1];                      //根据查询结果创建字符串数组对象
dName[0] = "";
for (int i = 0; i < list.size(); i++) {                            //循环遍历查询结果集
    Dept dept = (Dept) list.get(i);
    dName[i + 1] = dept.getdName();                                //获取查询结果中部门名称
```

```
}
    final JComboBox dNamecomboBox = new JComboBox(dName);    //实例化下拉列表对象
```

（3）定义查询指定部门中所有员工信息方法 selectBasicMessageByDept()，该方法将查询结果以
List 形式返回，具体代码如下：

```
public List selectBasicMessageByDept(int dept) {
    conn = connection.getCon();                             //获取数据库连接
    List list = new ArrayList<String>();                   //定义保存查询结果的集合对象
    try {
        Statement statement = conn.createStatement();      //实例化 Statement 对象
        String sql = "select name from tb_basicMessage where dept = " + dept +"";
                                                           //定义按照部门名称查询员工信息方法
        ResultSet rest = statement.executeQuery(sql);      //执行查询语句获取查询结果集
        while (rest.next()) {                              //循环遍历查询结果集
            list.add(rest.getString(1));                   //将查询信息保存到集合中
        }
    } catch (SQLException e) {
        e.printStackTrace();
    }
    return list;                                           //返回查询集合
}
```

（4）在"部门"下拉列表框中添加监听事件，实现当用户在"部门"下拉列表框中更改部门名称
时，"姓名"下拉列表框中的内容也随之更新，具体代码如下：

```
final JComboBox dNamecomboBox = new JComboBox(dName);      //实例化下拉列表对象
    dNamecomboBox.addActionListener((new ActionListener() {   //添加下拉列表监听事件
            @Override
            public void actionPerformed(ActionEvent e) {
                String dName = dNamecomboBox.getSelectedItem().toString();
                //获取用户选择的部门名称
                DeptDao deptDao = new DeptDao();              //定义保存有操作数据库类对象
                int id = deptDao.selectDeptIdByName(dName);   //调用获取部门编号方法
                List<String> listName = perdao.selectBasicMessageByDept(id);
                //调用按部门编号查询所有员工信息方法
                for (int i = 0; i < listName.size(); i++) {   //循环遍历查询结果集
                    pNameComboBox.addItem(listName.get(i));
                    //向"姓名"下拉列表框中添加元素
                }
                repaint();
            }
}));
```

20.7.4　显示员工基本信息实现过程

当用户选择了要查询的员工后，单击"员工信息"列表中的"基本信息"列表项后，系统会将该

员工的基本信息显示在窗体中，运行结果如图 20.18 所示。

图 20.18　员工基本信息

下面介绍具体的实现过程。

（1）本模块的员工基本信息是通过员工部门信息与员工姓名查询出来的，首先编写按照部门名称和员工信息查询员工基本信息方法，具体代码如下：

```
public BasicMessage selectBNameById(String dept,String name) {
    conn = connection.getCon();                          //获取数据库连接
    BasicMessage message = new BasicMessage();           //创建与数据表对应的 JavaBean 对象
    try {
        Statement statement = conn.createStatement();
        String sql = "select * from tb_basicMessage where name = '"+name+"' and dept = (select id from
tb_dept" +" where dName = '"+dept+"')";                  //定义查询数据 SQL 语句
        ResultSet rest = statement.executeQuery(sql); //执行查询语句
        while (rest.next()) {                            //循环遍历查询结果集
            message.setId(rest.getInt(1));               //应用查询结果设置对象属性
            message.setName(rest.getString(2));
            message.setAge(rest.getInt(3));
            message.setSex(rest.getString(4));
            message.setDept(rest.getInt(5));
            message.setHeadship(rest.getInt(6));
        }
    } catch (SQLException e) {
        e.printStackTrace();
    }
    return message;
}
```

（2）在员工信息窗体中，首先判断用户选择了合法的查询条件，再将用户选择要查询的员工的基本信息显示在窗体中，具体代码如下：

```
jlist.addListSelectionListener(new ListSelectionListener() {
    public void valueChanged(ListSelectionEvent e) {
        if (!e.getValueIsAdjusting()) {
            String deptName = dNamecomboBox.getSelectedItem().toString();
            //判断用户选择的查询条件
            if(deptName.equals("")){
```

```
                JOptionPane.showMessageDialog(getParent(), "没有选择查询的员工！",
                        "信息提示框", JOptionPane.INFORMATION_MESSAGE);//提示信息
                return;
            }
            JList list = (JList) e.getSource();                          //获取事件源
            String value = (String) list.getSelectedValue();
            //获取列表选项并转换为字符串
            if(value.equals("基本信息")){                                 //判断用户是否选择了"基本信息"
                String name = pNameComboBox.getSelectedItem().toString();
                //获取用户选择的员工姓名
                panel_1.remove(particular);                              //移除显示员工详细信息的面板
                panel_1.add(bpanel);
                bpanel.setBounds(140, 53, 409, 208);
                message = perdao.selectBNameById(deptName,name);
                //调用查询数据方法
                pId = message.getId();
                nameTextField.setText(message.getName());
                //设置员工基本系统中的组件内容
                ageTextField.setText(message.getAge()+"");
                String sex = message.getSex();
                if(sex.equals("男")){
                    manRadioButton.setSelected(true);
                    //设置窗体中"性别"单选按钮的显示内容
                }
                else{
                    wradioButton.setSelected(true);
                }
                int dept = message.getDept();
                Dept depts = dao.selectDepotById(dept);
                //按照部门编号查询员工所在部门信息
                deptField.setText(depts.getdName());                    //设置员工部门内容
                String hName =perdao.selectHeadshipById(message.getHeadship());
                headshipField.setText(hName);
                repaint();
            }
        }
    });
```

20.7.5　添加员工信息实现过程

当用户单击如图 20.16 所示的员工信息窗体中的"添加"按钮后，将弹出添加员工信息窗体。添加员工信息由两部分组成，分别为添加员工基本信息与添加员工联系资料，添加员工信息窗体使用了选项卡面板，添加员工信息窗体运行效果如图 20.19 所示。

图 20.19　添加员工信息窗体

下面介绍具体的实现过程。

（1）定义向员工基本信息表中添加数据方法 insertBasicMessage()，该方法将与员工基本表对应的
JavaBean 对象 BasicMessage 作为参数，具体代码如下：

```
public void insertBasicMessage(BasicMessage message) {
    conn = connection.getCon();                              //获取数据库连接
    try {
        PreparedStatement statement = conn
                .prepareStatement("insert into tb_basicMessage values(?,?,?,?,?)");
        //定义添加数据 SQL 语句
        statement.setString(1,message.getName());            //设置预处理语句参数值
        statement.setInt(2, message.getAge());
        statement.setString(3, message.getSex());
        statement.setInt(4, message.getDept());
        statement.setInt(5, message.getHeadship());
        statement.executeUpdate();                           //执行插入语句
    } catch (SQLException e) {
        e.printStackTrace();
    }
}
```

（2）定义向员工详细信息表中添加数据的方法 insertContact()，具体代码如下：

```
public void insertContact(Contact contact) {
    conn = connection.getCon();                              //获取数据库连接
    try {
        PreparedStatement statement = conn
                .prepareStatement("insert into tb_contact values(?,?,?,?,?,?)");
        //定义插入数据 SQL 语句
        statement.setInt(1, contact.getHid());               //设置插入语句参数
        statement.setString(2, contact.getContact());
        statement.setString(3, contact.getOfficePhone());
        statement.setString(4, contact.getFax());
        statement.setString(5, contact.getEmail());
        statement.setString(6, contact.getFaddress());
        statement.executeUpdate();                           //执行插入语句
```

```
    } catch (SQLException e) {
        e.printStackTrace();
    }
}
```

（3）由于在添加员工信息窗体中，部门名称以文字的形式显示给用户，而员工基本信息表中的部门字段存储的是部门表中的部门编号，因此要定义按部门名称查询部门编号方法 selectDeptByName()，具体代码如下：

```
public Dept selectDeptByName(String name) {
    conn = connection.getCon();                         //获取数据库连接
    Dept dept = null;
    try {
        Statement statement = conn.createStatement();   //实例化 Statement 对象
        String sql = "select * from tb_dept where dName = '" + name +"'";//定义按部门名称查询部门信息 SQL 语句
        ResultSet rest = statement.executeQuery(sql);   //执行查询语句获取查询结果集
        while (rest.next()) {                           //循环遍历查询结果集
            dept = new Dept();                          //定义与部门表对应的 JavaBean 对象
            dept.setId(rest.getInt(1));                 //应用查询结果设置对象属性
            dept.setdName(rest.getString(2));
            dept.setPrincipal(rest.getString(3));
            dept.setBewrite(rest.getString(4));
        }
    } catch (SQLException e) {
        e.printStackTrace();
    }
    return dept;                                        //返回 JavaBean 对象
}
```

（4）定义按照职位名称查询职务编号方法 selectIdByHeadship()，该方法以表示 String 对象为参数，将查询结果以 int 形式返回，具体代码如下：

```
public int selectIdByHeadship(String hName) {
    int id = 0;                                         //定义保存查询结果的 int 对象
    conn = connection.getCon();                         //获取数据库连接
    try {
        Statement statement = conn.createStatement();   //定义 Statement 对象
        String sql = "select id from tb_headship where headshipName = '" + hName+"'";
        //定义执行查询的 SQL 语句
        ResultSet rest = statement.executeQuery(sql);   //执行查询语句获取查询结果集
        while (rest.next()) {                           //循环遍历查询结果集
            id = rest.getInt(1);
        }
    } catch (SQLException e) {
        e.printStackTrace();
    }
    return id;
}
```

（5）在添加员工信息窗体中，要用户输入年龄信息的文本框只允许输入数字，可通过在年龄文本框中添加键盘监听事件，实现当用户输入字母时不显示在文本框中，具体代码如下：

```
ageTextField = new JTextField();
ageTextField.addKeyListener(new KeyAdapter() {
    public void keyTyped(KeyEvent event) {              //某键按下时调用的方法
        char ch = event.getKeyChar();                   //获取用户键入的字符
        if((ch<'0'||ch>'9')){                           //如果用户输入的信息不为数字
            event.consume();                            //不允许用户键入
        }
    }
});
```

（6）在"添加"按钮的监听事件中，首先判断用户是否输入合法的信息，如果输入合法，则实现将用户添加的信息保存到数据库中，具体代码如下：

```
JButton insertutton = new JButton("添加");
insertutton.addActionListener(new ActionListener() {
    public void actionPerformed(ActionEvent e) {
        String name = nameTextField.getText();          //获取用户添加的姓名信息
        String age = ageTextField.getText();            //获取用户添加的年龄信息
        String dept = deptComboBox.getSelectedItem().toString();
        //获取用户添加的部门信息
        String headship = headshipComboBox.getSelectedItem().toString();
        //获取用户添加的职务信息
        int id = dao.selectIdByHeadship(headship);      //调用根据职务名称查询职务编号方法
        if((name.equals(""))||(age.equals(""))){        //判断用户添加的信息是否为空
            JOptionPane.showMessageDialog(getContentPane(), "将带星号的信息填写完整！","信息提示框",
JOptionPane.INFORMATION_MESSAGE);                        //给出提示信息
            return;                                     //退出程序
        }
        int ageid = Integer.parseInt(age);              //将用户添加的年龄信息转换为整型数据
        DeptDao deptDao = new DeptDao();                //创建保存操作部门表数据方法
        Dept dpt = deptDao.selectDeptByName(dept);      //调用根据部门名称查询部门编号方法
        message.setName(name);                          //设置 JavaBean 对象名称属性
        message.setAge(ageid);
        message.setDept(dpt.getId());
        message.setHeadship(id);
        dao.insertBasicMessage(message);                //调用向员工信息表中添加数据方法
        JOptionPane.showMessageDialog(getContentPane(), "将信息添加成功！",
            "信息提示框", JOptionPane.INFORMATION_MESSAGE);
    }
});
```

20.7.6　删除员工信息实现过程

当用户单击如图 20.16 所示的员工信息窗体中的"删除"按钮后，系统会将用户选择的员工删除，由于笔者在数据库中创建了触发器，因此当用户实现将员工基本信息表中的数据删除时，员工详细信息表中对应的数据也会被删除。

删除员工显示信息的具体实现过程如下。

（1）定义删除员工信息方法 deleteBasicMessage()，该方法以员工编号作为参数，具体代码如下：

```
public void deleteBasicMessage(int id){
    conn = connection.getCon();                                //调用获取数据库连接方法
    String sql = "delete from tb_basicMessage where id ="+id;  //定义删除数据的 SQL 语句
    try {
        Statement statement = conn.createStatement();          //定义 Statement 方法
        statement.executeUpdate(sql);                          //执行删除数据 SQL 语句
    } catch (SQLException e) {
        e.printStackTrace();
    }
}
```

（2）在"删除"按钮的单击事件中，实现删除员工基本信息，此时触发器 triGradeDelete 会自动执行，将对应的员工的详细信息也删除，具体代码如下：

```
JButton deleteButton = new JButton("删除");
deleteButton.addActionListener(new ActionListener() {
    public void actionPerformed(ActionEvent e) {
        int n = JOptionPane.showConfirmDialog(getParent(),
            "确认正确吗？ ","确认对话框", JOptionPane.YES_NO_CANCEL_OPTION);
        if(n == JOptionPane.YES_OPTION){                       //如果用户确认信息
            perdao.deleteBasicMessage(pId);                    //调用删除数据方法
        }
    }
});
```

20.8　在 Eclipse 中实现程序打包

完成了简易腾宇超市管理系统的开发，接下来的工作就是对该系统进行打包并交付用户使用。下面就以在 Eclipse 中将应用程序打包成 JAR 文件为例，来讲解应用程序的打包过程。

将简易腾宇超市管理系统打包成 JAR 文件的步骤如下。

（1）首先编写 JAR 的清单文件，在清单文件中完成 JAR 文件的配置，如闪屏界面、主类名称、类路径等。在 Eclipse 的"包资源管理器"视图中的超市管理管理系统节点上单击鼠标右键，在弹出的快捷菜单中选择"新建"→"文件"命令，打开"新建文件"窗口，如图 20.20 所示，在"文件名"文本框中输入 MANIFEST.MF，单击"完成"按钮，完成 MANIFEST.MF 文件的建立。

（2）双击项目节点中的 MANIFEST.MF 文件，在打开 MANIFEST.MF 文件的编辑器中输入如下代码：

```
Manifest-Version: 1.0
SplashScreen-Image: res/sys_splash.jpg
Main-Class: com.mingrisoft.main.Enter
Class-Path: . lib/sqljdbc.jar
```

上面代码的第 1 行的 Manifest-Version 用于指定清单文件的版本。第 2 行的 SplashScreen-Image 用于指定闪屏界面所使用的图片资源，这里设置为 res/sys_splash.jpg，表示使用的是 res 包中的 sys_splash.jpg 文件。第 3 行的 Main-Class 用于定义 JAR 文件中的主类，这里设置为 com.mingrisoft. main.Enter。第 4 行的 Class-Path 用于设置程序执行时的类路径，运行程序所需的第三方类库，本应用程序使用的是 SQL Server 2014 数据库，所以需要把 SQL Server 数据库的驱动类添加到该类路径中。

> **注意**
>
> 代码中的"："必须要有一个空格字符作为分隔符。Class-Path 中的不同类库要使用空格分割。并且在清单文件的最后一行要有一个空行。

（3）保存 MANIFEST.MF 文件，在"包资源管理器"视图的"腾宇超市管理系统"节点上单击鼠标右键，在弹出的快捷菜单中选择"导出"命令，将打开"导出"窗口，如图 20.21 所示。选择 Java→"JAR 文件"节点，然后单击"下一步"按钮。

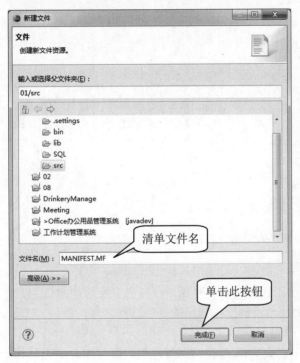

图 20.20　"新建文件"窗口

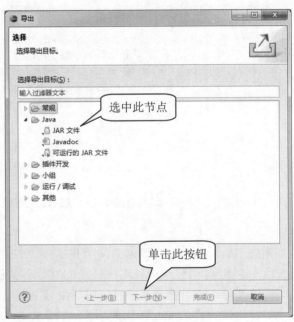

图 20.21　"导出"窗口

（4）在打开的"JAR 导出"窗口中的"JAR 文件"文本框中输入要生成的 JAR 文件的存放路径和文件名，这里输入"D:\超市管理系统\腾宇超市管理系统.jar"，如图 20.22 所示，单击"下一步"按钮。

（5）弹出"JAR 打包选项"界面，选中"导出带有编译错误的类文件"和"导出带有编译警告的类文件"复选框，如图 20.23 所示。因为类文件的编译警告信息不一定会导致程序无法运行，甚至有的警告信息并不影响项目要实现的业务逻辑，单击"下一步"按钮。

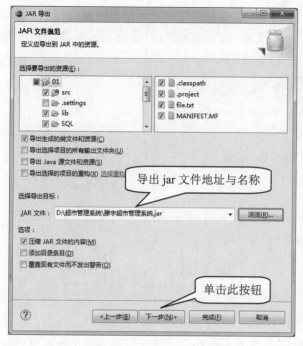
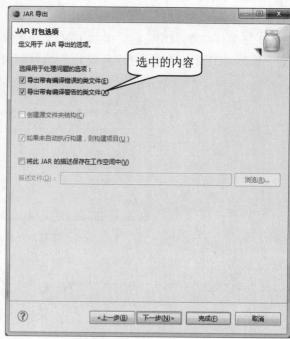

图 20.22 "JAR 导出"窗口　　　　　　　　　图 20.23 "JAR 打包选项"界面

（6）弹出"JAR 清单规范"界面，选中"从工作空间中使用现有清单"单选按钮，单击"清单文件"文本框右侧的"浏览"按钮，从打开的"选择清单"对话框中选择"腾宇超市管理系统"节点中的 MANIFEST.MF 清单文件，单击"确定"按钮。再单击"完成"按钮完成清单文件的选择，如图 20.24 所示。

图 20.24 "JAR 清单规范"界面

（7）打开"计算机"，双击 D 盘里的"超市管理系统"文件夹。在该文件夹中创建 lib 文件夹，如图 20.25 所示。把 JDBC 驱动类的 JAR 文件拷贝到 lib 文件夹中，如果客户端的 Java 环境安装正确的话，鼠标左键双击"超市管理系统.jar"文件就可以运行程序了。

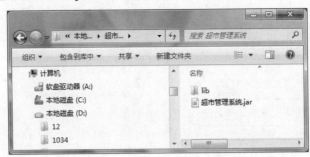

图 20.25　JAR 文件的存放地址

20.9　小　　结

超市管理系统从设计到开发应用了很多关键技术与项目开发技巧，这些技巧在开发中都是很关键的，下面将简略地介绍一下这些关键技术在实际中的用处，希望对读者的二次开发能有帮助。

（1）合理安排项目的包资源结构。例如，本项目中将所有操作数据库的类，都放在以 dao 命名的文件夹下，这样方便查找与后期的维护。

（2）合理地设计窗体的布局。开发的项目是要为用户使用的，因此设计良好的布局是十分关键的，这样可以给用户提供好的服务。

（3）面板的灵活使用。本系统主窗体的内容是随着用户选择的内容的不同而不断地更换的，这可以通过在窗体中更换不同的面板来实现。

（4）在表格中添加特殊内容。表格的默认内容是纯本文形式的，如果要添加特殊的内容要通过渲染器来实现。例如，本系统中在表格中添加按钮。

（5）合理地使用数据对象。数据对象在开发中是非常重要的，如触发器、视图、存储过程等。例如，本系统中在删除员工基本信息时使用了触发器。

第 21 章 学生成绩管理系统
（Java+SQL Server 2014 实现）

随着教育的不断普及，各个学校的学生人数也越来越多。传统的管理方式已不能适应时代的发展。为了提高管理效率，减少学校开支，使用软件管理已成为必然。本章将开发一个学生成绩管理系统。通过本章的学习，可以掌握以下要点：

- ☑ Swing 控件的使用
- ☑ 内部窗体技术的使用
- ☑ JDBC 技术连接数据库

21.1 系 统 概 述

校园学生信息管理工作一直被视为校园管理中的一个瓶颈，积极寻求适应时代要求的校园学生信息管理模式已经成为当前校园管理工作的当务之急，学生信息管理是一门系统、普遍的科学，它是管理科学与教育科学中相互交融的综合性应用科学。学生信息管理范畴主要包括学籍管理、学科管理、课外活动管理、学生成绩管理、生活管理等。传统的人力管理模式既浪费校园人力，同时管理效果又不够明显，当将计算机管理系统深入校园学生信息管理工作时，学生信息管理工作中的数据信息被处理得更加精确，同时计算机管理为实际学生管理工作提供了强有力的数据信息，校方可以根据这些数据信息及时地对各项工作做出调整，使学生管理工作更加人性化。由于篇幅有限，本章将主要设计校园学生信息管理中的学生成绩管理系统。

21.2 系 统 分 析

21.2.1 需求分析

需求分析是系统项目开发的开端，经过与客户需求的沟通与协调，以及实际的调查与分析，本系统应该具有以下功能：

- ☑ 简单、友好的操作窗体，以方便管理员的日常管理工作。
- ☑ 整个系统的操作流程简单，易于操作。

- ☑ 完备的学生成绩管理功能。
- ☑ 全面的系统维护管理，方便系统日后维护工作。
- ☑ 强大的基础信息设置功能。

21.2.2　可行性研究

学生成绩管理系统是学生信息管理工作中的一部分，它一直以来是人们衡量学校优劣的一项重要指标，计算机管理系统深入学生成绩管理工作提高了对学生成绩管理工作的效率，更加有利于学校及时掌握学生的学习成绩、个人自然成长状况等一系列数据信息，通过这些实际数据，学校可以及时调整整个学校的学习管理工作。

21.3　系 统 设 计

21.3.1　系统目标

通过对学生成绩管理工作的调查与研究，要求本系统设计完成后将达到以下目标：
- ☑ 窗体界面设计友好、美观，方便管理员的日常操作。
- ☑ 基本信息的全面设置，数据录入方便、快捷。
- ☑ 数据检索功能强大、灵活，提高日常数据的管理工作。
- ☑ 具有良好的用户维护功能。
- ☑ 最大限度地实现系统易维护性和易操作性。
- ☑ 系统运行稳定、系统数据安全可靠。

21.3.2　系统功能结构

学生成绩管理系统的功能结构如图 21.1 所示。

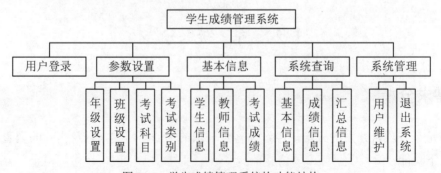

图 21.1　学生成绩管理系统的功能结构

21.3.3 系统预览

学生成绩管理系统由多个窗体组成，下面仅列出几个典型窗体，其他窗体参见资源包中的源程序。
系统用户登录窗体的运行效果如图 21.2 所示，主要用于限制非法用户进入系统内部。

学生成绩管理系统主窗体的运行效果如图 21.3 所示，主要功能是调用执行本系统的所有功能。

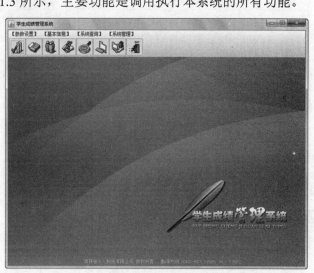

图 21.2 系统用户登录窗体　　　　　　　　　　　图 21.3 学生成绩管理系统主窗体

年级信息设置窗体的运行效果如图 21.4 所示，主要功能是对年级的信息进行增、删、改操作。

学生基本信息管理窗体的运行效果如图 21.5 所示，主要功能是对学生基本信息进行增、删、改操作。

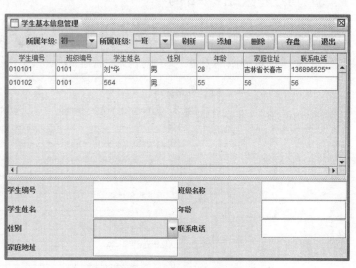

图 21.4 年级信息设置窗体　　　　　　　　　　　图 21.5 学生基本信息管理窗体

基本信息数据查询窗体的效果如图 21.6 所示，主要功能是查询学生的基本信息。

用户数据信息维护窗体的效果如图 21.7 所示，主要功能是完成用户信息的增加、修改和删除。

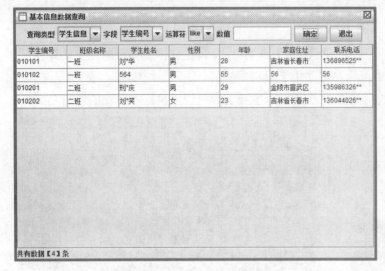

图 21.6　基本信息数据查询窗体　　　　　　　　　图 21.7　用户数据信息维护窗体

21.3.4　构建开发环境

在开发学生成绩管理系统时，需要具备下面的软件环境。

☑　操作系统：Windows 7 以上。

☑　Java 开发包：JDK 8 以上。

☑　数据库：SQL Server 2014。

21.3.5　文件夹组织结构

在进行系统开发前，需要规划文件夹组织结构，即建立多个文件夹，对各个功能模块进行划分，实现统一管理。这样做的好处为易于开发、管理和维护。本系统的文件夹组织结构如图 21.8 所示。

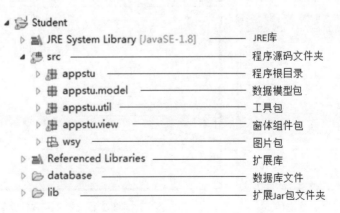

图 21.8　学生成绩管理系统文件夹组织结构

21.4　数据库设计

21.4.1　数据库分析

学生成绩管理系统主要用于管理整个学校的各方面信息，因此除了基本的学生信息表之外，还要设计教师信息表、班级信息表 1 年级信息表等。根据学生的学习成绩结构，设计科目表、考试种类表和考试科目成绩表等。

21.4.2　数据库概念设计

本系统数据库采用 SQL Server 2014 数据库，系统数据库名称为 DB_Student，共包含 8 张表。本系统数据表树状结构如图 21.9 所示，该数据表树状结构图包含系统所有数据表。

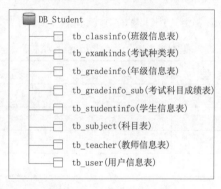

图 21.9　数据表树状结构

21.4.3　数据库逻辑结构设计

图 21.9 中各个表的详细说明如下。

☑　班级信息表

班级信息表 tb_classinfo 主要用于保存班级信息，其结构如表 21.1 所示。

表 21.1　tb_classinfo 结构

字 段 名 称	数 据 类 型	长　　度	是 否 主 键	描　　述
classID	varchar	10	是	班级编号
gradeID	varchar	10		年级编号
className	varchar	20		班级名称

☑ 考试种类表

考试种类表（tb_examkinds）主要用来保存考试种类信息，其结构如表 21.2 所示。

表 21.2 tb_examkinds 结构

字 段 名 称	数 据 类 型	长　　度	是 否 主 键	描　　述
kindID	varchar	20	是	考试类别编号
kindName	varchar	20		考试类别名称

☑ 年级信息表

年级信息表（tb_gradeinfo）用来保存年级信息，其结构如表 21.3 所示。

表 21.3 tb_gradeinfo 结构

字 段 名 称	数 据 类 型	长　　度	是 否 主 键	描　　述
gradeID	varchar	10	是	年级编号
gradeName	varchar	20		年级名称

☑ 考试科目成绩表

考试科目成绩表（tb_gradeinfo_sub）用来保存考试科目成绩信息，其结构如表 21.4 所示。

表 21.4 tb_gradeinfo_sub 结构

字 段 名 称	数 据 类 型	长　　度	是 否 主 键	描　　述
stuid	varchar	10	是	学生编号
stuname	varchar	50		学生姓名
kindID	varchar	10	是	考试类别编号
code	varchar	10	是	考试科目编号
grade	float	8		考试成绩
examdate	datetime	8		考试日期

☑ 学生信息表

学生信息表（tb_studentinfo）用来保存学生信息，其结构如表 21.5 所示。

表 21.5 tb_ studentinfo 结构

字 段 名 称	数 据 类 型	长　　度	是 否 主 键	描　　述
stuid	varchar	10	是	学生编号
classID	varchar	10		班级编号
stuname	varchar	20		学生姓名
sex	varchar	10		学生性别
age	int	4		学生年龄
addr	varchar	50		家庭住址
phone	varchar	20		联系电话

☑ 科目表

科目表（tb_subject）主要用来保存科目信息，其结构如表 21.6 所示。

表 21.6　tb_subject 结构

字 段 名 称	数 据 类 型	长　　度	是 否 主 键	描　　述
code	varchar	10	是	科目编号
subject	varchar	40		科目名称

☑ 教师信息表

教师信息表（tb_teacher）用于保存教师的相关信息，其结构如表 21.7 所示。

表 21.7　tb_teacher 结构

字 段 名 称	数 据 类 型	长　　度	是 否 主 键	描　　述
teaid	varchar	10	是	教师编号
classID	varchar	10		班级编号
teaname	varchar	20		教师姓名
sex	varchar	10		教师性别
knowledge	varchar	20		教师职称
knowlevel	varchar	20		教师等级

☑ 用户信息表

用户信息表（tb_user）主要用来保存用户的相关信息，其结构如表 21.8 所示。

表 21.8　tb_user 结构

字段名称	数据类型	长度	是否主键	描述
userid	varchar	50	是	用户编号
username	varchar	50		用户姓名
pass	varchar	50		用户口令

21.5　公共模块设计

实体类对象主要使用 JavaBean 来结构化后台数据表，完成对数据表的封装。在定义实体类时需要设置与数据表字段相对应的成员变量，并且需要为这些字段设置相应的 get 与 set 方法。

21.5.1　各种实体类的编写

在项目中通常会编写相应的实体类，下面笔者以学生实体类为例说明实体类的编写，它的步骤如下。

（1）在 Eclipse 中，创建类 Obj_student.java，在类中创建与数据表 tb_studentinfo 字段相对应的成员变量。

（2）在 Eclipse 中的菜单栏中选择"源代码"/"生成 Getter 与 Setter"。

这样 Obj_student.java 实体类就创建完成了。它的代码如下：

```java
public class Obj_student {
    private String stuid;              // 定义学生编号变量
    private String classID;            // 定义班级编号变量
    private String stuname;            // 定义学生姓名变量
    private String sex;                // 定义学生性别变量
    private int age;                   // 定义学生年龄变量
    private String address;            // 定义家庭住址变量
    private String phone;              // 定义联系电话变量
    public String getStuid() {
        return stuid;
    }
    public String getClassID() {
        return classID;
    }
    public String getStuname() {
        return stuname;
    }
    public String getSex() {
        return sex;
    }
    public int getAge() {
        return age;
    }
    public String getAddress() {
        return address;
    }
    public String getPhone() {
        return phone;
    }
    public void setStuid(String stuid) {
        this.stuid = stuid;
    }
    public void setClassID(String classID) {
        this.classID = classID;
    }
    public void setStuname(String stuname) {
        this.stuname = stuname;
    }
    public void setSex(String sex) {
```

```
        this.sex = sex;
    }
    public void setAge(int age) {
        this.age = age;
    }
    public void setAddress(String address) {
        this.address = address;
    }
    public void setPhone(String phone) {
        this.phone = phone;
    }
}
```

其他实体类的设计与学生实体类的设计相似，所不同的就是对应的后台表结构有所区别，读者在这里可以参考资源包中的源文件来完成。

21.5.2　操作数据库公共类的编写

1．连接数据库的公共类 CommonaJdbc.java

数据库连接在整个项目开发中占据着非常重要的位置，如果数据库连接失败，功能再强大的系统都不能运行。笔者在 appstu.util 包中建立类 CommonalJdbc.java 文件，在该文件中定义一个静态类型的类变量 connection 用来建立数据库的连接，这样在其他类中就可以直接访问这个变量了，其代码如下：

```
public class CommonaJdbc {
    public static Connection conection = null;
    public CommonaJdbc() {
        getCon();
    }
    private Connection getCon() {
        try {
            Class.forName("com.microsoft.sqlserver.jdbc.SQLServerDriver");
            conection = DriverManager.getConnection(
                    "jdbc:sqlserver://localhost:1433;DatabaseName=DB_Student ", "sa", "123456");
        } catch (java.lang.ClassNotFoundException classnotfound) {
            classnotfound.printStackTrace();
        } catch (java.sql.SQLException sql) {
            new appstu.view.JF_view_error(sql.getMessage());
            sql.printStackTrace();
        }
        return conection;
    }
}
```

2．操作数据库的公共类 JdbcAdapter.java

在 util 包下建立公共类 JdbcAdapter.java 文件，该类封装了对所有数据表的增加、修改、删除操作，前台业务中的相应功能都是通过这个类来完成的，它的设计步骤如下。

（1）该类通过在 21.5.1 节中设计的各种实体对象作为参数，进而执行类中的相应方法。为了保证数据操作的准确性，需要定义一个私有类方法 validateID 来完成数据的验证功能，这个方法首先通过数据表的主键判断数据表中是否存在这条数据：如果存在，则生成数据表的更新语句；如果不存在则生成表的添加语句。该方法的关键代码如下：

```java
private boolean validateID(String id, String tname, String idvalue) {
    String sqlStr = null;
    sqlStr = "select count(*) from " + tname + " where " + id + " = '" + idvalue + "'";    // 定义 SQL 语句
    try {
        con = CommonaJdbc.conection;                                    // 获取数据库连接
        pstmt = con.prepareStatement(sqlStr);                          // 获取 PreparedStatement 实例
        java.sql.ResultSet rs = null;                                  // 获取 ResultSet 实例
        rs = pstmt.executeQuery();                                      // 执行 SQL 语句
        if (rs.next()) {
            if (rs.getInt(1) > 0)                                        // 如果数据表中有值
                return true;                                            // 返回 true 值
        }
    } catch (java.sql.SQLException sql) {                               // 如果产生异常
        sql.printStackTrace();                                          // 输出异常
        return false;                                                   // 返回 false 值
    }
    return false;                                                       // 返回 false 值
}
```

（2）定义一个私有类方法 AdapterObject 用来执行数据表的所有操作，方法参数为生成的 SQL 语句。该方法的关键代码如下：

```java
private boolean AdapterObject(String sqlState) {
    boolean flag = false;
    try {
        con = CommonaJdbc.conection;                                    // 获取数据库连接
        pstmt = con.prepareStatement(sqlState);                        // 获取 PreparedStatement 实例
        pstmt.execute();                                                // 执行该 SQL 语句
        flag = true;                                                    // 将标识量修改为 true
        JOptionPane.showMessageDialog(null, infoStr + "数据成功!!!", "系统提示",
                            JOptionPane.INFORMATION_MESSAGE);           // 弹出相应提示对话框
    } catch (java.sql.SQLException sql) {
        flag = false;
        sql.printStackTrace();
    }
    return flag;                                                        // 将标识量返回
}
```

（3）由于在这个类中封装了所有的表操作，其实现方法都是一样的，因此这里仅以操作学生表的

InsertOrUpdateObject 方法为例进行详细讲解，其他方法的编写读者参考资源包中的源代码。
InsertOrUpdateObject 方法的关键代码如下：

```java
public boolean InsertOrUpdateObject(Obj_student objstudent) {
    String sqlStatement = null;
    if (validateID("stuid", "tb_studentinfo", objstudent.getStuid())) {
        sqlStatement = "Update tb_studentinfo set stuid = '" + objstudent.getStuid() + "',classID = '"
                        + objstudent.getClassID() + "',stuname = '" + objstudent.getStuname() + "',sex = '"
                        + objstudent.getSex() + "',age = '" + objstudent.getAge() + "',addr ='"
                        + objstudent.getAddress() + "',phone = '"
                        + objstudent.getPhone() + "' where stuid = " + objstudent.getStuid().trim() + "'";
        infoStr = "更新学生信息";
    } else {
        sqlStatement = "Insert tb_studentinfo(stuid,classid,stuname,sex,age,addr,phone) values ('"
                        + objstudent.getStuid() + "','" + objstudent.getClassID() + "','" + objstudent.getStuname() + "','"
                        + objstudent.getSex() + "','" + objstudent.getAge() + "','" + objstudent.getAddress() + "','"
                        + objstudent.getPhone() + "')";
        infoStr = "添加学生信息";
    }
    return AdapterObject(sqlStatement);
}
```

（4）定义一个公共方法 InsertOrUpdate_Obj_gradeinfo_sub，用来执行学生成绩存盘操作。这个方法的参数为学生成绩对象 Obj_gradeinfo_sub 数组变量，定义一个 String 类型变量 sqlStr，然后在循环体中调用 stmt 的 addBatch 方法，将 sqlStr 变量放入 Batch 中，最后执行 stmt 的 executeBatch 方法。其关键代码如下：

```java
public boolean InsertOrUpdate_Obj_gradeinfo_sub(Obj_gradeinfo_sub[] object) {
    try {
        con = CommonaJdbc.conection;
        stmt = con.createStatement();
        for (int i = 0; i < object.length; i++) {
            String sqlStr = null;
            if (validateobjgradeinfo(object[i].getStuid(), object[i].getKindID(), object[i].getCode())) {
                sqlStr = "update tb_gradeinfo_sub set stuid = '" + object[i].getStuid() + "',stuname = '"
                            + object[i].getSutname() + "',kindID = '" + object[i].getKindID() + "',code = '"
                            + object[i].getCode() + "',grade = " + object[i].getGrade() + " ,examdate = '"
                            + object[i].getExamdate() + "' where stuid = '" + object[i].getStuid() + "' and kindID = '"
                            + object[i].getKindID() + "' and code = '" + object[i].getCode() + "'";

            } else {
                sqlStr = "insert    tb_gradeinfo_sub(stuid,stuname,kindID,code,grade,examdate)    values ('"
                            + object[i].getStuid() + "','" + object[i].getSutname() + "','" + object[i].getKindID() + "','"
                            + object[i].getCode() + "'," + object[i].getGrade() + ",'" + object[i].getExamdate() + "')";
            }
```

```
            System.out.println("sqlStr = " + sqlStr);
            stmt.addBatch(sqlStr);
        }
        stmt.executeBatch();
        JOptionPane.showMessageDialog(null, "学生成绩数据存盘成功!!!", "系统提示",
                        JOptionPane.INFORMATION_MESSAGE);
    } catch (java.sql.SQLException sqlerror) {
        new appstu.view.JF_view_error("错误信息为：" + sqlerror.getMessage());
        return false;
    }
    return true;
}
```

（5）定义一个公共方法 Delete_Obj_gradeinfo_sub，用来删除学生成绩。该方法的设计与方法 InsertOrUpdate_Obj_gradeinfo_sub 类似，通过循环控制来生成批处理语句，然后执行批处理命令，所不同的就是该方法所生成的语句是删除语句。Delete_Obj_gradeinfo_sub 方法的关键代码如下：

```
public boolean Delete_Obj_gradeinfo_sub(Obj_gradeinfo_sub[] object) {
    try {
        con = CommonaJdbc.conection;
        stmt = con.createStatement();
        for (int i = 0; i < object.length; i++) {
            String sqlStr = null;
            sqlStr = "Delete From tb_gradeinfo_sub   where stuid = '" + object[i].getStuId() + "' and kindID = '"
                    + object[i].getKindID() + "' and code = '"+ object[i].getCode() + "'";
            System.out.println("sqlStr = " + sqlStr);
            stmt.addBatch(sqlStr);
        }
        stmt.executeBatch();
        JOptionPane.showMessageDialog(null, "学生成绩数据数据删除成功!!!", "系统提示",
                        JOptionPane.INFORMATION_MESSAGE);
    } catch (java.sql.SQLException sqlerror) {
        new appstu.view.JF_view_error("错误信息为：" + sqlerror.getMessage());
        return false;
    }
    return true;
}
```

（6）定义一个删除数据表的公共类方法 DeleteObject，用来执行删除数据表的操作，其关键代码如下：

```
public boolean DeleteObject(String deleteSql) {
    infoStr = "删除";
    return AdapterObject(deleteSql);
}
```

3．检索数据的公共类 RetrieveObject.java

数据的检索功能在整个系统中占有重要位置，系统中的所有查询都是通过该公共类实现的，该公共类通过传递的查询语句调用相应的类方法，查询满足条件的数据或者数据集合。笔者在这个公共类中定义了 3 种不同的方法来满足系统的查询要求。

（1）定义一个类的公共方法 getObjectRow，用来检索一条满足条件的数据，该方法返回值类型为 Vector，其关键代码如下：

```java
public Vector getObjectRow(String sqlStr) {
    Vector vdata = new Vector();                                    // 定义一个集合
    connection = CommonaJdbc.conection;                            // 获取一个数据库连接
    try {
        rs = connection.prepareStatement(sqlStr).executeQuery();   // 获取一个 ResultSet 实例
        rsmd = rs.getMetaData();                                    // 获取一个 ResultSetMetaData 实例
        while (rs.next()) {
            for (int i = 1; i <= rsmd.getColumnCount(); i++) {
                vdata.addElement(rs.getObject(i));                 // 将数据库结果集中的数据添加到集合中
            }
        }
    } catch (java.sql.SQLException sql) {
        sql.printStackTrace();
        return null;
    }
    return vdata;                                                   // 将集合返回
}
```

（2）定义一个类的公共方法 getTableCollection，用来检索满足条件的数据集合，该方法返回值类型为 Collection，其关键代码如下：

```java
public Collection getTableCollection(String sqlStr) {
    Collection collection = new Vector();
    connection = CommonaJdbc.conection;
    try {
        rs = connection.prepareStatement(sqlStr).executeQuery();
        rsmd = rs.getMetaData();
        while (rs.next()) {
            Vector vdata = new Vector();
            for (int i = 1; i <= rsmd.getColumnCount(); i++) {
                vdata.addElement(rs.getObject(i));
            }
            collection.add(vdata);
        }
    } catch (java.sql.SQLException sql) {
        new appstu.view.JF_view_error("执行的 SQL 语句为:\n" + sqlStr + "\n 错误信息为：" + sql.getMessage());
        sql.printStackTrace();
        return null;
```

```
    }
    return collection;
}
```

（3）定义类方法 getTableModel 用来生成一个表格数据模型，该方法返回类型为 DefaultTable-Model，该方法中一个数组参数 name 用来生成表模型中的列名，方法 getTableModel 的关键代码如下：

```
public DefaultTableModel getTableModel(String[] name, String sqlStr) {
    Vector vname = new Vector();
    for (int i = 0; i < name.length; i++) {
        vname.addElement(name[i]);
    }
    DefaultTableModel tableModel = new DefaultTableModel(vname, 0);  // 定义一个 DefaultTableModel 实例
    connection = CommonaJdbc.conection;
    try {
        rs = connection.prepareStatement(sqlStr).executeQuery();
        rsmd = rs.getMetaData();
        while (rs.next()) {
            Vector vdata = new Vector();
            for (int i = 1; i <= rsmd.getColumnCount(); i++) {
                vdata.addElement(rs.getObject(i));
            }
            tableModel.addRow(vdata);                           // 将集合添加到表格模型中
        }
    } catch (java.sql.SQLException sql) {
        sql.printStackTrace();
        return null;
    }
    return tableModel;                                          // 将表格模型实例返回
}
```

4. 产生流水号的公共类 ProduceMaxBh.java

在 appstu.util 包下建立公共类文件 ProduceMaxBh.java，在这个类定义一个公共方法 getMaxBh，该方法用来生成一个最大的流水号码，首先通过参数来获得数据表中的最大号码，然后根据这个号码产生一个最大编号，其关键代码如下：

```
public String getMaxBh(String sqlStr, String whereID) {
    appstu.util.RetrieveObject reobject = new RetrieveObject();
    Vector vdata = null;
    Object obj = null;
    vdata = reobject.getObjectRow(sqlStr);
    obj = vdata.get(0);
    String maxbh = null, newbh = null;
    if (obj == null) {
        newbh = whereID + "01";
    } else {
```

396

```
        maxbh = String.valueOf(vdata.get(0));
        String subStr = maxbh.substring(maxbh.length() - 1, maxbh.length());
        subStr = String.valueOf(Integer.parseInt(subStr) + 1);
        if (subStr.length() == 1)
            subStr = "0" + subStr;
        newbh = whereID + subStr;
    }
    return newbh;
}
```

21.6　系统用户登录模块设计

21.6.1　系统用户登录模块概述

系统用户登录模块主要用来验证用户的登录信息，完成用户的登录功能。该模块的运行结果如图 21.10 所示。

图 21.10　系统用户登录窗体

21.6.2　系统用户登录模块技术分析

系统用户登录模块使用的主要技术是如何让窗体居中显示。为了让窗体居中显示，首先要获得显示器的大小。使用 Toolkit 类的 getScreenSize 方法可以获得屏幕的大小，该方法的声明如下：

```
public abstract Dimension getScreenSize() throws HeadlessException
```

但是 Toolkit 类是一个抽象类，不能够使用 new 获得其对象。该类中定义的 getDefaultToolkit()方法可以获得 Toolkit 类型的对象，该方法的声明如下：

```
public static Toolkit getDefaultToolkit()
```

在获得了屏幕的大小之后，通过简单的计算即可让窗体居中显示。

21.6.3 系统用户登录模块实现过程

1. 界面设计

登录窗体的界面设计比较简单，它的具体设计步骤如下：

（1）在 Eclipse 中的"包资源管理器"视图中选择项目，在项目的 src 文件夹上单击鼠标右键，选择"新建"/"其他"菜单项，在弹出"新建"对话框的"输入过滤文本"文本框中输入 JFrame，然后选择 WindowBuilder/Swing Designer/JFrame 节点。

（2）在 New JFrame 对话框中，输入包名为 appstu.view，类名为 JF_login，单击"完成"按钮。该文件继承 javax.swing 包下面的 JFrame 类，JFrame 类提供了一个包含标题、边框和其他平台专用修饰的顶层窗口。

（3）创建类完成后，单击编辑器左下角的 Designer 选项卡，打开 UI 设计器，设置布局管理器类型为 BorderLayout。

（4）在 Palette 控件托盘中选择 Swing Containers 区域中的 JPanel 按钮，将该控件拖曳到 contentPane 控件中，此时该 JPanel 默认放置在整个容器的中部，可以在 Properties 选项卡中的 constraints 对应的属性中修改该控件的布局。同时在 Palette 托盘中选择两个 JLabel、1 个 JTextFiled 和 1 个 JPasswordField 控件放置到 JPanel 容器中。设置这两个 JLabel 的 text 属性为"用户名"和"密码"。

（5）以相同的方式从 Palette 控件托盘中选择 1 个 JPanel 容器拖曳到 contentPane 控件中，设置该面板位于布局管理器的上部，然后在该面板中放置 1 个 JLabel 控件。然后再选择 1 个 JPanel 容器拖曳到 contentPane 控件中，使该面板位于布局管理器的下部，选择两个 JButton 控件放置在该面板中。

根据以上几个步骤就完成了整个用户登录的窗体设计，具体的 UI 设计器的 Property Editor 窗口效果图如图 21.11 所示。

图 21.11　JF_login 类中控件的名称

2. 代码设计

登录窗体的具体设置步骤如下：

（1）当用户输入用户名、密码后，按下 Enter 键，系统校验该用户是否存在。在公共方法 jTextField1_keyPressed 中，定义一个 String 类型变量 sqlSelect 用来生成 SQL 查询语句，然后再定义一个公共类 RetrieveObject 类型变量 retrieve，调用 retrieve 的 getObjectRow 方法，其参数为 sqlSelect，用来判断该用户是否存在。jTextField1_keyPressed 方法的关键代码如下：

```java
public void jTextField1_keyPressed(KeyEvent keyEvent) {
    if (keyEvent.getKeyCode() == KeyEvent.VK_ENTER) {
        String sqlSelect = null;
        Vector vdata = null;
        // 根据用户的输入，查询在数据库中是否存在
        sqlSelect = "select username from tb_user where userid = '" + jTextField1.getText().trim() + "'";
        RetrieveObject retrieve = new RetrieveObject();
        vdata = retrieve.getObjectRow(sqlSelect);              // 调用 getObjectRow 方法执行该 SQL 语句
        if (vdata.size() > 0) {
            jPasswordField1.requestFocus();                   // 焦点放置在密码框中
        } else {
            // 如果该用户名不存在，则弹出相应提示对话框
            JOptionPane.showMessageDialog(null, "输入的用户 ID 不存在，请重新输入!!!", "系统提示",
                                          JOptionPane.ERROR_MESSAGE);
            jTextField1.requestFocus();                       // 焦点放置在用户名文本框中
        }
    }
}
```

（2）如果用户存在，再输入对应的口令，输入的口令正确时，单击"登录"按钮，进入系统。公共方法 jBlogin_actionPerformed 的设计与 jTextField1_keyPressed 方法的设计相似，其关键代码如下：

```java
public void jBlogin_actionPerformed(ActionEvent e) {
    if (jTextField1.getText().trim().length() == 0 || jPasswordField1.getPassword().length == 0) {
        JOptionPane.showMessageDialog(null, "用户密码不允许为空", "系统提示",
                                      JOptionPane.ERROR_MESSAGE);
        return;
    }
    String pass = null;
    pass = String.valueOf(jPasswordField1.getPassword());
    String sqlSelect = null;
    sqlSelect = "select count(*) from tb_user where userid = '" + jTextField1.getText().trim() + "' and pass = '"
              + pass + "'";
    Vector vdata = null;
    appstu.util.RetrieveObject retrieve = new appstu.util.RetrieveObject();
    vdata = retrieve.getObjectRow(sqlSelect);                 // 执行 SQL 语句
    if (Integer.parseInt(String.valueOf(vdata.get(0))) > 0) { // 如果验证成功
        AppMain frame = new AppMain();                        // 实例化系统主窗体
        this.setVisible(false);                               // 设置该主窗体不可见
    } else {                                                   // 如果验证不成功
```

```
        JOptionPane.showMessageDialog(null, "输入的口令不正确,请重新输入!!!", "系统提示",
                            JOptionPane.ERROR_MESSAGE);      // 弹出相应消息对话框
        jTextField1.setText(null);                          // 将用户名文本框置空
        jPasswordField1.setText(null);                      // 将密码文本框置空
        jTextField1.requestFocus();                         // 将焦点放置在用户名文本框中
        return;
    }
}
```

21.7　主窗体模块设计

21.7.1　主窗体模块概述

　　用户登录成功后，进入系统主界面，在主界面中主要完成对学生成绩信息的不同操作，其中包括各种参数的基本设置，学生/教师基本信息的录入、查询，成绩信息的录入、查询等功能。主窗体运行效果如图 21.12 所示。

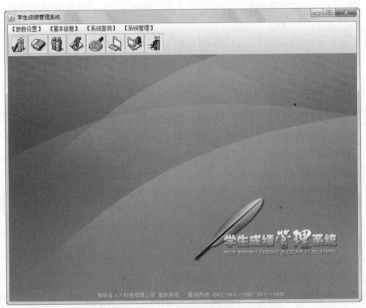

图 21.12　学生成绩管理系统主窗体

21.7.2　主窗体模块技术分析

　　主窗体模块用到的主要技术是 JDesktopPane 类的使用。JDesktopPane 类用于创建多文档界面或虚拟桌面的容器。用户可创建 JInternalFrame 对象并将其添加到 JDesktopPane。JDesktopPane 扩展了 JLayeredPane，以管理可能的重叠内部窗体。它还维护了对 DesktopManager 实例的引用，这是由 UI 类为当前的外观(L&F)所设置的。注意，JDesktopPane 不支持边界。

JDesktopPane 类通常用作 JInternalFrame 的父类，为 JInternalFrame 提供一个可插入的 DesktopManager 对象。特定于 L&F 的实现 installUI 负责正确设置 desktopManager 变量。JInternalFrame 的父类是 JDesktopPane 时，它应该将其大部分行为（关闭、调整大小等）委托给 desktopManager。

本模块使用了 JDesktopPane 类继承的 add 方法，它可以将指定的控件增加到指定的层次上，该方法的声明如下：

```
public Component add(Component comp,int index)。
```

☑　comp：要添加的控件。
☑　index：添加的控件的层次位置。

21.7.3　主窗体模块实现过程

1. 界面设计

主界面的设计不是十分复杂，主要工作是在代码设计中完成。这里主要给出 UI 控件结构图，如图 21.13 所示。

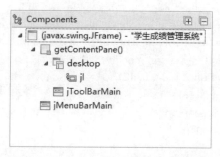

图 21.13　AppMain 类中控件的名称

2. 代码设计

在主窗体中分别定义以下几个类的实例变量和公共方法：变量 JmenuBar 和 JToolBar（用来生成主界面中的主菜单和工具栏）、变量 MenuBarEvent（用来响应用户操作）和变量 JdesktopPane（用来生成放置控件的桌面面板）。定义完实例变量之后，开始定义创建主菜单的私有方法 BuildMenuBar 和创建工具栏的私有方法 BuildToolBar，其关键代码如下：

```
public class AppMain extends JFrame {
    // 省略部分代码
    public static JDesktopPane desktop = new JDesktopPane();
    MenuBarEvent _MenuBarEvent = new MenuBarEvent();        // 自定义事件类处理
    JMenuBar jMenuBarMain = new JMenuBar();                 // 定义界面中的主菜单控件
    JToolBar jToolBarMain = new JToolBar();                 // 定义界面中的工具栏控件
    private void BuildMenuBar() {                           // 定义生成主菜单的公共方法
    }
    private void BuildToolBar() {                           // 定义生成工具栏的公共方法
```

```
        }
    // 省略部分代码
}
```

下面分别详细讲述设置菜单栏与工具栏的方法。

（1）生成菜单的私有方法 BuildMenuBar 实现过程：首先定义菜单对象数组用来生成整个系统中的业务主菜单，然后定义主菜单中的子菜单项目，用来添加到主菜单中，为子菜单实现响应用户的单击的操作方法。关键代码如下：

```
private void BuildMenuBar() {
    JMenu[] _jMenu = { new JMenu("【参数设置】"), new JMenu("【基本信息】"), new JMenu("【系统查询】"),
                    new JMenu("【系统管理】") };
    JMenuItem[] _jMenuItem0 = { new JMenuItem("【年级设置】"), new JMenuItem("【班级设置】"),
                        new JMenuItem("【考试科目】"), new JMenuItem("【考试类别】") };
    String[] _jMenuItem0Name = { "sys_grade", "sys_class", "sys_subject", "sys_examkinds" };
    JMenuItem[] _jMenuItem1 = { new JMenuItem("【学生信息】"), new JMenuItem("【教师信息】"),
                        new JMenuItem("【考试成绩】") };
    String[] _jMenuItem1Name = { "JF_view_student", "JF_view_teacher", "JF_view_gradesub" };
    JMenuItem[] _jMenuItem2 = { new JMenuItem("【基本信息】"), new JMenuItem("【成绩信息】"),
                        new JMenuItem("【汇总查询】") };
    String[] _jMenuItem2Name = { "JF_view_query_jbqk", "JF_view_query_grade_mx", "JF_view_query_grade_hz" };
    JMenuItem[] _jMenuItem3 = { new JMenuItem("【用户维护】"), new JMenuItem("【系统退出】") };
    String[] _jMenuItem3Name = { "sys_user_modify", "JB_EXIT" };
    Font _MenuItemFont = new Font("宋体", 0, 12);
    for (int i = 0; i < _jMenu.length; i++) {
        _jMenu[i].setFont(_MenuItemFont);
        jMenuBarMain.add(_jMenu[i]);
    }
    for (int j = 0; j < _jMenuItem0.length; j++) {
        _jMenuItem0[j].setFont(_MenuItemFont);
        final String EventName1 = _jMenuItem0Name[j];
        _jMenuItem0[j].addActionListener(_MenuBarEvent);
        _jMenuItem0[j].addActionListener(new ActionListener() {
            @Override
            public void actionPerformed(ActionEvent e) {
                _MenuBarEvent.setEventName(EventName1);
            }
        });
        _jMenu[0].add(_jMenuItem0[j]);
        if (j == 1) {
            _jMenu[0].addSeparator();
        }
    }
    for (int j = 0; j < _jMenuItem1.length; j++) {
        _jMenuItem1[j].setFont(_MenuItemFont);
```

```java
            final String EventName1 = _jMenuItem1Name[j];
            _jMenuItem1[j].addActionListener(_MenuBarEvent);
            _jMenuItem1[j].addActionListener(new ActionListener() {
                @Override
                public void actionPerformed(ActionEvent e) {
                    _MenuBarEvent.setEventName(EventName1);
                }
            });
            _jMenu[1].add(_jMenuItem1[j]);
            if (j == 1) {
                _jMenu[1].addSeparator();
            }
        }
        for (int j = 0; j < _jMenuItem2.length; j++) {
            _jMenuItem2[j].setFont(_MenuItemFont);
            final String EventName2 = _jMenuItem2Name[j];
            _jMenuItem2[j].addActionListener(_MenuBarEvent);
            _jMenuItem2[j].addActionListener(new ActionListener() {
                @Override
                public void actionPerformed(ActionEvent e) {
                    _MenuBarEvent.setEventName(EventName2);
                }
            });
            _jMenu[2].add(_jMenuItem2[j]);
            if ((j == 0)) {
                _jMenu[2].addSeparator();
            }
        }
        for (int j = 0; j < _jMenuItem3.length; j++) {
            _jMenuItem3[j].setFont(_MenuItemFont);
            final String EventName3 = _jMenuItem3Name[j];
            _jMenuItem3[j].addActionListener(_MenuBarEvent);
            _jMenuItem3[j].addActionListener(new ActionListener() {
                @Override
                public void actionPerformed(ActionEvent e) {
                    _MenuBarEvent.setEventName(EventName3);
                }
            });
            _jMenu[3].add(_jMenuItem3[j]);
            if (j == 0) {
                _jMenu[3].addSeparator();
            }
        }
    }
}
```

（2）界面的主菜单设计完成之后，通过私有方法 BuildToolBar 进行工具栏的创建。定义 3 个 String

类型的局部数组变量，为工具栏上的按钮设置不同的数值，定义 JButton 控件，添加到实例变量 JToolBarMain 中。关键代码如下：

```
private void BuildToolBar() {
    String ImageName[] = { "科目设置.GIF", "班级设置.gif", "添加学生.gif", "录入成绩.GIF", "基本查询.GIF",
                          "成绩明细.GIF", "年级汇总.GIF", "系统退出.GIF" };
    String TipString[] = { "成绩科目设置", "学生班级设置", "添加学生", "录入考试成绩", "基本信息查询",
                          "考试成绩明细查询", "年级成绩汇总", "系统退出" };
    String ComandString[] = { "sys_subject", "sys_class", "JF_view_student", "JF_view_gradesub",
                    "JF_view_query_jbqk", "JF_view_query_grade_mx","JF_view_query_grade_hz", "JB_EXIT" };
    for (int i = 0; i < ComandString.length; i++) {
        JButton jb = new JButton();
        ImageIcon image = new ImageIcon(".\\images\\" + ImageName[i]);
        jb.setIcon(image);
        jb.setToolTipText(TipString[i]);
        jb.setActionCommand(ComandString[i]);
        jb.addActionListener(_MenuBarEvent);
        jToolBarMain.add(jb);
    }
}
```

21.8   班级信息设置模块设计

21.8.1   班级信息设置模块概述

班级信息设置用来维护班级的基本情况，包括对班级信息的添加、修改和删除等操作。在系统菜单栏中选择"参数设置"/"班级设置"选项，进入班级信息设置模块，其运行结果如图 21.14 所示。

班级编号	年级编号	班级名称
0101	01	一班
0102	01	二班
0201	02	一班
0202	02	二班
0203	02	三班
0301	03	一班

图 21.14   班级信息设置窗体运行效果图

21.8.2 班级信息设置模块技术分析

班级信息设置模块用到的主要技术是内部窗体的创建。通过继承 JInternalFrame 类，可以创建一个内部窗体。JInternalFrame 提供很多本机窗体功能的轻量级对象，这些功能包括拖动、关闭、变成图标、调整大小、标题显示和支持菜单栏。通常，可将 JInternalFrame 添加到 JDesktopPane 中。UI 将特定于外观的操作委托给由 JDesktopPane 维护的 DesktopManager 对象。

JInternalFrame 内容窗格是添加子控件的地方。为了方便地使用 add 方法及其变体，已经重写了 remove 和 setLayout，以在必要时将其转发到 contentPane。这意味着可以编写：

```
internalFrame.add(child);
```

子级将被添加到 contentPane。内容窗格实际上由 JRootPane 的实例管理，它还管理 layoutPane、glassPane 和内部窗体的可选菜单栏。

21.8.3 班级信息设置模块实现过程

1. 界面设计

班级信息设置模块设计的窗体 UI 结构图如图 21.15 所示。

图 21.15 JF_view_sysset_class 类中控件的名称

2. 代码设计

（1）通过调用上文中讲解的公共类 JdbcAdapter.java，完成对班级信息表 tb_classinfo 的相应操作。执行该模块程序，首先从数据表中检索出班级的基本信息，如果存在数据用户单击某一条数据之后可以对其进行修改、删除等操作。定义一个 boolean 实例变量 insertflag，用来标志操作数据库的类型，然后定义一个私有方法 buildTable，用来检索班级数据。其关键代码如下：

```
private void buildTable() {
```

```
        DefaultTableModel tablemodel = null;                    // 设置表格模型变量
        String[] name = { "班级编号", "年级编号", "班级名称" };      // 设置表头数组
        String sqlStr = "select * from tb_classinfo";            // 定义 SQL 语句
        appstu.util.RetrieveObject bdt = new appstu.util.RetrieveObject();
        tablemodel = bdt.getTableModel(name, sqlStr);            // 调用 getTableModel 方法获取一个表格模型实例
        jTable1.setModel(tablemodel);                            // 将表格模型放置在表格中
        jTable1.setRowHeight(24);                                // 设置表格的行高为 24
    }
```

（2）单击"添加"按钮，用来增加一条新的数据信息。在公共方法 jBadd_actionPerformed 中定义局部字符串变量 sqlStr，用来生成查询最大编号的 SQL 语句，然后调用公共类 ProduceMaxBh 的 getMaxBh 方法生成最大编号，并显示在文本框中。其关键代码如下：

```
public void jBadd_actionPerformed(ActionEvent e) {
    // 获得年级名称
    if (jComboBox1.getItemCount() <= 0)
        return;
    int index = jComboBox1.getSelectedIndex();
    String gradeid = gradeID[index];
    String sqlStr = null, classid = null;
    sqlStr = "SELECT MAX(classID) FROM tb_classinfo where gradeID = '" + gradeid + "'";
    ProduceMaxBh pm = new appstu.util.ProduceMaxBh();
    System.out.println("我在方法 item 中" + sqlStr + "; index = " + index);
    classid = pm.getMaxBh(sqlStr, gradeid);
    jTextField1.setText(String.valueOf(jComboBox1.getSelectedItem()));
    jTextField2.setText(classid);
    jTextField3.setText("");
    jTextField3.requestFocus();
}
```

（3）用户单击表格上的某条数据后，程序会将这条数据填写到 jPanel2 面板上的相应控件上，以方便用户进行相应的操作，在公共方法 jTable1_mouseClicked 中定义一个 String 类型的局部变量 sqlStr，用来生成 SQL 查询语句，然后调用公共类 RetrieveObject 的 getObjectRow 方法，进行数据查询，如果找到数据则将该数据解析显示给用户，其关键代码如下：

```
public void jTable1_mouseClicked(MouseEvent e) {
    insertflag = false;
    String id = null;
    String sqlStr = null;
    int selectrow = 0;
    selectrow = jTable1.getSelectedRow();                       // 获取表格选定的行数
    if (selectrow < 0)
        return;                                                 // 如果该行数小于 0，则返回
    id = jTable1.getValueAt(selectrow, 0).toString();           // 返回第 selectrow 行，第一列的单元格值
    // 根据编辑号内连接查询班级信息表与年级信息表中的基本信息
    sqlStr = "SELECT c.classID, d.gradeName, c.className FROM tb_classinfo c INNER JOIN " +
```

```
            " tb_gradeinfo d ON c.gradeID = d.gradeID where c.classID = '" + id + "'";
        Vector vdata = null;
        RetrieveObject retrive = new RetrieveObject();
        vdata = retrive.getObjectRow(sqlStr);                    // 执行 SQL 语句返回一个集合
        jComboBox1.removeAllItems();
        jTextField1.setText(vdata.get(0).toString());
        jComboBox1.addItem(vdata.get(1));
        jTextField2.setText(vdata.get(2).toString());
    }
```

（4）当对年级列表选择框 jComboBox1 进行赋值时，会自动触发 itemStateChanged 事件，为了解决对列表框的不同赋值操作（如浏览和删除），用到了实例变量 insertflag 进行判断。编写公共方法 jComboBox1_itemStateChanged 的关键代码如下：

```
public void jComboBox1_itemStateChanged(ItemEvent e) {
    if (insertflag) {
        String gradeID = null;
        gradeID = "0" + String.valueOf(jComboBox1.getSelectedIndex() + 1);
        ProduceMaxBh pm = new appstu.util.ProduceMaxBh();
        String sqlStr = null, classid = null;
        sqlStr = "SELECT MAX(classID) FROM tb_classinfo where gradeID = '" + gradeID + "'";
        classid = pm.getMaxBh(sqlStr, gradeID);
        jTextField1.setText(classid);
    } else {
        jTextField1.setText(String.valueOf(jTable1.getValueAt(jTable1.getSelectedRow(), 0)));
    }
}
```

（5）单击"删除"按钮，删除某一条班级数据信息。在公共方法 jBdel_actionPerformed 中定义字符串类型的局部变量 sqlDel，用来生成班级的删除语句，然后调用公共类的 JdbcAdapter 的 DeleteObject 方法。相关代码如下：

```
public void jBdel_actionPerformed(ActionEvent e) {
    int result = JOptionPane.showOptionDialog(null, "是否删除班级信息数据?", "系统提示",
        JOptionPane.YES_NO_OPTION, JOptionPane.QUESTION_MESSAGE, null, new String[] {"是", "否" }, "否");
    if (result == JOptionPane.NO_OPTION)
        return;
    String sqlDel = "delete tb_classinfo where classID = '" + jTextField2.getText().trim() + "'";
    JdbcAdapter jdbcAdapter = new JdbcAdapter();
    if (jdbcAdapter.DeleteObject(sqlDel)) {
        jTextField1.setText("");
        jTextField2.setText("");
        jTextField3.setText("");
        buildTable();
    }
}
```

（6）单击"存盘"按钮，将数据保存在数据表中。在方法 jBsave_actionPerformed 中定义实体类对象 Obj_classinfo，变量名为 objclassinfo，然后通过 set 方法为 objclassinfo 赋值，然后调用公共类 JdbcAdapter 的 InsertOrUpdateObject 方法，完成存盘操作，其参数为 objclassinfo。关键代码如下：

```java
public void jBsave_actionPerformed(ActionEvent e) {
    int result = JOptionPane.showOptionDialog(null, "是否存盘班级信息数据?", "系统提示",
        JOptionPane.YES_NO_OPTION, JOptionPane.QUESTION_MESSAGE, null, new String[] {"是", "否" }, "否");
    if (result == JOptionPane.NO_OPTION)
        return;
    int index = jComboBox1.getSelectedIndex();
    String gradeid = gradeID[index];
    appstu.model.Obj_classinfo objclassinfo = new appstu.model.Obj_classinfo();
    objclassinfo.setClassID(jTextField2.getText().trim());
    objclassinfo.setGradeID(gradeid);
    objclassinfo.setClassName(jTextField3.getText().trim());
    JdbcAdapter jdbcAdapter = new JdbcAdapter();
    if (jdbcAdapter.InsertOrUpdateObject(objclassinfo))
        buildTable();
}
```

21.9　学生基本信息管理模块设计

21.9.1　学生基本信息管理模块概述

学生基本信息管理模块用来管理学生基本信息，包括学生信息的添加、修改、删除、存盘等功能。单击菜单"基本信息"/"学生信息"选项，进入该模块，其运行结果如图 21.16 所示。

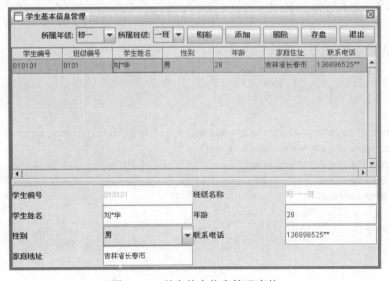

图 21.16　学生基本信息管理窗体

21.9.2　学生基本信息管理模块技术分析

学生基本信息管理模块中用到的主要技术是 JSplitPane 的使用。JSplitPane 用于分隔两个（只能两个）Component。两个 Component 图形化分隔以外观实现为基础，并且这两个 Component 可以由用户交互式调整大小。使用 JSplitPane.HORIZONTAL_SPLIT 可让分隔窗格中的两个 Component 从左到右排列，或者使用 JSplitPane.VERTICAL_SPLIT 使其从上到下排列。改变 Component 大小的首选方式是调用 setDividerLocation，其中 location 是新的 x 或 y 位置，具体取决于 JSplitPane 的方向。要将 Component 调整到其首选大小，可调用 resetToPreferredSizes。

当用户调整 Component 的大小时，Component 的最小大小用于确定 Component 能够设置的最大/最小位置。如果两个控件的最小大小大于分隔窗格的大小，则分隔条将不允许调整其大小。当用户调整分隔窗格大小时，新的空间以 resizeWeight 为基础在两个控件之间分配。默认情况下，值为 0 表示右边/底部的控件获得所有空间，而值为 1 表示左边/顶部的控件获得所有空间。

21.9.3　学生基本信息管理模块实现过程

1. 界面设计

学生基本信息管理模块设计的窗体 UI 结构如图 21.17 和图 21.18 所示。

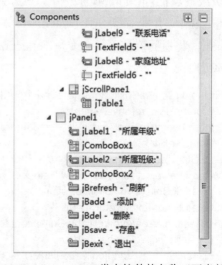

图 21.17　JF_view_student 类中控件的名称（上半部分）　图 21.18 JF_view_student 类中控件的名称（下半部分）

2. 代码设计

（1）用户进入该模块后，程序首先从数据表中检索出学生的基本信息，如果检索到学生的基本信息，那么用户在单击某一条数据之后可以对该数据进行修改、删除等操作，公共类 JdbcAdapter 是对学生信息表 tb_studentinfo 进行相应操作。下面请读者来看一下检索数据的功能，单击 JF_view_student 类的 Source 代码编辑窗口，首先导入 util 公共包下的相应类文件，定义两个 String 类型的数组变量

gradeID，classID 其初始值为 null，用来存储年级编号和班级编号，然后定义一个公有方法 initialize 用来检索班级数据，其关键代码如下：

```java
public void initialize() {
    String sqlStr = null;
    sqlStr = "select gradeID,gradeName from tb_gradeinfo";
    RetrieveObject retrieve = new RetrieveObject();
    java.util.Collection collection = null;
    java.util.Iterator iterator = null;
    collection = retrieve.getTableCollection(sqlStr);
    iterator = collection.iterator();
    gradeID = new String[collection.size()];
    int i = 0;
    while (iterator.hasNext()) {
        java.util.Vector vdata = (java.util.Vector) iterator.next();
        gradeID[i] = String.valueOf(vdata.get(0));
        jComboBox1.addItem(vdata.get(1));
        i++;
    }
}
```

（2）用户选择年级列表框（jComboBox1）数据后，系统会自动检索出年级下面的班级数据，并放入到班级列表框（jComboBox2）中，在公共方法 jComboBox1_itemStateChanged 中，定义一个 String 类型变量 sqlStr，用来存储 SQL 查询语句，执行公共类 RetrieveObject 的方法 getTableCollection，其参数为 sqlStr，将返回值放入集合变量 collection 中，然后将集合中的数据存放到班级列表框控件中，其关键代码如下：

```java
public void jComboBox1_itemStateChanged(ItemEvent e) {
    jComboBox2.removeAllItems();
    int Index = jComboBox1.getSelectedIndex();
    String sqlStr = null;
    sqlStr = "select classID,className from tb_classinfo where gradeID = '" + gradeID[Index] + "'";
    RetrieveObject retrieve = new RetrieveObject();
    java.util.Collection collection = null;
    java.util.Iterator iterator = null;
    collection = retrieve.getTableCollection(sqlStr);
    iterator = collection.iterator();
    classID = new String[collection.size()];
    int i = 0;
    while (iterator.hasNext()) {
        java.util.Vector vdata = (java.util.Vector) iterator.next();
        classID[i] = String.valueOf(vdata.get(0));
        jComboBox2.addItem(vdata.get(1));
        i++;
    }
}
```

（3）用户选择班级列表框（jComboBox2）数据后，系统自动检索出该班级下的所有学生数据，方法 jComboBox2_itemStateChanged 的关键代码如下：

```
public void jComboBox2_itemStateChanged(ItemEvent e) {
    if (jComboBox2.getSelectedIndex() < 0)
        return;
    String cid = classID[jComboBox2.getSelectedIndex()];
    DefaultTableModel tablemodel = null;
    String[] name = { "学生编号", "班级编号", "学生姓名", "性别", "年龄", "家庭住址", "联系电话" };
    String sqlStr = "select * from tb_studentinfo where classid = '" + cid + "'";
    appstu.util.RetrieveObject bdt = new appstu.util.RetrieveObject();
    tablemodel = bdt.getTableModel(name, sqlStr);
    jTable1.setModel(tablemodel);
    jTable1.setRowHeight(24);
}
```

（4）用户单击表格中的某条数据后，系统会将学生的信息读取到面板 jPanel1 的控件上来，以供用户进行操作，其关键代码如下：

```
public void jTable1_mouseClicked(MouseEvent e) {
    String id = null;
    String sqlStr = null;
    int selectrow = 0;
    selectrow = jTable1.getSelectedRow();
    if (selectrow < 0)
        return;
    id = jTable1.getValueAt(selectrow, 0).toString();
    sqlStr = "select * from tb_studentinfo where stuid = '" + id + "'";
    Vector vdata = null;
    RetrieveObject retrive = new RetrieveObject();
    vdata = retrive.getObjectRow(sqlStr);
    String gradeid = null, classid = null;
    String gradename = null, classname = null;
    Vector vname = null;
    classid = vdata.get(1).toString();
    gradeid = classid.substring(0, 2);
    vname = retrive.getObjectRow("select className from tb_classinfo where classID = '" + classid + "'");
    classname = String.valueOf(vname.get(0));
    vname = retrive.getObjectRow("select gradeName from tb_gradeinfo where gradeID = '" + gradeid + "'");
    gradename = String.valueOf(vname.get(0));
    jTextField1.setText(vdata.get(0).toString());
    jTextField2.setText(gradename + classname);
    jTextField3.setText(vdata.get(2).toString());
    jTextField4.setText(vdata.get(4).toString());
    jTextField5.setText(vdata.get(6).toString());
    jTextField6.setText(vdata.get(5).toString());
```

```
    jComboBox3.removeAllItems();
    jComboBox3.addItem(vdata.get(3).toString());
}
```

（5）单击"添加"按钮，进行录入操作，这里我们主要看一下最大流水号的生成，其中公共方法 jBadd_actionPerformed 的关键代码如下：

```
public void jBadd_actionPerformed(ActionEvent e) {
    String classid = null;
    int index = jComboBox2.getSelectedIndex();
    if (index < 0) {
        JOptionPane.showMessageDialog(null, "班级名称为空,请重新选择班级", "系统提示",
                                    JOptionPane.ERROR_MESSAGE);
        return;
    }
    classid = classID[index];
    String sqlMax = "select max(stuid) from tb_studentinfo where classID = '" + classid + "'";
    ProduceMaxBh pm = new appstu.util.ProduceMaxBh();
    String stuid = null;
    stuid = pm.getMaxBh(sqlMax, classid);
    jTextField1.setText(stuid);
    jTextField2.setText(jComboBox2.getSelectedItem().toString());
    jTextField3.setText("");
    jTextField4.setText("");
    jTextField5.setText("");
    jTextField6.setText("");
    jComboBox3.removeAllItems();
    jComboBox3.addItem("男");
    jComboBox3.addItem("女");
    jTextField3.requestFocus();
}
```

（6）单击"删除"按钮，删除学生信息，其中公共方法 jBdel_actionPerformed 的关键代码如下：

```
public void jBdel_actionPerformed(ActionEvent e) {
    if (jTextField1.getText().trim().length() <= 0)
        return;
    int result = JOptionPane.showOptionDialog(null, "是否删除学生的基本信息数据?", "系统提示",
        JOptionPane.YES_NO_OPTION, JOptionPane.QUESTION_MESSAGE, null, new String[] {"是", "否" }, "否");
    if (result == JOptionPane.NO_OPTION)
        return;
    String sqlDel = "delete tb_studentinfo where stuid = '" + jTextField1.getText().trim() + "'";
    JdbcAdapter jdbcAdapter = new JdbcAdapter();
    if (jdbcAdapter.DeleteObject(sqlDel)) {
        jTextField1.setText("");
        jTextField2.setText("");
```

```
        jTextField3.setText("");
        jTextField4.setText("");
        jTextField5.setText("");
        jTextField6.setText("");
        jComboBox1.removeAllItems();
        jComboBox3.removeAllItems();
        ActionEvent event = new ActionEvent(jBrefresh, 0, null);
        jBrefresh_actionPerformed(event);
    }
}
```

（7）单击"存盘"按钮，对数据进行存盘操作，其中公共方法 jBsave_actionPerformed 的关键代码如下：

```
public void jBsave_actionPerformed(ActionEvent e) {
    int result = JOptionPane.showOptionDialog(null, "是否存盘学生基本数据信息?", "系统提示",
        JOptionPane.YES_NO_OPTION, JOptionPane.QUESTION_MESSAGE, null, new String[] { "是", "否" }, "否");
    if (result == JOptionPane.NO_OPTION)
        return;
    appstu.model.Obj_student object = new appstu.model.Obj_student();
    String classid = classID[Integer.parseInt(String.valueOf(jComboBox2.getSelectedIndex()))];
    object.setStuid(jTextField1.getText().trim());
    object.setClassID(classid);
    object.setStuname(jTextField3.getText().trim());
    int age = 0;
    try {
        age = Integer.parseInt(jTextField4.getText().trim());
    } catch (java.lang.NumberFormatException formate) {
        JOptionPane.showMessageDialog(null, "数据录入有误，错误信息:\n" + formate.getMessage(),
                                "系统提示", JOptionPane.ERROR_MESSAGE);
        jTextField4.requestFocus();
        return;
    }
    object.setAge(age);
    object.setSex(String.valueOf(jComboBox3.getSelectedItem()));
    object.setPhone(jTextField5.getText().trim());
    object.setAddress(jTextField6.getText().trim());
    appstu.util.JdbcAdapter adapter = new appstu.util.JdbcAdapter();
    if (adapter.InsertOrUpdateObject(object)) {
        ActionEvent event = new ActionEvent(jBrefresh, 0, null);
        jBrefresh_actionPerformed(event);
    }
}
```

21.10 学生考试成绩信息管理模块设计

21.10.1 学生考试成绩信息管理模块概述

学生考试成绩信息管理模块主要是对学生成绩信息进行管理，包括修改、添加、删除、存盘等。单击菜单"基本信息"/"考试成绩"选项，进入该模块，运行结果如图 21.19 所示。

图 21.19 学生考试成绩信息管理窗体

21.10.2 学生考试成绩管理模块技术分析

学生考试成绩信息管理模块使用的主要技术是 Vector 类的应用。Vector 类可以实现长度可变的对象数组。与数组一样，它包含可以使用整数索引进行访问的控件。但是，Vector 的大小可以根据需要增大或缩小，以适应创建 Vector 后进行添加或移除项的操作。

每个 Vector 对象会试图通过维护 capacity 和 capacityIncrement 来优化存储管理。capacity 始终至少与 Vector 的大小相等；这个值通常比后者大些，因为随着将控件添加到 Vector 中，其存储将按 capacityIncrement 的大小增加存储块。应用程序可以在插入大量控件前增加 Vector 的容量；这样就减少了增加的重分配的量。

21.10.3　学生考试成绩信息管理模块实现过程

1．界面设计

学生考试成绩信息管理模块设计的窗体 UI 结构图如图 21.20 所示。

图 21.20　JF_view_gradesub 类中控件的名称

2．代码设计

（1）该模块初始化时，首先获取所有的考试种类和班级，显示在 JComboBox 下拉列表中，然后获取当前的日期，对开始日期文本框的值进行初始化，代码如下：

```
public void initialize() {
    RetrieveObject retrieve = new RetrieveObject();
    java.util.Vector vdata = new java.util.Vector();
    String sqlStr = null;
    java.util.Collection collection = null;
    java.util.Iterator iterator = null;
    sqlStr = "SELECT * FROM tb_examkinds";
    collection = retrieve.getTableCollection(sqlStr);
    iterator = collection.iterator();
    examkindid = new String[collection.size()];
    examkindname = new String[collection.size()];
    int i = 0;
    while (iterator.hasNext()) {
        vdata = (java.util.Vector) iterator.next();
        examkindid[i] = String.valueOf(vdata.get(0));
        examkindname[i] = String.valueOf(vdata.get(1));
        jComboBox1.addItem(vdata.get(1));
```

```
        i++;
    }
    sqlStr = "select * from tb_classinfo";
    collection = retrieve.getTableCollection(sqlStr);
    iterator = collection.iterator();
    classid = new String[collection.size()];
    i = 0;
    while (iterator.hasNext()) {
        vdata = (java.util.Vector) iterator.next();
        classid[i] = String.valueOf(vdata.get(0));
        jComboBox2.addItem(vdata.get(2));
        i++;
    }
    sqlStr = "select * from tb_subject";
    collection = retrieve.getTableCollection(sqlStr);
    iterator = collection.iterator();
    subjectcode = new String[collection.size()];
    subjectname = new String[collection.size()];
    i = 0;
    while (iterator.hasNext()) {
        vdata = (java.util.Vector) iterator.next();
        subjectcode[i] = String.valueOf(vdata.get(0));
        subjectname[i] = String.valueOf(vdata.get(1));

        i++;
    }
    long nCurrentTime = System.currentTimeMillis();
    java.util.Calendar calendar = java.util.Calendar.getInstance(new Locale("CN"));
    calendar.setTimeInMillis(nCurrentTime);
    int year = calendar.get(Calendar.YEAR);
    int month = calendar.get(Calendar.MONTH) + 1;
    int day = calendar.get(Calendar.DAY_OF_MONTH);
    String mm, dd;
    if (month < 10) {
        mm = "0" + String.valueOf(month);
    } else {
        mm = String.valueOf(month);
    }
    if (day < 10) {
        dd = "0" + String.valueOf(day);
    } else {
        dd = String.valueOf(day);
    }
    java.sql.Date date = java.sql.Date.valueOf(year + "-" + mm + "-" + dd);
    jTextField1.setText(String.valueOf(date));
}
```

（2）单击学生信息表格中的某个学生的信息，如果该学生已经录入了考试成绩，检索出成绩数据信息，在公共方法 jTable1_mouseClicked 中定义一个 String 类型的局部变量 sqlStr，用来存储 SQL 的查询语句，然后调用公共类 RetrieveObject 的公共方法 getTableCollection，其参数为 sqlStr，返回值为集合 Collection，然后将集合中数据存放到表格控件中。公共方法 jTable1_mouseClicked 的关键代码如下：

```java
public void jTable1_mouseClicked(MouseEvent e) {
    int currow = jTable1.getSelectedRow();
    if (currow >= 0) {
        DefaultTableModel tablemodel = null;
        String[] name = { "学生编号", "学生姓名", "考试类别", "考试科目", "考试成绩", "考试时间" };
        tablemodel = new DefaultTableModel(name, 0);
        String sqlStr = null;
        Collection collection = null;
        Object[] object = null;
        sqlStr = "SELECT * FROM tb_gradeinfo_sub where stuid = '" + jTable1.getValueAt(currow, 0)
                + "' and kindID = '"+ examkindid[jComboBox1.getSelectedIndex()] + "'";
        RetrieveObject retrieve = new RetrieveObject();
        collection = retrieve.getTableCollection(sqlStr);
        object = collection.toArray();
        int findindex = 0;
        for (int i = 0; i < object.length; i++) {
            Vector vrow = new Vector();
            Vector vdata = (Vector) object[i];
            String sujcode = String.valueOf(vdata.get(3));
            for (int aa = 0; aa < this.subjectcode.length; aa++) {
                if (sujcode.equals(subjectcode[aa])) {
                    findindex = aa;
                    System.out.println("findindex = " + findindex);
                }
            }
            if (i == 0) {
                vrow.addElement(vdata.get(0));
                vrow.addElement(vdata.get(1));
                vrow.addElement(examkindname[Integer.parseInt(String.valueOf(vdata.get(2))) - 1]);
                vrow.addElement(subjectname[findindex]);
                vrow.addElement(vdata.get(4));
                String ksrq = String.valueOf(vdata.get(5));
                ksrq = ksrq.substring(0, 10);
                System.out.println(ksrq);
                vrow.addElement(ksrq);
            } else {
                vrow.addElement("");
                vrow.addElement("");
                vrow.addElement("");
                vrow.addElement(subjectname[findindex]);
```

```
                    vrow.addElement(vdata.get(4));
                    String ksrq = String.valueOf(vdata.get(5));
                    ksrq = ksrq.substring(0, 10);
                    System.out.println(ksrq);
                    vrow.addElement(ksrq);
                }
                tablemodel.addRow(vrow);
            }
        this.jTable2.setModel(tablemodel);
        this.jTable2.setRowHeight(22);
    }
}
```

（3）单击学生信息表格中的某个学生信息，如果没有检索到学生的成绩数据，单击"添加"按钮，进行成绩数据的添加，在公共方法 jBadd_actionPerformed 中定义一个表格模型 DefaultTableModel 变量 tablemodel，用来生成数据表格。定义一个 String 类型的局部变量 sqlStr，用来存放查询语句，调用公共类 RetrieveObject 的 getObjectRow 方法，其参数为 sqlStr，用返回类型 vector 生成科目名称，然后为 tablemodel 填充数据，关键代码如下：

```
public void jBadd_actionPerformed(ActionEvent e) {
    int currow;
    currow = jTable1.getSelectedRow();
    if (currow >= 0) {
        DefaultTableModel tablemodel = null;
        String[] name = { "学生编号", "学生姓名", "考试类别", "考试科目", "考试成绩", "考试时间" };
        tablemodel = new DefaultTableModel(name, 0);
        String sqlStr = null;
        Collection collection = null;
        Object[] object = null;
        Iterator iterator = null;
        sqlStr = "SELECT subject FROM tb_subject";              // 定义查询参数
        RetrieveObject retrieve = new RetrieveObject();          // 定义公共类对象
        Vector vdata = null;
        vdata = retrieve.getObjectRow(sqlStr);
        for (int i = 0; i < vdata.size(); i++) {
            Vector vrow = new Vector();
            if (i == 0) {
                vrow.addElement(jTable1.getValueAt(currow, 0));
                vrow.addElement(jTable1.getValueAt(currow, 2));
                vrow.addElement(jComboBox1.getSelectedItem());
                vrow.addElement(vdata.get(i));
                vrow.addElement("");
                vrow.addElement(jTextField1.getText().trim());
            } else {
                vrow.addElement("");
```

```
                vrow.addElement("");
                vrow.addElement("");
                vrow.addElement(vdata.get(i));
                vrow.addElement("");
                vrow.addElement(jTextField1.getText().trim());
            }
            tablemodel.addRow(vrow);
            this.jTable2.setModel(tablemodel);
            this.jTable2.setRowHeight(23);
        }
    }
}
```

（4）输入完学生成绩数据后，单击"存盘"按钮，进行数据存盘。在公共方法 jBsave_actionPerformed
中定义一个类型为对象 Obj_gradeinfo_sub 数组变量 object，通过循环语句为 object 变量中的对象赋值，
然后调用公共类 jdbcAdapter 中的 InsertOrUpdate_Obj_ gradeinfo_sub 方法，其参数为 object，执行存盘
操作，关键代码如下：

```
public void jBsave_actionPerformed(ActionEvent e) {
    int result = JOptionPane.showOptionDialog(null, "是否存盘学生考试成绩数据?", "系统提示",
        JOptionPane.YES_NO_OPTION, JOptionPane.QUESTION_MESSAGE, null, new String[] {"是", "否" }, "否");
    if (result == JOptionPane.NO_OPTION)
        return;
    int rcount;
    rcount = jTable2.getRowCount();
    if (rcount > 0) {
        appstu.util.JdbcAdapter jdbcAdapter = new appstu.util.JdbcAdapter();
        Obj_gradeinfo_sub[] object = new Obj_gradeinfo_sub[rcount];
        for (int i = 0; i < rcount; i++) {
            object[i] = new Obj_gradeinfo_sub();
            object[i].setStuid(String.valueOf(jTable2.getValueAt(0, 0)));
            object[i].setKindID(examkindid[jComboBox1.getSelectedIndex()]);
            object[i].setCode(subjectcode[i]);
            object[i].setSutname(String.valueOf(jTable2.getValueAt(i, 1)));
            float grade;
            grade = Float.parseFloat(String.valueOf(jTable2.getValueAt(i, 4)));
            object[i].setGrade(grade);
            java.sql.Date rq = null;
            try {
                String strrq = String.valueOf(jTable2.getValueAt(i, 5));
                rq = java.sql.Date.valueOf(strrq);
            } catch (Exception dt) {
                JOptionPane.showMessageDialog(null, "第【" + i + "】行输入的数据格式有误,请重新录入!!\n"
                        + dt.getMessage(), "系统提示", JOptionPane.ERROR_MESSAGE);
                return;
```

```
        }
            object[i].setExamdate(rq);
        }
        jdbcAdapter.InsertOrUpdate_Obj_gradeinfo_sub(object);        // 执行公共类中的数据存盘操作
    }
}
```

21.11　基本信息数据查询模块设计

21.11.1　基本信息数据查询模块概述

基本信息数据查询包括对学生信息查询和教师信息查询两部分，单击菜单"系统查询"/"基本信息"选项，进入该模块，其运行结果如图 21.21 所示。

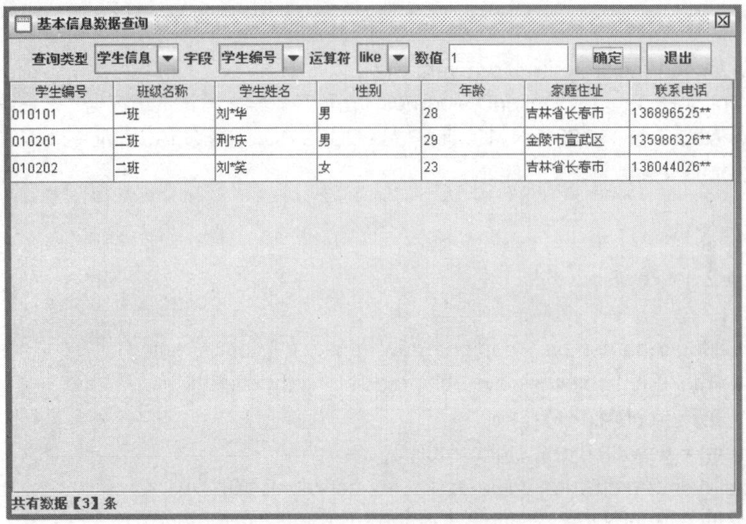

图 21.21　基本信息数据查询窗体

21.11.2　基本信息数据查询模块技术分析

在标准 SQL 中，定义了模糊查询。它是使用 LIKE 关键字完成的。模糊查询的重点在于两个符号的使用：%和_。%表示任意多个字符，_表示任意一个字符。例如在姓名列中查询条件是"王%"，那么可以找到所有王姓同学；如果查询条件是"王_"，那么可以找到名的长度为 1 的王姓同学。

21.11.3　基本信息数据查询模块实现过程

1．界面设计

基本信息数据查询模块设计的窗体 UI 结构图如图 21.22 所示。

图 21.22　JF_view_query_jbqk 类中控件的名称

2．代码设计

（1）用户首先选择查询类型，也就是选择查询什么信息，然后根据系统提供的查询参数进行条件选择，输入查询数值之后，单击"确定"按钮，进行满足条件的数据查询。单击 Source 页打开文件源代码，导入程序所需要的类包，定义不同的 String 类型变量，定义一个私有方法 initsize 用来初始化列表框中的数据，以供用户选择条件参数，关键代码如下：

```java
public class JF_view_query_jbqk extends JInternalFrame {
    String tabname = null;
    String zdname = null;
    String ysfname = null;
    String[] jTname = null;
    private void initsize() {
        jComboBox1.addItem("学生信息");
        jComboBox1.addItem("教师信息");
        jComboBox3.addItem("like");
        jComboBox3.addItem(">");
        jComboBox3.addItem("=");
        jComboBox3.addItem("<");
        jComboBox3.addItem(">=");
        jComboBox3.addItem("<=");
    }
}
```

（2）用户选择不同的查询类型系统时为查询字段列表框进行字段赋值，在公共方法 jComboBox1_itemStateChanged 中实现这个功能，关键代码如下：

```java
public void jComboBox1_itemStateChanged(ItemEvent itemEvent) {
    if (jComboBox1.getSelectedIndex() == 0) {
        this.tabname = "SELECT s.stuid, c.className, s.stuname, s.sex, s.age, s.addr, s.phone FROM
                        tb_studentinfo s ,tb_classinfo c where s.classID = c.classID";
        String[] name = { "学生编号", "班级名称", "学生姓名", "性别", "年龄", "家庭住址", "联系电话" };
        jTname = name;
```

```
jComboBox2.removeAllItems();
jComboBox2.addItem("学生编号");
jComboBox2.addItem("班级编号");
}
if (jComboBox1.getSelectedIndex() == 1) {
    this.tabname = "SELECT t.teaid, c.className, t.teaname, t.sex, t.knowledge, t.knowlevel FROM "+
                   " tb_teacher t INNER JOIN tb_classinfo c ON c .classID = t.classID";
    String[] name = { "教师编号", "班级名称", "教师姓名", "性别", "教师职称", "教师等级" };
    jTname = name;
    jComboBox2.removeAllItems();
    jComboBox2.addItem("教师编号");
    jComboBox2.addItem("班级编号");
}
}
```

（3）用户选择不同的查询字段之后，程序为实例变量 zdname 进行赋值，其公共方法 jComboBox2_itemStateChanged 的关键代码如下：

```
public void jComboBox2_itemStateChanged(ItemEvent itemEvent) {
    if (jComboBox1.getSelectedIndex() == 0) {
        if (jComboBox2.getSelectedIndex() == 0)
            this.zdname = "s.stuid";
        if (jComboBox2.getSelectedIndex() == 1)
            this.zdname = "s.classID";
    }
    if (jComboBox1.getSelectedIndex() == 1) {
        if (jComboBox2.getSelectedIndex() == 0)
            this.zdname = "t.teaid";
        if (jComboBox2.getSelectedIndex() == 1)
            this.zdname = "t.classID";
    }
    System.out.println("zdname = " + zdname);
}
```

（4）同样，当用户选择不同的运算符之后程序为实例变量 ysfname 进行赋值，其公共方法 jComboBox3_itemStateChanged 的关键代码如下：

```
public void jComboBox3_itemStateChanged(ItemEvent itemEvent) {
    this.ysfname = String.valueOf(jComboBox3.getSelectedItem());
}
```

（5）用户输入检索数值之后，单击"确定"按钮，进行条件查询操作。在公共方法 jByes_actionPerformed 中，定义两个 String 类型局部变量 sqlSelect 与 whereSql，用来生成查询条件语句。通过公共类 RetrieveObject 的 getTableModel 方法，进行查询操作，其参数为 sqlSelect 和 whereSql，其详细代码如下：

```
public void jByes_actionPerformed(ActionEvent e) {
    String sqlSelect = null, whereSql = null;
    String valueStr = jTextField1.getText().trim();
```

```
sqlSelect = this.tabname;
if (ysfname == "like") {
    whereSql = " and " + this.zdname + " " + this.ysfname + " '%" + valueStr + "%'";
} else {
    whereSql = " and " + this.zdname + " " + this.ysfname + " '" + valueStr + "'";
}
appstu.util.RetrieveObject retrieve = new appstu.util.RetrieveObject();
javax.swing.table.DefaultTableModel defaultmodel = null;
defaultmodel = retrieve.getTableModel(jTname, sqlSelect + whereSql);
jTable1.setModel(defaultmodel);
if (jTable1.getRowCount() <= 0) {
    JOptionPane.showMessageDialog(null, "没有找到满足条件的数据!!!", "系统提示",
                                JOptionPane.INFORMATION_MESSAGE);
}
jTable1.setRowHeight(24);
jLabel5.setText("共有数据【" + String.valueOf(jTable1.getRowCount()) + "】条");
}
```

21.12　考试成绩班级明细数据查询模块设计

21.12.1　考试成绩班级明细数据查询模块概述

考试成绩班级明细数据查询模块用来查询不同班级的学生考试明细信息，其运行结果如图 21.23 所示。

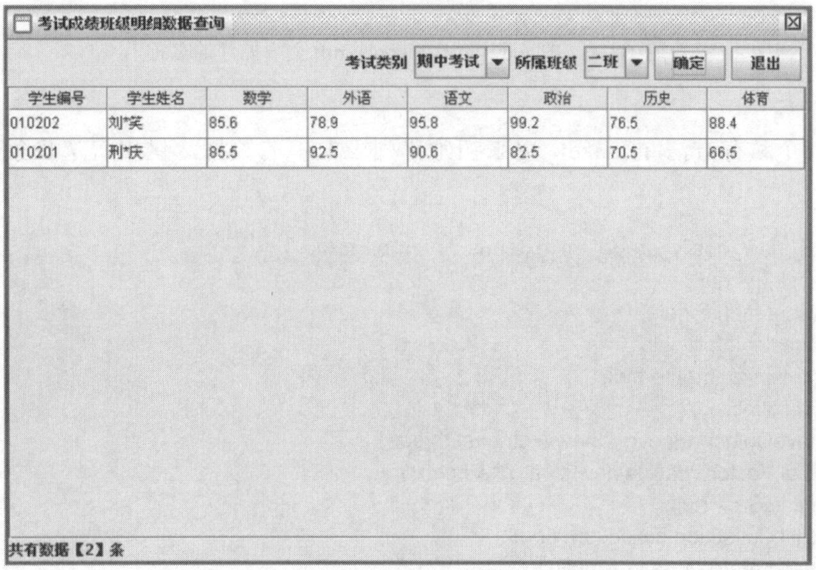

图 21.23　考试成绩班级明细数据查询窗体

21.12.2　考试成绩班级明显数据查询模块技术分析

在 Java 中，如果开发桌面应用程序，通常使用 Swing。Swing 中的控件大都有其默认的设置，例如 JTable 控件在创建完成后，表格内容的行高就有了一个固定值。如果修改了表格文字的字体，则可能影响正常显示。此时可以考虑使用 JTable 控件中提供的 setRowHeight 方法重新设置行高。该方法的声明如下：

```
public void setRowHeight(int rowHeight)
```

rowHeight：新的行高。

21.12.3　考试成绩班级明细数据查询模块实现过程

1．界面设计

考试成绩班级明细数据查询模块设计的窗体 UI 结构图如图 21.24 所示。

图 21.24　JF_view_query_grade_mx 类中控件的名称

2．代码设计

（1）定义一个私有方法 initsize，用来初始化列表框中的数据，供用户选择条件参数，关键代码如下：

```
public class JF_view_query_grade_mx extends JInternalFrame {
    String classid[] = null;
    String classname[] = null;
    String examkindid[] = null;
    String examkindname[] = null;
    public void initialize() {
        RetrieveObject retrieve = new RetrieveObject();
        java.util.Vector vdata = new java.util.Vector();
        String sqlStr = null;
        java.util.Collection collection = null;
        java.util.Iterator iterator = null;
        sqlStr = "SELECT * FROM tb_examkinds";
```

```
        collection = retrieve.getTableCollection(sqlStr);
        iterator = collection.iterator();
        examkindid = new String[collection.size()];
        examkindname = new String[collection.size()];
        int i = 0;
        while (iterator.hasNext()) {
            vdata = (java.util.Vector) iterator.next();
            examkindid[i] = String.valueOf(vdata.get(0));
            examkindname[i] = String.valueOf(vdata.get(1));
            jComboBox1.addItem(vdata.get(1));
            i++;
        }
        sqlStr = "select * from tb_classinfo";
        collection = retrieve.getTableCollection(sqlStr);
        iterator = collection.iterator();
        classid = new String[collection.size()];
        classname = new String[collection.size()];
        i = 0;
        while (iterator.hasNext()) {
            vdata = (java.util.Vector) iterator.next();
            classid[i] = String.valueOf(vdata.get(0));
            classname[i] = String.valueOf(vdata.get(2));
            jComboBox2.addItem(vdata.get(2));
            i++;
        }
    }
// 省略部分代码
}
```

（2）用户选择"考试类别"和"所属班级"后，单击"确定"按钮，进行成绩明细数据查询。在公共方法 jByes_actionPerformed 中，定义一个 String 类型的局部变量 sqlSubject，用来存储考试科目的查询语句；定义一个 String 类型数组变量 tbname，用来为表格模型设置列的名字。定义公共类 RetrieveObject 的变量 retrieve，然后执行 retrieve 的方法 getTableCollection，其参数为 sqlSubject。当结果集中存在数据的时候，定义一个 String 变量 sqlStr，用来生成查询成绩的语句，通过一个循环语句为 sqlStr 赋值，再定义一个公共类 RetrieveObject 类型的变量 bdt，执行 bdt 的 getTableModel 方法，其参数为 tbname 和 sqlStr 变量。公共方法 jByes_actionPerformed 的关键代码如下：

```
public void jByes_actionPerformed(ActionEvent e) {
    String sqlSubject = null;
    java.util.Collection collection = null;
    Object[] object = null;
    java.util.Iterator iterator = null;
    sqlSubject = "SELECT * FROM tb_subject";
    RetrieveObject retrieve = new RetrieveObject();
    collection = retrieve.getTableCollection(sqlSubject);
    object = collection.toArray();
    String strCode[] = new String[object.length];              // 定义数组存放考试科目代码
    String strSubject[] = new String[object.length];           // 定义数组存放考试科目名称
```

```
String[] tbname = new String[object.length + 2];           // 定义数组存放表格控件的列名
tbname[0] = "学生编号";
tbname[1] = "学生姓名";
String sqlStr = "SELECT stuid, stuname, ";
for (int i = 0; i < object.length; i++) {
    String code = null, subject = null;
    java.util.Vector vdata = null;
    vdata = (java.util.Vector) object[i];
    code = String.valueOf(vdata.get(0));
    subject = String.valueOf(vdata.get(1));
    tbname[i + 2] = subject;
    if ((i + 1) == object.length) {
        sqlStr = sqlStr + " SUM(CASE code WHEN '" + code + "'
                THEN grade ELSE 0 END) AS '" + subject + "'";
    } else {
        sqlStr = sqlStr + " SUM(CASE code WHEN '" + code + "'
                THEN grade ELSE 0 END) AS '" + subject + "',";
    }
}
String whereStr = " where kind";
// 为变量 whereStr 进行赋值操作生成查询的 SQL 语句
whereStr = " where kindID = '" + this.examkindid[jComboBox1.getSelectedIndex()] + "' and substring
(stuid,1,4) = '"
            + this.classid[jComboBox2.getSelectedIndex()] + "' ";
// 为变量 sqlStr 进行赋值操作生成查询的 SQL 语句
sqlStr = sqlStr + " FROM tb_gradeinfo_sub " + whereStr + " GROUP BY stuid,stuname ";
DefaultTableModel tablemodel = null;
appstu.util.RetrieveObject bdt = new appstu.util.RetrieveObject();
tablemodel = bdt.getTableModel(tbname, sqlStr);        // 通过对象 bdt 的 getTableModel 方法为表格赋值
jTable1.setModel(tablemodel);
if (jTable1.getRowCount() <= 0) {
    JOptionPane.showMessageDialog(null, "没有找到满足条件的数据!!!", "系统提示",
                        JOptionPane.INFORMATION_MESSAGE);
}
jTable1.setRowHeight(24);
jLabel1.setText("共有数据【" + String.valueOf(jTable1.getRowCount()) + "】条");
}
```

21.13　小　结

本章从软件工程的角度，讲述开发软件的常规步骤。在学生成绩管理系统的开发过程中，读者应该掌握使用 Java 的 Swing 技术进行开发的一般过程。此外，对于 JDBC 等常用技术也应该有更加深入的了解。

第 22 章 图书商城
（Java Web+ SQL Server 2014 实现）

在"倡导全民阅读，建设书香社会"的大背景下，每个人都会或多或少地购买一些图书。而网购图书以其方便、快捷等优点备受大家欢迎。因此，本章将使用 JSP 技术实现一个图书商城。通过本章的学习，可以掌握以下要点：

- ☑ JavaScript 的基本应用
- ☑ JSP 文件的编写
- ☑ Servlet 的配置
- ☑ JavaBean 的编写方法
- ☑ JDBC 数据库的连接方法

22.1 开 发 背 景

纵观当下，网络已经成为现代人生活中的一部分，网络购物已深入人心，越来越多的人喜欢在网上交易。对于图书销售行业也不例外，它已由传统的书店，渐渐向网上书店转化。与传统的书店相比，网上书店可以节省商场租金、书本上架、书本翻阅损耗和员工工资等很大一笔成本。降低成本后，体现在用户身上便是低价格。这就带来更多的用户群体，从而给网上书店的发展带来了更大的优势。

22.2 系 统 分 析

22.2.1 需求分析

图书商城是基于 B/S 模式的电子商务网站，用于满足不同人群的购书需求，笔者通过对现有的商务网站的考察和研究，从经营者和消费者的角度出发，以高效管理、满足消费者需求为原则，要求本系统满足以下要求：

- ☑ 统一友好的操作界面，具有良好的用户体验；
- ☑ 图书分类详尽，可按不同类别查看图书信息；
- ☑ 最新上架图书和打折图书的展示；

- ☑ 会员信息的注册及验证；
- ☑ 用户可通过关键字搜索指定的产品信息；
- ☑ 用户可通过购物车一次购买多件商品；
- ☑ 实现收银台的功能，用户选择商品后可以在线提交订单；
- ☑ 提供简单的安全模型，用户必须先登录，才允许购买商品；
- ☑ 用户可查看自己的订单信息；
- ☑ 设计网站后台，管理网站的各项基本数据；
- ☑ 系统运行安全稳定、响应及时。

22.2.2 可行性分析

传统渠道销售图书，经常出现以下情况：
- ☑ 需要开设实体店铺，租金昂贵。
- ☑ 需要顾客主动进入书店购书。
- ☑ 需要店员手动记录日记账，工作量大。
- ☑ 店铺不仅需要开设电子支付，还要准备零钱和 POS 机。
- ☑ 由于商品量较大，经常出现错登记与漏登记的情况。
- ☑ 实体书店需要对图书进行分类摆放。
- ☑ 只能通过现场清点商品了解库存信息。
- ☑ 对库存、人员、采购等内容都是分类统计，不利于管理。

因此，从经营者的角度来看，将销售图书的渠道转移到互联网上，不仅可以节省成本，还更方便于用户查找。这样以少量的人力资源、高效的工作效率、最低的误差进行管理，将使图书销售做得更好，让顾客更信赖商家。

22.3 系 统 设 计

22.3.1 系统目标

根据电商平台要求，制定图书商城目标如下：
- ☑ 灵活的人机交互界面，操作简单方便，界面简洁美观。
- ☑ 对采购信息进行统计分析。
- ☑ 对超市基本档案进行管理，并提供类别统计功能。
- ☑ 实现各种查询，如多条件查询、模糊查询等。
- ☑ 提供日历功能，方便用户查询日期。
- ☑ 提供超市人员管理功能。
- ☑ 系统运行稳定、安全可靠。

22.3.2 系统功能结构

图书商城共分为两个部分，前台和后台。前台主要实现图书展示及销售；后台主要是对商城中的图书信息、会员信息，以及订单信息进行有效管理等。其详细功能结构如图 22.1 所示。

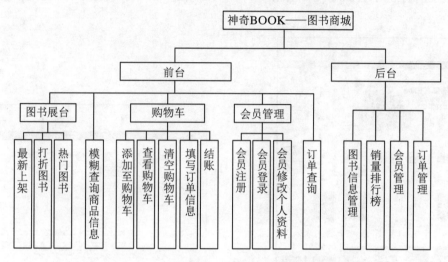

图 22.1 神奇 Book——图书商城的功能结构

22.3.3 系统流程图

在开发图书商城前，需要先了解图书商城的业务流程。根据对其他图书商城的业务分析，并结合自己的需求，设计出图 22.2 所示的图书商城的业务流程图。

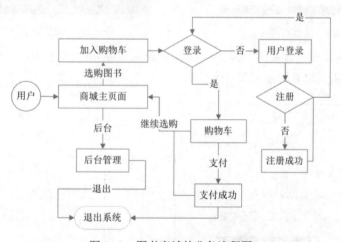

图 22.2 图书商城的业务流程图

22.3.4　系统预览

作为电商平台，图书商城提供了非常丰富的页面，根据功能模块分类如下。

图书商城的主页面如图 22.3 所示。单击具体图书链接之后可以打开图书详细信息页面，如图 22.4 所示。

图 22.3　前台首页　　　　　　　　　　　　　图 22.4　查看图书详细信息页面

如果用户想要购买图书，需要先登录图书商城，登录页面如图 22.5 所示。如果用户没有账号，需要先注册，注册页面如图 22.6 所示。

图 22.5　会员登录页面　　　　　　　　　　　图 22.6　会员注册页面

　　登录之后，可以查看自己的购物车，购物车页面如图 22.7 所示。确定完订单之后使用支付宝支付，可以看到图 22.8 所示对话框。

图 22.7　查看购物车页面

图 22.8　支付对话框

　　后台管理员可以对商城商品进行更新维护，管理员登录页面如图 22.9 所示，登录之后的首页如图 22.10 所示。

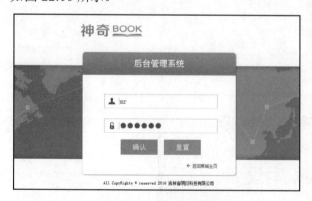

图 22.9　后台登录页面

图 22.10　后台首页

　　管理员可以在后台查看图书销量排行，效果如图 22.11 所示，还可以对商城订单进行处理，效果如图 22.12 所示。

图 22.11　销量排行榜页面　　　　　　　　　　图 22.12　订单管理模块首页

22.3.5　文件夹组织结构

在编写代码之前，可以把系统中可能用到的文件夹先创建出来（例如，创建一个名为 images 的文件夹，用于保存网站中所使用的图片），这样不但可以方便以后的开发工作，也可以规范网站的整体架构。笔者在开发图书商城时，设计了图 22.13 所示的文件夹架构图。在开发时，只需要将所创建的文件保存在相应的文件夹中就可以了。

图 22.13　图书商城的文件夹架构图

22.4　数据库设计

22.4.1　数据库分析

为防止数据访问量增加使系统资源不足而导致系统崩溃，本程序采用了独立 SQL Server 数据服务器，将数据库单独放在一个服务器中。这样即使服务器系统崩溃了，数据库服务器也不会受到影响；

而且能够更快、更好地处理更多的数据。其数据库运行环境如下。

   ☑　硬件平台

      CPU：P4 3.2GHz。

      内存：2GB 以上。

      硬盘空间：160GB。

   ☑　软件平台

      操作系统：Windows 7 以上。

      数据库：SQL Server 2014。

22.4.2　数据库概念设计

图书商城使用的是 SQL Server 2014 数据库，数据库名称为 db_book，共用到了 7 张数据表，其结构如图 22.14 所示。

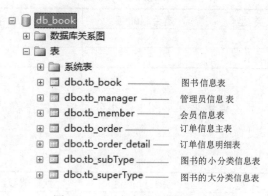

图 22.14　图书商城的数据库结构图

22.4.3　数据库逻辑结构设计

图书商城的各数据表的结构如下。

   ☑　会员信息表

会员信息表（tb_member）主要用来保存注册的会员信息，其结构如表 22.1 所示。

表 22.1　tb_member 结构

字　段　名	数 据 类 型	是否 Null 值	默认值或绑定	描　　述
ID	int(4)	No		ID（自动编号）
userName	varchar(20)	Yes		账户
trueName	varchar(20)	Yes		真实姓名
passWord	varchar(20)	Yes		密码
city	varchar(20)	Yes		城市
address	varchar(100)	Yes		地址
postcode	varchar(6)	Yes		邮编

字 段 名	数据类型	是否 Null 值	默认值或绑定	描 述
cardNO	varchar(24)	Yes		证件号码
cardType	varchar(20)	Yes		证件类型
grade	int(4)	Yes	0	等级
Amount	money	Yes	0	消费金额
tel	varchar(20)	Yes		联系电话
email	varchar(100)	Yes		E-mail
freeze	int(4)	Yes	0	是否冻结

☑ 图书的大分类信息表

大分类信息表（tb_superType）主要用来保存图书的大分类信息，也就是父分类，其结构如表 22.2 所示。

表 22.2　tb_superType 结构

字 段 名	数据类型	是否 Null 值	默认值或绑定	描 述
ID	int	No		ID 号
TypeName	varchar(50)	No		分类名称

☑ 图书的小分类信息表

小分类信息表（tb_subType）主要用来保存图书的小分类信息，也就是子分类，其结构如表 22.3 所示。

表 22.3　tb_subType 结构

字 段 名	数据类型	是否 Null 值	默认值或绑定	描 述
ID	int	No		ID 号
superType	int	No		父类 ID 号
TypeName	varchar(50)	No		分类名称

☑ 图书信息表

图书信息表（tb_book）主要用来保存图书信息，其结构如表 22.4 所示。

表 22.4　tb_book 结构

字 段 名	数据类型	是否 Null 值	默认值或绑定	描 述
ID	bigint	No		图书 ID
typeID	int	No		类别 ID
bookName	varchar(200)	No		图书名称
introduce	text	Yes		图书简介
price	money	No		定价
nowPrice	money	Yes		现价
picture	varchar(100)	Yes		图片文件
INTime	datetime	Yes	getdate()	录入时间
newBook	int	No	0	是否新书，1 为是，默认 0

字　段　名	数 据 类 型	是否 Null 值	默认值或绑定	描　　述
sale	int	Yes	0	是否特价，1 为是，默认 0
hit	int	Yes	0	浏览次数

☑　订单信息主表

订单信息主表（tb_order）用来保存订单的概要信息，其结构如表 22.5 所示。

表 22.5　tb_order 结构

字　段　名	数 据 类 型	是否 Null 值	默认值或绑定	描　　述
OrderID	bigint	No		订单编号
bnumber	smallint	Yes		品种数
username	varchar(15)	Yes		用户名
recevieName	varchar(15)	Yes		收货人
address	varchar(100)	Yes		收货地址
tel	varchar(20)	Yes		联系电话
OrderDate	smalldatetime	Yes	(getdate())	订单日期
bz	varchar(200)	Yes		备注

☑　订单信息明细表

订单信息明细表（tb_order_detail）用来保存订单的详细信息，其结构如表 22.6 所示。

表 22.6　tb_order_detail 结构

字　段　名	数 据 类 型	是否 Null 值	默认值或绑定	描述
ID	bigint	No		ID 号
orderID	bigint	No		与 tb_order 表的 OrderID 字段关联
bookID	bigint	No		图书 ID
price	money	No		价格
number	int	No		数量

☑　管理员信息表

管理员信息表（tb_manager）用来保存管理员信息，其结构如表 22.7 所示。

表 22.7　tb_manager 结构

字　段　名	数 据 类 型	是否 Null 值	默认值或绑定	描　　述
ID	int	No		ID 号
manager	varchar(30)	No		管理员名称
PWD	varchar(30)	No		密码

22.5　公共类设计

在开发程序时，经常会遇到在不同的方法中进行相同处理的情况，例如数据库连接和字符串处理等，为了避免重复编码，可将这些处理封装到单独的类中，通常称这些类为公共类或工具类。在开发本网站时，用到以下公共类：数据库连接及操作类和字符串处理类，下面分别进行介绍。

22.5.1 数据库连接及操作类的编写

数据库连接及操作类通常包括连接数据库的方法 getConnection、执行查询语句的方法 executeQuery、执行更新操作的方法 executeUpdate 和关闭数据库连接的方法 close。下面将详细介绍如何编写图书商城的数据库连接及操作的类 ConnDB。

（1）创建用于进行数据库连接及操作的类 ConnDB，并将其保存到 com.mingrisoft.core 包中，同时定义该类中所需要的全局变量，在这里会指定数据库驱动类的类名、连接数据库的 URL 地址、登录 SQL Server 的用户名和密码等，代码如下：

```
package com.tools;
public class ConnDB {
    public Connection conn = null;                              //数据库连接对象
    public Statement stmt = null;                              //Statement 对象，用于执行 SQL 语句
    public ResultSet rs = null;                                //结果集对象
    //驱动类的类名
    private static String dbClassName = "com.microsoft.sqlserver.jdbc.SQLServerDriver";
    private static String dbUrl="jdbc:sqlserver://127.0.0.1:1433;DatabaseName=db_book";
    private static String dbUser = "sa";                       //登录 SQL Server 的用户名
    private static String dbPwd = "";                          //登录 SQL Server 的密码
}
```

（2）创建连接数据库的方法 getConnection，用于根据指定的数据库驱动获取数据库连接对象，如果连接失败，则输出异常信息。该方法返回一个数据库连接对象。getConnection 方法的具体代码如下：

```
public static Connection getConnection() {
        Connection conn = null;                                // 声明数据库连接对象
        try {                                                  // 捕捉异常
            Class.forName(dbClassName).newInstance();          // 装载数据库驱动
            conn = DriverManager.getConnection(dbUrl, dbUser, dbPwd);// 获取数据库连接对象
        } catch (Exception ee) {                               // 处理异常
            ee.printStackTrace();                              // 输出异常信息
        }
        if (conn == null) {
            System.err.println("DbConnectionManager.getConnection():"
                + dbClassName + "\r\n :" + dbUrl + "\r\n " + dbUser + "/"
                + dbPwd);                                      // 输出连接信息，方便调试
        }
        return conn;                                           // 返回数据库连接对象
    }
```

（3）编写查询数据的方法 executeQuery。在该方法中，首先调用 getConnection 方法获取数据库连接对象，然后通过该对象的 createStatement 方法创建一个 Statement 对象，并且调用该对象的 executeQuery 方法执行指定的 SQL 语句，从而实现查询数据的功能。具体代码如下：

```
public ResultSet executeQuery(String sql) {
        try {                                              // 捕捉异常
            conn = getConnection(); //调用 getConnection 方法构造 Connection 对象的一个实例 conn
            stmt = conn.createStatement(ResultSet.TYPE_SCROLL_INSENSITIVE,
                    ResultSet.CONCUR_READ_ONLY);
            rs = stmt.executeQuery(sql);
        } catch (SQLException ex) {
            System.err.println(ex.getMessage());            // 输出异常信息
        }
        return rs;                                          // 返回结果集对象
    }
```

（4）编写执行更新数据的方法 executeUpdate，返回值为 int 型的整数，代表更新的行数。
executeQuery 方法的代码如下：

```
public int executeUpdate(String sql) {
    int result = 0;                                     // 定义保存更新行数的变量
    try {                                               // 捕捉异常
        conn = getConnection(); //调用 getConnection 方法构造 Connection 对象的一个实例 conn
        stmt = conn.createStatement(ResultSet.TYPE_SCROLL_INSENSITIVE,
                ResultSet.CONCUR_READ_ONLY);
        result = stmt.executeUpdate(sql);                // 执行更新操作
    } catch (SQLException ex) {
        result = 0;                                      // 将保存更新行数的变量赋值为 0，表示更新失败
    }
    return result;                                       // 返回保存更新行数的变量
}
```

（5）编写用于实现更新数据后获取生成的自动编号的 executeUpdate_id 方法，在该方法中，首先
获取数据库连接对象，然后执行 SQL 语句插入一条数据，再执行一条特定的 SQL 语句，用于获取刚
刚生成的自动编号，最后返回获取的结果。executeUpdate_id 方法的具体代码如下：

```
public int executeUpdate_id(String sql) {
    int result = 0;
    try {                                               // 捕捉异常
        conn = getConnection();                          // 获取数据库连接
        // 创建用于执行 SQL 语句的 Statement 对象
        stmt = conn.createStatement(ResultSet.TYPE_SCROLL_INSENSITIVE,
                ResultSet.CONCUR_READ_ONLY);
        result = stmt.executeUpdate(sql);                // 执行 SQL 语句
        String ID = "select @@IDENTITY as id";           // 定义用于获取刚刚生成的自动编号的 SQL 语句
        rs = stmt.executeQuery(ID);                      // 获取刚刚生成的自动编号
        if (rs.next()) {                                 // 如果存在数据
            int autoID = rs.getInt("id");                // 把获取到的自动编号保存到变量 autoID 中
            result = autoID;
        }
    } catch (SQLException ex) {                          // 处理异常
        result = 0;
    }
```

```
        return result;                                        // 返回获取结果
    }
```

（6）编写关闭数据库连接的方法 close。在该方法中，首先关闭结果集对象，然后关闭 Statement
对象，最后再关闭数据库连接对象。具体代码如下：

```
public void close() {
    try {                                                     // 捕捉异常
        if (rs != null) {                                     // 当 ResultSet 对象的实例 rs 不为空时
            rs.close();                                       // 关闭 ResultSet 对象
        }
        if (stmt != null) {                                   // 当 Statement 对象的实例 stmt 不为空时
            stmt.close();                                     // 关闭 Statement 对象
        }
        if (conn != null) {                                   // 当 Connection 对象的实例 conn 不为空时
            conn.close();                                     // 关闭 Connection 对象
        }
    } catch (Exception e) {
        e.printStackTrace(System.err);                        // 输出异常信息
    }
}
```

22.5.2　字符串处理类

字符串处理的 JavaBean 是解决程序中经常出现的字符串处理问题的类。它包括两个方法：一个是
将数据库和页面中有中文问题的字符串进行正确的显示和存储的方法 chStr；另一个是将字符串中的回
车换行、空格及 HTML 标签正确显示的方法 convertStr。下面将详细介绍如何编写图书商城中的字符串
处理的 JavaBean ChStr。

（1）编写解决输出中文乱码问题的方法 chStr，这里主要是指定的字符串转换为 UTF-8 编码。由
于默认的 ISO-8859-1 不支持中文，所以需要转换为 UTF-8 编码。ChStr 的具体代码如下：

```
public class ChStr {
    public String chStr(String str) {
        if (str == null) {                                                // 当变量 str 为 null 时
            str = "";                                                     // 将变量 str 赋值为空
        } else {
            try {                                                         // 捕捉异常
                str = (new String(str.getBytes("iso-8859-1"), "GBK")).trim();  // 将字符串转换为 GBK 编码
            } catch (Exception e) {                                       // 处理异常
                e.printStackTrace(System.err);                            // 输出异常信息
            }
        }
        return str;                                                       // 返回转换后的变量 str
    }
    public String convertStr(String str1) {
        if (str1 == null) {
            str1 = "";
```

```
        } else {
            try {
                str1 = str1.replaceAll("<", "&lt;");//  替换字符串中的"<"和">"字符，保证 HTML 标记的正常输出
                str1 = str1.replaceAll(">", "&gt;");
                str1 = str1.replaceAll(" ", " ");
                str1 = str1.replaceAll("\r\n", "<br>");
            } catch (Exception e) {
                e.printStackTrace(System.err);
            }
        }
        return str1;
    }
}
```

（2）编写显示文本中的回车换行、空格及保证 HTML 标签的正常输出的方法 convertStr，这里主要是为了解决显示字符串内容时，HTML 标签中的字符将被作为 HTML 标签被浏览器解析，而不是原样显示的问题。convertStr 方法的代码如下：

```
public static String convertStr(String source){
    String changeStr="";
    changeStr=source.replaceAll("&","&amp;");              //转换字符串中的"&"符号
    changeStr=changeStr.replaceAll(" "," ");          //转换字符串中的空格
    changeStr=changeStr.replaceAll("<","&lt;");            //转换字符串中的"<"符号
    changeStr=changeStr.replaceAll(">","&gt;");            //转换字符串中的">"符号
    changeStr=changeStr.replaceAll("\r\n","<br>");         //转换字符串中的回车换行
    return changeStr;
}
```

22.6　会员注册模块设计

22.6.1　会员注册模块概述

会员注册页面主要对网站的用户信息进行注册，包括登录账户、真实姓名、密码、联系电话和邮箱等。运行结果请参照 22.6.4 节中的图 22.17。

22.6.2　创建会员对应的模型类 Member

创建会员对应的模型类 Member，将该类保存到 com.model 包中。创建模型类的具体方法如下。

（1）在 com.model 中创建一个名称为 Member 的 Java 类，然后在该类中创建一些属性，这些属性通常是与会员信息表的字段相对应的，代码如下：

```
public class Member {
```

```
private Integer ID = Integer.valueOf("-1");          // 定义会员 ID 属性
private String username = "";                        // 定义账户属性
private String truename = "";                        // 定义真实姓名属性
private String pwd = "";                             // 定义密码属性
private String city = "";                            // 定义所在城市属性
private String address = "";                         // 定义地址属性
private String postcode = "";                        // 定义邮编属性
private String cardno = "";                          // 定义证件号码属性
private String cardtype = "";                        // 定义证件类型属性
private String tel = "";                             // 定义联系电话属性
private String email = "";                           // 定义邮箱属性
}
```

（2）在 Member.java 文件中，为各个属性创建对应的赋值方法和获取值的方法，具体方法如下。

第一步：在页面中最后一个"｝"之前单击鼠标右键，在弹出的快捷菜单中选择 Source/Generate Getters and Setters 菜单项，如图 22.15 所示。

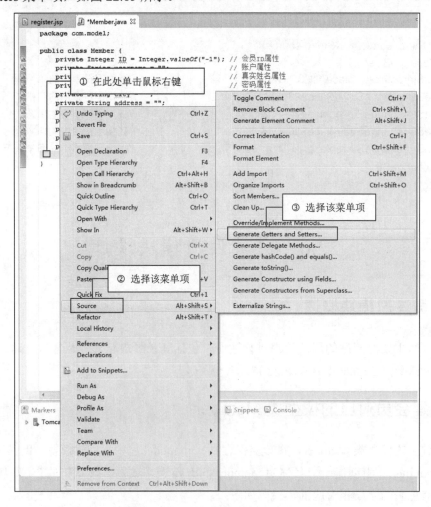

图 22.15　创建赋值方法和获取值的方法

　　第二步：在打开的 Generate Getters and Setters 对话框中，选中全部复选框，其他采用默认，如图 22.16 所示。

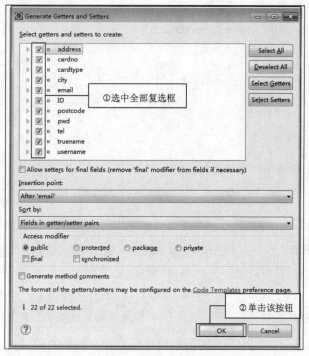

图 22.16　Generate Getters and Setters 对话框

　　（3）按下快捷键 Ctrl+S 保存文件。此时，Member 类就创建完毕了

22.6.3　创建会员对应的数据库操作类

　　创建会员对应的数据库操作类，位于 com.dao 包中。主要通过创建并实现接口来完成的，具体步骤如下。

　　（1）在 com.dao 包中创建一个名称为 MemberDao 的接口，并且在该接口的接口体中定义一个 insert 方法（用于保存会员信息）和一个 select 方法（用于查询会员信息）。需要注意的是，这里只进行方法的定义，没有具体的实现。具体代码如下：

```
import java.util.List;                          //导入 List 类
import com.model.Member;                        //导入会员模型类
public interface MemberDao {
    public int insert(Member m);                // 保存会员信息
    public List select();                       // 查询会员信息
}
```

　　（2）创建接口后，还必须实现该接口。在 com.dao 包上创建一个 MemberDao 接口的实现类，名称为 MemberDaoImpl，此时 Eclipse 会自动添加要实现的 inset 和 select 两个接口方法。自动生成的代码如下：

```
import java.util.List;
import com.model.Member;
public class MemberDaoImpl implements MemberDao {
    @Override
    public int insert(Member m) {
        // TODO Auto-generated method stub
        return 0;
    }
    @Override
    public List select() {
        // TODO Auto-generated method stub
        return null;
    }
}
```

（3）在 MemberDaoImpl 类中，声明两个成员变量，用于创建数据库连接类的对象和字符串操作类的对象。这是由于在 Java 中想要使用类，必须先创建它的对象。关键代码如下：

```
private ConnDB conn = new ConnDB();          // 创建数据库连接类的对象
private ChStr chStr = new ChStr();           // 创建字符串操作类的对象
```

（4）在自动生成的 insert 方法中，编写向数据库保存会员信息的代码。这里主要是通过 SQL 语言中的 INSET INTO 语句实现向数据库中保存数据的。在执行完插入操作后，不要忘记关闭数据库的连接。代码如下：

```
public int insert(Member m) {
int ret = -1;                                // 用于记录更新记录的条数
try {                                        // 捕捉异常
        String sql = "Insert into tb_Member (UserName,TrueName,PassWord,City,address,postcode,"
                + "CardNO,CardType,Tel,Email) values('"
                + chStr.chStr(m.getUsername()) + "','" + chStr.chStr(m.getTruename()) + "','"
                + chStr.chStr(m.getPwd()) + "','" + chStr.chStr(m.getCity()) + "','"
                + chStr.chStr(m.getAddress())
                + "','" + chStr.chStr(m.getPostcode()) + "','" + chStr.chStr(m.getCardno())
                + "','"+ chStr.chStr(m.getCardtype()) + "','" + chStr.chStr(m.getTel()) + "','"
                + chStr.chStr(m.getEmail())
                + "')";                      // 用于实现保存会员信息的 SQL 语句
        ret = conn.executeUpdate(sql);       // 执行 SQL 语句实现保存会员信息到数据库
} catch (Exception e) {                      // 处理异常
                e.printStackTrace();         // 输出异常信息
                ret = 0;                     // 设置变量的值为 0，表示保存会员信息失败
}
conn.close();                                // 关闭数据库的连接
return ret;
}
```

（5）在自动生成的 select 方法中，编写从数据库查询会员信息的代码。这里主要是通过数据库连接类的对象的 executeQuery 方法执行一条执行查询操作的 SQL 语句实现的。另外还需要把查询结果保存到 List 集合对象中，方便以后使用。具体代码如下：

```java
public List select() {
Member form = null;                               // 声明会员对象
List list = new ArrayList();                       // 创建一个 List 集合对象，用于保存会员信息
String sql = "select * from tb_member";            // 查询全部会员信息的 SQL 语句
ResultSet rs = conn.executeQuery(sql);             // 执行查询操作
try {                                              // 捕捉异常
        while (rs.next()) {
                form = new Member();               // 实例化一个会员对象
                form.setID(Integer.valueOf(rs.getString(1)));  // 获取会员 ID
                list.add(form);                    // 把会员信息添加到 List 集合对象中
        }
} catch (SQLException ex) {                         // 处理异常
}
conn.close();                                      // 关闭数据库的连接
return list;
}
```

22.6.4　设计会员注册页面

设计一个名称为 register.jsp 的首页，在该页面中主要通过 HTML 和 CSS 实现一个图 22.17 所示的静态页面。在该页面中，最核心的代码就是用于收集会员注册信息的表单及表单元素。

图 22.17　静态的会员注册页面

443

22.6.5 实现保存会员信息页面

在实现会员注册时，需要给表单设置一个处理页，用来保存会员的注册信息。本项目中采用一个名称为 register_deal.jsp 的 JSP 文件作为处理页，该文件的具体实现步骤如下。

（1）在项目的 WebContent/front 节点中，创建一个名称为 register_deal.jsp 的 JSP 文件，在该文件中分别创建 ConnDB、MemberDaoImpl 和 Member 类的对象，并且通过<jsp:setProperty name="member" property="*"/>对 Member 类的所有属性进行赋值，用于获取用户填写的注册信息，关键代码如下：

```jsp
<%-- 创建 ConnDB 类的对象 --%>
<jsp:useBean id="conn" scope="page" class="com.tools.ConnDB" />
<%-- 创建 MemberDaoImpl 类的对象 --%>
<jsp:useBean id="ins_member" scope="page" class="com.dao.MemberDaoImpl" />
<%-- 创建 Member 类的对象，并对 Member 类的所有属性进行赋值 --%>
<jsp:useBean id="member" scope="request" class="com.model.Member">
    <jsp:setProperty name="member" property="*" />
</jsp:useBean>
```

（2）判断输入的账号是否存在，如果存在给予提示，否则调用 MemberDaoImpl 类的 insert 方法，将填写的会员信息保存到数据库中。具体代码如下：

```jsp
<%
    request.setCharacterEncoding("UTF-8");                              //设置请求的编码为 UTF-8
    String username = member.getUsername();                            //获取会员账号
    ResultSet rs = conn.executeQuery("select * from tb_Member where username='"
    + username + "'");
    if (rs.next()) {                                                   //如果结果集中有数据
        out.println("<script language='javascript'>alert('该账号已经存在，请重新注册！');"
                + "window.location.href='register.jsp';</script>");
    } else {
        int ret = 0;                                                  //记录更新记录条数的变量
        ret = ins_member.insert(member);                             //将填写的会员信息保存到数据库
        if (ret != 0) {
            session.setAttribute("username", username);              //将会员账号保存到 Session 中
            out.println("<script language='javascript'>alert('会员注册成功！');"
                    + "window.location.href='index.jsp';</script>");
        } else {
            out.println("<script language='javascript'>alert('会员注册失败！');"
                    + "window.location.href='register.jsp';</script>");
        }
    }
%>
```

运行程序，在会员注册页面中填写图 22.18 所示的会员信息，然后单击"注册"按钮，即可将该信息保存到数据库中，同时显示图 22.19 所示的提示框。

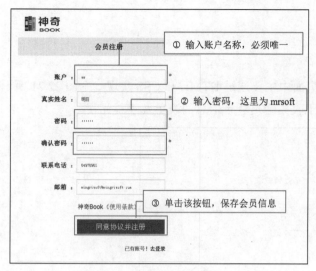

图 22.18　填写会员信息

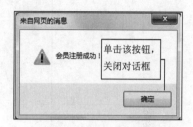

图 22.19　提示会员注册成功

22.7　会员登录模块设计

22.7.1　会员登录模块概述

　　会员登录模块主要用于实现网站的会员功能。在会员登录页面中，填写会员账户、密码和验证码（如果验证码看不清楚可以单击验证码图片刷新该验证码），如图 22.20 所示，单击"登录"按钮，即可实现会员登录。如果没有输入账户、密码或者验证码，都将给予提示。另外，验证码输入错误也将给予提示。

图 22.20　会员登录页面

22.7.2 设计会员登录页面

设计一个名称为 login.jsp 的页面，在该页面中主要通过 HTML 和 CSS 实现一个图 22.21 所示的静态页面。在该页面中，最核心的代码就是用于收集会员登录信息的表单及表单元素。

图 22.21 静态的会员登录页面

22.7.3 实现验证码

由于在图书商城的会员登录页面中，需要提供验证码功能，防止恶意登录，所以需要在会员登录页面中添加验证码，大致可以分为以下 3 个步骤。

（1）创建一个用于生成验证码的 Servlet，名称为 CheckCode.java。在该文件中通过 Java 的绘图类提供的方法生成带干扰线的随机验证码。关键步骤如下。

由于在生成验证码的过程中，需要随机生成输出内容的颜色，所以需要编写一个用于随机生成 RGB 颜色的方法，该方法的名称为 getRandColor，返回值为 java.awt.Color 类型的颜色。getRandColor 方法的具体代码如下：

```java
// 获取随机颜色
public Color getRandColor(int s, int e) {
    Random random = new Random();
    if (s > 255) s = 255;
    if (e > 255) e = 255;
    int r = s + random.nextInt(e - s);              //随机生成 RGB 颜色中的 r 值
    int g = s + random.nextInt(e - s);              //随机生成 RGB 颜色中的 g 值
    int b = s + random.nextInt(e - s);              //随机生成 RGB 颜色中的 b 值
    return new Color(r, g, b);
}
```

在 service 方法中，设置响应头信息并指定生成的响应是 JPEG 图片，具体代码如下：

```
/**  禁止缓存**/
response.setHeader("Pragma", "No-cache");
response.setHeader("Cache-Control", "No-cache");
response.setDateHeader("Expires", 0);
/**********/
response.setContentType("image/jpeg");                //指定生成的响应是图片
```

创建用于生成验证码的绘图类对象，并绘制一个填色矩形作为验证码的背景，具体代码如下：

```
int width = 116;                                      //指定验证码的宽度
int height = 33;                                      //指定验证码的高度
BufferedImage image = new BufferedImage(width, height, BufferedImage.TYPE_INT_RGB);
Graphics g = image.getGraphics();                    //获取 Graphics 类的对象
Random random = new Random();                        //实例化一个 Random 对象
Font mFont = new Font("宋体", Font.BOLD, 22);         //通过 Font 构造字体
g.fillRect(0, 0, width, height);                     //绘制验证码背景
```

设置字体和颜色，随机绘制 100 条随机直线，具体代码如下：

```
g.setFont(mFont);                                    //设置字体
g.setColor(getRandColor(180, 200));                  //设置颜色
// 画随机的线条
for (int i = 0; i < 100; i++) {
    int x = random.nextInt(width - 1);
    int y = random.nextInt(height - 1);
    int x1 = random.nextInt(3) + 1;
    int y1 = random.nextInt(6) + 1;
  g.drawLine(x, y, x + x1, y + y1);                  //绘制直线
}
```

绘制一条折线，颜色为灰色，位置随机产生，线条粗细为 2f，具体代码如下：

```
//创建一个供画笔选择线条粗细的对象
BasicStro ke bs=new BasicStroke(2f,BasicStroke.CAP_BUTT,BasicStroke.JOIN_BEVEL);
Graphics2D g2d = (Graphics2D) g;            //通过 Graphics 类的对象创建一个 Graphics2D 类的对象
g2d.setStroke(bs);                          //改变线条的粗细
g.setColor(Color.GRAY);                     //设置当前颜色为预定义颜色中的灰色
int lineNumber=4;                           //指定端点的个数
int[] xPoints=new int[lineNumber];          //定义保存 x 轴坐标的数组
int[] yPoints=new int[lineNumber];          //定义保存 y 轴坐标的数组
//通过循环为 x 轴坐标和 y 轴坐标的数组赋值
for(int j=0;j<lineNumber;j++){
    xPoints[j]=random.nextInt(width - 1);
    yPoints[j]=random.nextInt(height - 1);
}
g.drawPolyline(xPoints, yPoints,lineNumber);        //绘制折线
```

随机生成由 4 个英文字母组成的验证码文字，并对文字进行随机缩放并旋转，具体代码如下：

```
String sRand = "";
// 输出随机的验证文字
for (int i = 0; i < 4; i++) {
    char ctmp = (char)(random.nextInt(26) + 65);                    //生成 A~Z 的字母
    sRand += ctmp;
    Color color = new Color(20 + random.nextInt(110), 20 + random
            .nextInt(110), 20 + random.nextInt(110));
    g.setColor(color);                                              //设置颜色
    /** **随机缩放文字并将文字旋转指定角度* */
    // 将文字旋转指定角度
    Graphics2D g2d_word = (Graphics2D) g;
    AffineTransform trans = new AffineTransform();
    trans.rotate(random.nextInt(45) * 3.14 / 180, 22 * i + 8, 7);
    // 缩放文字
    float scaleSize = random.nextFloat() +0.8f;
    if (scaleSize > 1f)     scaleSize = 1f;
    trans.scale(scaleSize, scaleSize);                              //进行缩放
    g2d_word.setTransform(trans);
    /** ********************** */
    g.drawString(String.valueOf(ctmp), width/6 * i+23, height/2);  //绘制字符串
}
```

将生成的验证码保存到 Session 中，并输出生成后的验证码图片，具体代码如下：

```
/** 将生成的验证码保存到 Session 中***/
HttpSession session = request.getSession(true);
session.setAttribute("randCheckCode", sRand);
/***************************/
g.dispose();                                                       //销毁绘图类的对象
ImageIO.write(image, "JPEG", response.getOutputStream());          //指定图片的格式为 JPEG
```

（2）打开 book/WebContent/WEB-INF/web.xml 文件，在该文件中配置生成验证码的 Servlet。在配置该 Servlet 时，主要是通过<servlet>标记先配置 Servlet 文件，然后再通过<servlet-mapping>标记配置一个映射路径，用于使用该 Servlet。关键代码如下：

```
<servlet>
    <servlet-name>CheckCode</servlet-name>
    <servlet-class>com.tools.CheckCode</servlet-class>
</servlet>
<servlet-mapping>
    <servlet-name>CheckCode</servlet-name>
    <url-pattern>/CheckCode</url-pattern>
</servlet-mapping>
```

（3）在会员登录页面 login.jsp 的验证码文本框的右侧插入以下代码，用于使用<img>标记显示验

证码，并且实现单击该验证码时重新获取一个验证码。

```
<img src="../CheckCode" name="img_checkCode" onClick="myReload()" width="116"
    height="43" class="img_checkcode" id="img_checkCode" />
```

在上面的代码中，onClick="myReload()"的作用是调用 myReload 方法，实现单击验证码图片时，重新获取一个验证码。

22.7.4　编写会员登录处理页

同会员注册模块一样，在实现会员登录时，也需要给表单设置一个处理页，该处理页用来将输入的账户和密码与数据库中的进行匹配，并给出提示。在本项目中，会员登录处理页名称为 login_check.jsp。创建 login_check.jsp 文件的具体步骤如下。

（1）在项目的 WebContent/front 节点下创建一个名称为 login_check.jsp 的 JSP 文件，并且在该文件中添加以下代码。用于导入 java.sql 包中的 ResultSet 类，并且创建 ConnDB 类的对象。

```
<%-- 导入 java.sql.ResultSet 类 --%>
<%@ page import="java.sql.ResultSet"%>
<%-- 创建 ConnDB 类的对象 --%>
<jsp:useBean id="conn" scope="page" class="com.tools.ConnDB" />
```

（2）获取输入的账号和密码，并将其与数据库中保存的账户和密码进行匹配，并且根据匹配结果给予相应的提示，并转到指定页面。具体代码如下：

```
<%
String username = request.getParameter("username");                  //获取账户
String checkCode = request.getParameter("checkCode");                //获取验证码
if (checkCode.equals(session.getAttribute("randCheckCode").toString())) {
    try {                                                            //捕捉异常
        ResultSet rs = conn.executeQuery("select * from tb_Member where username='" + username + "'");
        if (rs.next()) {                                             //如果找到相应的账号
            String PWD = request.getParameter("PWD");                //获取密码
            if (PWD.equals(rs.getString("password"))) {             //如果输入的密码和获取的密码一致
                //把当前的账户保存到 Session 中，实现登录
                session.setAttribute("username", username);
                response.sendRedirect("index.jsp");                 //跳转到前台首页
            } else {
                out.println(
                "<script language='javascript'>alert('您输入的用户名或密码错误，请与管理员联系!');"
                        +"window.location.href='login.jsp';</script>");
            }
        } else {
            out.println(
            "<script language='javascript'>alert('您输入的用户名或密码错误，或您的账户"+
            "已经被冻结，请与管理员联系!');window.location.href='login.jsp';</script>");
```

```
        }
    } catch (Exception e) {                                    //处理异常
        out.println(
                "<script language='javascript'>alert('您的操作有误!');"
                +"window.location.href='login.jsp';</script>");
    }
    conn.close();                                              //关闭数据库连接
} else {
    out.println("<script language='javascript'>alert('您输入的验证码错误!');history.back();</script>");
}
%>
```

按下快捷键 Ctrl+S 保存文件。在地址栏中输入 http://localhost:8080/shop/front/login.jsp，并按下 Enter 键，将显示会员登录页面，在该页面中输入已经注册好的会员账户和密码，如图 22.22 所示，然后单击"登录"按钮，如果输入的会员账户和密码正确，则直接转到前台首页 index.jsp 页面（由于暂时还没有编写该页面，所以会显示图 22.23 所示的效果），否则给出相应的提示。

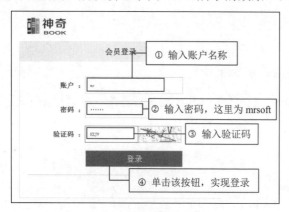

图 22.22 填写登录信息

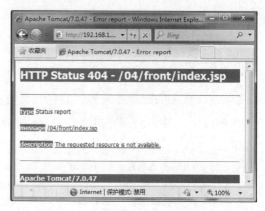

图 22.23 登录成功

22.8 首页模块设计

22.8.1 首页模块概述

当用户访问图书商城时，首先进入的便是前台"首页"。前台首页设计的美观程度将直接影响用户的购买欲望。在图书商城的前台首页中，用户不但可以查看最新上架、打折图书等信息，还可以及时了解大家喜爱的热门图书，以及商城推出的最新活动或者广告。图书商城前台首页的运行结果如图 22.24 所示。

图 22.24　首页运行效果

22.8.2　设计首页界面

设计一个名称为 index.jsp 的首页，在该页面中主要通过 HTML 和 CSS 实现一个图 22.25 所示的静态页面。

图 22.25　设计完成的首页

在打开的图书商城的首页中，主要有 3 个部分需要我们添加动态代码，也就是把图 22.25 所示的 3 个区域中的图书信息，通过 JSP 代码从数据库中读取，并应用循环显示在页面上。

22.8.3　实现显示最新上架图书功能

打开首页文件 index.jsp，然后在该文件中添加用于显示最新上架图书的代码，具体步骤如下。

（1）由于在实现查询最新上架图书时，需要访问数据库，所以需要导入 java.sql.ResultSet 类并创建 com.tools.ConnDB 类的对象，具体代码如下：

```
<%@ page import="java.sql.ResultSet"%>         <%-- 导入 java.sql.ResultSet 类 --%>
<%-- 创建 com.tools.ConnDB 类的对象 --%>
<jsp:useBean id="conn" scope="page" class="com.tools.ConnDB" />
```

（2）调用 ConnDB 类的 executeQuery 方法执行 SQL 语句，用于从数据表中查询最新上架图书。另外，还需要定义保存图书信息的变量。具体代码如下：

452

```
<%
    /* 最新上架图书信息 */
    ResultSet rs_new = conn.executeQuery(
            "select top 12 t1.ID, t1.BookName,t1.price,t1.picture,t2.TypeName "
            +"from tb_book t1,tb_subType t2 where t1.typeID=t2.ID and "
            +"t1.newBook=1 order by t1.INTime desc");         //查询最新上架图书信息
    int new_ID = 0;                                           //保存最新上架图书 ID 的变量
    String new_bookname = "";                                 //保存最新上架图书名称的变量
    float new_nowprice = 0;                                   //保存最新上架图书价格的变量
    String new_picture = "";                                  //保存最新上架图书图片的变量
    String typeName = "";                                     //保存图书分类的变量
%>
```

（3）将获取到的图书信息显示到页面的最新上架图书展示区，这里面需要设置一个 while 循环，用于循环获取并显示每一条图书信息，关键代码如下：

```
<%
while (rs_new.next()) {                                       //设置一个循环
    new_ID = rs_new.getInt(1);                               //获取最新上架图书的 ID
    new_bookname = rs_new.getString(2);                      //获取最新上架图书的图书名称
    new_nowprice = rs_new.getFloat(3);                       //获取最新上架图书的价格
    new_picture = rs_new.getString(4);                       //获取最新上架图书的图片
    typeName = rs_new.getString(5);                          //获取最新上架图书的类别
%>
…         <!--此处省略了将获取到的图书信息显示到指定位置的代码-->
<% } %>
```

运行程序，在首页中将显示图 22.26 所示的最新上架图书。

图 22.26　显示最新上架图书

22.8.4 实现显示打折图书功能

在 index.jsp 文件中添加用于显示打折图书的代码，具体步骤如下。

（1）调用 ConnDB 类的 executeQuery 方法执行 SQL 语句，用于从数据表中查询打折图书，这里也需要编写一个连接查询的 SQL 语句。另外，还需要定义保存图书信息的变量。具体代码如下：

```
/* 打折图书信息 */
ResultSet rs_sale = conn.executeQuery(
        "select top 12 t1.ID, t1.BookName,t1.price,t1.nowPrice,t1.picture,t2.TypeName "
        +"from tb_book t1,tb_subType t2 where t1.typeID=t2.ID and t1.sale=1 "
        +"order by t1.INTime desc");        //查询打折图书信息
int sale_ID = 0;                            //保存打折图书 ID 的变量
String s_bookname = "";                     //保存打折图书名称的变量
float s_price = 0;                          //保存打折图书的原价格的变量
float s_nowprice = 0;                       //保存打折图书的打折后价格的变量
String s_introduce = "";                    //保存打折图书简介的变量
String s_picture = "";                      //保存打折图书图片的变量
```

（2）将获取到的图书信息显示到页面的打折图书展示区，具体方法同 22.8.3 节的显示最新上架图书基本相同，这里不再赘述。

运行程序，将显示图 22.27 所示的打折图书。

图 22.27 显示打折图书

22.8.5　实现显示热门图书功能

热门图书是指商城中点击率最高的图书，这里面获取并显示两本。在 index.jsp 文件中添加用于显示热门图书的代码，具体步骤如下。

（1）调用 ConnDB 类的 executeQuery 方法执行 SQL 语句，用于从数据表中查询点击率最高的两本图书，这里需要编写一个倒序排列的 SQL 语句。另外，还需要定义保存图书信息的变量。具体代码如下：

```
/* 热门图书信息 */
ResultSet rs_hot = conn
        .executeQuery("select top 2 ID,BookName,nowprice,picture "
        +"from tb_book order by hit desc");              //查询热门图书信息
int hot_ID = 0;                                          //保存热门图书 ID 的变量
String hot_bookName = "";                               //保存热门图书名称的变量
float hot_nowprice = 0;                                  //保存热门图书价格的变量
String hot_picture = "";                                //保存热门图书图片的变量
```

（2）将获取到的图书信息显示到页面的热门图书展示区，具体方法同 22.8.3 节的显示最新上架图书基本相同，这里不再赘述。

运行程序，将显示图 22.28 所示的热门图书。

图 22.28　显示热门图书

22.9　购物车模块

22.9.1　购物车模块概述

在图书商城中，会员登录后，单击某图书可以进入显示图书的详细信息页面（见图 22.29），在该页面中，单击"添加到购物车"按钮即可将该图书添加到购物车，然后填写物流信息（见图 22.30），并单击"结账"按钮，将弹出图 22.31 所示的"支付"对话框，如果已经申请到支付宝接口，并实现相应的编码，扫描对话框中的二维码即可使用支付宝进行支付（由于本项目中未提供连接支付宝接口的编码，所以无法真正支付）。最后单击"支付"按钮，生成订单并显示自动生成的订单号，如图 22.32 所示。

图 22.29　图书详细信息页面

图 22.30　查看购物车页面

图 22.31　支付对话框

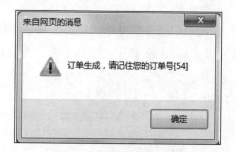

图 22.32　显示生成的订单号

22.9.2　实现显示图书详细信息功能

在首页单击任何图书名称或者图书图片时，都将显示该图书的详细信息页面。本项目中图书详细信息页面为 bookDetail.jsp。创建 bookDetail.jsp 文件的具体步骤如下。

（1）编写以下代码，用于导入 java.sql 包中的 ResultSet 类，并且创建 ConnDB 类的对象。

```
<%@ page import="java.sql.ResultSet"%>          <%-- 导入 java.sql.ResultSet 类 --%>
<%-- 创建 com.tools.ConnDB 类的对象 --%>
<jsp:useBean id="conn" scope="page" class="com.tools.ConnDB" />
```

（2）编写用于根据获取的图书 ID 查询图书信息的代码。具体的方法是：首先获取图书 ID，然后根据该图书 ID 从数据表中获取需要的图书信息，如果找到对应的图书，则将图书信息保存到相应的变量中，最后关闭数据库连接。具体代码如下：

```
<%
    int typeSystem = 0;                                    //保存图书类型 ID 的变量
    int ID = Integer.parseInt(request.getParameter("ID"));  //获取图书 ID
    if (ID > 0) {
        ResultSet rs = conn.executeQuery("select ID,BookName,Introduce,nowprice,picture, "
        + " price,typeID from tb_book where ID=" + ID);     //根据 ID 查询图书信息
        String bookName = "";                               //保存图书名称的变量
        float nowprice = (float) 0.0;                       //保存图书现价的变量
        float price = (float) 0.0;                          //保存图书原价的变量
        String picture = "";                                //保存图书图片的变量
        String introduce = "";                              //保存图书描述的变量
        if (rs.next()) {                                    //如果找到对应的图书信息
            bookName = rs.getString(2);                     //获取图书名称
            introduce = rs.getString(3);                    //获取图书描述
            nowprice = rs.getFloat(4);                      //获取图书现价
            picture = rs.getString(5);                      //获取图书图片
            price = rs.getFloat(6);                         //获取图书原价
            typeSystem = rs.getInt(7);                      //获取图书类别 ID
        }
        conn.close();                                       //关闭数据库连接
%>
```

（3）在图书信息显示完毕的位置编写以下代码。用于处理获取到的图书 ID 不合法的情况。具体的方法是通过 JavaScript 弹出一个提示框，并且返回到网站的首页。

```
<%
    } else {                                                //获取到的 ID 不合法
        out.println("<script language='javascript'>alert('您的操作有误');"
            +"window.location.href='index.jsp';</script>");
    }
%>
```

（4）在"添加到购物车"按钮的 onclick 属性中，调用自定义的 JavaScript 函数 addCart，用于验证图书数量是否合法，如果不合法则给出提示，并且返回，否则将页面转到添加到购物车页面。addCart 函数的具体代码如下

```
<script src="js/jquery.1.3.2.js" type="text/javascript"></script>
```

```
<script type="text/javascript">
    function addCart() {
        var num = $('#shuliang').val();                    //获取输入的图书数量
        //验证输入的数量是否合法
        if (num < 1) {                                     //如果输入的数量不合法
            alert('数量不能小于 1！');
            return;
        }
        //调用添加到购物车页面，实现将该图书添加到购物车
        window.location.href="cart_add.jsp?bookID=<%=ID%>&num="+num;
    }
</script>
```

说明

在上面的代码段中，cart_add.jsp 文件是用于将图书添加到购物车的处理页。后面的问号 "？"，用于标识它后面的是要传递的参数，多个参数间用 "&" 分隔。

在已经运行的图书商城的首页中，单击某本图书的名称（如《Java Web 从入门到精通》）或者图片，都将进入图 22.33 所示的显示该图书的详细信息页面。

图 22.33　显示图书详细信息页面

22.9.3　创建购物车图书模型类 Bookelement

在 com.model 包中，创建一个名称为 Bookelement 的 Java 类。在该类中，添加 3 个公有类型的属

性，分别表示图书 ID、当前的价格和数量。Bookelement 类的具体代码如下：

```
public class Bookelement {
    public int ID;                    //定义图书 ID 变量
    public float nowprice;            //定义现价变量
    public int number;               //定义数量变量
}
```

22.9.4 实现添加到购物车功能

在图 22.33 中，单击"添加到购物车"按钮，即可将该图书添加到购物车。实现将图书添加到购物车的页面是 cart_add.jsp，编写该文件的具体步骤如下。

（1）在项目的 WebContent/front 节点下，创建一个名称为 cart_add.jsp 的 JSP 文件，并且在该文件中，添加以下代码。用于导入 java.sql 包中的 ResultSet 类、向量类以及图书模型类，并且创建 ConnDB 类的对象。

```
<%@ page import="java.sql.ResultSet"%>          <%-- 导入 java.sql.ResultSet 类 --%>
<%@ page import="java.util.Vector"%>            <%-- 导入 Java 的向量类 --%>
<%@ page import="com.model.Bookelement"%>       <%-- 导入购物车图书模型类 --%>
<jsp:useBean id="conn" scope="page" class="com.tools.ConnDB"/> <%-- 创建 ConnDB 类的对象 --%>
```

（2）实现添加购物车功能。首先获取会员账号和图书量，并判断是否登录，如果没有登录，则重定向到会员登录页要求登录，然后将图书基本信息保存到模型类的对象 mybookelement 中，再把该图书添加到购物车中，最后将页面跳转到查看购物车页，显示购物车内的图书。具体代码如下：

```
<%
    String username=(String)session.getAttribute("username");   //获取会员账号
    String num = (String) request.getParameter("num");          //获取图书数量
    //如果没有登录，将跳转到登录页面
    if (username == null || username == "") {
        response.sendRedirect("login.jsp");                     //重定向页面到会员登录页面
        return;                                                 //返回
    }
    int ID = Integer.parseInt(request.getParameter("bookID"));  //获取图书 ID
    String sql = "select * from tb_book where ID=" + ID;        //定义根据图书 ID 查询图书信息的 SQL 语句
    ResultSet rs = conn.executeQuery(sql);                      //根据图书 ID 查询图书
    float nowprice = 0;                                         //定义保存图书价格的变量
    if (rs.next()) {                                            //如果查询到指定图书
        nowprice = rs.getFloat("nowprice");                     //获取该图书的价格
    }
    //创建保存购物车内图书信息的模型类的对象 mybookelement
    Bookelement mybookelement = new Bookelement();
    mybookelement.ID = ID;                                      //将图书 ID 保存到 mybookelement 对象中
    mybookelement.nowprice = nowprice;                          //将图书价格保存到 mybookelement 对象中
```

```
        mybookelement.number = Integer.parseInt(num);           //将购买数量保存到 mybookelement 对象中
        boolean Flag = true;                                    //记录购物车内是否已经存在所要添加的图书
        Vector cart = (Vector) session.getAttribute("cart");    //获取购物车对象
        if (cart == null) {                                     //如果购物车对象为空
            cart = new Vector();                                //创建一个购物车对象
        } else {
            //判断购物车内是否已经存在所购买的图书
            for (int i = 0; i < cart.size(); i++) {
                Bookelement bookitem = (Bookelement) cart.elementAt(i);//获取购物车内的一本图书
                if (bookitem.ID == mybookelement.ID) {          //如果当前要添加的图书已经在购物车中
                    //直接改变购物数量
                    bookitem.number = bookitem.number + mybookelement.number;
                    cart.setElementAt(bookitem, i);             //重新保存到购物车中
                    Flag = false;                               //设置标记变量 Flag 为 false，代表购物车中存在该图书
                }
            }
        }
        if (Flag)                                               //如果购物车内不存在该图书
            cart.addElement(mybookelement);                     //将要购买的图书保存到购物车中
        session.setAttribute("cart", cart);                     //将购物车对象添加到 Session 中
        conn.close();                                           //关闭数据库的连接
        response.sendRedirect("cart_see.jsp");                  //重定向页面到查看购物车页面
%>
```

说明

　　由于添加到购物车页面是一个处理页，主要是把一些信息进行保存的，所以没有呈现结果。

22.9.5　实现查看购物车功能

　　在将图书添加到购物车后，需要把页面跳转到查看购物车页面，用于显示已经添加到购物车中的图书。查看购物车页面为 cart_see.jsp。该文件的具体实现步骤如下。

　　（1）在项目的 WebContent/front 节点下，创建一个名称为 cart_see.jsp 的 JSP 文件，添加下面的代码。用于判断是否登录，如果没有登录，则进入登录页面进行登录，否则获取购物车对象，并且根据获取结果进行显示。

```
<%
    String username = (String) session.getAttribute("username");     //获取会员账号
    //如果没有登录，将跳转到登录页面
    if (username == "" || username == null) {
        response.sendRedirect("login.jsp");                          //重定向页面到会员登录页面
        return;                                                      //返回
    } else {
        Vector cart = (Vector) session.getAttribute("cart");         //获取购物车对象
```

```
            if (cart == null || cart.size() == 0) {                      //如果购物车为空
                    response.sendRedirect("cart_null.jsp");              //重定向页面到购物车为空页面
            } else {
%>
```

（2）滚动到页面的最底部，添加以下代码，用于结束步骤（1）中的两个 if 语句。

```
<%          }
    } %>
```

（3）遍历购物车中的图书，并获取要显示的信息。具体的实现方法是：首先根据购物车中保存的图书 ID，从图书信息表中获取其详细信息（主要是图书名称和图书封面图片），并保存到相应的变量中，最后不要忘记关闭数据库连接。具体代码如下：

```
<%
    float sum = 0;
    DecimalFormat fnum = new DecimalFormat("##0.0");                     //定义显示金额的格式
    int ID = -1;                                                         //保存图书 ID 的变量
    String bookname = "";                                               //保存图书名称的变量
    String picture = "";                                                //保存图书图片的变量
    //遍历购物车中的图书
    for (int i = 0; i < cart.size(); i++) {
        Bookelement bookitem = (Bookelement) cart.elementAt(i);         //获取一个图书
        sum = sum + bookitem.number * bookitem.nowprice;                //计算总计金额
        ID = bookitem.ID;                                               //获取图书 ID
        if (ID > 0) {
            ResultSet rs_book = conn.executeQuery("select * from tb_book where ID=" + ID);
            if (rs_book.next()) {
                bookname = rs_book.getString("bookname");               //获取图书名称
                picture = rs_book.getString("picture");                 //获取图书封面图片
            }
            conn.close();                                              //关闭数据库连接
        }
%>
```

（4）在购物车信息显示完毕的位置插入以下代码，用于结束步骤（3）中的 for 循环，以及格式化总计金额。格式化后的格式为"##0.0"，即小数点后保留一位小数。

```
<%
    }
    String sumString = fnum.format(sum);                                //格式化总计金额
%>
```

22.9.6 实现调用支付宝完成支付功能

在查看购物车页面中，单击"结账"按钮，首先会弹出"支付"对话框，在该对话框中，扫描二维码将调用支付宝完成支付功能。在编写本书时，实现在网站中加入支付功能的基本方法如下。

1．注册支付宝企业账户

进入支付宝开发平台（蚂蚁金服开放平台）。单击"注册"超链接，进入"注册－支付宝"页面，在该页面中选择"企业账户"选项卡，然后按照向导进行操作即可。

2．完成支付宝实名认证

注册支付宝企业账户后，会要求进行实名认证。准备以下资料后，单击"企业实名信息填写"按钮，按照向导完成实名认证。

- ☑　营业执照影印件。
- ☑　对公银行账户，可以是基本户或一般户。
- ☑　法宝代表人的身份证影印件。

> **说明**
>
> 如果您是代理人，除以上资料外，还需要准备您的身份证影印件和企业委托书，必须盖有公司公章或者账务专用章。

3．申请支付套餐

支付宝提供了多种支付套餐。一般情况下，我们可以选择"即时到账"套餐。该套餐可以让用户在线向开发者的支付宝账号支付资金，并且交易资金即时到账。要申请"即时到账"套餐，可以直接在浏览器的地址栏中输入 URL 地址 https://b.alipay.com/order/productDetail.htm?productId=2015110218012942，在进入的页面中，直接单击"在线申请"按钮，然后按照向导进行操作。

申请好套餐后，会有一个审核阶段，审核通过才能使用该接口。通常情况下，2~5 天会有申请结果。

4．生成与配置密钥

进行开发时，需要提供商户的私钥和支付宝的公钥，这些内容也可以到支付宝开发平台中获取，对应的 URL 地址为 https://doc.open.alipay.com/docs/doc.htm?spm=a219a.7629140.0.0.ulCjKD&treeId=193&articleId=105310&docType=1。在该页面根据提示进行操作即可。

5．下载 Demo

前面的工作准备就绪后，就可以开发测试支付功能了。这时，可以下载支付宝开发平台提供的即时到账交易接口的 Demo，然后根据 Demo 中的说明进行开发测试即可。

22.9.7　实现保存订单功能

单击"结账"按钮，即可保存该订单。保存订单页面为 cart_order.jsp，在该页面中实现保存订单功能。首先判断购物车是否为空，不为空时，再判断会员账户是否合法，只有会员账户合法时，才保存订单。在保存订单信息时，需要分别向订单主表和订单明细表插入数据。具体代码如下：

```
<%
    if (session.getAttribute("cart") == "") {                      //判断购物车对象是否为空
        out.println(
                "<script language='javascript'>alert('您还没有购物!');"
                +"window.location.href='index.jsp';</script>");
    }
    String Username = (String) session.getAttribute("username");    //获取输入的账户名称
    if (Username != "") {
        try {                                                      //捕捉异常
            ResultSet rs_user = conn.executeQuery("select * from tb_Member where username='"
            + Username + "'");
            if (!rs_user.next()) {          //如果获取的账户名称在会员信息表中不存在（表示非法会员）
                session.invalidate(); //销毁 Session
                out.println(
                        "<script language='javascript'>alert('请先登录后，再进行购物!'); "
                        +"window.location.href='index.jsp';</script>");
                return;                                            //返回
            } else {                                              //如果合法会员，则保存订单
                //获取输入的收货人姓名
                String recevieName = chStr.chStr(request.getParameter("recevieName"));
                String address = chStr.chStr(request.getParameter("address"));   //获取输入的收货人地址
                String tel = request.getParameter("tel");         //获取输入的电话号码
                String bz = chStr.chStr(request.getParameter("bz"));//获取输入的备注
                int orderID = 0;                                  //定义保存订单 ID 的变量
                Vector cart = (Vector) session.getAttribute("cart");  //获取购物车对象
                int number = 0;                                   //定义保存图书数量的变量
                float nowprice = (float) 0.0;                     //定义保存图书价格的变量
                float sum = (float) 0;                            //定义图书金额的变量
                float Totalsum = (float) 0;                       //定义图书件数的变量
                boolean flag = true;                              //标记订单是否有效，为 true 表示有效
                int temp = 0;                                     //保存返回自动生成的订单号的变量
                int ID = -1;
                //插入订单主表数据
                float bnumber = cart.size();
                String sql = "insert into tb_Order(bnumber,username, recevieName,address, "
                        +"tel,bz) values("+ bnumber + ",'" + Username + "','" + recevieName
                        + "','" + address + "','" + tel+ "','" + bz + "')";
                temp = conn.executeUpdate_id(sql);                //保存订单主表数据
                if (temp == 0) {                                  //如果返回的订单号为 0，表示不合法
                    flag = false;
                } else {
                    orderID = temp;                               //把生成的订单号赋值给订单 ID 变量
                }
                String str = "";                                  //保存插入订单详细信息的 SQL 语句
                for (int i = 0; i < cart.size(); i++) {           //插入订单明细表数据
                    //获取购物车中的一个图书
```

```
                Bookelement mybookelement = (Bookelement) cart.elementAt(i);
                ID = mybookelement.ID;                          //获取图书 ID
                nowprice = mybookelement.nowprice;              //获取图书价格
                number = mybookelement.number;                 //获取图书数量
                sum = nowprice * number;                        //计算图书金额
                str = "insert into tb_order_Detail (orderID,bookID,price,number)"
                        +" values(" + orderID + ","+ ID + "," + nowprice + ","
                        + number + ")";                         //插入订单明细的 SQL 语句
                temp = conn.executeUpdate(str);                 //保存订单明细
                Totalsum = Totalsum + sum;                      //累加合计金额
                if (temp == 0) {                                //如果返回值为 0，表示不合法
                        flag = false;
                }
            }
            if (!flag) {                                        //如果订单无效
                out.println("<script language='javascript'>alert('订单无效');"
                                +"history.back();</script>");
            } else {
                session.removeAttribute("cart");                //清空购物车
                out.println("<script language='javascript'>alert('订单生成，请记住您"
                        +"的订单号[" + orderID
                        + "]');window.location.href='index.jsp';</script>");   //显示生成的订单号
            }
            conn.close();                                       //关闭数据库连接
        }
    } catch (Exception e) {                                     //处理异常
        out.println(e.toString());                             //输出异常信息
    }
} else {
    session.invalidate();                                       //销毁 Session
    out.println(
            "<script language='javascript'>alert('请先登录后，再进行购物!');"
            +"window.location.href='index.jsp';</script>");
}
%>
```

22.10　小　结

本章主要通过 JavaWeb＋SQL Server 技术讲解了一个图书商城的实现过程，通过本章的学习，读者应该熟练掌握使用 JDBC 操作数据库技术，并且熟悉使用支付宝进行在线支付的实现流程。

第 23 章　房屋中介管理系统
（C# +SQL Server 2014 实现）

随着信息技术的日益发展，作为房屋中介公司的工作人员，希望通过使用计算机来代替烦琐和大量的手工操作，以便达到事半功倍的效果，这样能够使房屋中介对求租人信息、出租人信息和房源信息的管理实现系统化、规范化及自动化。本章将通过使用 C#+SQL Server 2014 技术开发一个房屋中介管理系统。通过本章的学习，可以掌握以下要点：

- ☑　数据的定位查询和模糊查询
- ☑　进行严格的数据检验
- ☑　图形化显示房源信息
- ☑　使用存储过程
- ☑　实现断开式数据库连接
- ☑　使用图标显示房屋状态

23.1　开发背景

房屋中介管理系统是房屋中介机构不可缺少的一部分，能够为操作人员和用户提供充足的信息和快速查询手段。但一直以来人们使用传统人工的方式管理房屋出租、求租等房屋信息，这种管理存在着许多缺点，如效率低、保密性差等，时间一长，将产生大量的文件和数据，这样给查找、更新和维护房屋信息带来了不少的困难。而房屋中介管理系统的出现改变了这一现状，它是一款非常实用的房屋中介管理软件，使用该软件，不仅可以详细地记录房源信息和用户信息等，同时还能够自动查找和客户需求相匹配的房源，在方便客户的同时又提高了使用者的工作质量和效率。

23.2　需求分析

通过与某房屋中介公司的沟通和需求分析，要求系统具有以下功能：

- ☑　由于操作人员的计算机知识有限，因此要求系统具有良好的人机界面；
- ☑　如果系统的使用对象较多，则要求有较好的权限管理；
- ☑　方便的数据查询，支持自定义条件查询；

☑　自动匹配房源和求房意向信息；

☑　使用垃圾信息处理机制释放空间；

☑　在相应的权限下，可方便地删除数据；

☑　数据计算自动完成，尽量减少人工干预。

23.3　系统设计

23.3.1　系统目标

本系统属于小型的数据库系统，可以对房源和租赁人等进行有效的管理。通过本系统可以达到以下目标：

☑　系统采用人机交互方式，界面美观友好，信息查询灵活、方便，数据存储安全可靠；

☑　灵活的批量录入数据，使信息传递更快捷；

☑　实现垃圾信息清理；

☑　实现后台监控功能；

☑　实现各种查询，如定位查询、模糊查询等；

☑　实现图形化显示房源信息；

☑　对用户输入的数据，进行严格的数据检验，尽可能避免人为错误；

☑　系统最大限度地实现了易安装性、易维护性和易操作性。

23.3.2　系统功能结构

房屋中介管理系统的部分功能结构如图 23.1 所示。

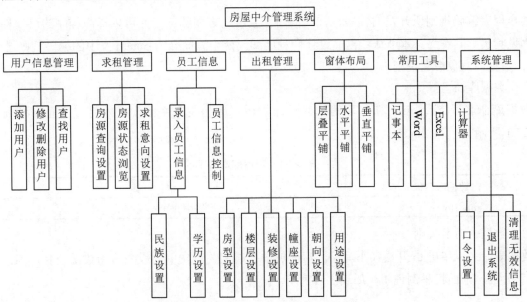

图 23.1　房屋中介管理系统的部分功能结构

23.3.3　业务流程图

房屋中介管理系统的业务流程图如图 23.2 所示。

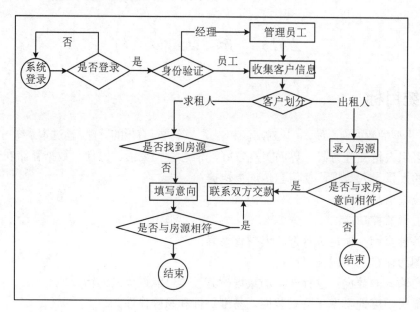

图 23.2　房屋中介管理系统的业务流程图

23.3.4　业务逻辑编码规则

遵守程序编码规则所开发的程序，代码清晰、整洁、方便阅读，并可以提高程序的可读性，真正做到"见其名知其意"。本节从数据库设计和程序编码两个方面介绍程序开发中的编码规则。

1．数据库对象命名规则

☑　数据库命名规则

数据库命名以字母 db 开头（小写），后面加数据库相关英文单词或缩写。下面将举例说明，如表 23.1 所示。

表 23.1　数据库命名

数据库名称	描　述
db_House	房屋中介管理系统数据库

☑　数据表命名规则

数据表命名以字母 tb 开头（小写），后面加数据库相关英文单词或缩写和数据表名，多个单词间用"_"分隔。下面将举例说明，如表 23.2 所示。

表 23.2　数据表命名

数据表名称	描　述
tb_employee	员工信息表
tb_MoneyAndInfo	收费信息表

☑　字段命名规则

字段一律采用英文单词或词组（可利用翻译软件）命名，如找不到专业的英文单词或词组，可以用相同意义的英文单词或词组代替，另外，单词或单词缩写之间可以使用"_"分隔。下面将举例说明，表 23.3 所示为库存信息表中的部分字段。

表 23.3　字段命名

字 段 名 称	描　述
employee_ID	员工编号
employee_name	员工名称
employee_sex	员工性别

2．业务编码规则

☑　员工编号

员工编号是房屋中介管理系统中员工的唯一标识，不同的员工可以通过该编号来区分（即使员工名称相同）。在本系统中该编号的命名规则：以字符串 emp 为编号前缀，加上 4 位数字作为编号的后缀，这 4 位数字从 1001 开始。例如，emp1001。

☑　客户编号

客户编号是房屋中介管理系统中客户的唯一标识，对于中介机构，它的客户分为出租人和求租人两类，不同的客户可以通过该编号来区分（即使客户名称相同）。在本系统中该编号的命名规则：以字符串 want（标识求租人）或 lend（标识出租人）为编号前缀，加上 4 位数字作为编号的后缀，这 4 位数字从 1001 开始。例如，lend1006 或 want1005。

☑　房屋编号

房屋编号是房屋中介管理系统中房源的唯一标识，它用于唯一标识某一套具体的出租房屋。在本系统中该编号的命名规则：以字符串 hou 为编号前缀，加上 4 位数字作为编号的后缀，这 4 位数字从 1001 开始。例如，hou1001。

23.3.5　程序运行环境

本系统的程序运行环境具体如下。

☑　系统开发平台：Microsoft Visual Studio 2017。

☑　系统开发语言：C#。

☑　数据库管理系统软件：SQL Server 2014。

☑　运行平台：Windows 7（SP1）/ Windows 8/Windows 10。

☑ 运行环境：Microsoft.NET Framework SDK v4.7。

23.3.6 系统预览

房屋中介管理系统由多个窗体组成，下面仅列出几个典型窗体，其他窗体参见资源包中的源程序。

主窗体如图 23.3 所示，主要实现快速链接系统的所有功能，该窗体提供两种打开子窗体的菜单：既可以通过最上面的常规菜单打开系统中的所有子窗体；也可以通过窗体左面的树型菜单来打开系统中的所有子窗体。

图 23.3　主窗体

求租人员信息窗体如图 23.4 所示，主要实现登记求租人信息，注意"手机号码"和"身份证号码"必须输入，以备后面的操作之用。出租人员信息设置窗体如图 23.5 所示，主要是完成出租人信息登记和所要出租的房屋登记。这两个窗体使用同一个类文件，即 frmPeopleInfo.cs 文件，程序根据打开的命令不同，显示或隐藏"录入房源"按钮。

图 23.4　求租人员信息窗体

图 23.5　出租人员信息设置窗体

房屋状态查询窗体如图 23.6 所示，主要实现查询房屋的状态，房屋的状态包括已租、未租和预订 3 种状态。另外，还可以通过手机号进行预订房屋和取消预订两种操作。

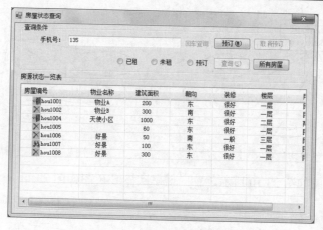

图 23.6　房屋状态查询窗体

23.4　数据库设计

23.4.1　数据库概要说明

本系统采用 SQL Server 2014 作为后台数据库，数据库名称为 db_House，其中包含 15 张数据表，详细情况如图 23.7 所示。

图 23.7　房屋中介管理系统中用到的数据表

23.4.2　数据库概念设计

本系统中规划出的实体主要有员工信息实体、客户信息实体、房源信息实体和意向信息实体等。员工信息实体 E-R 图如图 23.8 所示。客户信息实体 E-R 图如图 23.9 所示。

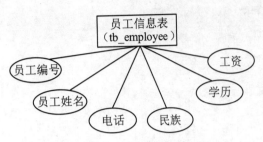

图 23.8　员工信息实体 E-R 图

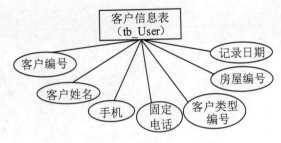

图 23.9　客户信息实体 E-R 图

房源信息实体 E-R 图如图 23.10 所示。意向信息实体 E-R 图如图 23.11 所示。

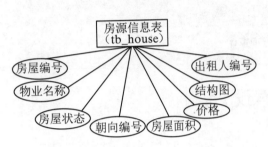

图 23.10　房源信息实体 E-RE-R 图

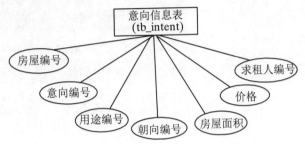

图 23.11　意向信息实体 E-R 图

收费信息实体 E-R 图如图 23.12 所示。朝向信息实体 E-R 图如图 23.13 所示。

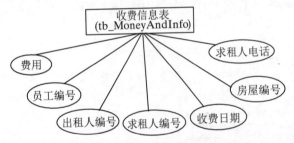

图 23.12　收费信息实体 E-R 图

图 23.13　朝向信息实体 E-R 图

23.4.3　数据库逻辑设计

由于篇幅所限，下面对比较重要的数据表的结构进行介绍。

☑　员工信息表

员工信息表（tb_employee）用于保存员工的基本信息，该表的结构如表 23.4 所示。

表 23.4　员工信息表结构

字 段 名 称	数 据 类 型	字 段 大 小	说　　明
employee_ID	varchar	10	员工编号
employee_name	varchar	20	姓名
employee_sex	varchar	10	性别
employee_birthday	datetime	8	出生日期

续表

字 段 名 称	数 据 类 型	字 段 大 小	说　　明
employee_phone	varchar	20	电话
employee_cardID	varchar	20	身份证号
employee_address	varchar	50	地址
gov_ID	varchar	10	民族
employee_study	varchar	10	学历
employee_basepay	money	8	工资

☑　客户信息表

客户信息表（tb_User）用于保存客户信息，该表的结构如表 23.5 所示。

表 23.5　客户信息表结构

字 段 名 称	数 据 类 型	字 段 大 小	说　　明
User_IDS	varchar	10	客户编号
User_nameS	varchar	20	姓名
User_sex	varchar	4	性别
User_birth	datetime	8	出生日期
User_phone	varchar	20	手机
User_homePhone	varchar	20	宅电
User_email	varchar	30	邮箱
User_cardID	varchar	20	身份证
User_type	varchar	10	客户类型
house_ID	varchar	10	房屋编号
User_recordDate	datetime	8	记录日期

☑　房源信息表

房源信息表（tb_house）用于保存房源信息，该表的结构如表 23.6 所示。

表 23.6　房源信息表结构

字 段 名 称	数 据 类 型	字 段 大 小	说　　明
house_ID	varchar	10	房屋编号
house_companyName	varchar	50	物业名称
huose_typeID	varchar	10	房型编号
house_seatID	varchar	10	幢/座编号
house_state	varchar	10	状态
house_fitmentID	Varchar	10	装修编号
house_favorID	varchar	10	朝向编号
house_mothedID	varchar	10	用途编号
huose_map	varchar	50	结构图

字 段 名 称	数 据 类 型	字 段 大 小	说　明
house_price	money	8	价格
house_floorID	varchar	10	楼层编号
house_buildYear	varchar	10	建筑年限
house_area	varchar	20	建筑面积
house_remark	varchar	50	备注
User_IDS	varchar	10	用户编号

☑　意向信息表

意向信息表（tb_intent）用于保存求租人对房源的要求信息，该表的结构如表 23.7 所示。

表 23.7　意向信息表结构

字 段 名 称	数 据 类 型	字 段 大 小	说　明
intent_ID	varchar	10	意向编号
User_ID	varchar	10	用户编号
huose_typeID	varchar	10	房型编号
house_seatID	varchar	10	幢/座编号
house_fitmentID	varchar	10	装修编号
house_floorID	varchar	10	楼层编号
house_favorID	varchar	10	朝向编号
house_mothedID	varchar	10	用途编号
house_price	nvarchar	8	价格
house_area	varchar	20	面积

23.5　公共类设计

在开发项目中以类的形式来组织、封装一些常用的方法和事件，不仅可以提高代码的重用率，也大大方便了代码的管理。本系统中创建了公共类 ClsCon.cs，并且还为每个数据表建立了自己的实体类和方法类。在此只介绍一张数据表所对应的实体类和方法类，其他数据表所对应的类，可参见本书附带资源包中的源程序。

23.5.1　程序文件架构

部分主文件架构如图 23.14 所示。

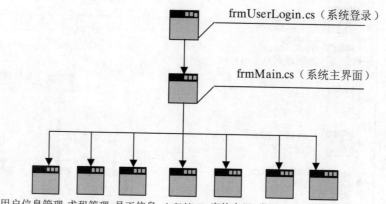

图 23.14　部分主文件架构

员工信息和用户信息管理文件架构如图 23.15 和图 23.16 所示。

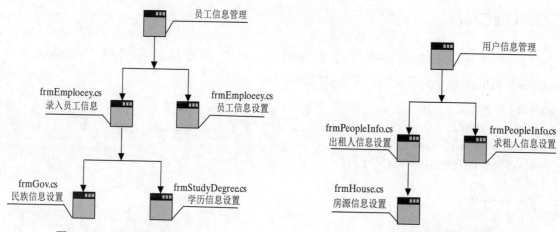

图 23.15　员工信息管理文件架构

图 23.16　用户信息管理文件架构

求租管理和常用工具文件架构如图 23.17 和图 23.18 所示。

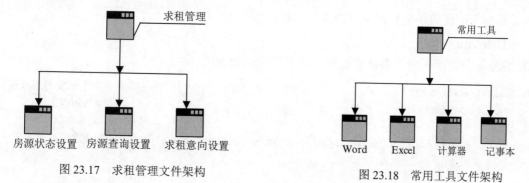

图 23.17　求租管理文件架构

图 23.18　常用工具文件架构

出租管理文件架构如图 23.19 所示。系统管理文件架构如图 23.20 所示。

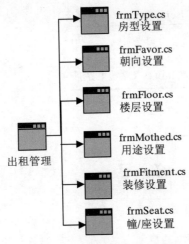

图 23.19　出租管理文件架构

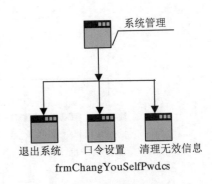

图 23.20　系统管理文件架构

23.5.2　ClsCon 类

ClsCon 主要用于创建数据库连接及关闭打开的数据连接，需要引入 System.Data 和 System.Data.SqlClient 两个命名空间，其关键代码如下：

```
//引用两个命名空间
using System.Data;
using System.Data.SqlClient;
namespace houseAgency.mothedCls
{
    class ClsCon
    {
        …//编写自定义方法
    }
}
```

接下来，对上面代码中的自定义方法进行详细介绍。

1．ConDatebase 方法

ConDatebase 方法用于建立数据库连接，其实现代码如下：

```
public SqlConnection conn;                                              //声明 SQL 数据连接引用
public void ConDatabase()                                              //连接数据库
{
    conn = new SqlConnection("server=.;pwd=;uid=sa;database=db_House");  //创建数据连接对象
}
```

2．closeCon 方法

closeCon 方法实现关闭打开的数据库连接，其实现代码如下：

```
public bool closeCon()                                                 //关闭打开的数据库连接
```

```
{
    try
    {
        if (conn.State == ConnectionState.Open)        //若数据连接处于打开状态
        {
            conn.Close();                              //关闭连接

        }
        return true;                                   //返回值为 true
    }
    catch
    {
        return false;                                  //若产生异常，返回值为 false
    }
}
```

23.5.3   clsFavor 类

clsFavor 实体类将 tb_favor 数据表的字段通过 GET、SET 访问器封装起来，其实现代码如下：

```
class clsFavor                                      //定义描述房屋朝向的类
{
    private string house_favorID=null;              //声明表示编号的字符串变量
    private string favor_name=null;                 //声明表示名称的字符串变量
    private string favor_remark = null;             //声明表示备注字符串变量
    public string id                                //定义描述房屋朝向编号的属性
    {
        get { return house_favorID; }
        set { house_favorID = value; }
    }
    public string name                              //定义描述房屋朝向名称的属性
    {
        get { return favor_name; }
        set { favor_name = value; }
    }
    public string remark                            //定义描述备注的属性
    {
        get { return favor_remark; }
        set { favor_remark = value; }
    }
}
```

23.5.4   claFavorMethod 类

claFavorMethod 类封装了对 tb_favor 数据表进行插入、修改和删除等操作的方法，由于封装的这 3

种方法在实现技术上类似，所以这里只介绍对 tb_favor 表进行插入操作的方法——insert_table 方法。

insert_table 方法首先通过实体类取出信息，然后调用数据库中的存储过程来得到执行结果，最后把执行结果传递给表示层，其实现代码如下：

```csharp
public string insert_table(clsFavor cf)                              //实现向朝向数据表插入数据
{
    try
    {
        con.ConDatabase();                                          //创建数据库连接
        SqlCommand cmd = new SqlCommand("proc_favor_insert", con.conn);//创建命令对象
        cmd.CommandType = CommandType.StoredProcedure;              //表示命令对象将执行存储过程
        cmd.Connection.Open();                                       //打开数据连接
        SqlParameter[] prams =
        {
            new SqlParameter("@house_favorID", SqlDbType.VarChar, 50),//创建朝向编号参数实例
            new SqlParameter("@favor_name", SqlDbType.VarChar, 50),  //创建朝向名称参数实例
            new SqlParameter("@favor_remark", SqlDbType.VarChar, 50),//创建备注参数实例
            new SqlParameter("@proc_info", SqlDbType.VarChar, 50,    //创建描述执行结果的参数实例
            ParameterDirection.Output,true, 0, 0, string.Empty,DataRowVersion.Default, null)
        };
        prams[0].Value = cf.id;                                     //设置朝向编号
        prams[1].Value = cf.name;                                   //设置朝向名称
        prams[2].Value = cf.remark;                                 //设置备注
        foreach (SqlParameter parameter in prams)                   //添加参数
        {
            cmd.Parameters.Add(parameter);                          //向命令对象中添加参数实例
        }
        cmd.ExecuteNonQuery();                                      //执行存储过程
        string strResult=cmd.Parameters["@proc_info"].Value.ToString();//获取存储过程的执行结果
        con.closeCon();                                             //关闭连接
        return strResult;                                          //返回结果
    }
    catch (Exception ey)
    {
        con.closeCon();                                            //关闭连接
        return ey.Message.ToString();                              //返回异常信息
    }
}
```

23.6　主窗体设计

23.6.1　主窗体概述

主窗体是程序操作过程中必不可少的，它是人机交互中的重要环节，用户通过主窗体可以快速打开系统中相关的各个子模块。本系统的主窗体被分为 4 个部分：最上面是系统菜单栏，可以通过它调

用系统中的所有子窗体；菜单栏下面是工具栏，以按钮的形式调用最常用的子窗体；窗体的左面是一个树型菜单，可以通过它显示系统的所有功能；窗体的右面是一张和程序主题相关的背景图片；窗体的最下面，用状态栏显示当前登录的用户名及系统时间。主窗体运行结果如图 23.21 所示。

图 23.21　主窗体

23.6.2　主窗体技术分析

本系统在窗体的左侧使用树型控件（TreeView）显示系统的所有菜单项，通过单击这些菜单项，同样可以打开相应的窗体。这种树型菜单相比传统的横向菜单更加方便和易于操作，下面将介绍在本模块中用到的 TreeView 控件的相关知识。

1．创建 TreeView 控件的根节点

在树型菜单中，根节点显示系统主菜单的内容，那么如何将主菜单的内容添加到 TreeView 控件中呢？这可以通过调用 TreeView 控件的 Nodes 属性的 Add 方法来实现，该方法的重载形式有多种，本模块用到的 Add 方法实现将具有指定标签文本的新树节点添加到当前树节点集合的末尾。语法格式如下：

```
public virtual TreeNode Add(string text);
```

- ☑　text：节点显示的标签文本。
- ☑　返回值：添加的节点实例。

例如，下面的示例代码实现向 TreeView 控件添加 3 个表示年级的节点。

```
TreeNode node1 = treeView1.Nodes.Add("一年级");
TreeNode node2 = treeView1.Nodes.Add("二年级");
TreeNode node3 = treeView1.Nodes.Add("三年级");
```

2．创建根节点的子节点

在树型菜单中，需要在每个根节点下添加子菜单项，这可以通过调用根节点实例的 Nodes 属性的 Add 方法来实现，该方法与上面介绍的 Add 方法是同一个方法，这里不再赘述。

23.6.3 主窗体实现过程

主窗体的具体实现步骤如下。

（1）新建一个 Windows 窗体，命名为 frmMain.cs，它主要用作房屋中介管理系统的主窗体，该窗体主要用到的控件及属性设置如表 23.8 所示。

表 23.8　主窗体主要用到的控件

控件类型	控件ID	主要属性设置	用途
MenuStrip	menuStrip1	在 Items 属性中设置下拉列表项，并将调用子窗体的菜单项的 Tag 属性，从 1 开始依次设置值	主窗体的下拉列表
ToolStrip	toolStrip1	在 Items 属性中设置按钮项	常用按钮
TreeView	treeView1	BorderStyle 属性设为 FixedSingle, Dock 属性设为 Fill	显示所有子窗体
StatusStrip	statusStrip1	在 Items 属性中设置显示项	显示登录用户名及时间

（2）声明局部变量及公共类 ClsCon 对象，通过 ClsCon 对象调用类中的方法，以实现数据库连接，代码如下：

```csharp
public partial class frmMain : Form
{
    public string M_str_Power = string.Empty;          //定义公共变量，记录登录信息
    string Power = string.Empty;                        //定义私有变量，记录用户权限
    public frmMain ()                                    //窗体的构造器
    {
        InitializeComponent();
    }
    …//其他事件或方法的代码，可参见本书附带资源包
}
```

在 frmMain 窗体的 Load 事件中，获取登录用户的名称及权限，并通过权限设置"员工信息"菜单的显示状态，然后调用自定义方法 GetMenu 将菜单中的各命令项按照层级关系动态添加到 TreeView 控件中。frmMain 窗体的 Load 事件代码如下：

```csharp
private void frmMain_Load(object sender, EventArgs e)
{
    //在加载时读出权限和用户名信息
    if (M_str_Power != string.Empty)                    //当 M_str_Power 不为空时，即登录成功
    {
        tspname.Text = M_str_Power.Substring(0, M_str_Power.IndexOf('@'));    //获取当前登录的用户名
        tspLoginTime.Text = DateTime.Now.ToLongTimeString();                  //获取当前系统时间
        Power = M_str_Power.Substring(M_str_Power.IndexOf('@') + 1);          //获取当前的用户权限
```

```
            if (Power == "0")                                           //当用户权限为 "0" 时
            {
                this.tbEmpleey.Visible = false;                         //隐藏 "员工信息" 菜单
            }
            else
            {
                this.tbEmpleey.Visible = true;                          //显示 "员工信息" 菜单
            }
            GetMenu(treeView1, menuStrip1);                             //调用自定义方法 GetMenu
        }
}
```

GetMenu 方法是一个无返回值的自定义方法，它的主要功能是遍历 MenuStrip 控件的菜单项，然后将各菜单项按照层级关系添加到 TreeView 控件中。该方法关键代码如下：

```
public void GetMenu(TreeView treeV, MenuStrip MenuS)
{
    for (int i = 0; i < MenuS.Items.Count; i++)                        //遍历 MenuStrip 组件中的一级菜单项
    {
        //将一级菜单项的名称添加到 TreeView 组件的根节点中，并设置当前节点的子节点 newNode1
        TreeNode newNode1 = treeV.Nodes.Add(MenuS.Items[i].Text);
        newNode1.Tag = 0;
        //将当前菜单项的所有相关信息存入到 ToolStripDropDownItem 对象中
        ToolStripDropDownItem newmenu = (ToolStripDropDownItem)MenuS.Items[i];
        //判断当前菜单项中是否有二级菜单项
        if (newmenu.HasDropDownItems && newmenu.DropDownItems.Count > 0)
            for (int j = 0; j < newmenu.DropDownItems.Count; j++)      //遍历二级菜单项
            {
                //将二级菜单名称添加到 TreeView 的子节点 newNode1 中，并设置当前节点的子节点 newNode2
                TreeNode newNode2 = newNode1.Nodes.Add(newmenu.DropDownItems[j].Text);
                //将菜单项的 Tag 属性值赋给当前节点的 Tag 属性，便于打开相应的子窗体
                newNode2.Tag = int.Parse(newmenu.DropDownItems[j].Tag.ToString());
                //将当前菜单项的所有相关信息存入到 ToolStripDropDownItem 对象中
                ToolStripDropDownItem newmenu2 = (ToolStripDropDownItem)newmenu.DropDownItems[j];
            }
    }
}
```

因为本系统既可以在菜单栏中打开子窗体，又可以在树型菜单中打开窗体，所以要设置一个自定义方法 frm_show，通过各菜单项或节点的 Tag 属性值来打开相应的窗体。

```
public void frm_show(int n)
{
    switch (n)                                                         //通过标识调用各子窗体
    {
        case 0: break;
        case 1:
```

```
        {
            frmPeopleInfo fp = new frmPeopleInfo();        //实例化一个求租人信息窗体
            fp.strID = "want";                             //设置窗体中的公共变量，表示求租
            fp.Text = "求租人员信息";                       //设置窗体名称
            fp.ShowDialog();                               //用对话框模式打开窗体
            fp.Dispose();                                  //释放窗体的所有资源
            break;
        }
    case 2:
        {
            frmPeopleInfo fp = new frmPeopleInfo();        //实例化一个出租人信息窗体
            fp.strID = "lend";                             //设置窗体中的公共变量，表示出租
            fp.Text = "出租人员信息设置";                   //设置窗体名称
            fp.ShowDialog();                               //打开模式对话框窗体
            fp.Dispose();                                  //释放资源
            break;
        }
    case 3:
        {
            frmPeopleList fp = new frmPeopleList();        //实例化一个用户信息管理窗体
            fp.ShowDialog();                               //以对话框模式打开窗体
            fp.Dispose();                                  //释放资源
            break;
        }
    …//因为篇幅有限只给出部分代码
    case 26:
        {
            if (MessageBox.Show("确认退出系统吗？", "提示", MessageBoxButtons
.OKCancel, MessageBoxIcon.Question) == DialogResult.OK)  //若确认退出
                Application.Exit();                        //关闭当前应用程序
            break;
        }
    case 27:
        {
            frmStock fs = new frmStock();                  //实例化一个备份数据窗体
            fs.ShowDialog();                               //以对话框模式打开窗体
            fs.Dispose();                                  //释放资源
            break;
        }
    case 28:
        {
            frmRestore fr = new frmRestore();              //实例化一个还原数据窗体
            fr.ShowDialog();                               //以对话框模式打开窗体
            fr.Dispose();                                  //释放资源
            break;
        }
    case 29:
        {
            ClsCon con = new ClsCon();                     //实例化一个 ClsCon 公共类
```

```
                con.ConDatabase();                              //连接数据库
        //清理出租人和房源之间的垃圾信息
        //如当出租人要出租房时，可是没有给出房源信息，这时出租人信息就没有用了
        try
        {
            SqlCommand cmd = new SqlCommand();         //实例化一个 SqlCommand 对象
            cmd.Connection = con.conn;                 //与数据库建立连接
            cmd.Connection.Open();                     //打开数据库的连接
            cmd.CommandText = "proc_clear";            //存储过程的名
            cmd.CommandType = CommandType.StoredProcedure;
            cmd.ExecuteNonQuery();                     //执行存储过程
            con.closeCon();                            //关闭数据库的连接
            MessageBox.Show("恭喜已清除！！！");
        }
        catch (Exception ey)
        {
            MessageBox.Show(ey.Message);               //弹出异常信息提示框
        }
        break;
    }
case 30:
    {
        MessageBox.Show("\t 你可以到明日科技网站\t\n\n\t    得到你想知
道的\n\t     谢谢使用！！");                            //打开帮助对话框
        break;
    }
    }
}
```

下面用"求租人员信息"命令的单击事件为例，来说明如何用自定义方法 frm_show 来调用相应的子窗体。"求租人员信息"命令的 Click 事件关键代码如下：

```
private void  求租人员信息 ToolStripMenuItem_Click(object sender, EventArgs e)
{
    frm_show(int.Parse(((ToolStripMenuItem)sender).Tag.ToString()));         //打开"求租人员信息"窗体
}
```

23.7 用户信息管理模块设计

23.7.1 用户信息管理模块概述

用户信息管理主要用于管理用户信息。其中包括两种用户类型，即出租方和求租方。如果出租方仅仅提供个人基本信息而没有提供房源信息，则可以通过本系统提供的垃圾信息清理机制将其清除。用户信息管理窗体运行结果如图 23.22 所示。

图 23.22　用户信息管理窗体

23.7.2　用户信息管理模块技术分析

本模块提供了查询"出租人"和"求租人"的功能，并且可以通过设置多个查询条件来查询，这就需要动态设置具有查询功能的 SQL 语句，本实例使用 StringBuilder 类的 Append 方法来实现动态连接 SQL 语句，该方法的重载形式有多种，本模块用到的 Append 方法实现在 StringBuilder 类型实例的结尾追加指定字符串的副本。语法格式如下：

```
public StringBuilder Append(string value);
```

☑　value：要追加的字符串。

☑　返回值：完成追加操作后对 StringBuilder 类型实例的引用。

例如，下面的代码实现根据客户编号、客户名称、客户电话号码等多个条件实现动态查询"求租人"或"出租人"记录。

```
StringBuilder sbSql = new StringBuilder(" select * from tb_User ");
sbSql.Append(" where User_IDs like '%" + this.textBox1.Text.ToString() + "%'");
sbSql.Append(" and User_names like '%" + this.textBox2.Text.ToString() + "%'");
sbSql.Append(" and User_phone like '%" + this.textBox5.Text.ToString() + "%'");
sbSql.Append(" and User_cardID like '%" + this.textBox4.Text.ToString() + "%'");
sbSql.Append(" and User_homePhone like '%" + this.textBox3.Text.ToString() + "%'");
```

23.7.3　用户信息管理模块实现过程

用户信息管理模块的具体实现步骤如下。

（1）新建一个 Windows 窗体，命名为 frmPeopleList.cs，用于设置用户信息。该窗体主要用到的控件及属性设置如表 23.9 所示。

表 23.9　用户信息管理窗体主要用到的控件

控 件 类 型	控件 ID	主要属性设置	用　途
abl TextBox	txtID	将其 ReadOnly 属性设置为 false	用户编号
	txtName	同上	用户姓名
	txtHomePhome	同上	家用电话
	txtPhone	同上	手机号
	txtCardID	同上	身份证号
ToolStrip	toolStrip1	Items 属性获取属于 ToolStrip 的所有项；TextDirection 属性获取或设置在 ToolStrip 属性上绘制文本的方向；ImageList 属性获取或设置 ToolStrip 项上显示的图像的图像列表；ImageScalingSize 属性获取或设置 ToolStrip 上所用图像的大小，以像素为单位	控制操作
ListView	listView1	Columns 属性用于设置"详细信息"视图中显示的列	显示用户信息
TabControl	tabControl1	TabPages 属性表示 TabControl 控件的所有选项卡；Alignment 属性用于设置选项卡的显示部位	作为容器

（2）声明局部变量及公共类 ClsCon 的对象，通过该对象调用类中的方法，以实现数据库连接，代码如下：

```
namespace houseAgency
{
    public partial class frmPeopleList : Form
    {
        StringBuilder sbSql = new StringBuilder();              //用于存放 SQL 语句头
        StringBuilder sbWhere = new StringBuilder();            //用于生成 SQL 语句的条件
        StringBuilder sbWhereInfo = new StringBuilder();        //用于生成 SQL 语句的条件
        ClsCon con = new ClsCon();                              //连接对象
        string strTemp = string.Empty;                          //临时变量
        public frmPeopleList()                                  //构造方法
        {
            InitializeComponent();
            con.ConDatabase();                                  //连接数据库
        }
        …//其他事件或方法代码，参见本书附带资源包
    }
}
```

在 frmPeopleList 窗体的 Load 事件中，通过调用自定义 ListInfo 方法对 ListView 控件进行数据绑定，显示所有系统用户信息。窗体 Load 事件关键代码如下：

```
private void frmPeopleList_Load(object sender, EventArgs e)
{
    con.ConDatabase();                                          //创建数据库连接
    sbSql.Append("select User_IDs,User_names,User_homePhone,User_cardID,User_phone from tb_User");
    ListInfo(sbSql.ToString());                                 //将显示信息绑定到 ListView 控件
```

485

```
        UnAble();
}
```

自定义 UnAble 方法，主要用来批量设置容器控件中相关控件的 Enabled 属性。代码如下：

```
private void UnAble()
{
    foreach (Control ct in this.tabPage1.Controls)              //遍历 tabPage1 中的所有控件
    {
        //如果当前控件是 TextBox
        if (ct.GetType().ToString() == "System.Windows.Forms.TextBox")
            ct.Enabled = false;                                  //设置该控件为不可用状态
    }
    foreach (Control ctT in this.tabPage2.Controls)              //遍历 tabPage2 中的所有控件
    {
        //如果当前控件是 TextBox
        if (ctT.GetType().ToString() == "System.Windows.Forms.TextBox")
            ctT.Enabled = false;                                 //设置该控件为不可用状态
    }
}
```

自定义 ListInfo 方法，该方法接受查询语句，用来将查询结果绑定到 ListView 控件。代码如下：

```
private void ListInfo(string SQL)
{
    con.ConDatabase();                                           //连接数据库
    this.listView1.Items.Clear();                                //清空 listView1 控件
    SqlDataAdapter da = new SqlDataAdapter(SQL, con.conn);//实例化 SqlDataAdapter 类
    DataTable dt = new DataTable();                              //实例化 DataTable 对象
    //通过 SqlDataAdapter 对象的 Fill 方法，将数据表信息添加到 DataTable 对象中
    da.Fill(dt);
    foreach (DataRow dr in dt.Rows)                              //遍历所有行
    {
        ListViewItem lv;                                         //实例一个项
        lv = new ListViewItem(dr[0].ToString());                //添加第 1 个字段值
        lv.SubItems.Add(dr[1].ToString());                      //添加第 2 个字段值
        lv.SubItems.Add(dr[2].ToString());                      //添加第 3 个字段值
        lv.SubItems.Add(dr[3].ToString());                      //添加第 4 个字段值
        lv.SubItems.Add(dr[4].ToString());                      //添加第 5 个字段值
        this.listView1.Items.Add(lv);                           //在控件中添加当前项，也就是行记录
    }
}
```

单击 ListView 控件中的任一单元格，将对应的详细客户信息显示在相应选项卡的文本框中。实现
代码如下：

```
private void listView1_Click(object sender, EventArgs e)
{
```

```
con.ConDatabase();                                          //连接数据库
string strID =this.listView1.SelectedItems[0].Text.ToString();   //获取选中项信息的 ID 号
string sql = "select User_IDs,User_names,User_homePhone,User_cardID,
User_phone from tb_User where user_ids='" + strID + "'";    //查找的 SQL 语句
SqlCommand cmd=new SqlCommand(sql,con.conn);                //执行 SQL 语句
con.closeCon();                                             //关闭当前连接
cmd.Connection.Open();                                      //打开数据库连接
SqlDataReader dr = cmd.ExecuteReader();                     //读取表中的信息
if (strID.Substring(0, 4) == "lend")                        //当编号的前 4 个字符是"lend"时，表示出租人
{
    while (dr.Read())                                       //循环读取行信息
    {
        //将行信息的内容添加到 textBox1 上
        this.textBox1.Text = dr[0].ToString();
        this.textBox2.Text = dr[1].ToString();
        this.textBox3.Text = dr[2].ToString();
        this.textBox4.Text = dr[3].ToString();
        this.textBox5.Text = dr[4].ToString();
    }
    this.tabControl1.SelectTab(0);                          //令出租人选项卡为当前页
}
else
{
    while (dr.Read())                                       //循环读取数据
    {
        //将行信息的内容添加到 textBox1 上
        this.textBox10.Text = dr[0].ToString();
        this.textBox9.Text = dr[1].ToString();
        this.textBox8.Text = dr[2].ToString();
        this.textBox7.Text = dr[3].ToString();
        this.textBox6.Text = dr[4].ToString();
    }
    this.tabControl1.SelectTab(1);                          //令求租人选项卡为当前页
}
dr.Close();                                                 //关闭数据表
con.closeCon();                                             //关闭连接
tb_update.Enabled = true;                                   //使该控件可用
}
```

当用户单击"出租人"选项卡或"求租人"选项卡时，在相应的选项卡页中显示客户信息。实现代码如下：

```
private void tabControl1_SelectedIndexChanged(object sender, EventArgs e)
{
    if (this.tabControl1.SelectedTab.Text == "出租人")      //如果当前选中的选项卡是"出租人"
    {
```

```
        sbWhere.Append(" where user_type='lend'");          //将查询条件添加到 sbWhere 实例中
        ListInfo(sbSql.ToString() + sbWhere.ToString());      //调用自定义方法 ListInfo
        sbWhere.Remove(0, sbWhere.Length);                   //移除当前字例中的内容
    }
    else if (this.tabControl1.SelectedTab.Text == "求租人")   //如果当前选中的选项卡是"求租人"
    {
        sbWhere.Append(" where user_type='want' ");          //将查询条件添加到 sbWhere 实例中
        ListInfo(sbSql.ToString() + sbWhere.ToString());      //调用自定义方法 ListInfo
        sbWhere.Remove(0, sbWhere.Length);                   //移除当前字例中的内容
    }
}
```

单击"删除"按钮，删除相关的客户信息，同时自动调用触发器 trig_delete_tbUser，删除出租人所提供的房源信息。程序中实现代码如下：

```
private void tb_delete_Click(object sender, EventArgs e)
{
    con.ConDatabase();                                       //连接数据库
    //调用触发器删除用户时去删它对应的房源信息
    if (MessageBox.Show("是否删除用户？", "提示", MessageBoxButtons.YesNo,
    MessageBoxIcon.Hand) == DialogResult.Yes)                //若确认删除
    {
        //实例化 SqlCommand 对象
        SqlCommand cmd = new SqlCommand("delete from tb_user where User_IDS='"
    +this.listView1.SelectedItems[0].Text.ToString()+ "'", con.conn);
        cmd.Connection.Open();                               //打开连接
        cmd.ExecuteNonQuery();                               //执行 SQL 的删除语句
        con.conn.Close();                                    //关闭数据库连接
        ListInfo(sbSql.ToString());                          //利用自定义方法 ListInfo 更新数据
    }
}
```

23.8　房源设置模块设计

23.8.1　房源设置模块概述

房源设置用于设置房源的基本信息，它将多个基础表的信息和房源表的信息进行有机的结合。通过视图 view_house 把信息呈现给用户。本系统较为人性化的功能也在这里体现，即出租人在添加房源信息完毕时，程序通过存储过程 proc_house_insert 为出租人查找匹配的意向求租信息。如果有符合的信息，则会显示出来，出租人可以根据显示的求租信息找到合适的求租人，这样大大提高了工作效率。房源设置窗体运行结果如图 23.23 所示。

图 23.23　房源设置窗体

23.8.2　房源设置模块技术分析

在房源设置窗体的最上方会显示房屋编号，该房屋编号的规则是：以字符串 hou 为编号前缀，加上 4 位数字作为编号的后缀，这 4 位数字从 1001 开始。例如，在添加第一个房源信息时，房屋编号就是 hou1001，接下来的其他房屋编号会在上一个最大房屋编号的后缀的基础上进行流水递增，这样程序就需要取出已存在的最大房屋编号。在 SQL 语句中，使用 Max(house_ID)函数获取最大房屋编号。在 C#程序中，使用 SqlCommand 实例的 ExecuteScalar 方法获取该房屋编号，下面将介绍 ExecuteScalar 方法。

ExecuteScalar 方法执行指定的 SQL 查询，并返回查询所返回的结果集中第一行的第一列。语法格式如下：

```
public override object ExecuteScalar();
```

该方法返回结果集中第一行的第一列；如果结果集为空，则为空引用。

例如，下面的示例代码通过 ExecuteScalar 方法获取最大的房源编号。

```
SqlCommand cmd = new SqlCommand("select Max(house_ID) from tb_house", con.conn);    //创建命令对象
cmd.Connection.Open();                                                               //打开数据库连接
strResult = cmd.ExecuteScalar().ToString();                                         //获取最大房源编号
```

23.8.3　房源设置模块实现过程

房源设置模块的具体实现步骤如下。

（1）新建一个 Windows 窗体，命名为 frmHouse.cs，用于设置房屋信息，该窗体主要用到的控件及属性设置如表 23.10 所示。

表 23.10　房源设置窗体主要用到的控件

控 件 类 型	控件 ID	主要属性设置	用　　途
abl TextBox	txtName	将其 ReadOnly 属性设置为 false	物业名称
	txtArea	同上	建筑面积
	txtPrice	同上	每月单价

续表

控件类型	控件 ID	主要属性设置	用途
ComboBox	cobFlood	将其 DropDownStyle 属性设置为 DropDownList	楼层
	cobFavoe	同上	朝向
	cobXing	同上	房型
	cobZhuang	同上	装修
	cobDong	同上	幢/座
	cobUser	同上	用途
Button	btnSelect	TextAlign 属性值共有 9 种，这里设置为居中 MiddleCenter	确定（添加）
	btnClear	同上	取消
	btnUpdate	同上	修改
	btnOK	同上	就租你了（选定房源）
DataGridView	dgvResult	设置 SelectionMode 属性为 FullRowSelect，即选取整行	显示求租意向信息
OpenFileDialog	opImage	Filter 用于筛选文件类型	选取图片

（2）声明局部变量及公共类 ClsCon 的对象，通过该对象调用类中的方法，以实现数据库连接，实现代码如下：

```
public partial class frmHouse : Form
{
    public string M_str_Show = String.Empty;          //定义表示录入或浏览数据的标记
    public string M_str_temp = string.Empty;          //定义表示空的临时变量
    string strResult = string.Empty;                  //定义存储最大房源编号的变量
    string strPath = string.Empty;                    //定义存储房源图片路径的变量
    string strSatae = string.Empty;                   //定义表示数据提交状态的标记
    ClsCon con=new ClsCon();                           //实例化公共类 ClsCon
    ClsHouse ch = new ClsHouse();                      //实例化公共类 ClsHouse
    ClsHouseMethed chm = new ClsHouseMethed();         //实例化公共类 ClsHouseMethed
    public frmHouse()
    {
        InitializeComponent();
    }
    …//其他事件或方法的代码
}
```

在 frmHouse 窗体的 Load 事件中，通过 M_str_Show 变量判断本次调用窗体的目的。如果是浏览或修改信息，则将相应的信息显示到控件上；如果是添加信息，则将基本表的信息绑定到 ComboBox 控件上。frmHouse 窗体的 Load 事件中实现代码如下：

```
private void frmHouse_Load(object sender, EventArgs e)
{
    string strHouseState = string.Empty;              //定义字符串变量
    con.ConDatabase();                                //连接数据库
```

```
//根据自定义方法获取指定表的数据
flushFaove(); flushfitment(); flushfloor();
flushmothed(); flushseat(); flushtype();
if (M_str_Show == String.Empty)                              //若为空，则表示插入房源操作
{
    try
    {//实例化 SqlCommand 对象
        SqlCommand cmd = new SqlCommand("select Max(house_ID) from tb_house", con.conn);
        cmd.Connection.Open();                                //打数据库连接
        strResult = cmd.ExecuteScalar().ToString();           //执行 SQL 语句
        con.closeCon();                                       //关闭数据库的连接
        if (strResult == "")                                  //如果查询为空
        {
            strResult = "hou1001";                            //设置第一个 ID 号
        }
        else
        {
            string strTemp = strResult.Substring(3); //获取 ID 中的编码
                //设置要添加信息的 ID 号
            strResult = "hou" + Convert.ToString(Int32.Parse(strTemp) + 1);
        }
        this.lblHouseID.Text = "您的房屋编号为：" + strResult; //显示添加信息的 ID 号
    }
    catch (Exception ey)
    {
        con.closeCon();                                       //关闭数据库连接
        MessageBox.Show(ey.Message);
    }
}
else
{
    this.button8.Visible = false;                             //隐藏"取消"按钮
    this.butOK.Visible = false;                               //隐藏"确定"按钮
    Visable();//设置
    SqlCommand cmd = new SqlCommand("select * from tb_house where house_ID='" +
    M_str_Show + "' ", con.conn);                             //创建命令对象
    con.conn.Open();                                          //打开数据连接
    SqlDataReader dr = cmd.ExecuteReader();                   //执行 SQL 命令
    if (dr.HasRows)                                           //判断是否有记录
    {
        while (dr.Read())                                     //遍历表中的行信息
        {
            //将当前行中的各字段信息添加到指定控件中
            lblHouseID.Text = dr[0].ToString();
            this.txtName.Text = dr[1].ToString();
            this.picHouse.ImageLocation = dr[8].ToString();
            txtPrice.Text = dr[9].ToString();
            this.nudYear.Value = Convert.ToDecimal(dr[11].ToString());
            this.txtArea.Text = dr[12].ToString();
            this.ttbRemark.Text = dr[13].ToString();
            strHouseState = dr[4].ToString();
            this.cboXing.SelectedValue = dr[2].ToString();
```

```
                    this.cobDong.SelectedValue = dr[3].ToString();
                    this.cboFavoe.SelectedValue = dr[6].ToString();
                    this.cobZhuang.SelectedValue = dr[5].ToString();
                    this.cobUser.SelectedValue = dr[7].ToString();
                    this.cobFlood.SelectedValue = dr[10].ToString();
                }
            }
            con.closeCon();                                //关闭数据库的连接
            if (strHouseState == "none")
            {
                button1.Visible = true;                    //显示该控件
                button2.Visible = true;
            }
}
```

输入房源信息时，为了保证建筑面积和单价信息的有效性，在 TextBox 的 KeyPress 事件中调用自定义 IsNum 方法，该方法用来验证用户输入建筑面积和单价信息的合法性。自定义 IsNum 方法的代码如下：

```
private void IsNum(object sender, KeyPressEventArgs e)
{
    if (e.KeyChar == 8)                                    //退格键
    {
        return;
    }
    else if (e.KeyChar == 13)                              //回车键
    {
        SendKeys.Send("{Tab}");
    }
    else if (e.KeyChar > '9' || e.KeyChar < '0' && e.KeyChar != '.')   //数字与小数点
    {
        e.Handled = true;                                 //不处理当前操作
        MessageBox.Show("无效字符");
    }
}
```

在图 23.23 中所示的窗体中单击"…"按钮进行更改相应的基础信息，在确认更改后，新的基础信息会立即加载到相应的 ComboBox 控件中。这里以"更改房型"为例，其实现代码如下：

```
private void flushtype()                                   //实现刷新房型信息
{
    con.ConDatabase();                                    //获取数据库连接
    try
    {
        //实例化 SqlDataAdapter 对象
        SqlDataAdapter da = new SqlDataAdapter("select * from tb_type", con.conn);
        DataTable dt = new DataTable();                   //实例化 DataTable 对象
        //通过 SqlDataAdapter 对象的 Fill 方法，将数据表信息添加到 DataSet 对象中
        da.Fill(dt);                                      //填充 DataTable 实例
        cboXing.DataSource = dt.DefaultView;              //控件绑定到数据源
```

```
            cboXing.DisplayMember = "type_names";              //设置显示值
            cboXing.ValueMember = "huose_typeID";              //设置数据值
        }
        catch (Exception ey)
        {
            MessageBox.Show(ey.Message);                       //输出异常信息
        }
    }
    private void button1_Click(object sender, EventArgs e)
    {
        frmType ft = new frmType();                            //实例化 frmType 窗体
        if (ft.ShowDialog() == DialogResult.OK)               //打开当前窗体
        {
            flushtype();                                       //调用方法 flushtype 刷新房型信息
        }
    }
```

23.9　房源信息查询模块设计

23.9.1　房源信息查询模块概述

房源信息查询是房屋中介系统中重要的功能之一，它主要根据物业名称、楼层、价格、面积、朝向等条件进行查询，并且部分字段支持模糊查询。房源信息查询窗体运行结果如图 23.24 所示。

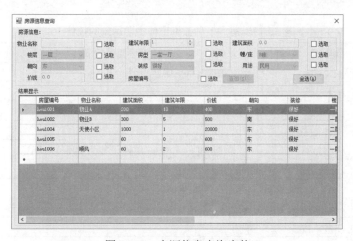

图 23.24　房源信息查询窗体

23.9.2　房源信息查询模块技术分析

房源信息查询窗体是将本窗体中的各个查询条件组合为 SQL 查询语句，然后在指定的数据表中进行查询。

下面对 SQL 的查询语句进行详细说明。

SELECT select_list [FROM table_source][WHERE search_condition]

- ☑ select_list：数据表中的字段名称，可以用*表示所有字段。
- ☑ table_source：数据表名称。
- ☑ search_condition：条件表达式。

本模块应用 SqlDataAdapter 对象来执行 SQL 查询语句，其语法格式如下：

SqlDataAdapter(string selectCommandText, SqlConnection selectConnection);

- ☑ selectCommandText：SQL 语句。
- ☑ selectConnection：表示 SQL Server 数据库的一个打开连接。

下面用 SqlDataAdapter 对象实现一个简单的数据表查询功能。代码如下：

```
SqlDataAdapter da = new SqlDataAdapter("select * from view_house", con.conn);
DataTable dt = new DataTable();
//通过 SqlDataAdapter 对象的 Fill 方法，将数据表信息添加到 DataSet 对象中
da.Fill(dt);
this.dataGridView1.DataSource = dt.DefaultView;       //用 dataGridView1 控件显示表信息
```

23.9.3 房源信息查询模块实现过程

房源信息查询模块的具体实现步骤如下。

（1）新建一个 Windows 窗体，命名为 frmSelect.cs，用于查询房源信息，该窗体主要用到的控件及属性设置如表 23.11 所示。

表 23.11　房源信息查询窗体主要用到的控件

控 件 类 型	控 件 名 称	主要属性设置	用　途
ab TextBox	txtName	将其 ReadOnly 属性设置为 false	物业名称
	txtArea	同上	建筑面积
	txtPrice	同上	价钱
	txtHuoseID	同上	房屋编号
ComboBox	cobFlood	将其 DropDownStyle 属性设置为 DropDownList	楼层
	cobFavoe	同上	朝向
	cobXing	同上	房型
	cobZhuang	同上	装修
	cobDong	同上	幢/座
	cobUser	同上	用途
ab Button	btnSelect	将 TextAlign 属性设置为 MiddleCenter；将 UseMnemonic 属性设为 true，这样 "_" 符号后面的第一个字符将用作标签的助记键	查询
	btnClear	同上	清空
	btnSelectAll	同上	全选

续表

控 件 类 型	控 件 名 称	主要属性设置	用　　途
📠 DataGridView	dataGridView1	SelectionMode 属性设置为 FullRowSelect，以选取整行；单击 RowTemplate 属性列表选择 DefaultCellStyle 属性，将出现 CellStyle 生成器，在该生成器内选择 SelectionBackColor 属性，以设置被选取行的前景颜色	显示房源信息
ⓘ ErrorProvider	epIfo	BlinkStyle 属性设置为 BlinkIfDifferentError 该属性用于控制当确定错误后，错误图标是否闪烁	提示错误信息
🔢 NumericUpDown	nudYear	Minimum 和 Maxinmum 属性用于设置最小值和最大值，这里设置为 1 和 100	显示建筑年限
☑ CheckBox	chkCheck	CheckState 属性设置为 Unchecked	控制查询条件

（2）声明局部变量及公共类 ClsCon 的对象，通过 ClsCon 的对象调用类中的方法，用于实现数据库连接，实现代码如下：

```
using System;
using System.Collections.Generic;
using System.ComponentModel;
using System.Data;
using System.Drawing;
using System.Text;
using System.Windows.Forms;
using System.Data.SqlClient;
using houseAgency.mothedCls;
namespace houseAgency
{
    public partial class frmSelect : Form
    {
        StringBuilder strSql = new StringBuilder();
        string strMidle = string.Empty;
        string strWhere = string.Empty;
        ClsCon con = new ClsCon();
        public frmSelect()
        {
            InitializeComponent();
        }
        …//其他事件或方法代码，参见本书附带资源包
    }
}
```

在 frmSelect 窗体的 Load 事件中，DataGridView 控件进行数据绑定，以显示房源相关信息。frmSelect 窗体的 Load 事件实现代码如下：

```
private void frmSelect_Load(object sender, EventArgs e)
{
    try
```

```
    {
        con.ConDatabase();
        SqlDataAdapter da = new SqlDataAdapter("select * from view_house", con.conn);
        DataTable dt = new DataTable();
        //通过 SqlDataAdapter 对象的 Fill 方法，将数据表信息添加到 DataSet 对象中
        da.Fill(dt);
        this.dataGridView1.DataSource = dt.DefaultView;        //用 dataGridView1 控件显示表信息
    }
    catch (Exception ey)
    {
        MessageBox.Show(ey.Message);
    }
}
```

通过选择 CheckBox 控件生成查询条件语句，每个 CheckBox 控件对应房源表中相关的字段。这里只列举一个字段的生成，其他相关字段生成可参见本书附带资源包中的源程序。实现代码如下：

```
private void checkBox1_CheckedChanged(object sender, EventArgs e)
{
    if (this.checkBox1.Checked)
    {
        txtName.Enabled = true;                                //该控件可用
        if (strMidle == string.Empty)                          //如果 strMidle 变量不为空
        {
            strMidle += "@"+"house_companyName" + "@";
        }
        else
        {
            strMidle += "house_companyName" + "@";
        }
        this.button1.Enabled = true; true;                     //该控件可用
    }
    else
    {
        txtName.Enabled = false; true;                         //该控件不可用
    }
}
```

单击"查询"按钮，对 strMidle 变量进行相关处理，动态生成 SQL 语句。这里列出部分代码，其他可参见本书附带资源包中的源程序。

```
private void button1_Click(object sender, EventArgs e)
{
        //生成 where 条件字符串
        strSql.Append("select * from view_house where ");
```

```csharp
if (strMidle.IndexOf("house_companyName")!=-1)//当在字符串中查找到指定字符时
{
    if (strWhere != string.Empty)
    {
        //设置模糊查询条件
        strWhere += "and " + "物业名称 like '%" + this.txtName.Text.Trim().ToString() + "%'" ;
    }
    else
    {
        strWhere += "物业名称 like '%" + this.txtName.Text.Trim().ToString() + "%'";
    }
    strMidle=strMidle.Replace("house_companyName", "#");
}
if (strMidle.IndexOf("huose_typeID")!= -1)
{
    if (strWhere != string.Empty)
    {
        strWhere += "and " + "类型='" + this.cboXing.Text.ToString() + "'" ;
    }
    else
    {
        strWhere += "类型='" + this.cboXing.Text.ToString() + "'" ;
    }
    strMidle=strMidle.Replace("huose_typeID", "#");
}
   …//其他代码可参见本书附带资源包
if (strMidle.IndexOf("house_ID") != -1)
{
    if (strWhere != string.Empty)
    {
        strWhere += "and " + "房屋编号 like '%" + this.textBox2.Text.Trim().ToString() + "%'";
    }
    else
    {
        strWhere += "房屋编号 like '%" + this.textBox2.Text.Trim().ToString() + "%'";
    }
    strMidle = strMidle.Replace("house_ID", "#");
}
try
{
    string strS = strWhere.Substring(strWhere.Length - 4);
    if (strS.Trim() == "and")
    {
        strWhere = strWhere.Substring(0, strWhere.Length - 4);//去掉尾 and
```

```
                }
        }
        catch { return; }
        strSql.Append(strWhere);
        string strK = strSql.ToString();
        try
        {
            //实例化 SqlDataAdapter 对象
            SqlDataAdapter da = new SqlDataAdapter(strK, con.conn);
            DataTable dt = new DataTable();                                //实例化 DataTable
            //通过 SqlDataAdapter 对象的 Fill 方法，将数据表信息添加到 DataSet 对象中
            da.Fill(dt);
            //dataGridView1 控件显示查找后的表信息
            this.dataGridView1.DataSource = dt.DefaultView;
            ChuShiHua();                                                   //调用自定义方法
            clearAll();                                                    //调用自定义方法
            this.button1.Enabled = false;
        }
        catch (Exception ey)
        {
            MessageBox.Show(ey.Message);
        }
        strWhere = string.Empty;
        strMidle = string.Empty;
        strSql.Remove(0,strSql.ToString().Length);
        button1.Enabled = false;
        this.textBox2.Text = "";
        this.textBox2.Enabled = false;
        checkBox11.Checked = false;
}
```

23.10　房源状态查询模块设计

23.10.1　房源状态查询模块概述

　　房源状态查询主要完成房源状态的查看，同时提供预订和取消预订的功能。房源状态以图标形式显示，灵活地运用了 ListView 控件的 View 属性。使用这种方式显示房源状态，为操作人员提供了更方便的查看方式，并且该模块还为客户提供了预约和取消预约房源的机会，从而留给客户更多的思考的空间，又一次体现出本系统人性化的设计思想。房屋状态查询窗体如图 23.25 所示。

图 23.25 房源状态查询窗体

23.10.2 房源状态查询模块技术分析

在房源状态查询窗体中，使用 ListView 控件来显示房源的状态，对于不同状态的房源（如已租、未租、预订），ListView 控件会显示不同的图标，这样就使查看房源状态更方便。另外，ListView 控件还可以显示多种视图模式，这样就使得数据项的查看方式更加丰富，下面将介绍如何为 ListView 控件添加图标。

1. ListView 的图像列表属性和视图模式

ListView 控件有 3 个图像列表属性，分别是 LargeImageList、SmallImageList、StateImageList。List 视图模式、Details 视图模式、SmallIcon 视图模式将显示 SmallImageList 属性所指定的图像列表中的图像。LargeIcon 视图模式、Tile 视图将显示 LargeImageList 属性所指定的图像列表中的图像。列表视图还可以在大图标或小图标旁显示 StateImageList 属性中设置的一组附加图标。

2. 通过编写代码为 ListView 控件添加图标

首先在 ImageList 控件中添加图标，然后将 ListView 控件的某个图像列表属性（如 SmallImageList 属性）设置为 ImageList 控件的实例，最后设置 ListView 控件的视图模式（如 View.Details 模式）。例如，下面的代码实现向 ListView 控件添加图标：

```
imageList1.Images.Add(Image.FromFile("01.png"));      //向 imageList1 中添加图标
imageList1.Images.Add(Image.FromFile("02.png"));      //向 imageList1 中添加图标
listView1.SmallImageList= imageList1;                 //设置控件的 SmallImageList 属性
listView1.View = View.Details;                        //设置视图模式
listView1.Items.Add("VB 项目整合");                    //向控件中添加项
listView1.Items.Add("C#项目整合");                     //向控件中添加项
listView1.Items[0].ImageIndex = 0;                    //控件中第 1 项的图标索引为 0
listView1.Items[1].ImageIndex = 1;                    //控件中第 2 项的图标索引为 1
```

3. 通过属性窗口设置 ListView 控件的图标

除了通过编码可以实现为 ListView 控件添加图标外，还可以通过在 ListView 控件的属性窗口中设置相关属性来实现添加图标，具体步骤如下：

（1）设置 ListView 控件的 View 属性为某种视图模式（Details、List、Tile 等）。

（2）根据上面设置的视图模式，将 ListView 控件的相应图像列表属性（SmallImageList、LargeImageList 或 StateImageList）设置为想要使用的现有 ImageList 控件。

（3）为每个具有关联图标的列表项设置 ImageIndex 属性或 StateImageIndex 属性，这个设置可以在"ListViewItem 集合编辑器"中进行（在 ListView 控件的"属性"窗口中，单击 Items 属性旁的省略号按钮，可以打开"ListViewItem 集合编辑器"）。

23.10.3　房源状态查询模块实现过程

房源状态查询模块的具体实现步骤如下。

（1）新建一个 Windows 窗体，命名为 frmStateHouse.cs，用于查看房屋状态、预订和取消预订房屋。该窗体主要用到的控件及属性设置如表 23.12 所示。

表 23.12　房源状态查询窗体主要用到的控件

控 件 类 型	控 件 ID	主要属性设置	用 途
abl TextBox	textBox1	将其 ReadOnly 属性设置为 false	手机号
⊙ RadioButton	rbHave	将 DropDownStyle 属性设置为 DropDownList	已租
	rbNone	同上	未租
	rbRemark	同上	预订
ab Button	button3	TextAlign 属性值有 9 种，这里设置为居中，即 Middle Center	预订
	button4	同上	取消预订
	button1	同上	查询
	button2	同上	显示全部
ListView	ListView1	将 ContextMenuStrip 属性设置为 cmLiftMothed	显示房源信息
ContextMenuStrip	cmLiftMothed	将 AutoClose 属性设置为 true	快捷菜单
ErrorProvider	epInfo	将 BlinkStyle 属性设置为 BlinkIfDifferentError	提示错误信息
ImageList	imgList	将 ImageSize 属性设置为"16,16"	绑定 ListView 控件以显示图标

（2）声明局部变量和公共类 ClsCon 的对象，通过 ClsCon 的对象调用类中的方法，实现数据库连接，代码如下：

```
public partial class frmStateHouse : Form
{
    string strSql = "select * from view_house";          //记录显示 view_house 表的 SQL 语句
    string strSqlWhereState = string.Empty;              //定义字符串变量
    string strThis = string.Empty;                       //定义字符串变量
    string strID = string.Empty;                         //定义字符串变量
    ClsCon con = new ClsCon();                            //实例化公共类 ClsCon
```

```
public frmStateHouse()
{
    InitializeComponent();

}
    …//其他事件或方法的代码，可参见本书附带资源包

}
```

在 frmStateHouse 窗体的 Load 事件中，进行数据绑定，以显示房源状态相关信息。frmStateHouse 窗体的 Load 事件实现代码如下：

```
private void frmStateHouse_Load(object sender, EventArgs e)
{
    this.button1.Enabled = false;                              //禁用 button1 按钮
    ListInfo(strSql);                                         //显示所有房源信息
}
```

房屋中介系统提供了房屋 3 种状态的表现形式，即"未租""预订"和"已租"，主要通过 ListInfo 方法显示房屋不同状态的图标。该功能的实现代码如下：

```
private void ListInfo(string SQL)                              //实现显示房屋不同状态下的图标
{
    con.ConDatabase();                                       //打开数据库的连接
    this.listView1.Items.Clear();                            //清空 listView1 控件
    SqlDataAdapter da = new SqlDataAdapter(SQL, con.conn);   //实例化 SqlDataAdapter 对象
    DataTable dt = new DataTable();                          //实例化 DataTable 类
    da.Fill(dt);                                             //填充数据表实例
    foreach (DataRow dr in dt.Rows)                          //遍历数据表中的行信息
    {
        ListViewItem lv;                                     //实例化一个项
        if (dr[11].ToString() == "none")                     //如果该字段为空
        {
            lv= new ListViewItem(dr[0].ToString(), 0);
        }
        else if (dr[11].ToString() == "remark")
        {
            lv = new ListViewItem(dr[0].ToString(), 1);      //被预订状态
        }
        else
        {
            lv = new ListViewItem(dr[0].ToString(), 2);      //已租状态
        }
        //添加当前行中各字段的信息
        lv.SubItems.Add(dr[1].ToString());
        lv.SubItems.Add(dr[2].ToString());
        lv.SubItems.Add(dr[5].ToString());
        lv.SubItems.Add(dr[6].ToString());
        lv.SubItems.Add(dr[7].ToString());
```

```
            lv.SubItems.Add(dr[8].ToString());
            this.listView1.Items.Add(lv);
        }
        this.listView1.Columns[0].Width =120;                        //设置首列字段的宽度
    }
```

设置房源显示模式的代码如下：

```
private void 平铺 ToolStripMenuItem_Click(object sender, EventArgs e)
{
        this.listView1.View = View.LargeIcon;                        //平铺
}
private void 图标 ToolStripMenuItem_Click(object sender, EventArgs e)
{
        this.listView1.View = View.SmallIcon;                        //图标
}
private void 列表 ToolStripMenuItem_Click(object sender, EventArgs e)
{
        this.listView1.View = View.List;                             //列表
}
private void 详细信息 ToolStripMenuItem_Click(object sender, EventArgs e)
{
        this.listView1.View = View.Details;                          //详细信息
}
```

> **说明**
>
> 要将 ImagList 控件和 ListView 控件绑定，需要将 ImagList 控件的 StateImageList、SmallImageList 和 LargeImageList 属性同 ListView 控件绑定，另外还要将 ShowGroups 属性设置为 true，这样才能达到想要的效果。

用户可以通过输入手机号码预订或取消预订房源信息，在 textBox1 控件中按下回车键时，判断用户是否有权享有这两项功能。该功能的实现代码如下：

```
private void textBox1_KeyPress(object sender, KeyPressEventArgs e)
{
        if (e.KeyChar == 13)
        {
            try
            {
                ClsCon con = new ClsCon();                           //实例化公共类 ClsCon
                con.ConDatabase();                                   //连接数据库
                SqlCommand cmd = new SqlCommand("select Max(user_names+'您的证件号
                为:'+user_cardid) from tb_User where user_phone='" + textBox1.Text.Trim().ToString() +
                "' and user_type<>'lend'", con.conn);                //通过加载 SQL 语句创建命令对象
                con.conn.Open();                                     //打开数据库的连接
```

502

```
        string strRe = cmd.ExecuteScalar().ToString();              //执行 SQL 语句
        con.closeCon();                                              //关闭数据库的连接
        if (strRe != "")                                            //如果该电话号码对应的求租人存在
        {
            //通过加载 SQL 语句创建命令对象，该 SQL 语句获取
            SqlCommand cmdl = new SqlCommand("select Max(house_ID) from tb_User where
            user_phone='" + textBox1.Text.Trim().ToString() + "'", con.conn);
            cmdl.Connection.Open();                                  //打开数据连接
            string strReS = cmdl.ExecuteScalar().ToString();         //获取最大房源编号
            con.closeCon();                                          //关闭连接
            if (strReS == "none")                                    //若房子处于"未租"状态
            {
                MessageBox.Show(strRe + "你可以预订房源");
                this.button3.Enabled = true;                         //显示"预订"按钮
                this.button4.Enabled = false;                        //隐藏"取消预订"按钮
            }
            else                                                     //若房子处于"已租"或"预订"状态
            {
                this.button3.Enabled = false;                        //隐藏 "预订"按钮
                this.button4.Enabled = true;                         //显示"取消预订"按钮
            }
            SendKeys.Send("{Tab}");
        }
        else                                                         //若该电话号码对应的求租人不存在
        {
            MessageBox.Show("电话号码不存在");                        //提示电话号码不存在
            this.textBox1.Select(0, this.textBox1.Text.Length);      //选中电话号码并获得焦点
            this.textBox1.Focus();
        }
    }
    catch (Exception ey)
    {
        MessageBox.Show(ey.Message);                                 //弹出异常信息提示框
        con.conn.Close();                                            //关闭数据连接
    }
}
}
```

说明

　　通过 Select 方法和 Focus 方法的并用，可以将所有信息选中并获得焦点，例如下面的代码：

```
this.textBox1.Select(0, this.textBox1.Text.Length)
this.textBox1.Focus ();
```

23.11 员工信息设置模块设计

23.11.1 员工信息设置模块概述

员工信息设置主要用于管理员工信息。例如给不同的员工分配系统的使用权限和工资等。当添加新员工时，通过触发器 trig_insetOfEmployeeinLogin 将其添加到系统用户表中，并且将密码及权限进行初始化。例如密码统一为 111，权限为普通员工。员工信息设置窗体如图 23.26 所示。

图 23.26 员工信息设置窗体

23.11.2 员工信息设置模块技术分析

本模块在实现时，用到了触发器，使用触发器可以自动将添加的新员工信息添加到系统用户表中，触发器是在 SQL Server 中依附于某个表编写的，代码中不用调用，它会自动执行。本模块中用到的触发器依附于 tb_employee 数据表，名称为 trig_insetOfEmployeeinLogin，代码如下：

```
CREATE TRIGGER [dbo].[trig_insetOfEmployeeinLogin]
ON
[dbo].[tb_employee]
for insert
AS
BEGIN
declare @lid varchar(10)
declare @led varchar(10)
declare @lna varchar(20)
declare @lpw varchar(15)
declare @lpo varchar(10)
select @lid=Max(login_id) from tb_login
if(@lid is null)
set @lid='log1001'
else
```

```
set @lid='log'+cast(substring(@lid,4,4)+1 as varchar(10))
select @led=employee_ID,@lna=employee_name from inserted
set @lpw='111'
set @lpo='0'
insert into tb_login values(@lid,@led,@lna,@lpw,@lpo)
end
```

23.11.3　员工信息设置模块实现过程

员工信息设置模块的具体实现步骤如下。

（1）新建一个 Windows 窗体，命名为 frmEmpleeyAll.cs，用于实现修改、删除和查看员工信息的功能，该窗体主要用到的控件及属性设置如表 23.13 所示。

表 23.13　员工信息设置窗体主要用到的控件

控 件 类 型	控 件 名 称	主要属性设置	用 途
abl TextBox	txtBasePay	将其 ReadOnly 属性设置为 false	基本工资
	txtName	同上	员工姓名
	txtPhone	同上	手机
ComboBox	cobPower	将其 DropDownStyle 属性设置为 DropDownList	权限列表
DataGridView	dataGridView	将 SelectionMode 属性设置为 FullRowSelect，以选取整行	显示员工信息
ToolStrip	toolStrip	将 TextDirection 属性设置为 Horizontal	控制操作

（2）声明局部变量及公共类 ClsCon 的对象，通过 ClsCon 的对象调用类中的方法，实现数据库连接，代码如下：

```
using System;
using System.Collections.Generic;
using System.ComponentModel;
using System.Data;
using System.Drawing;
using System.Text;
using System.Windows.Forms;
using System.Data.SqlClient;
using houseAgency.mothedCls;
namespace houseAgency
{
    public partial class frmEmpleeyAll : Form
    {
        ClsCon con = new ClsCon();              //实例化公共类 ClsCon
        string strTemp = string.Empty;          //定义字符串变量
        public frmEmpleeyAll()
        {
            InitializeComponent();
        }
```

```
        …//其他事件或方法的代码
    }
}
```

在 frmEmpleeyAll.cs 窗体的 Load 事件中，通过调用自定义 showAll 方法对 dataGridView 控件员工信息进行绑定。frmEmpleeyAll 窗体的 Load 事件关键代码如下：

```
private void frmEmpleeyAll_Load(object sender, EventArgs e)
{
    showAll();                              //自定义方法，显示 view_empleey 表中的所有信息
    this.cobPower.Items.Add("员工");         //在 ComboBox 控件中添加项
    this.cobPower.Items.Add("经理");
}
```

当用户单击 DataGridView 表格时，将表格中的员工信息显示在相应的文本框中，如图 23.26 所示，以上过程需要在 DataGridView 控件的 SelectionChanged 事件下完成。代码如下：

```
private void dataGridView1_SelectionChanged(object sender, EventArgs e)
{
    selectInfo();                           //调用自定义方法
}
```

自定义 selectInfo 方法，主要用来显示员工详细信息，代码如下：

```
private void selectInfo()
{
    try
    {
        string str = this.dataGridView1.SelectedCells[0].Value.ToString();
        SqlCommand cmd = new SqlCommand("select 姓名,电话,权限,工资 from view_empleey
        where 员工编号='" + str + "'", con.conn);
        cmd.Connection.Open();
        SqlDataReader dr = cmd.ExecuteReader();
        while (dr.Read())
        {
            txtName.Text = dr[0].ToString();
            txtPhone.Text = dr[1].ToString();
            txtBasePay.Text = dr[3].ToString();
            if (dr[2].ToString() == "0")
            {
                cobPower.Text = "员工";          //设置 ComboBox 控件的文本值
            }
            else
            {
                cobPower.Text = "经理";
            }
        }
        dr.Close();
        con.closeCon();
    }
```

```
    catch
    {}
}
```

单击"确定"按钮，通过视图和 INSTEAD OF 触发器并用，完成员工信息表和登录表的更新操作。代码如下：

```
private void tp_OK_Click(object sender, EventArgs e)
{
    string power = string.Empty;
    if (this.cobPower.Text == "员工")              //如果权限是"员工"
    {
        power = "0";                              //设置该变量为"0"
    }
    else if (this.cobPower.Text == "经理")
    {
        power = "1";
    }
    if (strTemp == "Update")
    {
        float fmoney = Convert.ToSingle(this.txtBasePay.Text.Trim().ToString());
        SqlCommand cmd = new SqlCommand("update view_empleey set 权限='" + power + "',电
话='" + this.txtPhone.Text.Trim().ToString() + "',工资='" +fmoney+ "' where  姓名='" +
this.txtName.Text.Trim().ToString() + "'", con.conn);
        con.conn.Open();
        cmd.ExecuteNonQuery();                    //执行 SQL 的更新语句
        con.closeCon();
        showAll();
        MessageBox.Show("成功更改");
        strTemp = string.Empty;
    }
    else if( strTemp ==string.Empty)
    {
        MessageBox.Show("没有选取要对谁操作");
    }
}
```

23.12　小　结

优秀的应用系统软件需具备健壮性、灵活性以及良好的人性化界面。人性化可以让系统用户快速熟悉系统。本系统中的房源状态查询模块体现了这一特点，不同状态的房屋在浏览时显示出不同的图标，这样操作人员会对查询结果一目了然。同时为了方便数据的浏览，还提供多种房源状态查看方式。在此提醒读者应灵活运用每种控件，以方便用户的操作和使用。

第24章 客房管理系统
（C++ +SQL Server 2014 实现）

随着市场经济的发展，人们生活水平的不断提高及到异地办公、旅游人数的增多，宾馆、酒店业不断壮大，人们对住宿的要求也不断提高。传统的手工管理已经不能适应复杂的客房管理需求，各宾馆、酒店为了提高管理水平都先后使用计算机进行管理，这就需要开发出符合客房管理要求的管理系统。本章以软件工程的思想介绍了客房管理系统的开发过程。通过本章的学习，可以掌握以下要点：

- ☑ 使用 SQL Server 2014 数据库
- ☑ 使用 ADO 连接数据库
- ☑ 通过 SQL 语句对数据库进行操作

24.1 开 发 背 景

随着我国市场经济的迅速发展，人们的生活水平有了显著提高，旅游经济和各种商务活动更促进了宾馆、酒店行业的快速发展。同时，随着宾馆、酒店的数量越来越多，人们的要求也越来越高，住宿行业的竞争愈演愈烈。如何在激烈的市场竞争中生存和发展，是每一个宾馆、酒店必须面临的问题。提高宾馆、酒店的经营管理，为顾客提供更优质的服务，同时降低运营成本是发展的关键。面对信息时代的机遇和挑战，利用科技手段提高企业管理效率无疑是一条行之有效的途径。计算机的智能化管理技术可以极大限度地提高服务管理水平，进行准确、快捷和高效的管理。因此，采用全新的计算机客房管理系统，已成为提高宾馆、酒店管理效率，改善服务水平的重要手段之一。管理方面的信息化已成为现代化管理的重要标志。

以往的人工操作管理中存在着许多问题，例如：

- ☑ 人工计算账单容易出现错误。
- ☑ 收银工作中容易账单丢失。
- ☑ 客人具体消费信息难以查询。
- ☑ 无法对以往营业数据进行查询。

24.2　需 求 分 析

根据宾馆、酒店客房的具体情况，系统主要功能应该包括：
- ☑　住宿管理。
- ☑　客房管理。
- ☑　挂账管理。
- ☑　查询统计。
- ☑　日结。
- ☑　系统设置。

24.3　系 统 设 计

24.3.1　系统目标

面对宾馆、酒店行业的高速发展和行业信息化发展的过程中出现的各种情况，客房管理系统应能够达到以下目标：
- ☑　实现多点操作的信息共享，相互之间的信息传递准确、快捷和顺畅。
- ☑　服务管理信息化，可随时掌握客人住宿、挂账率、客房状态等情况。
- ☑　系统界面友好美观，操作简单易行，查询灵活方便，数据存储安全。
- ☑　客户档案、挂账信息和预警系统相结合，可对往来客户进行住宿监控，防止坏账的发生。
- ☑　通过客房管理系统的实施，可逐步提高宾馆、酒店客房的管理水平，提升员工的素质。
- ☑　系统维护方便可靠，有较高的安全性，满足实用性、先进性的要求。

24.3.2　系统功能结构

根据宾馆、酒店客房的具体情况，系统主要功能包括以下几个方面。
- ☑　住宿管理：客房预订、调房登记、住宿登记、追加押金和退宿结账。
- ☑　客房管理：客房设置、宿费提醒和房态查看。
- ☑　挂账管理：挂账查询和客户结款。
- ☑　查询统计：预订房查询、住宿查询、退宿查询和客房查询。
- ☑　日结：登记预收报表、客房销售报表和客房销售统计。
- ☑　系统设置：系统初始化、密码设置、权限设置和操作员设置。

为了清晰、全面地介绍客房管理系统的功能，以及各个模块间的从属关系，下面以结构图的形式给出系统功能，如图 24.1 所示。

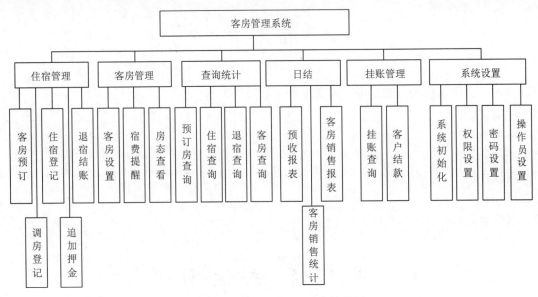

图 24.1　客房管理系统的功能结构图

24.3.3　系统预览

本系统包含多个功能模块，这里给出主要的窗体界面图，帮助大家更快地了解本系统的结构功能。

主窗体包含打开其他窗体的菜单和主要功能的命令按钮，是程序最主要的界面。其运行效果如图 24.2 所示。

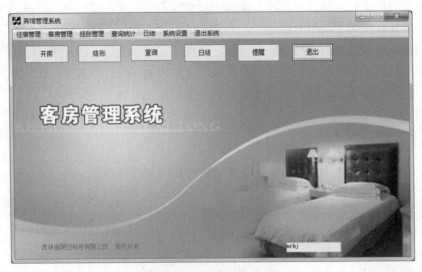

图 24.2　系统主界面

客房预订模块主要用来记录客户的预订客房信息，实现对预订信息的管理。其界面效果如图 24.3 所示。

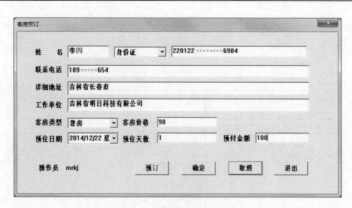

图 24.3　客房预订界面

追加押金模块主要用来实现记录追加押金的信息，并显示客人的当前住宿信息。其运行界面如图 24.4 所示。

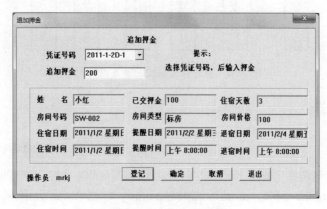

图 24.4　追加押金界面

调房登记模块主要用来实现记录客人调房信息。其运行界面如图 24.5 所示。

图 24.5　调房登记界面

24.3.4　业务流程图

客房管理系统的业务流程图如图 24.6 所示。

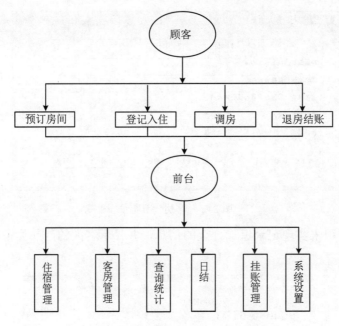

图 24.6　客房管理系统的业务流程图

24.3.5　数据库设计

1．数据库概要说明

在 SQL Server 2014 数据库中建立名为 myhotel 的数据库，设计 checkinregtable、checkoutregtable、guazhanginfo、kfyd、regmoneytable、roomsetting、setability 和 usertalbe 数据表。

图 24.7 所示即为本系统数据库中的数据表结构图，该结构图中包含系统所有的数据表，可以清晰地反映数据库信息。

名称	架构
📁系统表	
checkinregtable	dbo
checkoutregtable	dbo
guazhanginfo	dbo
kfyd	dbo
regmoneytable	dbo
roomsetting	dbo
setability	dbo
usertalbe	dbo

图 24.7　数据库概要说明

2．主要数据表结构

下面给出主要数据表的结构，其他表的结构参见数据库。

☑　住宿登记表（checkinregtable）：主要用于记录住宿登记信息，包括住宿人信息、房间信息和住宿情况，该表结构如图 24.8 所示。

MRKJ_ZHD\EAST.my...o.checkinregtable		
列名	数据类型	允许 Null 值
凭证号码	nvarchar(20)	☑
姓名	nvarchar(50)	☑
证件名称	nvarchar(50)	☑
证件号码	nvarchar(20)	☑
详细地址	nvarchar(50)	☑
出差事由	nvarchar(50)	☑
房间号	nvarchar(20)	☑
客房类型	nvarchar(10)	☑
联系电话	nvarchar(20)	☑
客房价格	money	☑
住宿日期	datetime	☑
住宿时间	datetime	☑
住宿天数	float	☑
宿费	money	☑
折扣	float	☑
应收宿费	money	☑
预收金额	money	☑
提醒日期	datetime	☑
退宿日期	datetime	☑
备注	nvarchar(50)	☑
标志	nvarchar(1)	☑
日期	datetime	☑
时间	datetime	☑
结款方式	nvarchar(10)	☑
退宿时间	datetime	☑
提醒时间	datetime	☑
摘要	nvarchar(200)	☑
BZ	float	☐

图 24.8　住宿登记表

MRKJ_ZHD\EAST.my...checkoutregtable		
列名	数据类型	允许 Null 值
凭证号码	nvarchar(20)	☑
姓名	nvarchar(50)	☑
证件名称	nvarchar(50)	☑
证件号码	nvarchar(20)	☑
详细地址	nvarchar(50)	☑
工作单位	nvarchar(50)	☑
房间号	nvarchar(20)	☑
客房类型	nvarchar(10)	☑
客房价格	money	☑
住宿日期	datetime	☑
住宿时间	datetime	☑
住宿天数	float	☑
宿费	money	☑
折扣或招待	nvarchar(16)	☑
折扣	float	☑
应收宿费	money	☑
杂费	money	☑
电话费	money	☑
会议费	money	☑
存车费	money	☑
赔偿费	money	☑
金额总计	money	☑
预收宿费	money	☑
退还宿费	money	☑
退房日期	datetime	☑
退房时间	datetime	☑
日期	datetime	☑
时间	datetime	☑
备注	nvarchar(50)	☑
联系电话	nvarchar(20)	☑
BZ	float	☑

图 24.9　退宿登记表

☑　退宿登记表（checkoutregtable）：主要用于记录退房登记信息，包括住宿和退房情况等信息，该表结构如图 24.9 所示。

☑　客房设置表（roomsetting）：用于存储客房的基本信息和客房状态等信息，该表结构如图 24.10 所示。

MRKJ_ZHD\EAST.my...- dbo.roomsetting		
列名	数据类型	允许 Null 值
房间号	nvarchar(30)	☐
房间类型	nvarchar(20)	☐
价格	money	☐
房态	nvarchar(8)	☑
标志	bit	☑
备注	nvarchar(100)	☑
配置	nvarchar(100)	☑
使用设置	nvarchar(10)	☑
营业日期	datetime	☑

图 24.10　客房设置表

MRKJ_ZHD\EAST.myhotel - dbo.kfyd		
列名	数据类型	允许 Null 值
姓名	nvarchar(50)	☑
身份证号	nvarchar(20)	☑
联系电话	nvarchar(30)	☑
详细地址	nvarchar(100)	☑
工作单位	nvarchar(50)	☑
客房类型	nvarchar(10)	☑
房间价格	nvarchar(20)	☑
预住日期	datetime	☑
预住天数	nvarchar(10)	☑
预付金额	money	☑
备注	nvarchar(50)	☑
日期	datetime	☑
操作员	nvarchar(50)	☑
时间	datetime	☑
证件名称	nvarchar(20)	☑

图 24.11　客房预订表

☑　客房预订表（kfyd）：用于记录客房预订信息，包括预订人信息和房间信息等，该表结构如图 24.11 所示。

24.4 主窗体设计

24.4.1 主窗体概述

主窗体界面是应用程序提供给用户访问其他功能模块的平台，根据实际需要，客房管理系统的主界面采用了传统的"菜单/工具栏/状态栏"风格，如图 24.12 所示。

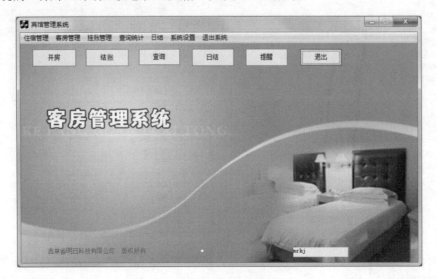

图 24.12 系统主界面

24.4.2 主窗体实现过程

1. 客户区设计

在生成的对话框内添加图片、静态文本、标签、编辑框和按钮等资源。

主要控件的 ID 和属性如表 24.1 所示。

表 24.1 主要控件的 ID 和属性

控件 ID	标　　题	控件 ID	标　　题
ID_BTN_borrowroom	开房	ID_BTN_daysummery	日结
ID_BTN_returnroom	结账	ID_BTN_alert	提醒
ID_BTN_mainfind	查询	ID_CLOSE	退出

2. 菜单设计

（1）选择 Insert/Resource 命令，打开插入资源对话框，如图 24.13 所示。

（2）选择 Menu 选项，单击新建按钮，插入空白菜单，设置 ID 属性为 IDR_mainMENU，然后按

514

照图 24.14 所示的界面编辑菜单项。

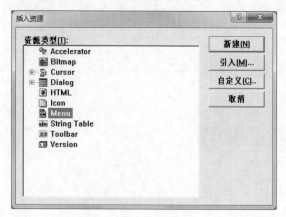

图 24.13　插入资源对话框

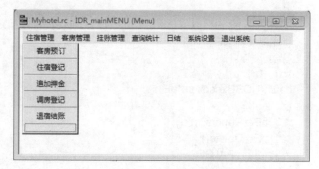

图 24.14　编辑菜单项

主菜单的各个子菜单的 ID 和标题属性如表 24.2 所示。

表 24.2　各个子菜单的 ID 和标题属性

控件 ID	标　　题	控件 ID	标　　题
ID_MENU_checkinreg	住宿登记	ID_MENU_regmoneytable	登记预收报表
ID_MENU_roomsetting	客房设置	ID_MENU_saleroomtable	客房销售报表
ID_MENU_checkout	退宿结账	ID_MENU_saleroomsummary	客房销售统计
ID_MENU_addmoney	追加押金	ID_MENU_adm_setting	操作员设置
ID_MENU_changeroomreg	调房登记	ID_MENU_pwd_setting	密码设置
ID_MENU_findroom	客房查询	ID_MENU_setting_begin	初始化
ID_MENU_findguazhang	挂账查询	ID_MENU_setting_ability	权限设置
ID_MENU_guazhangmoney	客户结款	ID_MENU_findroomstate	房态查看
ID_MENU_findcheckinreg	住宿查询	ID_MENU_roomprebook	客房预订
ID_MENU_findcheckoutreg	退宿查询	ID_MENU_findprebookroom	预订房查询
ID_MENU_findroomfee	宿费提醒		

3．代码分析

（1）系统主界面操作可以根据用户的权限设定，所以应加入连接数据库功能，故在 stdafx.h 文件中加入以下代码，提供加入 ADO 的支持。

```
//添加 ADO 支持
#import "c:\program files\common files\system\ado\msado15.dll" \ no_namespace \ rename ("EOF", "adoEOF")
```

并在 Myhotel.h 中加入以下代码：

```
CDatabase m_DB;
_ConnectionPtr m_pConnection;
```

此外，在 myhotel.cpp 的初始化函数中加入连接数据库的代码：

```
try                                                              //连接数据库
```

```
{
 CString strConnect;
 strConnect.Format("DSN=myhotel;");
 if(!m_DB.OpenEx(strConnect,CDatabase::useCursorLib))
 {
 AfxMessageBox("Unable to Connect to the Specified Data Source");
 return FALSE ;
 }
}
catch(CDBException *pE)                                          //抛出异常
{
    pE->ReportError();
    pE->Delete();
    return FALSE;
}
//初始化 COM，创建 ADO 连接等操作
AfxOleInit();
m_pConnection.CreateInstance(__uuidof(Connection));
//在 ADO 操作中建议语句中要常用 try...catch()来捕获错误信息
try
{
    //打开本地数据库
    m_pConnection->Open("Provider=MSDASQL.1;Persist Security Info=False;Data Source = myhotel","","",
adModeUnknown);
}
catch(_com_error e)                                             //抛出可能发生的异常
{
    AfxMessageBox("数据库连接失败，确认数据库配置正确!");
    return FALSE;
}
```

（2）主窗口初始化时，需要根据登录操作员的权限来设置其可以进行的操作，此功能由函数
setuserability 来完成，代码如下：

```
void CMyhotelDlg::setuserability()
{
    m_pRecordset.CreateInstance(__uuidof(Recordset));
    _variant_t var,varIndex;

    //loguserid="操作员 01";
    CString strsqlshow;
    strsqlshow.Format("SELECT * FROM setability where 操作员='%s'",loguserid);

    try                                                //打开数据库连接
    {
        m_pRecordset->Open((_variant_t)(strsqlshow),        //查询表中所有字段
            theApp.m_pConnection.GetInterfacePtr(),         //获取库接库的 IDispatch 指针
                        adOpenDynamic,
                        adLockOptimistic,
                        adCmdText);
```

```
}
catch(_com_error *e)                                        //捕获异常的发生
{
    AfxMessageBox(e->ErrorMessage());
}
mynenu=AfxGetMainWnd()->GetMenu();                          //获得主菜单指针
CString ling="0";
try
{
    if(!m_pRecordset->BOF)                                  //判断指针是否在数据集最后
        m_pRecordset->MoveFirst();
    else
    {
        AfxMessageBox("表内数据为空");
        return;
    }
    MessageBox("eeeeeeeeeee");
    //读取数据表内客房预订字段内容
    var = m_pRecordset->GetCollect("客房预订");
    if(var.vt != VT_NULL)
    {
        if((LPCSTR)_bstr_t(var)==ling)                      //判断是否有权限操作客房预订模块
        {                                                   //如果没有权限就使该菜单呈灰色显示
            EnableMenuItem(mynenu->m_hMenu,ID_MENU_roomprebook,MF_DISABLED|MF_GRAYED);
        }

    }
    //读取数据表内住宿登记字段内容
    var = m_pRecordset->GetCollect("住宿登记");
    if(var.vt != VT_NULL)
    {
        if((LPCSTR)_bstr_t(var)==ling)                      //判断是否有权限操作住宿登记模块
        {                                                   //如果没有权利就使该菜单呈灰色显示
            EnableMenuItem(mynenu->m_hMenu,ID_MENU_checkinreg,MF_DISABLED|MF_GRAYED);
        }
    }
    //读取数据表内追加押金字段内容
    var = m_pRecordset->GetCollect("追加押金");
    if(var.vt != VT_NULL)
    {
        if((LPCSTR)_bstr_t(var)==ling)                      //判断是否有权限操作追加押金模块
        {                                                   //如果没有权利就使该菜单呈灰色显示
            EnableMenuItem(mynenu->m_hMenu,ID_MENU_addmoney,MF_DISABLED|MF_GRAYED);
        }

    }
    //读取数据表内调房登记字段内容
    var = m_pRecordset->GetCollect("调房登记");
    if(var.vt != VT_NULL)
```

```
        {
            if((LPCSTR)_bstr_t(var)==ling)              //判断是否有权限操作调房登记模块
            {                                           //如果没有权利就使该菜单呈灰色显示
                EnableMenuItem(mynenu->m_hMenu,ID_MENU_changeroomreg,
                    MF_DISABLED |MF_GRAYED);
            }

        }

    …//其他菜单设计代码参见本书附带资源包
    mynenu->Detach();
    DrawMenuBar();                                      //重绘主菜单
catch(_com_error *e)                                    //捕获异常
{
    AfxMessageBox(e->ErrorMessage());                  //弹出错误信息框
}
m_pRecordset->Close();                                 //关闭记录集
m_pRecordset = NULL;
}
```

（3）在实现主窗体时，需要创建几个函数。创建 OnSysCommand 函数，代码如下：

```
void CMyhotelDlg::OnSysCommand(UINT nID, LPARAM lParam)
{
    if ((nID & 0xFFF0) == IDM_ABOUTBOX)
    {
        CAboutDlg dlgAbout;
        dlgAbout.DoModal();
    }
    else
    {
        CDialog::OnSysCommand(nID, lParam);
    }
}
```

创建 OnPaint 函数，代码如下：

```
void CMyhotelDlg::OnPaint()
{CPaintDC dc(this); // device context for painting
    CBitmap bit;
    CDC memDC;
    CRect rect;
    this->GetClientRect(&rect);
    bit.LoadBitmap(IDB_MAINBK);
    BITMAP bmpInfo;
    bit.GetBitmap(&bmpInfo);
    int imgWidth = bmpInfo.bmWidth;
    int imgHeight = bmpInfo.bmHeight;
    memDC.CreateCompatibleDC(&dc);
    memDC.SelectObject(&bit);
    dc.StretchBlt(0,0,rect.Width(),rect.Height(),&memDC,0,0,imgWidth,imgHeight,SRCCOPY);
```

518

```
    memDC.DeleteDC();
    bit.DeleteObject();

}
```

创建 OnQueryDragIcon、OnMENUcheckinreg、OnBTNborrowroom 函数，代码如下：

```
HCURSOR CMyhotelDlg::OnQueryDragIcon()
{
    return (HCURSOR) m_hIcon;
}

void CMyhotelDlg::OnMENUcheckinreg()
{
    // TODO: Add your command handler code here
    CCheckinregdlg mycheckindlg;
    mycheckindlg.DoModal();
}

void CMyhotelDlg::OnBTNborrowroom()
{
    // TODO: Add your control notification handler code here
    OnMENUcheckinreg();
}
```

创建 OnMENUroomsetting、OnMENUcheckout、OnBTNreturnroom 函数，代码如下：

```
void CMyhotelDlg::OnMENUroomsetting()
{
    // TODO: Add your command handler code here
    CSetroomdlg mysetroomdlg;
    mysetroomdlg.DoModal();
}
void CMyhotelDlg::OnMENUcheckout()
{
    // TODO: Add your command handler code here
    CCheckoutdlg mycheckoutdlg;
    mycheckoutdlg.DoModal();
}
void CMyhotelDlg::OnBTNreturnroom()
{
    // TODO: Add your control notification handler code here
    OnMENUcheckout();
}
```

创建 OnMENUaddmoney、OnMENUchangeroomreg、OnMENUfindroom 函数，代码如下：

```
void CMyhotelDlg::OnMENUaddmoney()
```

```
{
    // TODO: Add your command handler code here
    CAddmoneydlg myaddmoneydlg;
    myaddmoneydlg.DoModal();
}

void CMyhotelDlg::OnMENUchangeroomreg()
{
    // TODO: Add your command handler code here
    CChangeroomdlg mychangeroomdlg;
    mychangeroomdlg.DoModal();
}

void CMyhotelDlg::OnMENUfindroom()
{
    // TODO: Add your command handler code here
    CFindroomdlg myfindroomdlg;
    myfindroomdlg.DoModal();
}
```

24.5　登录模块设计

24.5.1　登录模块概述

为了防止非法用户进入系统，本软件设计了系统登录窗口。在程序启动时，首先弹出"登录"窗口，要求用户输入登录信息，如果用户输入不合法，将禁止进入系统。登录模块的运行效果如图 24.15 所示。

图 24.15　登录模块的运行效果

24.5.2　登录模块技术分析

本模块使用 CUserset 类实现对数据源的连接。这里是通过 ODBC 数据源进行连接的，在连接数据库之前，要先在系统上创建一个名为 myhotel 的数据源。userset.cpp 中的代码如下：

```
CString CUserset::GetDefaultConnect()
{
    return _T("ODBC;DSN=myhotel");
}
CString CUserset::GetDefaultSQL()
{
    return _T("[dbo].[user]");
}
```

24.5.3　登录模块设计过程

（1）选择 Insert/Resource 命令，打开插入资源对话框。选择 Dialog 选项，单击新建按钮，插入新的对话框。

（2）利用类向导为此对话框资源设置属性。在 Name 文本框中输入对话框类名，如 CLoginDlg，在 Base class 下拉列表框中选择一个基类，这里为 CDialog，单击确定按钮创建对话框。

（3）在工作区的资源视图中选择新创建的对话框，向对话框中添加静态文本、下拉列表框、编辑框和按钮等资源。主要控件的 ID 和属性如表 24.3 所示。

表 24.3　主要控件的 ID 和属性

控件 ID	对应变量/标题属性	控件 ID	对应变量/标题属性
IDC_COMBO_username	m_username	IDOK	确定
IDC_password	m_password	IDCANCEL	取消

（4）建立和数据库的映射，利用类向导建立记录集的映射类，如图 24.16 所示。

图 24.16　新建类对话框

选择 Base class 为 CDaoRecordset，单击确定按钮进入下一步，如图 24.17 所示。

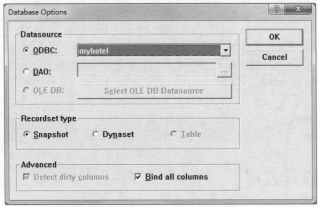

图 24.17　Database Options 对话框

选择数据源类型为 ODBC，并选择所使用的数据源，此处选择 myhotel 数据源，单击 OK 按钮，进入下一步，如图 24.18 所示。

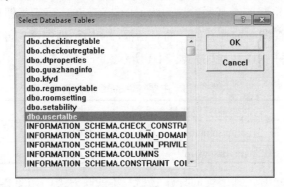

图 24.18　Select Database Tables 对话框

选择所要关联的数据表，因为是操作员登录信息，所以选择 dbo.usertable 数据表，单击 OK 按钮完成映射。

可以看到已经创建了一个新类 CUserset，其头文件的关键代码如下：

```
class CUserset : public CRecordset
{
public:
    CUserset(CDatabase* pDatabase = NULL);
    DECLARE_DYNAMIC(CUserset)
// Field/Param Data
    //{{AFX_FIELD(CUserset, CRecordset)
    CString m_user_name;
    CString m_user_pwd;
    //}}AFX_FIELD
// Overrides
    // ClassWizard generated virtual function overrides
```

```
    //{{AFX_VIRTUAL(CUserset)
    public:
    virtual CString GetDefaultConnect();                           //默认连接字符串
    virtual CString GetDefaultSQL();                               //获取默认的 SQL 支持
    virtual void DoFieldExchange(CFieldExchange* pFX);             //RFX 支持
    //}}AFX_VIRTUAL
// Implementation
#ifdef _DEBUG
    virtual void AssertValid() const;
    virtual void Dump(CDumpContext& dc) const;
#endif
};
```

（5）单击"确定"按钮可以登录到系统主界面，此按钮的相应函数如下：

```
void CLoginDlg::OnOK()
{
    CString sqlStr;
    UpdateData(true);
    if(m_username.IsEmpty())                                       //判断用户名是否为空
    {
        AfxMessageBox("请输入用户名!");
        return;
    }
    //创建查询语句
    sqlStr="SELECT * FROM usertalbe WHERE user_name='";
    sqlStr+=m_username;
    sqlStr+="'";
    sqlStr+="AND user_pwd='";
    sqlStr+=m_password;
    sqlStr+="'";
    //打开数据库
    if(!myuserset.Open(AFX_DB_USE_DEFAULT_TYPE,sqlStr))
    {
        AfxMessageBox("user 表打开失败!");
        return;
    }
    loguserid=m_username;                                          //保存操作员 ID，其他窗口中会用到该数据

    if(!myuserset.IsEOF())                                         //关闭数据库连接
    {
        myuserset.Close();
        CDialog::OnOK();
    }
    else
    {                                                             //给出错误提示
```

```
        AfxMessageBox("登录失败!");
        m_username=_T("");
        m_password=_T("");
        UpdateData(false);                                      //更新显示
        myuserset.Close();                                      //关闭数据库连接
        return;
    }
}
```

（6）为了按下 Enter 键时控制输入焦点，故加入 PreTranslateMessage 方法，代码如下：

```
BOOL CLoginDlg::PreTranslateMessage(MSG* pMsg)
{
    if(pMsg->message==WM_KEYDOWN&&pMsg->wParam==VK_RETURN)
    {
        DWORD def_id=GetDefID();
        if(def_id!=0)
        {
            //MSG 消息的结构中的 hwnd 存储的是接收该消息的窗口句柄
            CWnd *wnd=FromHandle(pMsg->hwnd);
                char class_name[16];
            if(GetClassName(wnd->GetSafeHwnd(),class_name,sizeof(class_name))!=0)
            {
                DWORD style=::GetWindowLong(pMsg->hwnd,GWL_STYLE);
                if((style&ES_MULTILINE)==0)
                {
                    if(strnicmp(class_name,"edit",5)==0)
                    {   //将焦点设置到默认按钮上
                        GetDlgItem(LOWORD(def_id))->SetFocus();
                        pMsg->wParam=VK_TAB;                     //重载 Enter 键消息为 Tab 键消息
                    }
                }
            }
        }
    }
    return CDialog::PreTranslateMessage(pMsg);
}
```

（7）登录模块与数据库连接代码如下：

```
BOOL CLoginDlg::OnInitDialog()
{
    CDialog::OnInitDialog();

    // TODO: Add extra initialization here
    // 使用 ADO 创建数据库记录集
    m_pRecordset.CreateInstance(__uuidof(Recordset));
```

```cpp
    _variant_t var;
    CString struser;
    // 在 ADO 操作中建议语句中要常用 try...catch()来捕获错误信息
    try
    {
        m_pRecordset->Open("SELECT * FROM usertalbe",                        //打开数据库
                                                                             // 查询表中所有字段
                        theApp.m_pConnection.GetInterfacePtr(),  // 获取库接库的 IDispatch 指针
                        adOpenDynamic,
                        adLockOptimistic,
                        adCmdText);
    }
    catch(_com_error *e)                        //捕获打开数据库可能发生的异常情况并实时显示提示
    {
        AfxMessageBox(e->ErrorMessage());
    }
    try
    {
        if(!m_pRecordset->BOF)                   //判断指针是否在数据集最后
            m_pRecordset->MoveFirst();
        else
        {                                        //提示错误，无数据
            AfxMessageBox("表内数据为空");
            return false;
        }
        //读取数据
        while(!m_pRecordset->adoEOF)
        {
            var = m_pRecordset->GetCollect("user_name");
            if(var.vt != VT_NULL)
                struser = (LPCSTR)_bstr_t(var);
            m_usernamectr.AddString(struser);        //从数据库获得的内容给变量赋值

            m_pRecordset->MoveNext();                //移动数据指针
        }
    }
    catch(_com_error *e)                             //捕获异常
    {
        AfxMessageBox(e->ErrorMessage());
    }
    // 关闭记录集
    m_pRecordset->Close();
    m_pRecordset = NULL;
    //更新显示
    UpdateData(false);
    return TRUE;
}
```

（8）在登录界面中，需要对图片有限制，在 LoginDlg.cpp 文件中，写入如下代码：

```
void CLoginDlg::OnPaint()
{
        CPaintDC dc(this);
        CBitmap bit;
        CDC memDC;
        CRect rect;
        this->GetClientRect(&rect);

        bit.LoadBitmap(IDB_LOGINBK);

        BITMAP bmpInfo;
        bit.GetBitmap(&bmpInfo);
        int imgWidth = bmpInfo.bmWidth;
        int imgHeight = bmpInfo.bmHeight;
        memDC.CreateCompatibleDC(&dc);
        memDC.SelectObject(&bit);
        dc.StretchBlt(0,0,rect.Width(),rect.Height(),&memDC,0,0,imgWidth,imgHeight,SRCCOPY);
        memDC.DeleteDC();
        bit.DeleteObject();
}
```

24.6 客房预订模块设计

24.6.1 客房预订模块概述

住宿管理模块包括客房预订、住宿登记、追加押金、调房登记、退宿结账等功能子模块。下面详细介绍客房预订子模块的设计。客房预订模块用于实现客房预订的功能，主要登记客户的姓名、证件、证件号码和预住日期等信息，是为预订客户提供服务的模块。其运行界面如图 24.19 所示。

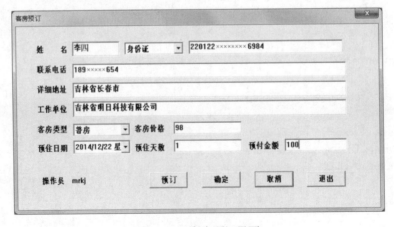

图 24.19　客房预订界面

24.6.2 客房预订模块技术分析

客房预订模块实现将预订客房信息插入到数据表中，主要是通过打开记录集，然后使用 AddNew 方法向数据表中插入一条新记录来实现对客房预订信息的添加。AddNew 方法用于向记录集中添加一个空行，然后设置这个空行的每个字段值，从而能够实现将一条记录添加到数据表中。

24.6.3 客房预订模块实现过程

（1）选择 Insert/Resource 命令，打开插入资源对话框，选择 Dialog 选项，单击新建按钮，插入新的对话框。

（2）利用类向导为此对话框资源设置属性。在 Name 文本框中输入对话框类名，如 CRoomprebookdlg，在 Base class 下拉列表框中选择一个基类，这里为 CDialog，单击确定按钮创建对话框。

（3）在工作区的资源视图中选择新创建的对话框，向对话框中添加静态文本、下拉列表框、编辑框、按钮和日期选择控件等资源。各个主要控件的 ID 和属性如表 24.4 所示。

表 24.4 主要控件的 ID 和属性

控件 ID	变　量	控件 ID	变　量
IDC_COMBOprebookidkind	m_prebookidkind	IDC_prebookidnumber	m_prebookidnumber
IDC_COMBOroomkind	m_prebookroomkind	IDC_prebookname	m_prebookname
IDC_DATETIMEPICKERprecheckindate	m_prebookcheckindate	IDC_prebooktelnumber	m_prebooktelnumber
IDC_prebookaddr	m_prebookaddr	IDC_prebookworkcompany	m_prebookworkcompany
IDC_prebookdays	m_prebookdays	IDC_roommoney	m_prebookroommoney
IDC_prebookhandinmoney	m_prebookhandinmoney	IDC_STATICshowuser	m_showuser

（4）在其对应的头文件 Roomprebookdlg.h 中添加以下声明代码：

```
...
...
CString gustname;
CString gustaddr;

CString zhengjian;
CString zhengjian_number;
CString checkinreg_reason;
_ConnectionPtr m_pConnection;
_CommandPtr m_pCommand;
_RecordsetPtr m_pRecordset;
```

确定预订客房，单击"确定"按钮向数据库中插入预订记录，其响应函数如下：

```cpp
void CRoomprebookdlg::OnOK()
{
    UpdateData(true);
    /*
     *   检查身份证的号码是否为 15 位或者为 18 位
     */
    CString strCertifyCode;                                          //证件号码
    //获得证件号码
    int nCertifyCodeLength=m_prebookidnumber.GetLength();            //获得证件号码的长度
    if(nCertifyCodeLength!=15&&nCertifyCodeLength!=18)
    {
        if(m_prebookidkind=="身份证")
        {                                                            //若选择的是身份证
            MessageBox("你的身份证的号码的位数不正确!\n 应该为 15 位或者 18 位!",
                "身份证错误",MB_OK);
            return ;
        }
    }
    m_pRecordset.CreateInstance(__uuidof(Recordset));
    //在 ADO 操作中建议语句中要常用 try...catch()来捕获错误信息
    try
    {                                                                //打开数据表
        m_pRecordset->Open("SELECT * FROM kfyd",                     //查询表中所有字段
        theApp.m_pConnection.GetInterfacePtr(),                      //获取库接库的 IDispatch 指针
                        adOpenDynamic,
                        adLockOptimistic,
                        adCmdText);
    }
    catch(_com_error *e)                                             //捕获异常情况
    {
        AfxMessageBox(e->ErrorMessage());
    }
        try
        {
        //写入各字段值
        m_pRecordset->AddNew();
        //向数据表"姓名"字段写入数据
        m_pRecordset->PutCollect("姓名",_variant_t(m_prebookname));
        //向数据表"身份证号"字段写入数据
        m_pRecordset->PutCollect("身份证号", _variant_t(m_prebookidnumber));
        //向数据表"联系电话"字段写入数据
        m_pRecordset->PutCollect("联系电话", _variant_t(m_prebooktelnumber));
        //向数据表"详细地址"字段写入数据
        m_pRecordset->PutCollect("详细地址", _variant_t(m_prebookaddr));
```

```cpp
//向数据表"工作单位"字段写入数据
m_pRecordset->PutCollect("工作单位", _variant_t(m_prebookworkcompany));
//向数据表"客房类型"字段写入数据
m_pRecordset->PutCollect("客房类型", _variant_t(m_prebookroomkind));
//向数据表"客房价格"字段写入数据
m_pRecordset->PutCollect("客房价格", _variant_t(m_prebookroommoney));
CString checkindate;
int nYear,nDay,nMonth;
int nhour,nmin,nsecond;
CString sYear,sDay,sMonth;
nYear=m_prebookcheckindate.GetYear();                    //提取年份
nDay=m_prebookcheckindate.GetDay();                      //提取日
nMonth=m_prebookcheckindate.GetMonth();                  //提取月份
sYear.Format("%d",nYear);                                //转换为字符串
sDay.Format("%d",nDay);                                  //转换为字符串
sMonth.Format("%d",nMonth);                              //转换为字符串
//格式化时间
checkindate.Format("%s-%s-%s",sYear,sMonth,sDay);
//向数据表"预住日期"字段写入数据
m_pRecordset->PutCollect("预住日期",_variant_t(checkindate));
//向数据表"预住天数"字段写入数据
m_pRecordset->PutCollect("预住天数", _variant_t(m_prebookdays));
//向数据表中"预付金额"字段写入数据
m_pRecordset->PutCollect("预付金额", _variant_t(m_prebookhandinmoney));
CString nowdate,nowtime;
CTime tTime;
tTime=tTime.GetCurrentTime();
nYear=tTime.GetYear();                                   //提取年份
nDay=tTime.GetDay();                                     //提取日
nMonth=tTime.GetMonth();                                 //提取月份
sYear.Format("%d",nYear);                                //转换为字符串
sDay.Format("%d",nDay);                                  //转换为字符串
sMonth.Format("%d",nMonth);                              //转换为字符串
//格式化时间
nowdate.Format("%s-%s-%s",sYear,sMonth,sDay);
CString shour,smin,ssecond;
nhour=tTime.GetHour();                                   //提取小时
nmin=tTime.GetMinute();                                  //提取分钟
nsecond=tTime.GetSecond();                               //提取秒
shour.Format("%d",nhour);                                //转换为字符串
smin.Format("%d",nmin);                                  //转换为字符串
ssecond.Format("%d",nsecond);                            //转换为字符串
//格式化时间
nowtime.Format("%s:%s:%s",shour,smin,ssecond);
m_pRecordset->PutCollect("日期", _variant_t(nowdate));
m_pRecordset->PutCollect("时间", _variant_t(nowtime));
```

```
        //向数据表"证件名称"字段写入数据
        m_pRecordset->PutCollect("证件名称", _variant_t(m_prebookidkind));
        //更新数据表
        m_pRecordset->Update();
        AfxMessageBox("预订成功!");
    }
    catch(_com_error *e)                                    //抛出异常情况，并显示
    {
    AfxMessageBox(e->ErrorMessage());
    }
    //关闭记录集
    m_pRecordset->Close();
    m_pRecordset = NULL;
}
```

在预订房间时，需要选择客房类型，实现的具体代码如下：

```
void CRoomprebookdlg::OnCloseupCOMBOroomkind()
{
    // TODO: Add your control notification handler code here
    //获得输入值
    UpdateData(true);
    roomkind=m_prebookroomkind;
    //如果客房类型是标房
    if(m_prebookroomkind=="标房")
    {
        m_prebookroommoney="138";
    }
    //如果客房类型是普房
    if(m_prebookroomkind=="普房")
    {
        m_prebookroommoney="98";

    }
    //如果客房类型是双人间
    if(m_prebookroomkind=="双人间")
    {
        m_prebookroommoney="168";

    }
    //如果客房类型是套房
    if(m_prebookroomkind=="套房")
    {
        m_prebookroommoney="268";

    }
    //更新显示
```

```
    UpdateData(false);
}
```

如果客户想在入住之前换房间，就需要重新修改预订信息，实现此功能的代码如下：

```
void CRoomprebookdlg::Oncancelprebookroom()
{
    // TODO: Add your control notification handler code here
    //输入变量初始化
    m_prebookidkind = _T("");
    m_prebookroomkind = _T("");
    m_prebookcheckindate = 0;
    m_prebookaddr = _T("");
    m_prebookdays = _T("");
    m_prebookhandinmoney = _T("");
    m_prebookidnumber = _T("");
    m_prebookname = _T("");
    m_prebooktelnumber = _T("");
    m_prebookworkcompany = _T("");
    m_prebookroommoney = _T("");
    CTime tTime;
    tTime=tTime.GetCurrentTime();
    //设置登记的默认时间
    m_prebookcheckindate=tTime;
    //更新显示
    UpdateData(false);

}

BOOL CRoomprebookdlg::OnInitDialog()
{
    CDialog::OnInitDialog();

    // TODO: Add extra initialization here
    m_showuser=loguserid;
    enable(0);                              //更新输入框状态

    CTime tTime;
    tTime=tTime.GetCurrentTime();
    //设置登记的默认时间
    m_prebookcheckindate=tTime;
    UpdateData(false);

    return TRUE;
}

void CRoomprebookdlg::OnBtnroomyuding()
```

```
{
    // TODO: Add your control notification handler code here
    enable(1);        //更新输入框状态

}
void CRoomprebookdlg::enable(bool bEnabled)
{
    //更改输入框等控件状态，方便使用，防止错误操作
    GetDlgItem(IDC_COMBOprebookidkind)->EnableWindow(bEnabled);
    GetDlgItem(IDC_COMBOroomkind)->EnableWindow(bEnabled);
    GetDlgItem(IDC_DATETIMEPICKERprecheckindate)->EnableWindow(bEnabled);
    GetDlgItem(IDC_prebookaddr)->EnableWindow(bEnabled);
    GetDlgItem(IDC_prebookdays)->EnableWindow(bEnabled);
    GetDlgItem(IDC_prebookhandinmoney)->EnableWindow(bEnabled);
    GetDlgItem(IDC_prebookidnumber)->EnableWindow(bEnabled);
    GetDlgItem(IDC_prebookname)->EnableWindow(bEnabled);
    GetDlgItem(IDC_prebooktelnumber)->EnableWindow(bEnabled);
    GetDlgItem(IDC_prebookworkcompany)->EnableWindow(bEnabled);
    GetDlgItem(IDC_roommoney)->EnableWindow(bEnabled);
    GetDlgItem(IDOK)->EnableWindow(bEnabled);
    GetDlgItem(IDcancelprebookroom)->EnableWindow(bEnabled);

}
```

24.7 追加押金模块设计

24.7.1 追加押金模块概述

追加押金模块是为方便客户追加预交的住房押金而设计的，在此子对话框中只要选择客户的凭证号码，然后输入追加的金额就可以轻松地完成追加操作，其运行界面如图 24.20 所示。

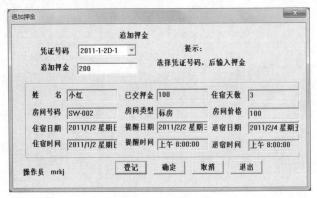

图 24.20 追加押金界面

24.7.2　追加押金模块技术分析

追加押金模块用于将追加押金信息记录到数据表中。在打开窗体时，凭证号码组合框中自动显示了当前数据库中的凭证号码，可直接在此选择一个凭证号码。这个凭证号码是在窗体初始化时添加到组合框中的。通过查询符合条件的记录，使用循环语句将记录添加到组合框中，其实现代码如下：

```
while(!m_pRecordset->adoEOF)
{
    var = m_pRecordset->GetCollect("凭证号码");
    if(var.vt != VT_NULL)
        strregnumber = (LPCSTR)_bstr_t(var);
    m_addmoney_regnumberctr.AddString(strregnumber);
    m_pRecordset->MoveNext();                        //移动记录指针到下一条记录
}
```

24.7.3　追加押金模块实现过程

（1）选择 Insert/Resource 命令，打开插入资源对话框，选择 Dialog 选项，单击新建按钮，插入新的对话框。

（2）利用类向导为此对话框资源设置属性。在 Name 文本框中输入对话框类名，如 CAddmoneydlg，在 Base class 下拉列表框中选择一个基类，这里为 CDialog，单击确定按钮创建对话框。

（3）在工作区的资源视图中选择新创建的对话框，向对话框中添加静态文本、下拉列表框、编辑框、按钮和时间日期选择控件等资源。各个控件的 ID 和属性如表 24.5 所示。

表 24.5　各控件的 ID 和属性

控件 ID	对 应 变 量	控件 ID	对 应 变 量
IDC_COMBO_regnumber	m_addmoney_regnumberctr	IDC_EDIT_roomnumber	m_addmoney_roomnumber
IDC_COMBO_regnumber	m_addmoney_regnumber	IDC_EDIT_alarmdate	m_addmoney_alarmdate
IDC_EDIT_name	m_addmoney_name	IDC_EDIT_alarmtime	m_addmoney_alarmtime
IDC_EDIT_outdate	m_addmoney_outdate	IDC_EDIT_checkdays	m_addmoney_checkdays
IDC_EDIT_outtime	m_addmoney_outtime	IDC_EDIT_indate	m_addmoney_indate
IDC_EDIT_prehandmoney	m_addmoney_prehandmoney	IDC_EDIT_intime	m_addmoney_intime
IDC_EDIT_roomlevel	m_addmoney_roomlevel	IDC_addmoney	m_addmoney
IDC_EDIT_roommoney	m_addmoney_roommoney	IDC_STATICshowuser	m_showuser

（4）在对应类的头文件 Addmoneydlg.h 中声明以下变量：

```
_ConnectionPtr m_pConnection;
_CommandPtr m_pCommand;
_RecordsetPtr m_pRecordset;
```

```
_RecordsetPtr m_pRecordsetout;
```

对话框的初始化函数完成住宿客户凭证号码的准备等其他的初始化工作，该对话框类的初始化函数如下：

```
BOOL CAddmoneydlg::OnInitDialog()
{
    CDialog::OnInitDialog();
    //使用 ADO 创建数据库记录集
    m_pRecordset.CreateInstance(__uuidof(Recordset));
    _variant_t var;
    CString strregnumber;
    //在 ADO 操作中建议语句中要常用 try...catch()来捕获错误信息
    try
    {
        m_pRecordset->Open("SELECT * FROM checkinregtable",     //查询表中所有字段
        theApp.m_pConnection.GetInterfacePtr(),                  //获取库接库的 IDispatch 指针
        adOpenDynamic,
        adLockOptimistic,
        adCmdText);
    }
    catch(_com_error *e)                                         //抛出异常
    {
        AfxMessageBox(e->ErrorMessage());
    }
    try
    {
        if(!m_pRecordset->BOF)                                   //判断指针是否在数据集最后
            m_pRecordset->MoveFirst();
        else
        {
            AfxMessageBox("表内数据为空");
            return false;
        }
        while(!m_pRecordset->adoEOF)
        {
            var = m_pRecordset->GetCollect("凭证号码");
            if(var.vt != VT_NULL)
                strregnumber = (LPCSTR)_bstr_t(var);
            m_addmoney_regnumberctr.AddString(strregnumber);
            m_pRecordset->MoveNext();                            //移动记录指针到下一条记录
        }
    }
    catch(_com_error *e)                                         //如果读数异常，给出提示
    {
        AfxMessageBox(e->ErrorMessage());
```

```
    }
    //关闭记录集
    m_pRecordset->Close();
    m_pRecordset = NULL;
    m_showuser=loguserid;
    //更新显示
    UpdateData(false);
    enable(0);
    return TRUE;
}
```

完成追加押金操作的"确定"按钮的处理函数，代码如下：

```
void CAddmoneydlg::OnOK()
{
    UpdateData(true);
    //获得输入框内的输入数据
    m_pRecordsetout.CreateInstance(__uuidof(Recordset));
    CString strsqlstore;
    strsqlstore.Format("SELECT * FROM checkinregtable where  凭证号码='%s'",m_addmoney_regnumber);

    try                                             //连接数据库
    {
        m_pRecordsetout->Open(_variant_t(strsqlstore),          //查询表中所有字段
        theApp.m_pConnection.GetInterfacePtr(),              //获取数据库的 IDispatch 指针
                    adOpenDynamic,
                    adLockOptimistic,
                    adCmdText);
    }
    catch(_com_error *e)                            //捕获连接数据库异常
    {
        AfxMessageBox(e->ErrorMessage());
    }
    try                                             //更新数据库
    {
        float theaddedmoney=atof(m_addmoney_prehandmoney)+atof(m_addmoney);
        char strtheaddedmoney[50];
        _gcvt(theaddedmoney, 4, strtheaddedmoney );             //格式转换
        //写入数据表
        m_pRecordsetout->PutCollect("预收金额", _variant_t(strtheaddedmoney));
        m_pRecordsetout->Update();
        //更新数据库完毕
        AfxMessageBox("追加成功!");
    }
    catch(_com_error *e)                            //捕获连接数据库异常
    {
```

```
        AfxMessageBox(e->ErrorMessage());
    }
}
```

在追加押金时，需要登记一下，"登记"按钮处理的函数代码如下：

```
void CAddmoneydlg::OnCloseupCOMBOregnumber()
{
    // TODO: Add your control notification handler code here
    _variant_t var;
    // 使用 ADO 创建数据库记录集
    m_pRecordset.CreateInstance(__uuidof(Recordset));
    // 在 ADO 操作中建议语句中要常用 try...catch()来捕获错误信息

    UpdateData(true);

    m_addmoney_regnumberctr.GetWindowText(m_addmoney_regnumber);

    CString strsql;
    strsql.Format("SELECT * FROM checkinregtable where  凭证号码='%s'",m_addmoney_regnumber);
    try
    {                                                                   // 打开数据表
        m_pRecordset->Open(_variant_t(strsql),                          // 查询表中所有字段
                           theApp.m_pConnection.GetInterfacePtr(),       // 获取库接库的 IDispatch 指针
                           adOpenDynamic,
                           adLockOptimistic,
                           adCmdText);
    }
    catch(_com_error *e)                                                 // 捕获异常
    {
        AfxMessageBox(e->ErrorMessage());
    }


    try
    {                                                                   //判断指针是否在数据集最后
        if(!m_pRecordset->BOF)
            m_pRecordset->MoveFirst();
        else
        {
            AfxMessageBox("表内数据为空");
            return ;
        }

        // 读取姓名
        var = m_pRecordset->GetCollect("姓名");
        if(var.vt != VT_NULL)
            m_addmoney_name = (LPCSTR)_bstr_t(var);
        // 读取房间号
        var = m_pRecordset->GetCollect("房间号");
```

```cpp
if(var.vt != VT_NULL)
    m_addmoney_roomnumber = (LPCSTR)_bstr_t(var);
// 读取客房类型
var = m_pRecordset->GetCollect("客房类型");
if(var.vt != VT_NULL)
    m_addmoney_roomlevel = (LPCSTR)_bstr_t(var);
// 读取客房价格
var = m_pRecordset->GetCollect("客房价格");
if(var.vt != VT_NULL)
    m_addmoney_roommoney = (LPCSTR)_bstr_t(var);
// 读取住宿天数
var = m_pRecordset->GetCollect("住宿天数");
if(var.vt != VT_NULL)
    m_addmoney_checkdays = atof((LPCSTR)_bstr_t(var));
CString checkindate;// 读取住宿日期
var = m_pRecordset->GetCollect("住宿日期");
if(var.vt != VT_NULL)
    m_addmoney_indate = (LPCSTR)_bstr_t(var);
// 读取住宿时间
var = m_pRecordset->GetCollect("住宿时间");
if(var.vt != VT_NULL)
    m_addmoney_intime = (LPCSTR)_bstr_t(var);

// 读取预收金额
var = m_pRecordset->GetCollect("预收金额");
if(var.vt != VT_NULL)
    m_addmoney_prehandmoney = (LPCSTR)_bstr_t(var);
else
    m_addmoney_prehandmoney="000";
// 读取退宿日期

var = m_pRecordset->GetCollect("退宿日期");
if(var.vt != VT_NULL)
    m_addmoney_outdate = (LPCSTR)_bstr_t(var);
// 读取退宿时间
var = m_pRecordset->GetCollect("退宿时间");
if(var.vt != VT_NULL)
    m_addmoney_outtime = (LPCSTR)_bstr_t(var);
// 读取提醒日期
var = m_pRecordset->GetCollect("提醒日期");
if(var.vt != VT_NULL)
    m_addmoney_alarmdate = (LPCSTR)_bstr_t(var);
// 读取提醒时间
var = m_pRecordset->GetCollect("提醒时间");
if(var.vt != VT_NULL)
        m_addmoney_alarmtime   = (LPCSTR)_bstr_t(var);
// 更新显示
UpdateData(false);
```

```
        // 从数据库内读取数据完毕
    }
    catch(_com_error *e)
    {     //如果读数异常，给出提示
        AfxMessageBox(e->ErrorMessage());
    }
    // 关闭记录集
    m_pRecordset->Close();
    m_pRecordset = NULL;
    //更新显示
    UpdateData(false);
}
```

在追加押金时，需要将对应的输入框初始化设置，具体代码如下：

```
void CAddmoneydlg::Onaddmoney()
{
    // TODO: Add your control notification handler code here
    //初始化输入框内容
    m_addmoney_regnumber = _T("");
    m_addmoney_name = _T("");
    m_addmoney_outdate = _T("");
    m_addmoney_outtime = _T("");
    m_addmoney_prehandmoney = _T("");
    m_addmoney_roomlevel = _T("");
    m_addmoney_roommoney = _T("");
    m_addmoney_roomnumber = _T("");
    m_addmoney_alarmdate = _T("");
    m_addmoney_alarmtime = _T("");
    m_addmoney_checkdays = 0.0f;
    m_addmoney_indate = _T("");
    m_addmoney_intime = _T("");
    m_addmoney = _T("");
    UpdateData(false);
}
```

其他函数的处理代码见源程序。

24.8　调房登记模块设计

24.8.1　调房登记模块概述

调房登记模块是为实现客户调房而设计的，有的客户可能在住宿期间要求调换房间，该模块可以通过选择原房间号和目标房间号实现调房操作，其运行界面如图 24.21 所示。

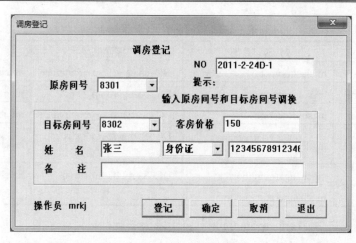

图 24.21　调房登记界面

24.8.2　调房登记模块技术分析

调房登记模块根据所选择的房间号，在住宿登记表中查询相关记录。如果查询到记录，则将记录显示在窗体上，然后输入目标房间号记录，将记录保存到住宿登记表中。根据房间号读取相关的住宿信息的主要代码如下：

```
if(!m_pRecordset->BOF)                              //判断指针是否在数据集最后
    m_pRecordset->MoveFirst();
else
{
    AfxMessageBox("表内数据为空");
    return ;
}

//从数据表中读取客房价格字段
var = m_pRecordset->GetCollect("客房价格");
if(var.vt != VT_NULL)
    m_changeroom_roommoney = (LPCSTR)_bstr_t(var);
```

24.8.3　调房登记模块实现过程

（1）选择 Insert/Resource 命令，打开插入资源对话框，选择 Dialog 选项，单击新建按钮，插入新的对话框。

（2）利用类向导为此对话框资源设置属性。在 Name 文本框中输入对话框类名，如 CChangeroomdlg，在 Base class 下拉列表框中选择一个基类，这里为 CDialog，单击确定按钮创建对话框。

（3）在工作区的资源视图中选择新创建的对话框，向对话框中添加静态文本、下拉列表框、编辑框和按钮等资源。各个控件的 ID 和属性如表 24.6 所示。

表 24.6　各控件的 ID 和属性

控件 ID	对 应 变 量	控件 ID	对 应 变 量
IDC_COMBO_destroom	m_destroomctr	IDC_changeroom_idnumber	m_changeroom_idnumber
IDC_COMBO_sourceroom	m_sourceroomctr	IDC_changeroom_name	m_changeroom_name
IDC_COMBO_sourceroom	m_sourceroom	IDC_changeroom_roommoney	m_changeroom_roommoney
IDC_COMBO_destroom	m_destroom	IDC_changeroomdlg_regnumber	m_changeroom_regnumber
IDC_changeroom_beizhu	m_changeroom_beizhu	IDC_STATICshowuser	m_showuser
IDC_changeroom_idkind	m_changeroom_idkind		

（4）在对应类的头文件 Changeroomdlg.h 中声明以下变量：

```
void enable(bool bEnabled);
CString destroomlevel;
_ConnectionPtr m_pConnection;
_CommandPtr m_pCommand;
_RecordsetPtr m_pRecordset;
_RecordsetPtr m_pRecordsetout;
```

该对话框类的初始化函数如下：

```
BOOL CChangeroomdlg::OnInitDialog()
{
    CDialog::OnInitDialog();
    //使用 ADO 创建数据库记录集
    m_pRecordset.CreateInstance(__uuidof(Recordset));
    _variant_t var;
    CString strroomnumber;
    //在 ADO 操作中建议语句中要常用 try...catch()来捕获错误信息
    try
    {
        m_pRecordset->Open("SELECT * FROM checkinregtable",     //查询表中所有字段
        theApp.m_pConnection.GetInterfacePtr(),                  //获取库接库的 IDispatch 指针
                    adOpenDynamic,
                    adLockOptimistic,
                    adCmdText);
    }
    catch(_com_error *e)                                         //捕获连接数据库异常
    {
        AfxMessageBox(e->ErrorMessage());
    }
    try
    {
        if(!m_pRecordset->BOF)                                   //判断指针是否在数据集最后
            m_pRecordset->MoveFirst();
        else
```

```
        {
            AfxMessageBox("表内数据为空");
            return false;
        }
        //从数据库表中读取数据
        while(!m_pRecordset->adoEOF)
        {                                              //读取房间号
            var = m_pRecordset->GetCollect("房间号");
            if(var.vt != VT_NULL)
            strroomnumber = (LPCSTR)_bstr_t(var);
            m_sourceroomctr.AddString(strroomnumber);   //添加到列表
            m_destroomctr.AddString(strroomnumber);
            m_pRecordset->MoveNext();                   //移动记录集指针
        }
    }
    catch(_com_error *e)                                //捕获异常
    {
        AfxMessageBox(e->ErrorMessage());
    }
    //关闭记录集
    m_pRecordset->Close();
    m_pRecordset = NULL;
    //获得操作员 ID
    m_showuser=loguserid;
    //显示更新
    UpdateData(false);
    enable(0);
    return TRUE;
}
```

完成调房登记模块的"确定"按钮的处理函数，代码如下：

```
void CChangeroomdlg::OnOK()
{
    UpdateData(true);
    m_pRecordsetout.CreateInstance(__uuidof(Recordset));
    CString strsqlstore;
    strsqlstore.Format("SELECT * FROM checkinregtable where  凭证号码='%s'",m_changeroom_regnumber);
    //打开数据库
    try
    {
        m_pRecordsetout->Open(_variant_t(strsqlstore),        //查询表中所有字段
            //获取库接库的 IDispatch 指针
            theApp.m_pConnection.GetInterfacePtr(),
                        adOpenDynamic,
                        adLockOptimistic,
```

```
                        adCmdText);
    }
    catch(_com_error *e)
    {//捕获打开数据库时候的异常情况，并给出提示
        AfxMessageBox(e->ErrorMessage());
    }
    try
    {
        //往数据库内写入数据
        CString zhaiyao;
        zhaiyao.Format("从原房间%s 调换到目标房间%s",m_sourceroom,m_destroom);
        m_pRecordsetout->PutCollect("房间号", _variant_t(m_destroom));
        //写入数据表“房间号”字段
        m_pRecordsetout->PutCollect("摘要", _variant_t( zhaiyao));
        //写入数据表“摘要”字段
        m_pRecordsetout->PutCollect("客房价格", _variant_t(m_changeroom_roommoney));
        //写入数据表“客房价格”字段
        m_pRecordsetout->PutCollect("客房类型", _variant_t(destroomlevel));
        //写入数据表“客房类型”字段
        m_pRecordsetout->Update();
        //写入数据完毕，给出提示
        AfxMessageBox("调换成功!");
        //UpdateData(false);
    }
    catch(_com_error *e)//捕获写入数据时候的异常情况，实时显示
    {
        AfxMessageBox(e->ErrorMessage());
    }
}
```

客户要求调房，就需要提供证件等有效信息进行查询确认，实现的具体代码如下：

```
void CChangeroomdlg::OnCloseupCOMBOsourceroom()
{
    // TODO: Add your control notification handler code here
    _variant_t var;
    // 使用 ADO 创建数据库记录集
    m_pRecordset.CreateInstance(__uuidof(Recordset));

    // 在 ADO 操作中建议语句中要常用 try...catch()来捕获错误信息
    UpdateData(true);

    CString strsql;
    strsql.Format("SELECT * FROM checkinregtable where 房间号='%s'",m_sourceroom);
    try
    {                                                        //打开数据库
```

```
            m_pRecordset->Open(_variant_t(strsql),              //查询表中所有字段
                theApp.m_pConnection.GetInterfacePtr(),         //获取库接库的 IDispatch 指针
                adOpenDynamic,
                adLockOptimistic,
                adCmdText);
    }
    catch(_com_error *e)
    {                                                           //捕获异常
        AfxMessageBox(e->ErrorMessage());
    }
    try
    {
        if(!m_pRecordset->BOF)                                  //判断指针是否在数据集最后
            m_pRecordset->MoveFirst();
        else
        {
            AfxMessageBox("表内数据为空");
            return ;
        }

        // read data from the database table
        //从数据表中读取姓名字段
        var = m_pRecordset->GetCollect("姓名");
        if(var.vt != VT_NULL)
            m_changeroom_name= (LPCSTR)_bstr_t(var);
        //从数据表中读取凭证号码字段
        var = m_pRecordset->GetCollect("凭证号码");
        if(var.vt != VT_NULL)
            m_changeroom_regnumber= (LPCSTR)_bstr_t(var);
        //从数据表中读取证件名称字段
        var = m_pRecordset->GetCollect("证件名称");
        if(var.vt != VT_NULL)
            m_changeroom_idkind   = (LPCSTR)_bstr_t(var);
        //从数据表中读取证件号码字段
        var = m_pRecordset->GetCollect("证件号码");
        if(var.vt != VT_NULL)
            m_changeroom_idnumber = (LPCSTR)_bstr_t(var);
        //从数据表中读取备注字段
        var = m_pRecordset->GetCollect("备注");
        if(var.vt != VT_NULL)
            m_changeroom_beizhu = (LPCSTR)_bstr_t(var);

        UpdateData(false);                                      //更新显示
    }
    catch(_com_error *e)                                        //捕获异常
    {
```

```
        AfxMessageBox(e->ErrorMessage());
    }

    // 关闭记录集
    m_pRecordset->Close();
    m_pRecordset = NULL;
    // 更新显示
    UpdateData(false);
}
```

调房登记选择房间类型等相关信息，实现的具体代码如下：

```
void CChangeroomdlg::OnCloseupCOMBOdestroom()
{
    // TODO: Add your control notification handler code here
    _variant_t var;
    // 使用 ADO 创建数据库记录集
    m_pRecordset.CreateInstance(__uuidof(Recordset));

    // 在 ADO 操作中建议语句中要常用 try...catch()来捕获错误信息

    UpdateData(true);


    CString strsql;
    strsql.Format("SELECT * FROM checkinregtable where 房间号='%s'",m_destroom);
    try                                              //打开数据库
    {
        m_pRecordset->Open(_variant_t(strsql),       //查询表中所有字段
            theApp.m_pConnection.GetInterfacePtr(),  //获取库接库的 IDispatch 指针
            adOpenDynamic,
            adLockOptimistic,
            adCmdText);
    }
    catch(_com_error *e)
    {                                                //捕获打开数据库时候可能发生的异常情况
        AfxMessageBox(e->ErrorMessage());
    }
    try
    {
        if(!m_pRecordset->BOF)                       //判断指针是否在数据集最后
            m_pRecordset->MoveFirst();
        else
        {
            AfxMessageBox("表内数据为空");
            return ;
```

```
    }
    // read data from the database table
    //从数据表中读取客房价格字段
    var = m_pRecordset->GetCollect("客房价格");
    if(var.vt != VT_NULL)
        m_changeroom_roommoney = (LPCSTR)_bstr_t(var);
    //从数据表中读取客房类型字段
    var = m_pRecordset->GetCollect("客房类型");
    if(var.vt != VT_NULL)
        destroomlevel = (LPCSTR)_bstr_t(var);
    //读取数据完毕，然后更新显示
    UpdateData(false);
    //更新显示完毕
}
catch(_com_error *e)                                    // 捕获异常
{
    AfxMessageBox(e->ErrorMessage());
}
// 关闭记录集
m_pRecordset->Close();
m_pRecordset = NULL;
UpdateData(false);                                      //更新显示
}
```

24.9　小　结

　　本章的主要内容是根据宾馆、酒店客房管理的实际情况设计一个客房管理系统。通过本章的学习，可以了解一个客房管理系统的开发流程。本章通过详细的讲解及简洁的代码使读者能够更快、更好地掌握数据库管理系统的开发技术，增加读者的实际开发能力和项目经验。

第 25 章　在线考试系统
（ASP.NET +SQL Server 2014 实现）

传统考试要求教师打印试卷，安排考试，监考，收集试卷，评改试卷，讲评试卷，以及分析试卷。这是一个漫长而复杂的过程，已经越来越不能满足现代教学的需求。在线考试系统是传统考试的延伸，它可以利用网络的广阔空间，随时随地对学生进行考试，加上数据库技术的利用，大大简化了传统考试的过程。因此在线考试系统是电子化教学不可缺少的一个重要环节。通过本章的学习，可以掌握以下要点：

- ☑ 验证不同身份的登录用户
- ☑ 随机抽取试题
- ☑ 实现系统自动评分
- ☑ 合理创建后台管理

25.1　开 发 背 景

近年来，计算机技术、网络技术的迅猛发展，给传统办学提出了新的模式。目前，大学和学院都已接入互联网并建成校园网，各校的硬件设施已经比较完善。通过设计和建设网络拓扑架构、网络安全系统、数据库基础结构、信息共享与管理、信息的发布与管理，从而方便管理者、教师和学生间信息发布、信息交流和信息共享。以现代计算机技术、网络技术为基础的数字化教学主要是朝着信息化、网络化、现代化的目标迈进。开发的无纸化在线考试系统，目的在于探索一种以互联网为基础的考试模式。通过这种新的模式，提高了考试工作效率和标准化水平，使学校管理者、教师和学生可以在任何时候、任何地点通过网络进行在线考试。

25.2　系 统 分 析

25.2.1　需求分析

在我国，虽然远程教育已经蓬勃发展起来，但是目前学校与社会上的各种考试大都采用传统的考试方式。在此方式下，组织一次考试至少要经过 5 个步骤，即人工出题、考生考试、人工阅卷、成绩评估和试卷分析。

　　显然，随着考试类型的不断增加以及考试要求的不断提高，教师的工作量将会越来越大，并且其工作将是一件十分烦琐和非常容易出错的事情，可以说传统的考试方式已经不能适应现代考试的需要。随着计算机应用的迅猛发展，网络应用不断扩大，人们迫切要求利用这些技术来进行在线考试，以减轻教师的工作负担并提高工作效率，与此同时也提高了考试的质量，从而使考试更趋于公正、客观，更加激发学生的学习兴趣。

25.2.2　系统功能分析

　　为了保障整个系统的安全性，在线考试系统实现了分类验证的登录模块，通过此模块，可以对不同身份的登录用户进行验证，确保了不同身份的用户操作系统。在抽取试题上，系统使用随机抽取试题的方式，体现了考试的客观与公正。当考生答题完毕之后，提交试卷即可得知本次考试的得分，体现系统的高效性。在后台管理上，分后台管理员管理模块和教师管理模块。其分别适应不同的用户，前者只有系统的高级管理员才能进入，对整个系统进行管理；后者只允许教师登录，教师可以对自己任教的科目试题进行修改，并且可以查看所有参加过自己任教科目的学生成绩。

25.3　系　统　设　计

25.3.1　系统目标

　　本系统属于小型的在线考试系统，可以从数据库中随机抽取试题，并且可以自动对考生的答案评分。本系统主要实现以下目标：
- ☑　系统采用人机交互的方式，界面美观友好，信息查询灵活、方便，数据存储安全可靠。
- ☑　实现从数据库中随机抽取试题。
- ☑　对用户输入的数据，进行严格的数据检验，尽可能地避免人为错误。
- ☑　实现对考试结果自动评分。
- ☑　实现教师和后台管理员对试题信息单独管理。
- ☑　系统最大限度地实现易维护性和易操作性。

25.3.2　系统功能结构

　　在线考试系统前台的功能结构如图 25.1 所示。在线考试系统后台的功能结构如图 25.2 所示。

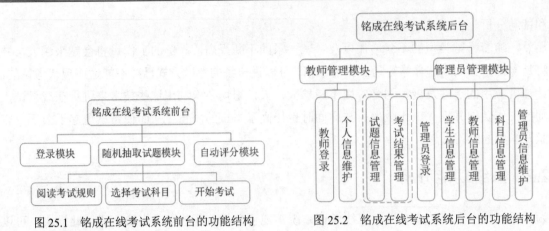

图 25.1　铭成在线考试系统前台的功能结构　　图 25.2　铭成在线考试系统后台的功能结构

25.3.3　业务流程图

在线考试系统的业务流程图如图 25.3 所示。

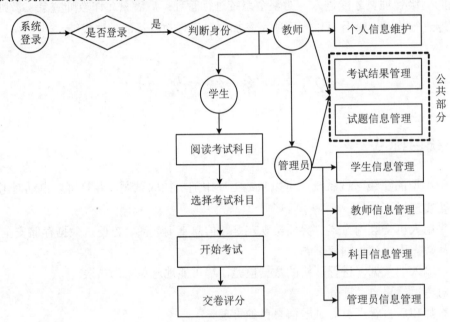

图 25.3　在线考试系统的业务流程图

25.3.4　构建开发环境

1．网站开发环境

☑　网站开发环境：Microsoft Visual Studio 2017 及以上。

☑　网站开发语言：ASP.NET+C#。

☑　网站后台数据库：SQL Server 2014。

☑　开发环境运行平台：Windows 7（SP1）/ Windows Server 8/Windows 10。

2．服务器端

☑　操作系统：Windows 7。

☑　Web 服务器：IIS 7.0 以上版本。

☑　数据库服务器：SQL Server 2014。

☑　网站服务器运行环境：Microsoft .NET Framework SDK v4.7。

3．客户端

☑　浏览器：Chrome 浏览器、Firefox 浏览器。

25.3.5　系统预览

在线考试系统由多个页面组成，下面仅列出几个典型页面，其他页面可参见资源包中的源程序。

考试界面如图 25.4 所示，主要实现考试系统的随机抽取试题、考生答卷、考试计时、限时自动交卷功能。后台管理员界面如图 25.5 所示，主要实现教师信息管理、管理员信息维护、题信息管理、考试科目信息管理以及考试结果管理。教师界面如图 25.6 所示，主要功能是教师对试题进行管理。考试评分界面如图 25.7 所示，主要功能是对考生答案进行评分。

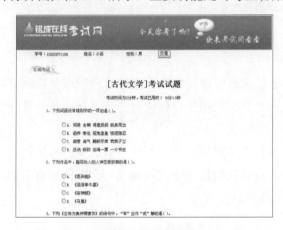

图 25.4　考试界面

图 25.5　后台管理员界面

图 25.6　教师管理界面

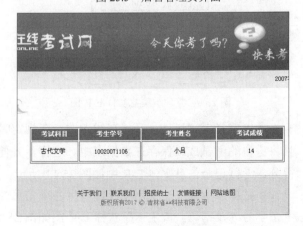

图 25.7　考试评分界面

25.3.6　数据库设计

在开发在线考试系统之前，分析了系统的数据量，由于在线考试系统中试题及考生信息的数据量会很大，因此选择 Microsoft SQL Server 2014 数据库存储数据信息，数据库命名为 db_ExamOnline，在数据库中创建了 6 个数据表用于存储不同的信息，如图 25.8 所示。

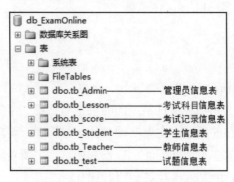

图 25.8　在线考试系统中用到的数据表

25.3.7　数据库概念设计

开发在线考试系统时，为了灵活地维护系统，设计了后台管理员模块，通过后台管理员模块可以方便地对整个在线考试系统进行维护，这时必须建立一个数据表用于存储所有的管理员信息。管理员信息实体 E-R 图如图 25.9 所示。

当考生成功登录在线考试系统后，可以根据需要选择考试科目，考生不同可能选择的考试科目会不同，系统必须提供一些参加考试的科目供考生选择，这时在数据库中应该建立一个存储所有参加考试科目的数据表。考试科目信息实体 E-R 图如图 25.10 所示。

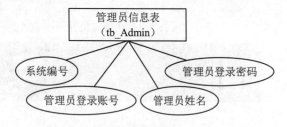

图 25.9　管理员信息实体 E-R 图

图 25.10　考试科目信息实体 E-R 图

考生选择考试科目，开始在线考试。在规定时间内必须完成考试，否则系统会自动提交试卷，并且将考生的考试成绩保存在数据表中。这样，方便后期查询考生是否参加过考试，以及查询历史考试得分。考试记录信息实体 E-R 图如图 25.11 所示。

在数据库中建立一个用于存储考生各项信息的数据表，其中包括考生登录时的账号（考生编号或考生学号）及密码。考生信息实体 E-R 图如图 25.12 所示。

为了方便教师对考试试题及考生考试结果进行管理，在数据库中必须建立一个数据表用于存储所有的教师信息，其中包括教师登录后台管理系统时需要的账号及密码，以及教师负责的科目名称。教师信息实体 E-R 图如图 25.13 所示。

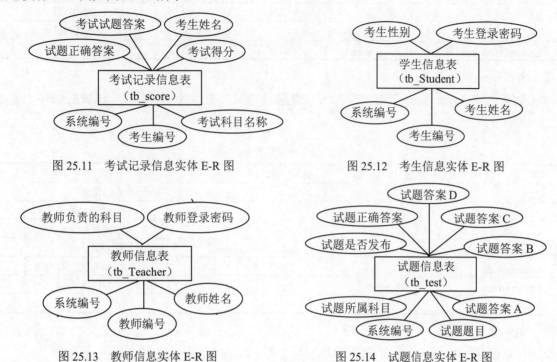

图 25.11　考试记录信息实体 E-R 图　　　　图 25.12　考生信息实体 E-R 图

图 25.13　教师信息实体 E-R 图　　　　图 25.14　试题信息实体 E-R 图

在线考试系统中考试试题是通过对数据库中存储的所有试题随机抽取产生的，所以必须在数据库中建立一个数据表用于存储所有参与考试的试题信息，其中包括试题题目、试题的 4 个备选答案、正确答案以及所属的科目。试题信息实体 E-R 图如图 25.14 所示。

25.3.8　数据库逻辑结构设计

根据设计好的 E-R 图在数据库中创建各表，系统数据库中各表的结构如下。

☑　管理员信息表

管理员信息表（tb_Admin）用于保存所有管理员信息，该表的结构如表 25.1 所示。

表 25.1　管理员信息表结构

字　段　名	数　据　类　型	长　　度	主　　键	描　　述
ID	int	4	是	系统编号
AdminNum	varchar	50	否	管理员编号
AdminName	varchar	50	否	管理员姓名
AdminPwd	varchar	50	否	管理员登录密码

☑　考试科目信息表

考试科目信息表（tb_Lesson）用于保存所有考试科目信息，该表的结构如表 25.2 所示。

表 25.2 考试科目信息表结构

字 段 名	数据类型	长 度	主 键	描 述
ID	int	4	是	系统编号
LessonName	varchar	50	否	考试科目名称
LessonDataTime	datetime	8	否	添加日期

☑ 考试记录信息表

考试记录信息表（tb_score）用于保存所有参加过考试的考生的考试记录，该表的结构如表 25.3 所示。

表 25.3 考试记录信息表

字 段 名	数据类型	长 度	主 键	描 述
ID	int	4	是	系统编号
StudentID	varchar	50	否	参加考试的考生编号
LessonName	varchar	50	否	考试科目名称
score	int	4	否	考生得分
StudentName	varchar	50	否	参加考试的考生姓名
StudentAns	varchar	50	否	考生试题答案
RightAns	varchar	50	否	试题正确答案

☑ 学生信息表

学生信息表（tb_Student）用于保存所有考生信息，该表的结构如表 25.4 所示。

表 25.4 学生信息表

字 段 名	数据类型	长 度	主 键	描 述
ID	int	4	是	系统编号
StudentNum	varchar	50	否	考生编号
StudentName	varchar	50	否	考生姓名
StudentPwd	varchar	50	否	考生登录密码
StudentSex	varchar	50	否	考生性别

☑ 教师信息表

教师信息表（tb_Teacher）用于保存所有教师信息，该表的结构如表 25.5 所示。

表 25.5 教师信息表

字 段 名	数据类型	长 度	主 键	描 述
ID	int	4	是	系统编号
TeacherNum	varchar	50	否	教师编号
TeacherName	varchar	50	否	教师姓名
TeacherPwd	varchar	50	否	教师登录密码
TeacherCourse	varchar	50	否	教师负责的科目

☑ 试题信息表

试题信息表（tb_test）用于保存所有考试试题信息，该表的结构如表 25.6 所示。

表 25.6 试题信息表

字 段 名	数 据 类 型	长 度	主 键	描 述
ID	int	4	是	系统编号
testContent	varchar	200	否	试题题目
testAns1	varchar	50	否	试题备选答案 A
testAns2	varchar	50	否	试题备选答案 B
testAns3	varchar	50	否	试题备选答案 C
testAns4	varchar	50	否	试题备选答案 D
rightAns	varchar	50	否	试题正确答案
pub	int	4	否	试题是否发布
testCourse	varchar	50	否	试题所属科目

25.3.9 文件夹组织结构

每个网站都会有相应的文件夹组织结构，如果网站中网页数量很多，可以将所有的网页及资源放在不同的文件夹中。如果网站中网页不是很多，可以将图片、公共类或者程序资源文件放在相应的文件夹中，而网页可以直接放在网站根目录下。在线考试系统就是按照前者的文件夹组织结构排列的，如图 25.15 所示。

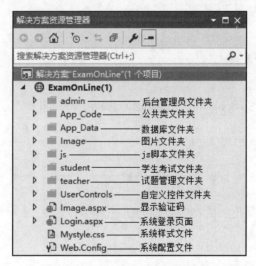

图 25.15 网站文件夹组织结构

25.4 公共类设计

在开发项目中以类的形式来组织、封装一些常用的方法和事件，不仅可以提高代码的重用率，也大大方便了代码的管理。本系统中创建了一个公共类 BaseClass，其中包含了 DBCon、BindDG、OperateData、CheckStudent、CheckTeacher 和 CheckAdmin 方法，分别用于连接数据库、绑定 GridView

控件、执行 SQL 语句、判断考生登录、判断教师登录和判断管理员登录。代码如下：

```
public class BaseClass
{
    public static SqlConnection DBCon()                                          //建立连接数据库的公共方法
    {
        return new SqlConnection("server=.;database=db_ExamOnline;uid=sa;pwd=");
    }
    public static void BindDG(GridView dg,string id, string strSql,string Tname)//建立绑定 GridView 控件的方法
    {
        SqlConnection conn = DBCon();                                             //连接数据库
        SqlDataAdapter sda = new SqlDataAdapter(strSql,conn);
        DataSet ds = new DataSet();
        sda.Fill(ds,Tname);
        dg.DataSource=ds.Tables[Tname];                                           //设置绑定数据源
        dg.DataKeyNames = new string[] { id };
        dg.DataBind();                                                            //绑定控件
    }
    public static void OperateData(string strsql)                                //建立一个执行 SQL 语句的方法
    {
        SqlConnection conn = DBCon();                                             //连接数据库
        conn.Open();                                                             //打开数据库
        SqlCommand cmd = new SqlCommand(strsql,conn);
        cmd.ExecuteNonQuery();
        conn.Close();                                                           //关闭连接
    }
    public static bool CheckStudent(string studentNum,string studentPwd)        //判断是否是学生登录
    {
        SqlConnection conn = DBCon();                                            //连接数据库
        conn.Open();                                                            //打开数据库
        SqlCommand cmd = new SqlCommand("select count(*) from tb_Student where StudentNum=
'"+studentNum+"' and StudentPwd='"+studentPwd+"'",conn);
        int i = Convert.ToInt32(cmd.ExecuteScalar());                           //返回值
        if (i > 0)                                                             //判断返回值是否大于 0
        {
            return true;                                                       //返回 true
        }
        else
        {
            return false;                                                     //返回 false
        }
        conn.Close();
    }
    public static bool CheckTeacher(string teacherNum, string teacherPwd)      //判断是否是教师登录
    {
        SqlConnection conn = DBCon();                                          //连接数据库
```

```
        conn.Open();                                                    //打开数据库
        SqlCommand cmd = new SqlCommand("select count(*) from tb_Teacher where TeacherNum='" +
teacherNum + "' and TeacherPwd='" + teacherPwd + "'", conn);
        int i = Convert.ToInt32(cmd.ExecuteScalar());                   //返回值
        if (i > 0)                                                      //判断返回值是否大于 0
        {
            return true;                                                //返回 true
        }
        else
        {
            return false;                                               //返回 false
        }
        conn.Close();                                                   //关闭连接
    }
    public static bool CheckAdmin(string adminNum, string adminPwd)     //判断是否是管理员登录
    {
        SqlConnection conn = DBCon();                                   //连接数据库
        conn.Open();                                                    //打开连接
        SqlCommand cmd = new SqlCommand("select count(*) from tb_Admin where AdminNum='" +
adminNum + "' and adminPwd='" + adminPwd + "'", conn);
        int i = Convert.ToInt32(cmd.ExecuteScalar());                   //返回值
        if (i > 0)                                                      //返回值是否大于 0
        {
            return true;                                                //返回 true
        }
        else
        {
            return false;                                               //返回 false
        }
        conn.Close();                                                   //关闭连接
    }
}
```

25.5　登录模块设计

25.5.1　登录模块概述

　　并不是任何人都可以参加在线考试，默认是不允许匿名登录的，只有经过管理员分配的编号和密码才能登录在线考试系统参加考试，这时就需要通过登录模块验证登录用户的合法性。登录模块是在线考试系统的第一道安全屏障，登录模块运行结果如图 25.16 所示。

图 25.16　登录模块运行结果

25.5.2　登录模块技术分析

登录模块中使用了验证码技术，通过验证码可以防止利用机器人软件反复自动登录。登录模块中的验证码主要是通过 Random 类实现的，为了更好地理解其用法，下面进行详细讲解。

Random 类表示伪随机数生成器，一种能够产生满足某些随机性统计要求的数字序列的设备，Random 类中最常用的是 Random.Next 方法。

Random.Next 方法用于返回一个指定范围内的随机数。其语法格式如下：

```
public virtual int Next (int minValue,int maxValue)
```

☑　minValue：返回随机数的下界。

☑　maxValue：返回随机数的上界，maxValue 必须大于或等于 minValue。

☑　返回值：一个大于或等于 minValue 且小于 maxValue 的 32 位带符号整数，即返回值的范围包括 minValue 但不包括 maxValue。如果 minValue 等于 maxValue，则返回 minValue。

例如：

```
string MaxNum = "";                                    //建立上界变量
string MinNum = "";                                    //建立下界变量
for (int i = 0; i < 5; i++)
{
    MaxNum = MaxNum + "5";                             //设置上界
}
MinNum = MaxNum.Remove(0, 1);                          //设置下界
Random rd = new Random();                              //实例化 Random
string VNum = Convert.ToString(rd.Next(Convert.ToInt32(MinNum), Convert.ToInt32(MaxNum)));
return VNum;
```

25.5.3　登录模块实现过程

登录模块的具体实现步骤如下。

（1）新建一个网页，命名为 Login.aspx，主要用于实现系统的登录功能。该页面中用到的主要控件如表 25.7 所示。

表 25.7　登录页面用到的主要控件

控件类型	控件 ID	主要属性设置	用途
`ab` TextBox	txtNum	无	输入登录用户名
	txtPwd	TextModed 属性设置为 Password	输入登录用户密码
	txtCode	无	输入验证码
`DropDownList`	ddlstatus	Items 属性中添加 3 项	选择登录身份
`Image`	Image1	ImageUrl 属性设置为~/Image.aspx	显示验证码
`ab` Button	btnlogin	Text 属性设置为"登录"	登录
	btnconcel	Text 属性设置为"取消"	取消

（2）输入账号和密码等信息无误后，单击"登录"按钮进行登录。程序首先会判断输入的验证码是否正确，如果正确，则根据选择的登录身份调用公共类中相应的方法验证账号和密码是否正确，如果登录的账号和密码正确，则会转向与登录身份相符的页面。代码如下：

```
if (txtCode.Text.Trim() != Session["verify"].ToString())
{
    Response.Write("<script>alert('验证码错误');location='Login.aspx'</script>");   //输入错误提示
}
else
{
    if (this.ddlstatus.SelectedValue == "学生")                                    //如果登录身份为学生
    {
        if (BaseClass.CheckStudent(txtNum.Text.Trim(), txtPwd.Text.Trim()))        //验证登录账号和密码
        {
            Session["ID"] = txtNum.Text.Trim();
            Response.Redirect("student/studentexam.aspx");                         //转向考试界面
        }
        else
        {
            Response.Write("<script>alert('您不是学生或者用户名和密码错误');location='Login.aspx'</script>");
        }
    }
    if (this.ddlstatus.SelectedValue == "教师")                                    //如果登录身份为教师
    {
        if (BaseClass.CheckTeacher(txtNum.Text.Trim(), txtPwd.Text.Trim()))        //验证教师账号和密码
        {
            Session["teacher"] = txtNum.Text;
            Response.Redirect("teacher/TeacherManage.aspx");                       //转向试题管理模块
        }
        else
        {
            Response.Write("<script>alert('您不是教师或者用户名和密码错误');location='Login.aspx'</script>");
        }
    }
    if (this.ddlstatus.SelectedValue == "管理员")                                  //如果登录身份为管理员
    {
        if (BaseClass.CheckAdmin(txtNum.Text.Trim(), txtPwd.Text.Trim()))          //验证管理员账号和密码
        {
```

```
                Session["admin"] = txtNum.Text;
                Response.Redirect("admin/AdminManage.aspx");          //转向后台管理员模块
            }
            else
            {
                Response.Write("<script>alert('您不是管理员或者用户名和密码错误');location='Login.aspx'</script>");
            }
        }
}
```

（3）单击"取消"按钮，关闭登录窗口。代码如下：

```
protected void btnconcel_Click(object sender, EventArgs e)
{
    RegisterStartupScript("提示", "<script>window.close();</script>");
}
```

25.6 随机抽取试题模块设计

25.6.1 随机抽取试题模块概述

开发在线考试系统过程中，需要考虑的一点是如何将试题显示在页面上，如何将试题从数据库中读取出来。比较合理的做法是将所有试题信息存储在数据库中，然后随机抽取若干道试题，动态地显示在页面中。为了实现此功能，设计出随机抽取试题模块，运行结果如图 25.17 所示。

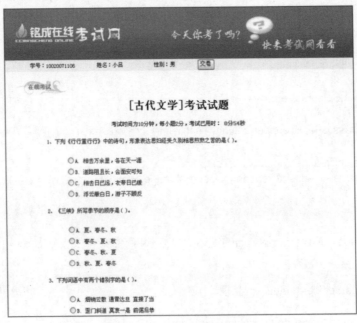

图 25.17 随机抽取考试试题

25.6.2　随机抽取试题模块技术分析

实现随机抽取试题模块的关键技术是 SQL Server 中的 NEWID 函数，通过此函数可以动态创建 uniqueidentifier 类型的值，即随机数，实现起来非常简单。有关 NEWID 函数的详细说明如下。

NEWID 函数的功能是创建 uniqueidentifier 类型的唯一值。其语法格式如下：

```
NEWID( )
```

返回类型：uniqueidentifier。

例如，对变量使用 NEWID 函数，使用 NEWID 对声明为 uniqueidentifier 数据类型的变量赋值。在测试该值前，将先打印 uniqueidentifier 数据类型变量的值。

```
-- Creating a local variable with DECLARE/SET syntax.
DECLARE @myid uniqueidentifier
SET @myid = NEWID()
PRINT 'Value of @myid is: '+ CONVERT(varchar(255), @myid)
```

下面是结果集：

```
Value of @myid is: 6F9619FF-8B86-D011-B42D-00C04FC964FF
```

例如，从数据表 tb_Test 中随机抽取 10 条数据，可以利用下面的代码实现：

```
Select top 10 * from tb_Test order by newid()
```

25.6.3　随机抽取试题模块实现过程

随机抽取试题模块的具体实现步骤如下。

（1）在随机抽取试题之前，考生要选择考试的科目，然后根据选择的科目随机从数据库中抽取试题给考生。所以，考生选择考试科目是随机抽取试题的条件，其运行结果如图 25.18 所示。

图 25.18　选择考试科目

程序首先根据考生选择的科目对数据库进行检索，查看数据库中是否有相关的试题。如果存在试题，则跳转到随机抽取试题页面；否则，提示考生选择的考试科目在数据库中没有试题。代码如下：

```
protected void Button2_Click(object sender, EventArgs e)
{
    string StuID = Session["ID"].ToString();                        //考生的编号
    string StuKC = ddlKm.SelectedItem.Text;                         //选择的考试科目
    SqlConnection conn = BaseClass.DBCon();                         //连接数据库
    conn.Open();                                                     //打开连接
    SqlCommand cmd = new SqlCommand("select count(*) from tb_score where StudentID=
'" + StuID + "' and LessonName='" + StuKC + "'", conn);              //执行 SQL 语句
    int i = Convert.ToInt32(cmd.ExecuteScalar());                    //获取返回值
    if (i > 0)                                                       //如果返回值大于 0
    {
        MessageBox.Show("你已经参加过此科目的考试了");
    }
    else
    {
        cmd = new SqlCommand("select count(*) from tb_test where testCourse='"+StuKC+"'", conn);
        int N = Convert.ToInt32(cmd.ExecuteScalar());               //获取返回值
        if (N >0)                                                   //如果返回值大于 0
        {
            cmd = new SqlCommand("insert into tb_score(StudentID,LessonName,StudentName)
values('" + StuID "','" + tuKC + "','" + lblName.Text + "')", conn); //执行 SQL 语句
            cmd.ExecuteNonQuery();
            conn.Close();                                           //关闭连接
            Session["KM"] = StuKC;
            Response.Write("<script>window.open('StartExam.aspx','newwindow','status=
                1,scrollbars= 1,resizable=1')</script>");
            Response.Write("<script>window.opener=null;window.close();</script>");
        }
        else
        {
            MessageBox.Show("此科目没有考试题");                        //弹出提示信息
            return;
        }
    }
}
```

（2）新建一个网页，命名为 StartExam.aspx，作为随机抽取试题页面及考试页面。该页面中用到的主要控件如表 25.8 所示。

表 25.8　随机抽取试题页面用到的主要控件

控 件 类 型	控件 ID	主要属性设置	用　　途
A Label	lblStuNum	无	显示考生编号
	lblStuName	无	显示考生姓名
	lblStuSex	无	显示考生性别
	lblStuKM	无	显示考试科目
	lblEndtime	无	显示考试声明
	lbltime	无	显示考试用时时间

续表

控 件 类 型	控件 ID	主要属性设置	用　途
Panel	Panel1	无	显示随机抽取的试题
Button	btnsubmit	无	提交试卷

（3）当页面加载时，根据考生选择的科目在数据库中随机抽取试题，并显示在 Panel 控件中。代码如下：

```
public string Ans = null;                                              //建立存储正确答案的公共变量
public int tNUM;                                                       //记录考题数量
protected void Page_Load(object sender, EventArgs e)
{
    lblEndtime.Text = "考试时间为 10 分钟，每小题 2 分，考试已用时：";    //显示考试提示
    lblStuNum.Text = Session["ID"].ToString();                         //显示考生编号
    lblStuName.Text = Session["name"].ToString();                      //显示考生姓名
    lblStuSex.Text = Session["sex"].ToString();                        //显示考生性别
    lblStuKM.Text = "[" + Session["KM"].ToString() + "]" + "考试试题";   //显示考试科目
    int i=1;                                                           //初始化变量
    SqlConnection conn = BaseClass.DBCon();                            //连接数据库
    conn.Open();                                                       //打开连接
    SqlCommand cmd = new SqlCommand("select top 10 * from tb_test where testCourse='" + Session["KM"].
ToString() + "' order by newid()", conn);
    SqlDataReader sdr = cmd.ExecuteReader();                           //创建记录集
    while (sdr.Read())
    {
        Literal littxt = new Literal();                               //创建 Literal 控件
        Literal litti = new Literal();                                //创建 Literal 控件
        RadioButtonList cbk = new RadioButtonList();                  //创建 RadioButtonList 控件
        cbk.ID = "cbk" + i.ToString();
        littxt.Text = i.ToString() + "、" + Server.HtmlEncode(sdr["testContent"].ToString()) + "<br>ckquote>";
        litti.Text = "</Blockquote>";
        cbk.Items.Add("A. " + Server.HtmlEncode(sdr["testAns1"].ToString()));//添加选项 A
        cbk.Items.Add("B. " + Server.HtmlEncode(sdr["testAns2"].ToString()));//添加选项 B
        cbk.Items.Add("C. " + Server.HtmlEncode(sdr["testAns3"].ToString()));//添加选项 C
        cbk.Items.Add("D. " + Server.HtmlEncode(sdr["testAns4"].ToString()));//添加选项 D
        cbk.Font.Size = 11;                                           //设置文字大小
        for (int j = 1; j <= 4; j++)
        {
            cbk.Items[j - 1].Value = j.ToString();
        }
        Ans += sdr[6].ToString();                                    //获取试题的正确答案
        if (Session["a"] == null)                                    //判断是否第一次加载
        {
            //如果第一次加载则将正确答案赋值给 Session["Ans"]
            Session["Ans"] = Ans;
        }
```

```
        Panel1.Controls.Add(littxt);                          //将控件添加到 Panel 中
        Panel1.Controls.Add(cbk);                             //将控件添加到 Panel 中
        Panel1.Controls.Add(litti);                           //将控件添加到 Panel 中
        i++;                                                  //使 i 递增
        tNUM++;                                               //使 tNUM 递增
    }
    sdr.Close();
    conn. Close();                                            //关闭连接
    Session["a"] = 1;
}
```

（4）考生在规定的时间内进行考试，当考生答题完毕，单击"交卷"按钮提交试卷，此时系统会将该考生的答题结果提交给自动评分模块。代码如下：

```
protected void btnsubmit_Click(object sender, EventArgs e)
{
    string msc = "";                                         //建立变量 msc 存储考生答案
    for (int i = 1; i <= 10; i++)
    {
        RadioButtonList list = (RadioButtonList)Panel1.FindControl("cbk" + i.ToString());
        if (list != null)
        {
            if (list.SelectedValue.ToString() != "")
                msc += list.SelectedValue.ToString();        //存储考生答案
            else
                msc += "0";                                  //如果没有选择则为 0
        }
    }
    Session["Sans"] = msc;                                   //考生答案
    //更新考试记录数据表
    string sql = "update tb_score set RigthAns='" + Ans + "' where StudentID='" + lblStuNum.Text + "'";
    BaseClass.OperateData(sql);
    //更新考试记录数据表
    string strsql = "update tb_score set StudentAns='" + msc + "' where StudentID='" + lblStuNum.Text + "'";
    BaseClass.OperateData(strsql);
    Response.Redirect("result.aspx?BInt=" + tNUM.ToString());
}
```

25.7　自动评分模块设计

25.7.1　自动评分模块概述

在线考试系统和普通考试的流程是一样的，考生答卷完毕后要对考生的答案评分。根据实际需要，在线考试系统中加入了自动评分模块，当考生答题完毕提交试卷时，系统会根据考生选择的答案与正确答案进行比较，最后进行评分，运行结果如图 25.19 所示。

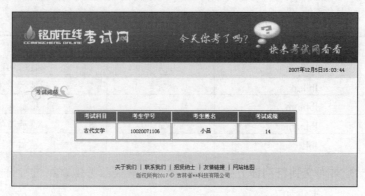

图 25.19　自动评分模块运行结果

25.7.2　自动评分模块技术分析

自动评分模块使用的基本技术是字符串的截取与比较，下面介绍使用 Substring 和 Equals 方法对字符串进行截取与比较。

1．截取字符串

使用 Substring 方法可以从指定字符串中截取子串。语法格式如下：

```
public string Substring(int startIndex,int length)
```

☑　startIndex：子字符串的起始位置的索引。

☑　length：子字符串中的字符数。

例如，将字符串"我们是社会主义新青年"截取为"社会主义新青年"。代码如下：

```
string str = "我们是社会主义新青年";
string str2 = str.Substring(3,str.Length-3);
Response.Write(str2);
```

2．比较字符串

Equals 方法用于确定两个 String 对象是否具有相同的值。语法格式如下：

```
public bool Equals(string value)
```

例如，判断字符串 stra 和字符串 strb 是否相等。代码如下：

```
stra.Equals(strb)
```

如果 stra 的值与 strb 相同，则为 true；否则为 false。

25.7.3　自动评分模块实现过程

自动评分模块的具体实现步骤如下。

（1）新建一个网页，命名为 result.aspx，主要用于实现对考生提交的试题答案进行自动评分。该页面中用到的主要控件如表 25.9 所示。

表 25.9　自动评分页面用到的主要控件

控 件 类 型	控件 ID	主要属性设置	用　　途
A Label	lbldate	无	显示当前系统时间
	lblkm	无	显示考生考试科目
	lblnum	无	显示考生编号
	lblname	无	显示考生姓名
	lblResult	无	显示考试得分

（2）考生将试题答案提交到自动评分模块，自动评分模块对考生答案进行评分，并将考生的成绩添加到数据表 tb_score 中。代码如下：

```
protected void Page_Load(object sender, EventArgs e)
{
    string Rans = Session["Ans"].ToString();                          //获取正确答案
    int j = Convert.ToInt32(Request.QueryString["BInt"]);             //获取试题数量
    string Sans = Session["Sans"].ToString();                         //获取考生答案
    int StuScore = 0;                                                 //将考试成绩初始化为 0
    for (int i = 0; i < j; i++)
    {
        if (Rans.Substring(i, 1).Equals(Sans.Substring(i, 1)))        //将考生答案与正确答案进行比较
        {
            StuScore += 2;                                            //如果答案正确加 2 分
        }
    }
    this.lblResult.Text = StuScore.ToString();                        //显示考试成绩
    this.lblkm.Text = Session["KM"].ToString();                       //显示考试科目
    this.lblnum.Text = Session["ID"].ToString();                      //显示考生编号
    this.lblname.Text = Session["name"].ToString();                   //显示考生姓名
    //更新考试记录数据表
    string strsql = "update tb_score set score='" + StuScore.ToString() + "' where StudentID='" + Session["ID"].
ToString() + "' and LessonName='" + Session["KM"].ToString() + "'";
    BaseClass.OperateData(strsql);
}
```

25.8　教师管理模块设计

25.8.1　教师管理模块概述

教师管理模块在整个在线考试系统中占有非常重要的地位，它是专门为教师设计的。教师登录此

模块后即可在后台对试题进行添加、修改和删除，并且可以查看考试结果。教师管理模块运行结果如图 25.20 所示。

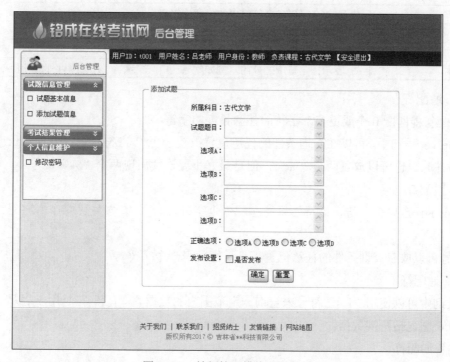

图 25.20 教师管理模块运行结果

25.8.2 教师管理模块技术分析

在开发教师管理模块时，主要应用了对数据库进行查询、添加、更新、删除以及模糊查询等技术，下面主要对模糊查询进行介绍。

在进行数据查询时，经常会使用模糊查询方式。模糊查询是指根据输入的条件进行模式匹配，即将输入的查询条件按照指定的通配符与数据表中的数据进行匹配，查找符合条件的数据。模糊查询一般应用在不能准确写出查询条件的情况。在设计模糊查询时，一般通过文本框获取查询条件，这样可以使查询更为灵活。模糊查询通常使用 LIKE 关键字来指定模式查询条件。

LIKE 关键字的语法格式如下：

```
match_expression [ NOT ] LIKE pattern [ ESCAPE escape_character ]
```

- ☑ match_expression：任何字符串数据类型的有效 SQL Server 表达式。
- ☑ pattern：match_expression 中的搜索模式。
- ☑ escape_character：字符串数据类型分类中的所有数据类型的任何有效 SQL Server 表达式。escape_character 没有默认值，且必须仅包含一个字符。

LIKE 查询条件需要使用通配符在字符串内查找指定的模式，LIKE 关键字中的通配符如表 25.10 所示。

表 25.10　LIKE 关键字中的通配符及其含义

通　配　符	说　　明
%	由 0 个或更多字符组成的任意字符串
_	任意单个字符
[ ]	用于指定范围，例如[A～F]，表示 A～F 范围内的任何单个字符
[^]	表示指定范围之外的，例如[^ A～F]，表示 A～F 范围以外的任何单个字符

1．"%" 通配符

"%" 通配符能匹配 0 个或更多个字符的任意长度的字符串。

在 SQL Server 语句中，可以在查询条件的任意位置放置一个 "%" 符号来代表任意长度的字符串。在设置查询条件时，也可以放置两个 "%"，但是最好不要连续出现两个 "%" 符号。

2．"_" 通配符

"_" 号表示任意单个字符，该符号只能匹配一个字符，利用 "_" 号可以作为通配符组成匹配模式进行查询。

"_" 符号可以放在查询条件的任意位置，且只能代表一个字符。

3．"[ ]" 通配符

在模式查询中可以使用 "[ ]" 符号来查询一定范围内的数据。"[ ]" 符号用于表示一定范围内的任意单个字符，它包括两端数据。

4．"[^]" 通配符

在模式查询中可以使用 "[^]" 符号来查询不在指定范围内的数据。"[^]" 符号用于表示不在某范围内的任意单个字符，它包括两端数据。

25.8.3　教师管理模块实现过程

教师管理模块中具体包括试题基本信息、添加试题信息、考试结果和修改密码的功能。具体实现步骤如下。

教师通过登录模块成功登录后，系统会根据登录的账号对数据库进行检索，查找出该名教师的姓名和负责的课程。代码如下：

```
protected void Page_Load(object sender, EventArgs e)
{
    if (Session["teacher"] == null)                                //禁止匿名登录
    {
        Response.Redirect("../Login.aspx");
    }
    else
    {
        lblwz.Text = Session["teacher"].ToString();                //教师编号
        SqlConnection conn = BaseClass.DBCon();                    //连接数据库
        conn.Open();                                               //打开连接
```

```
        SqlCommand cmd = new SqlCommand("select * from tb_Teacher where TeacherNum='" + lblwz.Text + "'", conn);
        SqlDataReader sdr = cmd.ExecuteReader();                           //创建记录集
        sdr.Read();
        lblname.Text = sdr["TeacherName"].ToString();                     //显示教师姓名
        int id = Convert.ToInt32(sdr["TeacherCourse"].ToString());        //获取教师的授课编号
        sdr.Close();
        cmd = new SqlCommand("select LessonName from tb_Lesson where ID="+id, conn);
        lblkc.Text = cmd.ExecuteScalar().ToString();                      //获取教师授课科目名称
        Session["KCname"] = lblkc.Text;
        conn.Close();                                                      //关闭连接
    }
}
```

1．试题基本信息（TExaminationInfo.aspx）

新建一个网页，命名为 TExaminationInfo.aspx，主要用于实现浏览所有的试题信息。该页面中用到的主要控件如表 25.11 所示。

表 25.11　试题基本信息页面中用到的主要控件

控件类型	控件 ID	主要属性设置	用　途
▦ TextBox	txtstkey	无	输入查询关键字
⊞ Button	btnserch	Text 属性设置为"查询"	查询
▦ GridView	gvExaminationInfo	Columns 属性中添加 4 列	显示所有试题信息及查询结果

当此页面加载时，从数据库中检索出所有的试题信息，显示在 GridView 控件上。代码如下：

```
protected void Page_Load(object sender, EventArgs e)
{
    if (Session["teacher"] == null)                              //禁止匿名登录
    {
        Response.Redirect("../Login.aspx");
    }
    else
    {
        if (!IsPostBack)
        {
            string strsql = "select * from tb_test where testCourse='" + Session["KCname"].ToString() + "'";
            BaseClass.BindDG(gvExaminationInfo, "ID", strsql, "ExaminationInfo");
        }
    }
}
```

在 GridView 控件的 RowDeleting 事件中添加代码，执行对指定数据的删除操作。代码如下：

```
protected void gvExaminationInfo_RowDeleting(object sender, GridViewDeleteEventArgs e)
{
    int id = (int)gvExaminationInfo.DataKeys[e.RowIndex].Value;   //获取欲删除信息的编号
    string sql = "delete from tb_test where ID=" + id;           //执行删除操作的 SQL 语句
```

```
    BaseClass.OperateData(sql);
    string strsql = "select * from tb_test where testCourse='" + Session["KCname"].ToString() + "'";
    BaseClass.BindDG(gvExaminationInfo, "ID", strsql, "ExaminationInfo");
}
```

对 GridView 控件进行分页，要在其 PageIndexChanging 中添加分页绑定代码，才能在分页时正常显示数据。代码如下：

```
protected void gvExaminationInfo_PageIndexChanging(object sender, GridViewPageEventArgs e)
{
    gvExaminationInfo.PageIndex = e.NewPageIndex;
    string strsql = "select * from tb_test where testCourse='" + Session["KCname"].ToString() + "'";
    BaseClass.BindDG(gvExaminationInfo, "ID", strsql, "ExaminationInfo");
}
```

当在"关键字"文本框中输入查询的关键字之后，单击"查询"按钮查询与关键字相关的数据。代码如下：

```
protected void btnserch_Click(object sender, EventArgs e)
{
    string strsql = "select * from tb_test where testContent like '%"+txtstkey.Text.Trim()+"%'";
    BaseClass.BindDG(gvExaminationInfo, "ID", strsql, "ExaminationInfo");
}
```

2. 添加试题信息（TAddExamination.aspx）

新建一个网页，命名为 TAddExamination.aspx，主要用于实现添加试题信息。该页面中用到的主要控件如表 25.12 所示。

表 25.12　添加试题信息页面中用到的主要控件

控 件 类 型	控件 ID	主要属性设置	用　　　途
abl TextBox	txtsubject	TextMode 属性设置为 MultiLine	输入试题题目
	txtAnsA	TextMode 属性设置为 MultiLine	输入答案选项 A
	txtAnsB	TextMode 属性设置为 MultiLine	输入答案选项 B
	txtAnsC	TextMode 属性设置为 MultiLine	输入答案选项 C
	txtAnsD	TextMode 属性设置为 MultiLine	输入答案选项 D
ab Button	btnconfirm	Text 属性设置为"确定"	确定
	btnconcel	Text 属性设置为"重置"	重置
RadioButtonList	rblRightAns	Items 属性中添加 4 项	选择正确答案
CheckBox	cbFB	Text 属性设置为"是否发布"	设置是否发布
A Label	lblkmname	无	显示教师负责的课程

试题的所有信息输入完毕之后，单击"确定"按钮添加到数据库中。代码如下：

```
protected void btnconfirm_Click(object sender, EventArgs e)
{
    //判断信息填写是否完整
```

```
if (txtsubject.Text == "" || txtAnsA.Text == "" || txtAnsB.Text == "" || txtAnsC.Text == "" || txtAnsD.Text == "" )
{
        MessageBox.Show("请将信息填写完整");                    //弹出提示信息
        return;
}
else
{
        string isfb = "";                                       //建立变量
        if (cbFB.Checked == true)                               //判断是否选择
            isfb = "1";                                         //如果选择赋值为 1
        else
            isfb = "0";                                         //否则赋值为 0
        string str = "insert into tb_testContent,testAns1,testAns2,testAns3,testAns4,rightAns,pub,testCourse)
values('" + txtsubject.Text.Trim() + "','" + nsA.Text.Trim() + "','" + txtAnsB.Text.Trim() + "','" + txtAnsC.Text.Trim()
+ "','" + txtAnsD.Text.Trim() + "','" + rblRigs.SelectedValue.ToString() + "','" + isfb + "','" +
Session["KCname"].ToString()+ "')";
        BaseClass.OperateData(str);                             //将数据插入数据库
        btnconcel_Click(sender, e);                             //清空所有输入的信息
    }
}
```

3. 考试结果（TExaminationResult.aspx）

新建一个网页，命名为 TExaminationResult.aspx，主要用于实现浏览所有考生考试记录。该页面中用到的主要控件如表 25.13 所示。

表 25.13　考试结果页面中用到的主要控件

控 件 类 型	控件 ID	主要属性设置	用　　途
abl TextBox	txtkey	无	输入查询关键字
ab Button	btnserch	Text 属性设置为"查询"	查询
GridView	gvExaminationresult	Columns 属性中添加 5 列	显示所有考生考试结果
DropDownList	ddltype	Items 属性中添加两项	选择查询的范围

选择查询范围，输入查询关键字，单击"查询"按钮查询与关键字相关的信息，并显示在 GridView 控件上。代码如下：

```
protected void btnserch_Click(object sender, EventArgs e)
{
    string type = ddltype.SelectedItem.Text;                    //获取查询的范围
    if (type == "学号")                                          //如果选择"学号"
    {
        string resultstr = "select * from tb_score where StudentID like '%" + txtkey.Text.Trim() + "%' and
LessonName ='" + Session ["KCname"]. ToString() + "'";
        BaseClass.BindDG(gvExaminationresult, "ID", resultstr, "result");    //在学号范围内查找
        Session["num"] = "学号";
    }
    if (type == "姓名")                                          //如果选择"姓名"
```

```
    {
        string resultstr = "select * from tb_score where StudentName like '%" + txtkey.Text.Trim() + "%' and
LessonName='" + Session["KCname"].ToString() + "'";
        BaseClass.BindDG(gvExaminationresult, "ID", resultstr, "result");        //在姓名范围内查找
        Session["num"] = "姓名";
    }
}
```

单击"删除"按钮可以删除指定的信息，在 GridView 控件的 RowDeleting 事件中添加如下代码：

```
protected void gvExaminationInfo_RowDeleting(object sender, GridViewDeleteEventArgs e)
{
    int id = (int)gvExaminationresult.DataKeys[e.RowIndex].Value;            //获取欲删除信息的 id
    string strsql = "delete from tb_score where ID=" + id;                   //执行删除操作的 SQL 语句
    BaseClass.OperateData(strsql);
    if (Session["num"].ToString() == "学号")                                  //判断当前查询的范围
    {
        string resultstr = "select * from tb_score where StudentID like '%" + txtkey.Text.Trim() + "%' and
LessonName='" + Session["KCname"].ToString() + "'";
        BaseClass.BindDG(gvExaminationresult, "ID", resultstr, "result");        //绑定控件
    }
    else
    {
        string resultstr = "select * from tb_score where StudentName like '%" + txtkey.Text.Trim() + "%' and
LessonName='" + Session["KCname"].ToString() + "'";
        BaseClass.BindDG(gvExaminationresult, "ID", resultstr, "result");        //绑定控件
    }
}
```

如果查询出的数据过多，可以对数据进行分页绑定，具体方法是在 GridView 控件的 PageIndex Changing 事件中添加如下代码：

```
protected void gvExaminationresult_PageIndexChanging(object sender, GridViewPageEventArgs e)
{
    if (Session["num"].ToString() == "学号")                                  //判断当前查询范围
    {
        gvExaminationresult.PageIndex = e.NewPageIndex;
        string resultstr = "select * from tb_score where StudentID like '%" + txtkey.Text.Trim() + "%' and
LessonName='" + Session["KCname"].ToString() + "'";
        BaseClass.BindDG(gvExaminationresult, "ID", resultstr, "result");        //绑定控件
    }
    else
    {
        gvExaminationresult.PageIndex = e.NewPageIndex;
        string resultstr = "select * from tb_score where StudentName like '%" + txtkey.Text.Trim() + "%' and
LessonName='" + Session["KCname"].ToString() + "'";
        BaseClass.BindDG(gvExaminationresult, "ID", resultstr, "result");        //绑定控件
```

```
        }
}
```

4．修改密码（TeacherChangePwd.aspx）

新建一个网页，命名为 TeacherChangePwd.aspx，主要用于实现教师修改密码。该页面中用到的主要控件如表 25.14 所示。

表 25.14　修改密码页面中用到的主要控件

控 件 类 型	控件 ID	主要属性设置	用　途
abl TextBox	txtOldPwd	无	输入旧密码
	txtNewPwd	无	输入新密码
	txtNewPwdA	无	再次输入新密码
ab Button	btnchange	Text 属性设置为"确定修改"	确定修改

所有数据输入完毕后，单击"确定修改"按钮完成密码的修改。代码如下：

```
protected void btnchange_Click(object sender, EventArgs e)
{
    if (txtNewPwd.Text == "" || txtNewPwdA.Text == "" || txtOldPwd.Text == "") //检查信息输入是否完整
    {
        MessageBox.Show("请将信息填写完整");                         //弹出提示信息
        return;
    }
    else
    {
        //检查旧密码输入是否正确
        if (BaseClass.CheckTeacher(Session["teacher"].ToString(), txtOldPwd.Text.Trim()))
        {
            if (txtNewPwd.Text.Trim() != txtNewPwdA.Text.Trim())        //检查两次输入的新密码是否相等
            {
                MessageBox.Show("两次密码不一致");                    //弹出提示信息
                return;
            }
            else
            {
                string strsql = "update tb_Teacher set TeacherPwd='" + txtNewPwdA.Text.Trim() + "' where
TeacherNum='" + Session["teacher"].ToString() + "'";
                BaseClass.OperateData(strsql);                         //更新数据表
                MessageBox.Show("密码修改成功");
                txtNewPwd.Text = "";                                   //清空文本框
                txtNewPwdA.Text = "";                                  //清空文本框
                txtOldPwd.Text = "";                                   //清空文本框
            }
        }
        else
        {
```

```
            MessageBox.Show("旧密码输入错误");              //弹出提示信息
                return;
            }
        }
    }
}
if (!IsPostBack)
{
    string strsql = "select * from tb_test where testCourse='" + Session["KCname"].ToString() + "'";
    BaseClass.BindDG(gvExaminationInfo, "ID", strsql, "ExaminationInfo");
}
```

25.9　后台管理员模块设计

25.9.1　后台管理员模块概述

在线考试系统中，后台管理员模块具有最高权限，管理员通过登录模块成功登录后台管理员模块之后，可以对教师信息、学生信息、管理员信息、试题信息、考试科目信息以及考试结果进行管理，使系统维护起来更方便、快捷。后台管理员模块运行结果如图 25.21 所示。

图 25.21　后台管理员模块运行结果

25.9.2　后台管理员模块技术分析

在开发后台管理员模块过程中，使用比较频繁的是使用 Eval 方法绑定数据。Eval 方法是一个静态方法，只能绑定到模板中的子控件的公共属性上。

Eval 方法的功能是将数据绑定到控件。其语法格式如下：

```
public static Object Eval(Object container,string expression)
```

☑　container：表达式根据其进行计算的对象引用。此标识符必须是以页的指定语言表示的有效对象标识符。

☑　expression：从 container 到要放置在绑定控件属性中的公共属性值的导航路径。此路径必须是以点分隔的属性或字段名称字符串。

☑　返回值：Object 是数据绑定表达式的计算结果。

例如，将字段名为 Price 中的数据绑定到控件上，可以使用下面的代码实现：

```
<%# DataBinder.Eval(Container.DataItem, "Price") %>
```

25.9.3　后台管理员模块实现过程

后台管理员模块实现的具体功能有管理学生基本信息、添加学生信息、管理教师基本信息、添加教师信息、试题基本信息管理、添加试题信息、考试科目设置、查询考试结果以及管理员信息维护。具体的实现步骤如下。

1．管理学生基本信息（StudentInfo.aspx）

新建一个网页，命名为 StudentInfo.aspx，主要用于实现对学生基本信息的查询、修改和删除。该页面中用到的主要控件如表 25.15 所示。

表 25.15　管理学生基本信息页面中用到的主要控件

控 件 类 型	控件 ID	主要属性设置	用　　途
abl TextBox	txtKey	无	输入查询关键字
ab Button	btnserch	Text 属性设置为"查看"	查询
GridView	gvStuInfo	Columns 属性中添加 6 列	显示所有学生信息
DropDownList	ddlType	Items 属性中添加两项	选择查询的范围

当此页面加载时，首先绑定 GridView 控件，显示所有学生信息。代码如下：

```
protected void Page_Load(object sender, EventArgs e)
{
    if (Session["admin"] == null)                              //禁止匿名登录
    {
        Response.Redirect("../Login.aspx");
    }
    if (!IsPostBack)
    {
        string strsql = "select * from tb_Student order by ID desc";   //检索所有学生信息
        BaseClass.BindDG(gvStuInfo,"ID", strsql,"stuinfo");            //绑定控件
    }
}
```

要想查询学生信息，首先选择查询范围，然后在文本框中输入关键字，单击"查看"按钮进行查询。代码如下：

```
protected void btnserch_Click(object sender, EventArgs e)
{
    if (txtKey.Text == "")                                      //检查是否输入了关键字
    {
        string strsql = "select * from tb_Student order by ID desc";    //检索所有学生信息
        BaseClass.BindDG(gvStuInfo, "ID", strsql, "stuinfo");           //绑定控件
    }
    else
    {
        string stype = ddlType.SelectedItem.Text;               //获取查询范围
        string strsql = "";
        switch (stype)
        {
            case "学号":                                        //如果查询范围是"学号"
                strsql = "select * from tb_Student where StudentNum like '%" + txtKey.Text.Trim() + "%'";
                BaseClass.BindDG(gvStuInfo, "ID", strsql, "stuinfo"); ;
                break;
            case "姓名":                                        //如果查询范围是"姓名"
                strsql = "select * from tb_Student where StudentName like '%" + txtKey.Text.Trim() + "%'";
                BaseClass.BindDG(gvStuInfo, "ID", strsql, "stuinfo");
                break;
        }
    }
}
```

2．添加学生信息（AddStudentInfo.aspx）

新建一个网页，命名为 AddStudentInfo.aspx，主要用于添加学生信息。该页面中用到的主要控件如表 25.16 所示。

表 25.16　添加学生信息页面中用到的主要控件

控件类型	控件 ID	主要属性设置	用途
abl TextBox	txtNum	无	输入学生编号
	txtName	无	输入学生名称
abl TextBox	txtPwd	无	输入新密码
ab Button	btnSubmit	Text 属性设置为"添加"	添加
	btnConcel	Text 属性设置为"重置"	重置
RadioButtonList	rblSex	Items 属性中添加两项	选择学生性别

确认输入的学生信息无误后，单击"添加"按钮，即可将学生信息添加到存储学生信息的数据表中。代码如下：

```
protected void btnSubmit_Click(object sender, EventArgs e)
```

```
{
    if (txtName.Text == "" || txtNum.Text == "" || txtPwd.Text == "")        //检查信息输入是否完整
    {
        MessageBox.Show("请将信息填写完整");                                    //弹出提示信息
        return;
    }
    else
    {
        SqlConnection conn = BaseClass.DBCon();                              //连接数据库
        conn.Open();                                                        //打开连接
    SqlCommand cmd = new SqlCommand("select count(*) from tb_Student where StudentNum='" + txtNuxt +
"'", conn);
        int i = Convert.ToInt32(cmd.ExecuteScalar());                       //获取返回值
        if (i > 0)                                                          //如果返回值大于 0
        {
            MessageBox.Show("此学号已经存在");                               //提示学号已经存在
            return;
        }
        else
        {
            //将新增学生信息添加到数据库中
            cmd = new SqlCommand("insert into tb_Student(StudentNum,StudentName,StudentSex,
StudentPwd) values('" + txtNum.Text.Trim() + "','" + txtName.Text.Trim() + "','" + rblSex.SelectedValue.ToString()
+ "','" + txtPwd.Text. Trim() + "')", conn);
            cmd.ExecuteNonQuery();
            conn.Close();                                                   //关闭连接
            MessageBox.Show("添加成功");                                    //提示添加成功
            btnConcel_Click(sender, e);
        }
    }
}
```

3．管理教师基本信息（TeacherInfo.aspx）

新建一个网页，命名为 TeacherInfo.aspx，主要用于浏览、删除和更改教师信息。此页只需要一个
GridView 控件，这里不进行具体介绍，只给出关键代码。

当加载 TeacherInfo.aspx 页面时，需要对 GridView 控件进行绑定，显示所有的教师信息。代码
如下：

```
protected void Page_Load(object sender, EventArgs e)
{
    if (Session["admin"] == null)                                           //禁止匿名登录
    {
        Response.Redirect("../Login.aspx");
    }
    if (!IsPostBack)
```

```
    {
        string strsql = "select * from tb_Teacher order by ID desc";        //检索出所有教师信息
        BaseClass.BindDG(gvTeacher,"ID",strsql,"teacher");                   //绑定控件
    }
}
```

当单击某位教师的编号时，会转向教师详细信息页面（TeacherXXinfo.aspx），在此可以浏览教师的详细信息以及对教师信息进行修改。实现步骤如下。

（1）新建一个网页，命名为 TeacherXXinfo.aspx，主要用于查看教师的详细信息及对教师信息进行修改。该页面中用到的主要控件如表 25.17 所示。

表 25.17　教师详细信息页面中用到的主要控件

控件类型	控件 ID	主要属性设置	用　途
TextBox	txtTNum	无	显示教师编号
	txtTName	无	输入/显示教师姓名
	txtTPwd	无	输入/显示教师登录密码
Button	btnSave	Text 属性设置为"保存"	保存修改
	btnConcel	Text 属性设置为"取消"	取消
RadioButtonList	ddlTKm	无	选择教师负责科目

（2）当此页面加载时，程序会以教师的编号作为查询条件，从数据库中检索出教师的其他信息并显示出来。代码如下：

```
private static int id;                                                        //建立公共变量
protected void Page_Load(object sender, EventArgs e)
{
    if (Session["admin"] == null)                                            //禁止匿名登录
    {
        Response.Redirect("../Login.aspx");
    }
    if (!IsPostBack)
    {
        id = Convert.ToInt32(Request.QueryString["Tid"]);                   //获取教师的系统编号
        SqlConnection conn = BaseClass.DBCon();                             //连接数据库
        conn.Open();                                                         //打开数据库
        SqlCommand cmd = new SqlCommand("select * from tb_Teacher where ID=" + id, conn);
        SqlDataReader sdr = cmd.ExecuteReader();
        sdr.Read();
        txtTName.Text = sdr["TeacherName"].ToString();                      //显示教师姓名
        txtTNum.Text = sdr["TeacherNum"].ToString();                        //显示教师登录账号
        txtTPwd.Text = sdr["TeacherPwd"].ToString();                        //显示教师登录密码
        int kmid = Convert.ToInt32(sdr["TeacherCourse"].ToString());        //获取教师授课科目编号
        sdr.Close();
        cmd = new SqlCommand("select LessonName from tb_Lesson where ID=" + kmid, conn);
        string KmName = cmd.ExecuteScalar().ToString();                     //显示科目名称
```

```
            cmd = new SqlCommand("select * from tb_Lesson", conn);
            sdr = cmd.ExecuteReader();
            ddlTKm.DataSource = sdr;                                    //设置数据源
            ddlTKm.DataTextField = "LessonName";                       //设置显示字段名称
            ddlTKm.DataValueField = "ID";
            ddlTKm.DataBind();
            ddlTKm.SelectedValue =kmid.ToString();
            conn.Close();
        }
}
```

（3）如果想修改教师信息，更改教师现有信息后，单击"保存"按钮对教师信息进行修改。代码
如下：

```
protected void btnSava_Click(object sender, EventArgs e)
{
        if (txtTName.Text == "" || txtTPwd.Text == "")                 //检查信息是否输入完整
        {
            MessageBox.Show("请将信息填写完整");                         //弹出提示信息
            return;
        }
        else
        {
            string strsql="update tb_Teacher set TeacherName='" + txtTName.Text.Trim() + "',TeacherPwd='" +
txtTPwext. Trim() + "',TeacherCourse='"+ddlTKm.SelectedValue.ToString()+"' where ID="+id;
            BaseClass.OperateData(strsql);                             //执行更新教师信息表
            Response.Redirect("TeacherInfo.aspx");                     //转向教师基本信息
        }
}
```

4．添加教师信息（AddTeacherInfo.aspx）

新建一个网页，命名为 AddTeacherInfo.aspx，主要用于添加教师的详细信息。该页面中用到的主
要控件如表 25.18 所示。

表 25.18　添加教师信息页面中用到的主要控件

控 件 类 型	控件 ID	主要属性设置	用　　途
TextBox	txtTeacherNum	无	输入教师编号
	txtTeacherName	无	输入教师姓名
	txtTeacherPwd	无	输入教师登录密码
Button	btnAdd	Text 属性设置为"添加"	添加
	btnconcel	Text 属性设置为"重置"	重置
RadioButtonList	ddlTeacherKm	无	选择教师负责科目

确认输入的教师信息无误后，单击"添加"按钮即可将新增教师信息添加到数据表中。代码如下：

```
protected void btnAdd_Click(object sender, EventArgs e)
```

```
{
    //检查信息输入是否完整
    if (txtTeacherName.Text == "" || txtTeacherNum.Text == "" || txtTeacherPwd.Text == "")
    {
        MessageBox.Show("请将信息填写完整");                    //弹出提示信息
        return;
    }
    else
    {
        SqlConnection conn = BaseClass.DBCon();                //连接数据库
        conn.Open();                                          //打开数据库
        SqlCommand cmd = new SqlCommand("select count(*) from tb_Teacher where Teachm=
"'"+txtTeacherNum. Text. Trim()+"'", conn);
        int t = Convert.ToInt32(cmd.ExecuteScalar());          //获取返回值
        if (t > 0)                                            //判断返回值是否大于 0
        {
            MessageBox.Show("此教师编号已经存在");              //弹出提示信息
            return;
        }
        else
        {
            //将信息添加到数据库中
            string str = "insert into tb_Teacher(TeacherNum,TeacherName,TeacherPwd,TeacherCourse)
values('" + txtTerNum.Text.Trim() + "','" + txtTeacherName.Text.Trim() + "','" + txtTeacherPwd.Text.Trim() + "','"
+ ddlTeKm. SelectedValue.ToString() + "')";
            BaseClass.OperateData(str);
            MessageBox.Show("教师信息添加成功");                //提示信息添加成功
            btnconcel_Click(sender, e);
        }
    }
}
```

5．试题基本信息管理（ExaminationInfo.aspx）

新建一个网页，命名为 ExaminationInfo.aspx，主要用于查看试题详细信息、查询试题以及对试题进行删除和修改。该页面中用到的主要控件如表 25.19 所示。

表 25.19　试题基本信息管理页面中用到的主要控件

控 件 类 型	控件 ID	主要属性设置	用　　途
Button	btnSerch	Text 属性设置为"查看"	查询
GridView	gvExaminationInfo	Columns 属性中添加 4 列	显示试题题目信息及对试题的各项操作
DropDownList	ddlEkm	无	选择查询范围

ExaminationInfo.aspx 页面加载时，会将所有的试题信息绑定到 GridView 控件上显示出来，并且将所有的科目名称绑定到 DropDownList 控件上。代码如下：

```
protected void Page_Load(object sender, EventArgs e)
{
    if (Session["admin"] == null)                                      //禁止匿名登录
    {
        Response.Redirect("../Login.aspx");
    }
    if (!IsPostBack)
    {
        string strsql = "select * from tb_test order by ID desc";       //检索所有试题信息
        BaseClass.BindDG(gvExaminationInfo, "ID", strsql, "ExaminationInfo");  //绑定控件
        SqlConnection conn = BaseClass.DBCon();                         //连接数据库
        conn.Open();                                                    //打开数据库
        SqlCommand cmd = new SqlCommand("select * from tb_Lesson", conn);
        SqlDataReader sdr = cmd.ExecuteReader();
        this.ddlEkm.DataSource = sdr;                                   //设置数据源
        this.ddlEkm.DataTextField = "LessonName";                      //设置显示字段
        this.ddlEkm.DataValueField = "ID";
        this.ddlEkm.DataBind();
        this.ddlEkm.SelectedIndex = 0;
        conn.Close();                                                   //关闭连接
    }
}
```

单击每条试题信息的"详细信息"按钮，将弹出显示试题详细信息页面。实现显示试题详细信息页面的方法如下。

（1）新建一个网页，命名为 ExaminationDetail.aspx，主要用于显示试题的详细信息以及更改试题信息。该页面中用到的主要控件如表 25.20 所示。

表 25.20　显示试题详细信息页面中用到的主要控件

控 件 类 型	控件 ID	主要属性设置	用 途
abl TextBox	txtsubject	TextMode 属性设置为 MultiLine	输入/显示试题题目
	txtAnsA	TextMode 属性设置为 MultiLine	输入/显示答案选项 A
	txtAnsB	TextMode 属性设置为 MultiLine	输入/显示答案选项 B
	txtAnsC	TextMode 属性设置为 MultiLine	输入/显示答案选项 C
	txtAnsD	TextMode 属性设置为 MultiLine	输入/显示答案选项 D
ab Button	btnconfirm	Text 属性设置为"确定"	确定
	btnconcel	Text 属性设置为"取消"	取消
RadioButtonList	rblRightAns	Items 属性中添加 4 项	显示/选择正确答案
CheckBox	cbFB	Text 属性设置为"是否发布"	显示/设置是否发布
A Label	lblkm	无	显示教师负责的课程

（2）ExaminationDetail.aspx 页面加载时，程序根据试题的系统编号 id 查询出试题的其他信息并显示出来。关键代码如下：

```
private static int id;
protected void Page_Load(object sender, EventArgs e)
{
    if (Session["admin"] == null)                                            //禁止匿名登录
    {
        Response.Redirect("../Login.aspx");
    }
    if (!IsPostBack)
    {
        id = Convert.ToInt32(Request.QueryString["Eid"]);                    //获取试题的系统编号
        SqlConnection conn = BaseClass.DBCon();                              //连接数据库
        conn.Open();                                                         //打开连接
        SqlCommand cmd = new SqlCommand("select * from tb_test where ID="+id, conn);
        SqlDataReader sdr = cmd.ExecuteReader();
        sdr.Read();
        txtsubject.Text = sdr["testContent"].ToString();                     //显示试题题目
        txtAnsA.Text = sdr["testAns1"].ToString();                           //显示试题选项 A
        txtAnsB.Text = sdr["testAns2"].ToString();                           //显示试题选项 B
        txtAnsC.Text = sdr["testAns3"].ToString();                           //显示试题选项 C
        txtAnsD.Text = sdr["testAns4"].ToString();                           //显示试题选项 D
        rblRightAns.SelectedValue = sdr["rightAns"].ToString();              //显示正确答案
        string fb = sdr["pub"].ToString();                                   //获取是否发布
        if (fb == "1")
            cbFB.Checked = true;
        else
            cbFB.Checked = false;
        lblkm.Text = sdr["testCourse"].ToString();                           //显示试题所属科目
        sdr.Close();
        conn.Close();                                                        //关闭连接
    }
}
```

（3）如果想修改试题信息，在确认输入的修改信息无误后，单击"确定"按钮完成对试题信息的修改。代码如下：

```
protected void btnconfirm_Click(object sender, EventArgs e)
{
    //检查输入信息是否完整
    if (txtsubject.Text == "" || txtAnsA.Text == "" || txtAnsB.Text == "" || txtAnsC.Text == "" || txtAnsD.Text == "" )
    {
        MessageBox.Show("请将信息填写完整");                                  //弹出提示信息
        return;
    }
    else
    {
        string isfb = "";
```

```
                if (cbFB.Checked == true)                                    //判断是否选中
                    isfb = "1";
                else
                    isfb = "0";

                                                                    //更新数据库中试题信息表
            string str="update tb_test set testContent='" + txtsubject.Text.Trim() + "',testAns1='" +
txtAnsA.Text.Trim() + "', tens2='" + txtAnsB.Text.Trim() + "',testAns3='" + txtAnsC.Text.Trim() + "',testAns4='" +
txtAnsD.Text + "', rightAns='" + rblRtAns. SelectedValue.ToString() + "',pub='"+isfb+"' where ID=" + id;
            BaseClass.OperateData(str);                                   //执行 SQL 语句
            Response.Redirect("ExaminationInfo.aspx");
        }
}
```

6. 添加试题信息（AddExamination.aspx）

新建一个网页，命名为 AddExamination.aspx，主要用于添加试题信息，由于该页面中用到的控件
与显示试题详细信息页面中所需的控件基本相同，所以此处不进行详细介绍，只给出关键代码。

确认输入的新增试题信息无误后，单击"确定"按钮将试题信息添加到试题信息表中。代码如下：

```
protected void btnconfirm_Click(object sender, EventArgs e)
{
                                                            //检查输入信息是否完整
    if (txtsubject.Text == "" || txtAnsA.Text == "" || txtAnsB.Text == "" || txtAnsC.Text == "" || txtAnsD.Text == "")
    {
        MessageBox.Show("请将信息填写完整");                       //弹出提示信息
        return;
    }
    else
    {
        string isfb = "";
        if (cbFB.Checked == true)                               //判断是否选中
            isfb = "1";
        else
            isfb = "0";
        //将信息插入数据库中的试题信息表中
        string str = "insert into tb_test(testContent,testAns1,testAns2,testAns3,testAns4,rightAns,pub,testCourse)
values ('" + txtsubject. Text.Trim() + "','" + txtAnsA.Text.Trim() + "','" + txtAnsB.Text.Trim() + "','" +
txtAnsC.Text.Trim() + "','" + txtAnsD.Text.Trim() + "','" + rblRightAns.SelectedValue.ToString() + "','" + isfb + "','"
+ ddlkm.SelectedItem.Text + "')";
        BaseClass.OperateData(str);                            //执行 SQL 语句
        btnconcel_Click(sender,e);
    }
}
```

7. 考试科目设置（Subject.aspx）

新建一个网页，命名为 Subject.aspx，主要用于显示、添加和删除考试科目信息。该页面中用到的

主要控件如表 25.21 所示。

表 25.21　考试科目设置页面中用到的主要控件

控件类型	控件 ID	主要属性设置	用途
ab Button	btnAdd	Text 属性设置为"添加"	添加
	btnDelete	Text 属性设置为"删除"	删除
abl TextBox	txtKCName	无	输入新增科目名称
ListBox	ListBox1	无	显示所有科目

页面加载时，程序将所有的科目信息检索出来显示在 ListBox 控件上。代码如下：

```
protected void Page_Load(object sender, EventArgs e)
{
    if (Session["admin"] == null)                               //禁止匿名登录
    {
        Response.Redirect("../Login.aspx");
    }
    if (!IsPostBack)
    {
        SqlConnection conn = BaseClass.DBCon();                 //连接数据库
        conn.Open();                                           //打开连接
        SqlCommand cmd = new SqlCommand("select * from tb_Lesson", conn);
        SqlDataReader sdr = cmd.ExecuteReader();
        while (sdr.Read())
        {
            ListBox1.Items.Add(sdr["LessonName"].ToString());  //为 ListBox 添加项
        }
    }
}
```

输入新增科目信息后，单击"添加"按钮将信息添加到考试科目信息表（tb_Lesson）中。代码如下：

```
protected void btnAdd_Click(object sender, EventArgs e)
{
    if (txtKCName.Text == "")                                   //判断是否输入课程名称
    {
        MessageBox.Show("请输入课程名称");                       //弹出提示信息
        return;
    }
    else
    {
        string systemTime = DateTime.Now.ToString();           //获取当前系统时间
        //将信息插入数据库的课程信息表中
        string strsql = "insert into tb_Lesson(LessonName,LessonDataTime) values('" + txtKCName.Text.Trim() + "','" + smTime + "')";
        BaseClass.OperateData(strsql);                          //执行 SQL 语句
```

```
        txtKCName.Text = "";
        Response.Write("<script>alert('添加成功');location='Subject.aspx'</script>");
    }
}
```

在 ListBox 控件中选择要删除的科目，单击"删除"按钮将科目删除。代码如下：

```
protected void btnDelete_Click(object sender, EventArgs e)
{
    if (ListBox1.SelectedValue.ToString() == "")                      //判断是否有选中项
    {
        MessageBox.Show("请选择删除项目后删除");                        //弹出提示
        return;
    }
    else
    {
        //删除指定的信息
        string strsql = "delete from tb_Lesson where LessonName='" + ListBox1.SelectedItem.Text + "'";
        BaseClass.OperateData(strsql);                                //执行 SQL 语句
        Response.Write("<script>alert('删除成功');location='Subject.aspx'</script>");
    }
}
```

8．查询考试结果（ExaminationResult.aspx）

新建一个网页，命名为 ExaminationResult.aspx，主要用于显示考试记录信息，该页面中只使用了 GridView 控件，此处不进行详细介绍，只给出关键代码。

此页面加载时，程序将所有考试记录检索出来显示在 GridView 控件上。代码如下：

```
protected void Page_Load(object sender, EventArgs e)
{
    if (Session["admin"] == null)                                      //禁止匿名登录
    {
        Response.Redirect("../Login.aspx");
    }
    if (!IsPostBack)
    {
        string strsql = "select * from tb_score order by ID desc";      //检索所有考试结果信息
        BaseClass.BindDG(gvExaminationresult,"ID",strsql,"result");     //绑定控件
    }
}
```

如果想删除某条信息，可以单击与信息对应的"删除"按钮。代码如下：

```
protected void gvExaminationInfo_RowDeleting(object sender, GridViewDeleteEventArgs e)
{
    int id = (int)gvExaminationresult.DataKeys[e.RowIndex].Value;        //获取欲删除的信息编号
    string strsql = "delete from tb_score where ID=" + id;              //删除指定编号的信息
```

```
BaseClass.OperateData(strsql);                                          //执行 SQL 语句
string strsql1 = "select * from tb_score order by ID desc";             //检索所有考试结果信息
BaseClass.BindDG(gvExaminationresult, "ID", strsql1, "result");         //绑定控件
}
```

9. 管理员信息维护（AdminChangePwd.aspx）

新建一个网页，命名为 AdminChangePwd.aspx，主要用于管理员修改密码。该页面中用到的主要控件如表 25.22 所示。

表 25.22　管理员信息维护页面中用到的主要控件

控 件 类 型	控件 ID	主要属性设置	用　　途
TextBox	txtOldPwd	无	输入旧密码
	txtNewPwd	无	输入新密码
	txtNewPwdA	无	再输入一次新密码
Button	btnchange	Text 属性设置为"确定修改"	确定修改

如果要更改管理员密码，系统首先要求输入旧密码，然后再输入新密码，如果旧密码输入错误，系统会弹出提示框。代码如下：

```
protected void btnchange_Click(object sender, EventArgs e)
{
    //检查输入信息是否完整
    if (txtNewPwd.Text == "" || txtNewPwdA.Text == "" || txtOldPwd.Text == "")
    {
        MessageBox.Show("请将信息填写完整");                              //弹出提示信息
        return;
    }
    else
    {
        if (BaseClass.CheckAdmin(Session["admin"].ToString(), txtOldPwd.Text.Trim()))  //验证旧密码是否正确
        {
            if (txtNewPwd.Text.Trim() != txtNewPwdA.Text.Trim())         //检查两次输入是否一致
            {
                MessageBox.Show("两次密码不一致");                        //弹出提示信息
                return;
            }
            else
            {
                string strsql = "update tb_Admin set AdminPwd='" + txtNewPwdA.Text.Trim() + "' where
Admin='"+Session["admin"].ToString()+"'";                               //更新数据库中的管理员信息表
                BaseClass.OperateData(strsql);                           //执行 SQL 语句
                MessageBox.Show("密码修改成功");
                txtNewPwd.Text = "";
                txtNewPwdA.Text = "";
                txtOldPwd.Text = "";
            }
```

```
        }
        else
        {
            MessageBox.Show("旧密码输入错误");
            return;
        }
    }
}
```

25.10　小　结

　　通过开发在线考试系统，总结出在线考试系统最基本的是要具备登录、随机抽取试题、答卷和评分。可以说这 4 部分组成了在线考试系统，而其他一些功能或者模块都是间接地服务于这 4 部分。当然，完善的在线考试系统，也要具备优良的后台管理模块，只有将后台管理模块设计完善，才能使整个系统变得更加灵活和容易维护。读者只要能够理解本章涉及的知识点，便可自行开发出一套完善的在线考试系统。

软件开发微视频讲堂

SQL Server 从入门到精通

（微视频精编版）

明日科技　编著

清华大学出版社

北　京

内 容 简 介

本书内容浅显易懂，实例丰富，详细介绍了从基础入门到 SQL Server 数据库高手需要掌握的知识。

全书分为上下两册：核心技术分册和项目实战分册。核心技术分册共 2 篇 19 章，包括数据库基础、SQL Server 2014 安装与配置、创建和管理数据库、操作数据表、操作表数据、SQL 函数的使用、视图操作、Transact-SQL 语法基础、数据的查询、子查询与嵌套查询、索引与数据完整性、流程控制、存储过程、触发器、游标的使用、SQL 中的事务、SQL Server 高级开发、SQL Server 安全管理和 SQL Server 维护管理等内容。项目实战分册共 6 章，运用软件工程的设计思想，介绍了腾宇超市管理系统、学生成绩管理系统、图书商城、房屋中介管理系统、客房管理系统和在线考试系统共 6 个完整企业项目的真实开发流程。

本书除纸质内容外，配书资源包中还给出了海量开发资源，主要内容如下。

☑ 微课视频讲解：总时长 8 小时，共 71 集　　　　☑ 实例资源库：126 个实例及源码分析

☑ 模块资源库：15 个经典模块完整展现　　　　　　☑ 项目资源库：15 个企业项目开发过程

☑ 测试题库系统：596 道能力测试题目

本书适合有志于从事软件开发的初学者、高校计算机相关专业学生和毕业生，也可作为软件开发人员的参考手册，或者高校的教学参考书。

图书在版编目（CIP）数据

SQL Server 从入门到精通：微视频精编版 / 明日科技编著．—北京：清华大学出版社，2020.7
（软件开发微视频讲堂）
ISBN 978-7-302-52090-0

Ⅰ．①S…　Ⅱ．①明…　Ⅲ．①关系数据库系统　Ⅳ．①TP311.132.3

中国版本图书馆 CIP 数据核字（2019）第 010403 号

责任编辑：贾小红
封面设计：魏润滋
版式设计：文森时代
责任校对：马军令
责任印制：杨　艳

出版发行：清华大学出版社
　　　　　网　　　址：http://www.tup.com.cn，http://www.wqbook.com
　　　　　地　　　址：北京清华大学学研大厦 A 座　　　　邮　　编：100084
　　　　　社 总 机：010-62770175　　　　　　　　　　　邮　　购：010-62786544
　　　　　投稿与读者服务：010-62776969，c-service@tup.tsinghua.edu.cn
　　　　　质量反馈：010-62772015，zhiliang@tup.tsinghua.edu.cn
印 刷 者：北京富博印刷有限公司
装 订 者：北京市密云县京文制本装订厂
经　　销：全国新华书店
开　　本：203mm×260mm　　　印　　张：38　　　字　　数：1025 千字
版　　次：2020 年 9 月第 1 版　　　　　　　　印　　次：2020 年 9 月第 1 次印刷
定　　价：99.80 元（全 2 册）

产品编号：079180-01

前 言

Preface

SQL Server 是由美国微软（Microsoft）公司制作并发布的一种性能优越的关系型数据库管理系统（Relational Database Management System，RDBMS），因其具有良好的数据库设计、管理与网络功能，又与 Windows 系统紧密集成，因此成为数据库产品的首选。

本书内容

本书分上下两册，上册为核心技术分册，下册为项目实战分册，大体结构如下图所示。

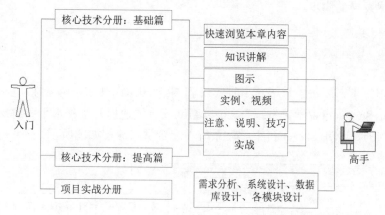

核心技术分册共分 2 篇 19 章，提供了从基础入门到 SQL Server 数据库高手所必备的各类知识。

基础篇：介绍了数据库基础、SQL Server 2014 安装与配置、创建和管理数据库、操作数据表、操作表数据、SQL 函数的使用、视图操作、Transact-SQL 语法基础、数据的查询、子查询与嵌套查询等内容，并结合大量的图示、实例、视频和实战等，使读者快速掌握 SQL 语言基础。

提高篇：介绍了索引与数据完整性、流程控制、存储过程、触发器、游标的使用、SQL 中的事务、SQL Server 高级开发、SQL Server 安全管理和 SQL Server 维护管理等内容。学习完本篇，能够掌握比较高级的 SQL 及 SQL Server 管理知识，并对数据库进行管理。

项目实战分册共 6 章，运用软件工程的设计思想，介绍了 6 个完整企业项目（腾宇超市管理系统、学生成绩管理系统、图书商城、房屋中介管理系统、客房管理系统和在线考试系统）的真实开发流程。书中按照"需求分析→系统设计→数据库设计→项目主要功能模块的实现"的流程进行介绍，带领读者亲身体验开发项目的全过程，提升实战能力，实现从小白到高手的跨越。

本书特点

☑ **由浅入深，循序渐进**。本书以初、中级读者为对象，先从 SQL 语言基础学起，再学习数据库对象的使用，如视图、存储过程、触发器等，最后学习开发一个完整项目。讲解过程中步骤详尽，版式新颖，使读者在阅读时一目了然，从而快速掌握书中内容。

☑ **实例典型，轻松易学**。通过例子学习是最好的学习方式，本书通过"一个知识点、一个例子、一个结果、一段评析，一个综合应用"的模式，透彻详尽地讲述了实际开发中所需的各类知识。另外，为了便于读者阅读程序代码，快速学习编程技能，书中绝大多数代码提供了注释。

☑ **微课视频，讲解详尽**。本书为便于读者直观感受程序开发的全过程，书中大部分章节都配备了教学微视频，使用手机扫描正文小节标题一侧的二维码，即可观看学习，能快速引导初学者入门，感受编程的快乐和成就感，进一步增强学习的信心。

☑ **精彩栏目，贴心提醒**。本书根据需要在各章安排了"注意""说明"等小栏目，让读者可以在学习过程中更轻松地理解相关知识点及概念，更快地掌握个别技术的应用技巧。

☑ **紧跟潮流，着眼未来**。本书采用使用广泛的数据库版本——SQL Server 2014 实现，使读者能够紧跟技术发展的脚步。

本书资源

为帮助读者学习，本书配备了长达 8 小时（共 71 集）的微课视频讲解。除此以外，还为读者提供了"ASP.NET + SQL Server 自主学习系统"，可以帮助读者快速提升编程水平和解决实际问题的能力。本书和"ASP.NET + SQL Server 自主学习系统"配合学习流程如图所示。

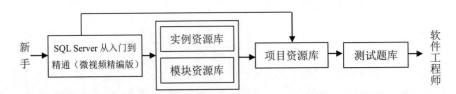

"ASP.NET + SQL Server 自主学习系统"的主界面如下图所示。

开发资源库
使用说明

在学习本书的过程中，可以选择实例资源库和项目资源库的相应内容，全面提升个人综合编程技能和解决实际开发问题的能力，为成为软件开发工程师打下坚实基础。

对于数学及逻辑思维能力和英语基础较为薄弱的读者，或者想了解个人数学及逻辑思维能力和编程英语基础的用户，本书提供了数学及逻辑思维能力测试和编程英语能力测试供练习和测试。

读者对象

- ☑ 初学编程的自学者
- ☑ 大中专院校的老师和学生
- ☑ 做毕业设计的学生
- ☑ 程序测试及维护人员

- ☑ 编程爱好者
- ☑ 相关培训机构的老师和学员
- ☑ 初、中级程序开发人员
- ☑ 参加实习的"菜鸟"程序员

读者服务

学习本书时，请先扫描封底的权限二维码（需要刮开涂层）获取学习权限，然后即可免费学习书中的所有线上线下资源。本书所附赠的各类学习资源，读者可登录清华大学出版社网站（www.tup.com.cn），在对应图书页面下获取其下载方式。也可扫描图书封底的"文泉云盘"二维码，获取其下载方式。

致读者

本书由明日科技软件开发团队组织编写。明日科技是一家专业从事软件开发、教育培训以及软件开发教育资源整合的高科技公司，其编写的教材非常注重选取软件开发中的必需、常用内容，同时也很注重内容的易学、方便性以及相关知识的拓展性，深受读者喜爱。其教材多次荣获"全行业优秀畅销品种""全国高校出版社优秀畅销书"等奖项，多个品种长期位居同类图书销售排行榜的前列。

在编写本书的过程中，我们始终本着科学、严谨的态度，力求精益求精，但错误、疏漏之处在所难免，敬请广大读者批评指正。

感谢您购买本书，希望本书能成为您编程路上的领航者。

"零门槛"编程，一切皆有可能。

祝读书快乐！

编　者
2020 年 8 月

目 录

Contents

第1篇 基 础 篇

第2篇 提 高 篇

基础篇

　　本篇通过数据库基础、SQL Server 2014 安装与配置、创建和管理数据库、操作数据表、操作表数据、SQL 函数的使用、视图操作、Transact-SQL 语法基础、数据的查询、子查询与嵌套查询等内容的介绍，并结合大量的图示、实例和视频等，使读者快速掌握 SQL 语言基础。

第 1 章

数据库基础

(📹 视频讲解：28分钟)

本章主要介绍数据库的相关概念，包括数据库系统简介、数据库的体系结构、数据模型、常见关系数据库及 Transact-SQL 简介。通过本章的学习，读者应该掌握数据库系统、数据库三级模式结构、数据模型及数据库规范化等概念，对比常见的关系数据库，了解 Transact-SQL 语言。

学习摘要：

▶▶ 数据库系统简介

▶▶ 数据库的体系结构

▶▶ 常见的数据模型

▶▶ 常见的关系数据库

视频讲解

1.1　数据库系统简介

1.1.1　数据库技术的发展

数据库技术是应数据管理任务的需求而产生的。随着计算机技术的发展，对数据管理技术也不断地提出更高的要求，其先后经历了人工管理、文件系统、数据库系统 3 个阶段，下面分别对这 3 个阶段进行介绍。

1．人工管理阶段

20 世纪 50 年代中期以前，计算机主要用于科学计算。当时硬件和软件设备都很落后，数据基本依赖于人工管理。人工管理数据具有如下特点。

（1）数据不保存。

（2）使用应用程序管理数据。

（3）数据不共享。

（4）数据不具有独立性。

2．文件系统阶段

20 世纪 50 年代后期到 60 年代中期，硬件和软件技术都有了进一步发展，有了磁盘等存储设备和专门的数据管理软件即文件系统，其具有如下特点。

（1）数据可以长期保存。

（2）由文件系统管理数据。

（3）共享性差，数据冗余大。

（4）数据独立性差。

3．数据库系统阶段

20 世纪 60 年代后期以来，计算机应用于管理系统，而且规模越来越大，应用越来越广泛，数据量急剧增长，对共享功能的要求越来越强烈。这样使用文件系统管理数据已经不能满足要求，于是为了解决一系列问题，出现了数据库系统，用来统一管理数据。其满足了多用户、多应用共享数据的需求，比文件系统具有更明显的优点，标志着管理技术的飞跃。

1.1.2　数据库系统的组成

数据库系统（Database System，DBS）是采用数据库技术的计算机系统，是由数据库（数据）、数据库管理系统（软件）、数据库管理员（人员）、硬件平台（硬件）和软件平台（软件）5 部分构成的运行实体。其中，数据库管理员（Database Administrator，DBA）是对数据库进行规划、设计、维护和监视等操作的专业管理人员，在数据库系统中起着非常重要的作用。

视频讲解

1.2 数据库的体系结构

数据库具有一个严谨的体系结构，这样可以有效地组织、管理数据，提高数据库的逻辑独立性和物理独立性。数据库领域公认的标准结构是三级模式结构。

1.2.1 数据库三级模式结构

数据库系统的三级模式结构是指模式、外模式和内模式。下面分别进行介绍。

1. 模式

模式也称逻辑模式或概念模式，是数据库中全体数据的逻辑结构和特征的描述，是所有用户的公共数据视图。一个数据库只有一个模式。模式处于三级结构的中间层。

注意

定义模式时不仅要定义数据的逻辑结构，而且要定义数据之间的联系，定义与数据有关的安全性、完整性要求。

2. 外模式

外模式也称用户模式，它是数据库用户（包括应用程序员和最终用户）能够看见和使用的局部数据的逻辑结构和特征的描述，是数据库用户的数据视图，是与某一应用有关的数据的逻辑表示。外模式是模式的子集，一个数据库可以有多个外模式。

说明

外模式是保证数据安全性的一个有力措施。

3. 内模式

内模式也称存储模式，一个数据库只有一个内模式。它是数据物理结构和存储方式的描述，是数据在数据库内部的表示方式。

1.2.2 三级模式之间的映射

为了能够在内部实现数据库的 3 个抽象层次的联系和转换，数据库管理系统在三级模式之间提供了两层映射，分别为外模式/模式映射和模式/内模式映射，下面分别介绍。

1. 外模式/模式映射

同一个模式可以有任意多个外模式。对于每一个外模式，数据库系统都有一个外模式/模式映射。当模式改变时，由数据库管理员对各个外模式/模式映射做相应的改变，可以使外模式保持不变。这样，依据数据外模式编写的应用程序就不用修改，其保证了数据与程序的逻辑独立性。

2．模式/内模式映射

数据库中只有一个模式和一个内模式，所以模式/内模式映射是唯一的，它定义了数据库的全局逻辑结构与存储结构之间的对应关系。当数据库的存储结构改变时，由数据库管理员对模式/内模式映射进行相应的改变，可以使模式保持不变，应用程序也相应地不变动。这样，保证了数据与程序的物理独立性。

1.3 数 据 模 型

视频讲解

1.3.1 数据模型的概念

数据模型是数据库系统的核心与基础，是描述数据与数据之间的联系、数据的语义、数据一致性约束的概念性工具的集合。

数据模型通常是由数据结构、数据操作和完整性约束 3 部分组成的，分别如下。

（1）数据结构：是对系统静态特征的描述，描述对象包括数据的类型、内容、性质和数据之间的相互关系。

（2）数据操作：是对系统动态特征的描述，是对数据库中各种对象实例的操作。

（3）完整性约束：是完整性规则的集合。它定义了给定数据模型中数据及其联系所具有的制约和依存规则。

1.3.2 常见的数据模型

常用的数据库数据模型主要有层次模型、网状模型和关系模型，下面分别进行介绍。

（1）层次模型：用树型结构表示实体类型及实体间联系的数据模型称为层次模型，如图 1.1 所示，它具有以下特点。

① 每棵树有且仅有一个无双亲节点，称为根。

② 树中除根外的所有节点有且仅有一个双亲。

（2）网状模型：用有向图结构表示实体类型及实体间联系的数据模型称为网状模型，如图 1.2 所示。用网状模型编写的应用程序极其复杂，且数据的独立性较差。

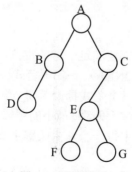

图 1.1 层次模型

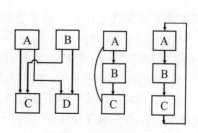

图 1.2 网状模型

（3）关系模型：以二维表来描述数据，如图 1.3 所示。在关系模型中，每个表有多个字段列和记录行，每个字段列有固定的属性（数字、字符、日期等）。关系模型的数据结构简单、清晰、具有很高的数据独立性，因此是目前主流的数据库数据模型。

学生信息表

学生姓名	年级	家庭住址
张三	2000	成都
李四	2000	北京
王五	2000	上海

成绩表

学生姓名	课程	成绩
张三	数学	100
张三	物理	95
张三	社会	90
李四	数学	85
李四	社会	90
王五	数学	80
王五	物理	75

图 1.3　关系模型

关系模型的基本术语如下。

① 关系：一个二维表就是一个关系。

② 元组：就是二维表中的一行，即表中的记录。

③ 属性：就是二维表中的一列，用类型和值表示。

④ 域：每个属性取值的变化范围，如性别的域为{男，女}。

关系中的数据约束如下。

① 实体完整性约束：约束关系的主键中属性值不能为空值。

② 参照完整性约束：关系之间的基本约束。

③ 用户定义的完整性约束：它反映了具体应用中数据的语义要求。

1.3.3　关系数据库的规范化

关系数据库的规范化理论认为：关系数据库中的每一个关系都要满足一定的规范。根据满足规范的条件不同，可以分为 5 个等级：第一范式（1NF）、第二范式（2NF）……第五范式（5NF）。其中，NF 是 Normal Form 的缩写。一般情况下，只要把数据规范到第三个范式标准就可以满足需要了。

（1）第一范式（1NF）：在一个关系中，消除重复字段，且各字段都是最小的逻辑存储单位。

（2）第二范式（2NF）：若关系模型属于第一范式，则关系中每一个非主关键字段都完全依赖于主关键字段，不能只部分依赖于主关键字的一部分。

（3）第三范式（3NF）：若关系属于第一范式，且关系中所有非主关键字段都只依赖于主关键字段，第三范式要求去除传递依赖。

1.3.4　关系数据库的设计原则

数据库设计是指对于一个给定的应用环境，根据用户的需求，利用数据模型和应用程序模拟现实世界中该应用环境的数据结构和处理活动的过程。

数据库设计原则如下。

（1）数据库内数据文件的数据组织应获得最大限度的共享、最小的冗余度，消除数据及数据依赖关系中的冗余部分，使依赖于同一个数据模型的数据达到有效的分离。

（2）保证输入、修改数据时数据的一致性与正确性。

（3）保证数据与使用数据的应用程序之间的高度独立性。

1.3.5　实体与关系

实体是指客观存在并可相互区别的事物，实体既可以是实际的事物，也可以是抽象的概念或关系。

实体之间有 3 种关系，分别如下。

（1）一对一关系：是指表 A 中的一条记录确实在表 B 中有且只有一条相匹配的记录。在一对一关系中，大部分相关信息都在一个表中。

（2）一对多关系：是指表 A 中的行可以在表 B 中有许多匹配行，但是表 B 中的行只能在表 A 中有一个匹配行。

（3）多对多关系：是指关系中每个表的行在相关表中具有多个匹配行。在数据库中，多对多关系的建立是依靠第 3 个表（称作连接表）实现的，连接表包含相关的两个表的主键列，然后从两个相关表的主键列分别创建与连接表中的匹配列的关系。

视频讲解

1.4　常见关系数据库

1.4.1　Access 数据库

Access 是当前流行的关系型数据库管理系统之一，其核心是 Microsoft Jet 数据库引擎。通常情况下，安装 Microsoft Office 时选择默认安装，Access 数据库即被安装到计算机上。

Access 是一个非常容易掌握的数据库管理系统。利用它可以创建、修改和维护数据库及数据库中的数据，并且可以利用向导来完成对数据库的一系列操作。Access 能够满足小型企业客户/服务器解决方案的要求，是一种功能较完备的系统，它几乎包含了数据库领域的所有技术和内容，对于初学者学习数据库知识非常有帮助。

1.4.2　SQL Server 数据库

SQL Server 是由微软（Microsoft）公司开发的一个大型的关系数据库系统，它为用户提供了一个安全、可靠、易管理和高端的客户/服务器数据库平台。

SQL Server 数据库有很多版本，如 SQL Server 2000、SQL Server 2008、SQL Server 2012、SQL Server 2014 等。各版本发布时间如图 1.4 所示。

SQL2000	2004 年 7 月
SQL2005	2006 年 4 月 18 日
SQL2008	2009 年 2 月 20 日
SQL2012	2012 年 3 月 16 日
SQL2014	2014 年 4 月 16 日

图 1.4　各版本发布时间

1.4.3　Oracle 数据库

Oracle 是甲骨文（ORACLE）公司提供的以分布式数据库为核心的一组软件产品。Oracle 是目前世界上使用最为广泛的关系型数据库。它具有完整的数据管理功能，包括数据的大量性、数据保存的持久性、数据的共享性、数据的可靠性。

Oracle 在并行处理、实时性、数据处理速度方面都有较好的表现。一般情况下，大型企业选择 Oracle 作为后台数据库来处理海量数据。

视频讲解

1.5　Transact-SQL 简介

Transact-SQL 是 SQL Server 2008 在 SQL 基础上添加了流程控制语句后的扩展，是标准的 SQL 的超集，简称 T-SQL。

SQL 是关系数据库系统的标准语言，标准的 SQL 语句几乎可以在所有的关系型数据库上不加修改地使用。Access、Oracle 这样的数据库同样支持标准的 SQL，但这些关系数据库不支持 Transact-SQL。Transact-SQL 是 SQL Server 系统产品独有的。

1．Transact-SQL 语法

Transact-SQL 的语法规则如表 1.1 所示。

表 1.1　T-SQL 语法规则

约　　定	说　　明
UPPERCASE（大写）	T-SQL 关键字
Italic（斜体）	用户提供的 T-SQL 语法的参数
Bold（粗体）	数据库名、表名、列名、索引名、存储过程、实用工具、数据类型名以及必须按所显示的原样键入的文本
下画线	指示当语句中省略了包含带下画线的值的子句时应用的默认值
|（竖线）	分隔括号或大括号中的语法项。只能选择其中一项
[ ]（方括号）	可选语法项。不要输入方括号
{ }（大括号）	必选语法项。不要输入大括号
[,...n]	指示前面的项可以重复 n 次。每一项由逗号分隔
[...n]	指示前面的项可以重复 n 次。每一项由空格分隔
[;]	可选的 T-SQL 语句终止符。不要输入方括号
<label> :: =	语法块的名称。此约定用于对可在语句中的多个位置使用的过长语法段或语法单元进行分组和标记。可使用的语法块的每个位置应括在尖括号内

2. Transact-SQL 语言分类

Transact-SQL 语言的分类如下。

（1）变量说明语句：用来说明变量的命令。

（2）数据定义语言：用来建立数据库、数据库对象和定义列，大部分是以 CREATE 开头的命令，如 CREATE TABLE、CREATE VIEW 和 DROP TABLE 等。

（3）数据操纵语言：用来操纵数据库中数据的命令，如 SELECT、INSERT、UPDATE、DELETE 和 CURSOR 等。

（4）数据控制语言：用来控制数据库组件的存取许可、存取权限等命令。

（5）流程控制语言：用于设计应用程序流程的语句，如 IF WHILE 和 CASE 等。

（6）内嵌函数：实现参数化视图的功能。

（7）其他命令：嵌于命令中使用的标准函数。

1.6　小　　结

本章介绍了数据库的基本概念：数据库系统的组成、数据库三级模式结构及映射、关系数据库的规范化及设计原则等。通过本章的学习，读者可以对数据库有一个系统的了解，在此基础上了解 Transact-SQL 语言，为进一步的学习奠定基础。

第 2 章

SQL Server 2014 安装与配置

（ 📹 视频讲解：11 分钟 ）

本章内容包括 SQL Server 2014 简介、安装 SQL Server 2014、启动 SQL Server 2014 管理工具、脚本与批处理，以及数据库的备份和还原、分离和附加、导入和导出。通过本章的学习，读者应该熟悉 SQL Server 2014，选择合适的版本进行安装和配置，并掌握操作 SQL Server 2014 数据库的方法等。

学习摘要：

▶▶ SQL Server 简介

▶▶ 安装 SQL Server 2014

▶▶ 脚本与批处理

▶▶ 备份和还原数据库

▶▶ 分离和附加数据库

▶▶ 导入和导出数据库或数据表

2.1　SQL Server 数据库简介

SQL Server 是由微软（Microsoft）公司开发的一个大型的关系数据库系统，它为用户提供了一个安全、可靠、易管理和高端的客户/服务器数据库平台。

SQL Server 数据库的中心数据驻留在一个中心计算机上，该计算机被称为服务器。用户通过客户机的应用程序来访问服务器上的数据库，在被允许访问数据库之前，SQL Server 首先对来访问的用户请求做安全验证，只有验证通过后才能够进行处理请求，并将处理的结果返回给客户机应用程序。

2.2　安装 SQL Server

视频讲解

SQL Server 是微软公司推出的数据库服务器工具，从最初的 SQL Server 2000 版本起步，逐渐发展到至今的 SQL Server 2017，深受广大开发者的喜爱。从 SQL Server 2005 版本之后，SQL Server 数据库的安装与配置过程类似，这里以 SQL Server 2014 版本为例讲解 SQL Server 数据库的安装与配置过程。

2.2.1　SQL Server 2014 安装必备

安装 SQL Server 2014 之前，首先要了解安装所需的必备条件，检查计算机的软硬件配置是否满足 SQL Server 2014 的安装要求，具体要求如表 2.1 所示。

表 2.1　安装 SQL Server 2014 所需的必备条件

名　　称	说　　明
操作系统	Windows 7（SP1）、Windows 8、Windows 8.1、Windows Server 2008 R2 SP1（x64）、Windows Server 2012（x64）、Windows 10
软件	SQL Server 安装程序需要使用 Microsoft Windows Installer 4.5 或更高版本以及 Microsoft 数据访问组件（MDAC）2.8 SP1 或更高版本
处理器	1.4GHz 处理器，建议使用 2.0GHz 或速度更快的处理器
内存	最小 2GB，建议使用 4GB 或更大的内存
可用硬盘空间	至少 2.2GB 的可用硬盘空间
驱动器	从磁盘进行安装时需要相应的 DVD 驱动器
显示器	SQL Server 2014 要求有 Super-VGA（800×600）或更高分辨率的显示器

2.2.2　SQL Server 2014 的安装

安装 SQL Server 2014 数据库的步骤如下。

（1）使用虚拟光驱软件加载下载的 SQL Server 2014 的安装镜像文件（.iso 文件），在"SQL Server

安装中心"窗口中单击左侧的"安装"选项，再单击"全新 SQL Server 独立安装或向现有安装添加功能"超链接，如图 2.1 所示。

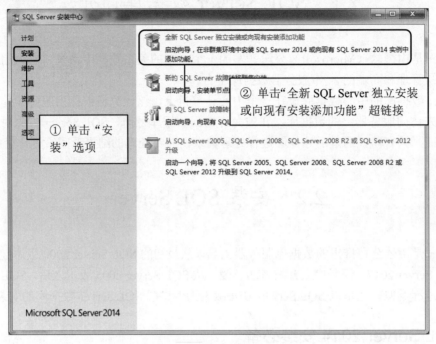

图 2.1　单击左侧的"安装"选项

（2）单击"下一步"按钮，打开"产品密钥"界面，如图 2.2 所示，该界面中输入产品密钥。

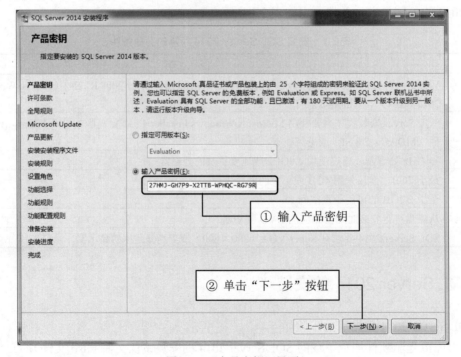

图 2.2　"产品密钥"界面

（3）单击"下一步"按钮，进入"许可条款"界面，如图 2.3 所示，选中"我接受许可条款"复选框。

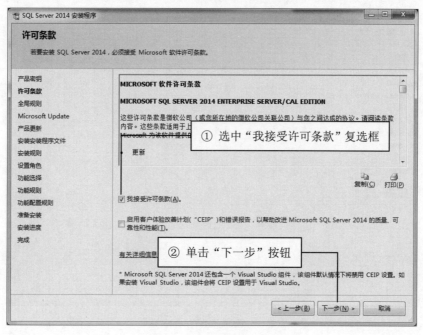

图 2.3　"许可条款"界面

（4）单击"下一步"按钮，进入"全局规则"界面，规则检查完成后，"下一步"按钮可用，如图 2.4 所示。

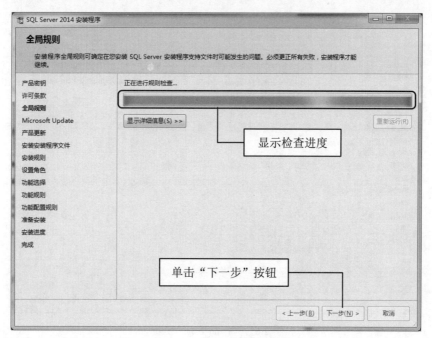

图 2.4　"全局规则"界面

（5）单击"下一步"按钮，进入 Microsoft Update 界面，如图 2.5 所示。

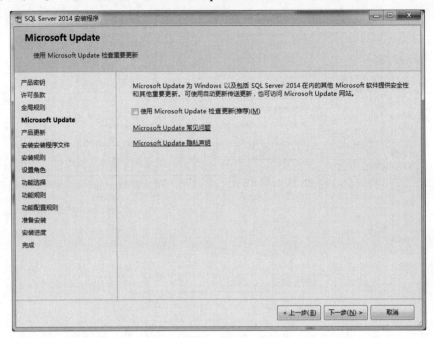

图 2.5　Microsoft Update 界面

（6）单击"下一步"按钮，进入"产品更新"界面，该界面中出现的错误提示是 Windows 系统没有设置自动更新，不用理会该错误，如图 2.6 所示。

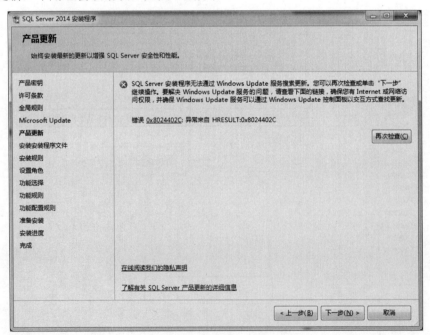

图 2.6　"产品更新"界面

（7）单击"下一步"按钮，进入"安装安装程序文件"界面，如图 2.7 所示，该界面中安装完必要的程序文件后，"下一步"按钮变为可用。

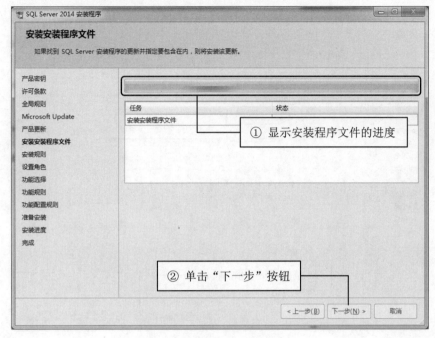

图 2.7　"安装安装程序文件"界面

（8）单击"下一步"按钮，进入"安装规则"界面，如图 2.8 所示，该界面中如果所有规则都通过，则"下一步"按钮可用。

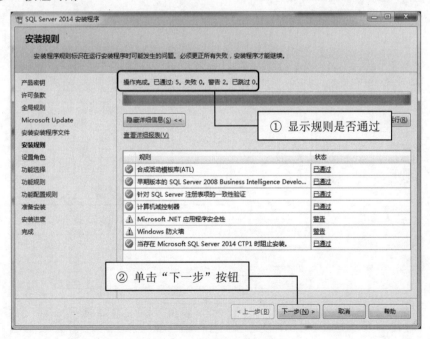

图 2.8　"安装规则"界面

（9）单击"下一步"按钮，进入"设置角色"界面，如图 2.9 所示，选中"SQL Server 功能安装"单选按钮。

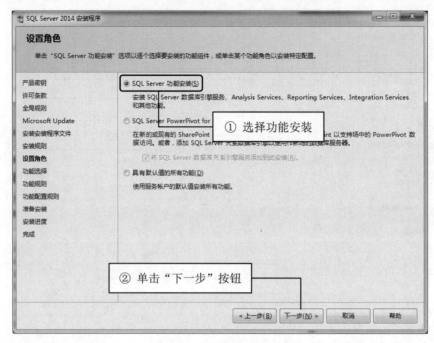

图 2.9　"设置角色"界面

（10）单击"下一步"按钮，进入"功能选择"界面，这里可以选择要安装的功能，单击"全选"按钮，选择安装所有功能，如图 2.10 所示。

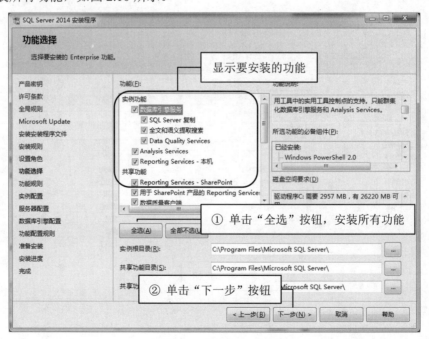

图 2.10　"功能选择"界面

（11）单击"下一步"按钮，进入"实例配置"界面，在该界面中选择实例的命名方式并命名实例，然后选择实例根目录，如图 2.11 所示。

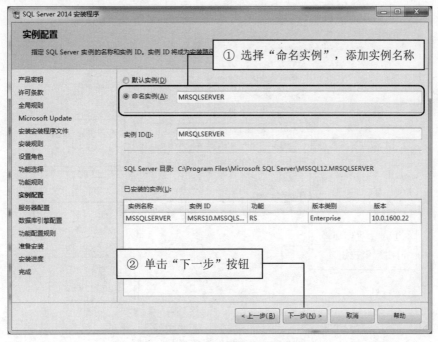

图 2.11　"实例配置"界面

（12）单击"下一步"按钮，进入"服务器配置"界面，如图 2.12 所示。

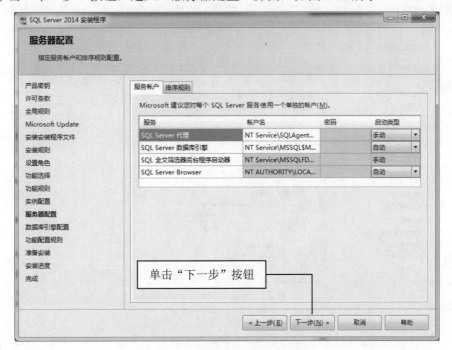

图 2.12　"服务器配置"界面

（13）单击"下一步"按钮，进入"数据库引擎配置"界面，该界面中选择身份验证模式，并输入密码；然后单击"添加当前用户"按钮，如图 2.13 所示。

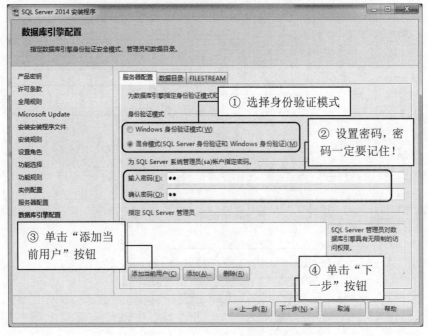

图 2.13　"数据库引擎配置"界面

（14）单击"下一步"按钮，进入"准备安装"界面，如图 2.14 所示，该界面中显示准备安装的 SQL Server 2014 功能。

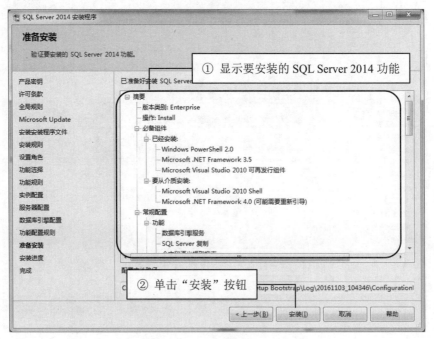

图 2.14　"准备安装"界面

（15）单击"安装"按钮，进入"安装进度"界面，如图 2.15 所示，该界面中显示 SQL Server 2014 的安装进度。

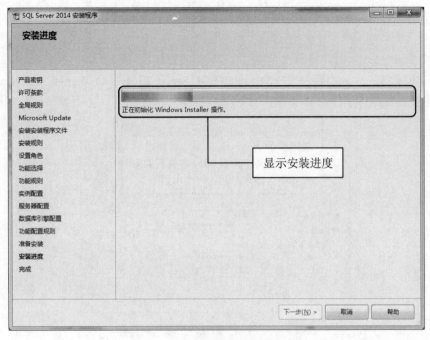

图 2.15　"安装进度"界面

（16）单击"下一步"按钮，进入"完成"界面，如图 2.16 所示，单击"关闭"按钮，即可完成 SQL Server 2014 的安装。

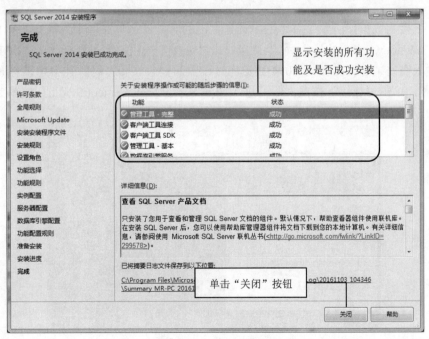

图 2.16　"完成"界面

2.3 启动 SQL Server 2014 管理工具

安装完 SQL Server 2014 后，就可以启动了，具体步骤如下。

（1）选择"开始"→"所有程序"→Microsoft SQL Server 2014→SQL Server 2014 Management Studio 命令，进入"连接到数据库引擎"对话框，如图 2.17 所示。

图 2.17 "连接到数据库引擎"对话框

说明

服务器名称实际上就是安装 SQL Server 2014 设置的实例名称。

（2）在"连接到数据库引擎"对话框中选择自己的服务器名称（通常为默认）和身份验证方式，如果选择的是"Windows 身份验证"，可以直接单击"连接"按钮；如果选择的是"SQL Server 身份验证"，则需要输入在安装 SQL Server 2014 数据库时设置的登录名和密码，其中登录名通常为 sa，密码为用户自己设置，单击"连接"按钮，即可进入 SQL Server Management Studio，如图 2.18 所示。

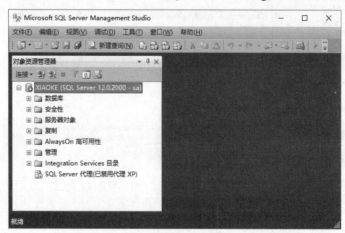

图 2.18 SQL Server Management Studio

2.4　脚本与批处理

2.4.1　将数据库生成脚本

（1）启动 SQL Server Management Studio，在"对象资源管理器"中展开"数据库"节点，选中欲生成脚本的数据库，如图 2.19 所示。

图 2.19　生成脚本

（2）打开"生成和发布脚本"窗口，选中"不再显示此页"复选框，单击"下一步"按钮，如图 2.20 所示。

（3）进入"选择对象"界面，因为要将数据库及数据库中全部数据对象生成脚本，所以直接单击"下一步"按钮，如图 2.21 所示。

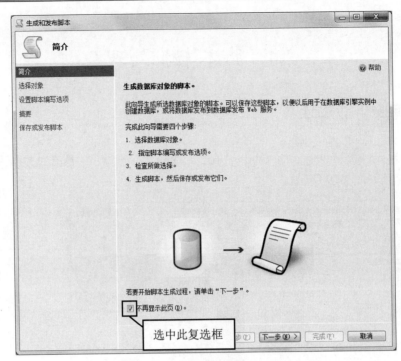

图 2.20 "生成和发布脚本"窗口

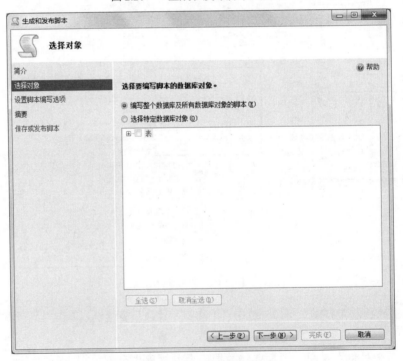

图 2.21 "选择对象"界面

（4）进入"设置脚本编写选项"界面，单击磁盘位置后的□按钮可以选择脚本的保存位置，如图 2.22 所示。

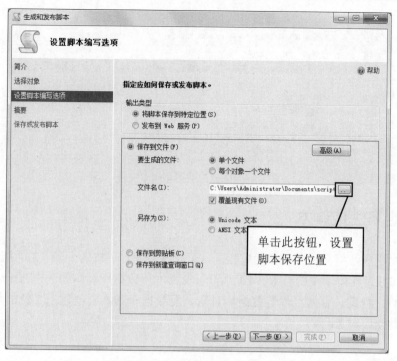

图 2.22 "设置脚本编写选项"界面

（5）选择好脚本保存位置后，单击"下一步"按钮进入"保存或发布脚本"界面，单击"完成"按钮，即可完成数据库脚本文件的生成，如图 2.23 所示。生成的数据库脚本文件如图 2.24 所示。

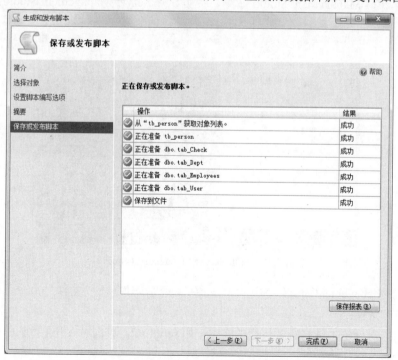

图 2.23 "保存或发布脚本"界面

图 2.24 生成的数据库脚本文件

2.4.2 将指定表生成脚本

生成表脚本与生成数据库脚本步骤大致相同，只是在 2.4.1 小节的步骤（3）中选中"选择特定数据库对象"单选按钮，具体步骤请参考 2.4.1 小节。表脚本与数据库脚本的区别在于表脚本会在当前数据库中创建数据表、视图、存储过程等数据库对象，而数据库脚本会创建一个新的数据库，并在该数据库中创建各个数据库对象。

2.4.3 执行脚本

可以在 SQL Server Management Studio 执行脚本。选择"开始"→"所有程序"→Microsoft SQL Server 2014→SQL Server 2014 Management Studio 命令，启动 SQL Server Management Studio，如图 2.25 所示。

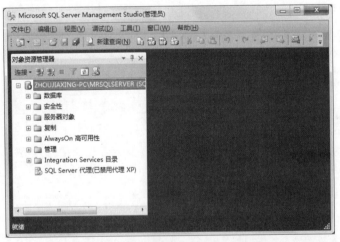

图 2.25 SQL Server Management Studio

在 SQL Server Management Studio 中选择"文件"→"打开"→"文件"命令，打开"打开文件"对话框，如图 2.26 所示。

在"打开文件"对话框中选择需要执行的脚本，如 script.sql，单击"打开"按钮打开脚本，如图 2.27 所示。

在 SQL Server Management Studio 中单击 执行(X) 按钮或按 F5 键执行脚本中的 SQL 语句。

图 2.26　"打开文件"对话框

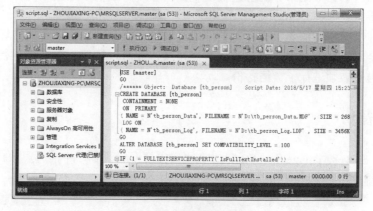

图 2.27　加载数据库脚本

2.4.4　批处理

批处理就是一个或多个 Transact-SQL 语句的集合，当要完成的任务不能由单独的 Transact-SQL 语句来完成时，可以使用批处理来组织多条 Transact-SQL 语句。从应用程序一次性发送到 SQL Server 并由 SQL Server 编译成一个可执行单元，此单元称为执行计划。执行计划中的语句每次只能执行一条。

建立批处理时，使用 GO 语句作为批处理的结束标记。但是在一个 GO 语句中只能使用注释文字不能包含其他 Transact-SQL 语句。如果在一个批处理中包含任何语法错误，例如，引用了一个并不存在的对象，则整个批处理就不能被成功地编译和执行。如果一个批处理中某句有执行错误，如违反了约束，它仅影响该句的执行，并不影响批处理中其他语句的执行。

建立批处理时，应当注意以下几点。

（1）CREATE DEFAULT、CREATE PROCEDURE、CREATE RULE、CREATE TRIGGER 及 CREATE VIEW 不能与其他语句放在一个批处理中。

（2）不能在一个批处理中引用其他批处理中所定义的变量。

（3）不能把规则和默认值绑定到表字段或用户自定义数据类型上之后，立即在同一个批处理中使用它们。

25

（4）不能定义一个 CHECK 约束之后，立即在同一个批处理中使用该约束。

（5）不能在修改表中的一个字段名之后，立即在同一个批处理中引用新字段名。

（6）如果一个批处理中的第一个语句是执行某个存储过程的 EXECUTE 语句，则 EXECUTE 关键字可以省略；如果该语句不是第一个语句，则必须使用 EXECUTE 关键字，或省略写为 EXEC。

2.5　备份和还原数据库

2.5.1　备份和恢复的概念

备份数据库是指对数据库或事务日志进行复制，当系统、磁盘或数据库文件损坏时，可以使用备份文件进行恢复，防止数据丢失。

还原数据库是使用数据库的备份文件对数据库进行还原操作。由于病毒的破坏、磁盘损坏或操作员操作失误等原因会导致数据丢失、不完整或数据错误，此时，需要对数据库进行还原，将数据还原到某一天，前提是当天必须进行了数据备份。

2.5.2　数据库备份

（1）打开 SQL Server Management Studio，在"对象资源管理器"中展开"数据库"节点，选中欲备份的数据库，如图 2.28 所示。

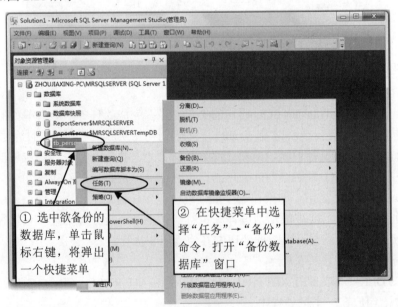

图 2.28　打开"备份数据库"窗口

（2）打开"备份数据库"窗口，为数据库指定备份文件，可以通过"添加"按钮更改备份文件的名称和磁盘位置，单击"确定"按钮开始备份数据库，如图 2.29 所示。

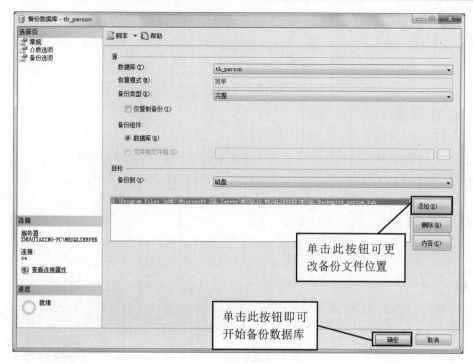

图 2.29　"备份数据库"窗口

2.5.3　数据库还原

打开 SQL Server Management Studio，在"对象资源管理器"中展开"数据库"节点，选中欲还原的数据库，如图 2.30 所示。

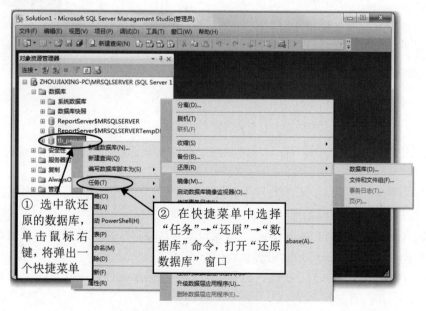

图 2.30　打开"还原数据库"窗口

2.6 分离和附加数据库

2.6.1 分离数据库

分离数据库是将数据库从服务器中分离出去，但并没有删除数据库，数据库文件依然存在，如果在需要使用数据库时，可以通过附加的方式将数据库附加到服务器中。在 SQL Server 2014 中分离数据库非常简单，方法如下：打开 SQL Server Management Studio，在"对象资源管理器"中展开"数据库"节点，选中欲分离的数据库，如图 2.31 所示。

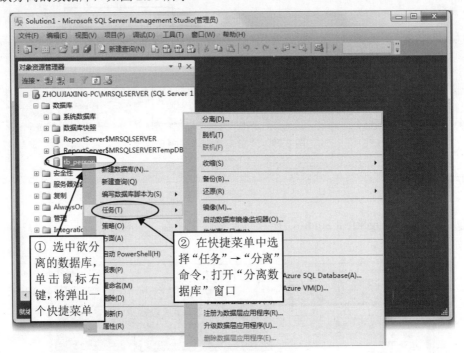

图 2.31　打开"分离数据库"窗口

2.6.2 附加数据库

通过附加方式可以向服务器中添加数据库，前提是需要存在数据库文件和数据库日志文件。下面以附加 2.6.1 小节中分离的数据库为例介绍如何附加数据库。

打开 SQL Server Management Studio，在"对象资源管理器"中鼠标右键单击"数据库"节点，将弹出一个快捷菜单，按照如图 2.32 所示进行操作。

在打开的窗口中，单击"添加"按钮，选择要附加的数据库文件，依次单击"确定"按钮即可，如图 2.33 所示。

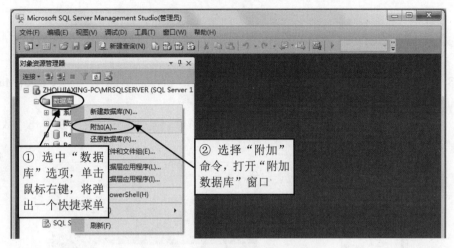

图 2.32　打开"附加数据库"窗口

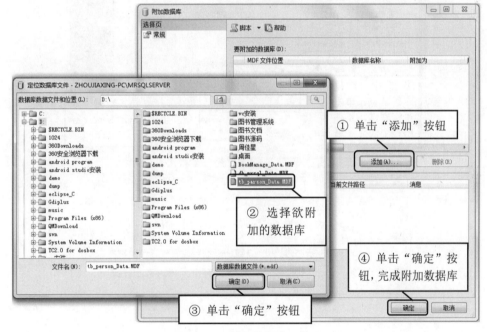

图 2.33　"附加数据库"窗口

2.7　导入和导出数据库或数据表

2.7.1　导入数据库

在 SQL Server 2014 中，用户可以将其他服务器中的数据库或数据表导入自己的系统中，而且在导入过程中可以选择自己需要的数据表，将其导入系统中，而不必将所有的数据表都导入系统中。

2.7.2　导入 SQL Server 数据表

在 SQL Server 2014 中导入数据非常方便，下面以向 tb_person 数据库中导入 BookManage 数据库中的 tb_bookinfo 表为例介绍如何导入数据表。

（1）打开 SQL Server Management Studio，在"对象资源管理器"中鼠标右键单击"数据库"节点，弹出如图 2.34 所示快捷菜单。

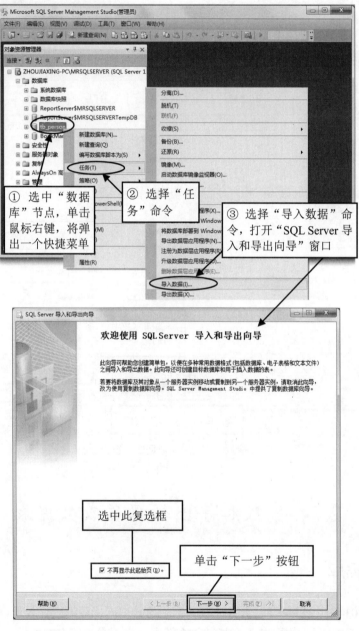

图 2.34　打开"SQL Server 导入和导出向导"窗口

说明

　　或者选择"开始"→"所有程序"→Microsoft SQL Server 2014→SQL Server 2014 导入和导出数据，也能进入"SQL Server 导入和导出向导"窗口。

　　（2）选择数据源（本例为 BookManage 数据库）和目标数据库（本例为 tb_person 数据库），如图 2.35 和图 2.36 所示。

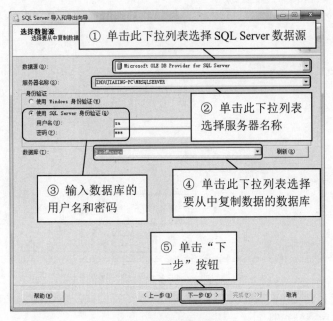

图 2.35　设置数据源

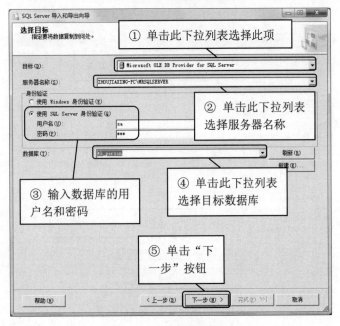

图 2.36　设置目标数据库

（3）选中"复制一个或多个表或视图的数据"单选按钮，单击"下一步"按钮，如图 2.37 所示，进入如图 2.38 所示的窗口，选择要复制的数据表，然后单击"下一步"按钮。

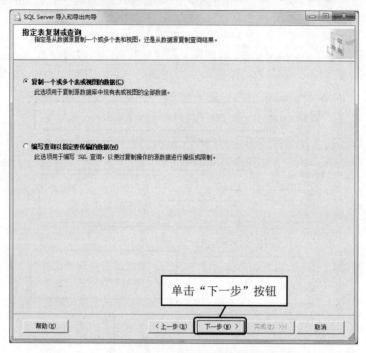

图 2.37　复制一个或多个表或视图的数据

图 2.38　选择要复制的数据表

（4）在"保存并运行包"界面中单击"完成"按钮，开始复制数据，实现数据表的导入。

2.7.3　导入其他数据源的数据表

使用 SQL Server 导入/导出工具还能够将其他数据库中的数据表导入 SQL Server 中。

（1）实现导入其他数据源的数据表的步骤，与 2.7.2 小节中导入 SQL Server 数据表的步骤大致类似，只有步骤（2）选择数据源不一致，在设置数据源时，选择一个 Access 数据库作为数据源，如图 2.39 所示。

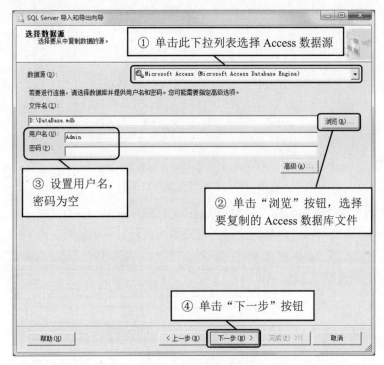

图 2.39　设置数据源

（2）在设置好数据源和目标数据库之后，需要选择要导入的数据表，如图 2.40 所示，要导入的数据表为 employees，单击"完成"按钮完成数据表的导入。

2.7.4　导出数据库

在 SQL Server 2014 中可以实现将本地服务器或远程服务器中的数据导出到另一个服务器中，它与导入数据是相对的。

2.7.5　导出 SQL Server 数据表

下面的例子是将 tb_person 数据库中的 tab_Employees 表导出到 BookManage 数据库中，具体步骤如下。

图 2.40　人事管理系统数据表

（1）选择"开始"→"所有程序"→Microsoft SQL Server 2014→SQL Server 2014 导入和导出数据，进入"SQL Server 导入和导出向导"窗口，设置数据源与目标数据库，如图 2.41 和图 2.42 所示。

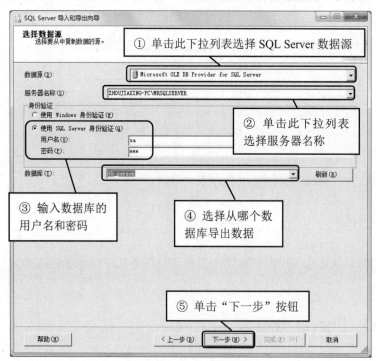

图 2.41　设置数据源

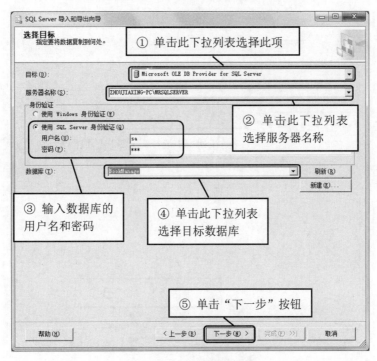

图 2.42　设置目标数据库

（2）选中"复制一个或多个表或视图的数据"单选按钮，单击"下一步"按钮，如图 2.43 所示，进入如图 2.44 所示的窗口，选择要复制的数据表，然后单击"下一步"按钮。

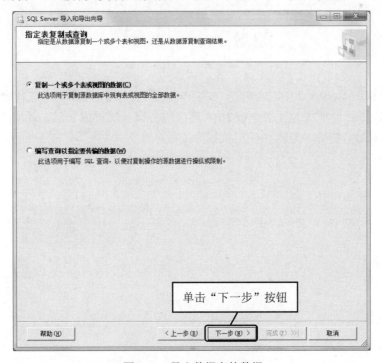

图 2.43　导出数据表的数据

图 2.44　选择要导出的数据表

（3）在"保存并运行包"界面中单击"完成"按钮，开始导出数据。

2.8　小　　结

本章主要介绍 SQL Server 2014 的概念、安装与配置。在本地计算机上选择合适的版本安装 SQL Server 2014，以便能更好地配置 SQL Server 2014 连接服务器。配置成功后，还需要了解如何备份和还原数据库、分离和附加数据库、导入和导出数据库或数据表。

第 **3** 章

创建和管理数据库

（ 🎥 视频讲解：24 分钟 ）

本章主要介绍使用 Transact-SQL 语句和使用 SQL Server Management Studio 创建数据库、修改数据库和删除数据库的过程。通过本章的学习，读者可以熟悉 SQL Server 2014 数据库的组成元素，并能够掌握创建和管理数据库的方法，本章将详细讲解创建、修改、删除数据库的知识。

学习摘要：

▶▶ **数据库的基础知识**

▶▶ **SQL Server 的命名规则**

▶▶ **创建、修改和删除数据库**

视频讲解

3.1 认识数据库

Microsoft SQL Server 2014 数据库同 Microsoft 的其他数据库类似，主要应用存储数据及其相同的对象（如视图、索引、存储过程和触发器等），以便随时对数据库中的数据及其对象进行访问和管理。本节将对数据库的基本概念、数据库对象及其相关知识进行详细的介绍。

3.1.1 数据库基本概念

数据库（Database）是按照数据结构来组织、存储和管理数据的仓库，是存储在一起的相关数据的集合。其优点主要体现在以下几方面。

（1）减少数据的冗余度，节省数据的存储空间。

（2）具有较高的数据独立性和易扩充性。

（3）实现数据资源的充分共享。

下面介绍一下与数据库相关的几个概念。

（1）数据库系统

数据库系统（Database System，DBS）是采用数据库技术的计算机系统，是由数据库（数据）、数据库管理系统（软件）、数据库管理员（人员）、硬件平台（硬件）和软件平台（软件）5 部分构成的运行实体。其中，数据库管理员（Database Administrator，DBA）是对数据库进行规划、设计、维护和监视等操作的专业管理人员，在数据库系统中起着非常重要的作用。

（2）数据库管理系统

数据库管理系统（Database Management System，DBMS）是数据库系统的一个重要组成部分，是位于用户与操作之间的一个数据管理软件，负责数据库中的数据组织、数据操纵、数据维护和数据服务等。主要具有如下功能。

① 数据存取的物理构建：为数据模式的物理存取与构建提供有效的存取方法与手段。

② 数据操纵功能：为用户使用数据库的数据提供方便，如查询、插入、修改、删除以及简单的算术运算和统计。

③ 数据定义功能：用户可以通过数据库管理系统提供的数据定义语言（Data Definition Language，DDL）方便地对数据库中的对象进行定义。

④ 数据库的运行管理：数据库管理系统统一管理数据库的运行和维护，以保障数据的安全性、完整性、并发性和故障的系统恢复性。

⑤ 数据库的建立和维护功能：数据库管理系统能够完成初始数据的输入和转换、数据库的转储和恢复、数据库的性能监视和分析等任务。

（3）关系数据库

关系数据库是支持关系模型的数据库。关系模型由关系数据结构、关系操作集合和完整性约束 3 部分组成。

① 关系数据结构：在关系模型中数据结构单一，现实世界的实体以及实体间的联系均用关系来表示，实际上关系模型中的数据结构就是一张二维表。

② 关系操作集合：关系操作分为关系代数、关系演算、具有关系代数和关系演算双重特点的语言（SQL）。

③ 完整性约束：完整性约束包括实体完整性、参照完整性和用户定义的完整性。

3.1.2 数据库常用对象

在 SQL Server 2014 的数据库中，表、索引、视图和存储过程等具体存储数据或对数据进行操作的实体都被称为数据库对象。下面介绍几种常用的数据库对象。

（1）表

表是包含数据库中所有数据的数据库对象，由行和列组成，用于组织和存储数据。

（2）字段

表中每列称为一个字段，字段具有自己的属性，如字段类型、字段大小等，其中字段类型是字段最重要的属性，它决定了字段能够存储哪种数据。

SQL 规范支持 5 种基本字段类型：字符型、文本型、数值型、逻辑型和日期时间型。

（3）索引

索引是一个单独的、物理的数据库结构。它是依赖于表建立的，在数据库中索引使数据库程序无须对整个表进行扫描，就可以在其中找到所需的数据。

（4）视图

视图是从一张或多张表中导出的表（也称虚拟表），是用户查看数据表中数据的一种方式。表中包括几个被定义的数据列与数据行，其结构和数据建立在对表的查询基础之上。

（5）存储过程

存储过程（Stored Procedure）是一组为了完成特定功能的 SQL 语句集合（包含查询、插入、删除和更新等操作），经编译后以名称的形式存储在 SQL Server 服务器端的数据库中，由用户通过指定存储过程的名字来执行。当这个存储过程被调用执行时，这些操作也会同时执行。

3.1.3 数据库组成

SQL Server 2014 数据库主要由文件和文件组组成。数据库中的所有数据和对象（如表、存储过程和触发器）都被存储在文件中。

（1）文件

文件主要分为以下 3 种类型。

① 主要数据文件：存放数据和数据库的初始化信息。每个数据库有且只有一个主要数据文件，默认扩展名是.mdf。

② 次要数据文件：存放除主要数据文件以外的所有数据文件。有些数据库可能没有次要数据文件，也可能有多个次要数据文件，默认扩展名是.ndf。

③ 事务日志文件：存放用于恢复数据库的所有日志信息。每个数据库至少有一个事务日志文件，

也可以有多个事务日志文件，默认扩展名是.ldf。

（2）文件组

文件组是 SQL Server 2014 数据文件的一种逻辑管理单位，它将数据库文件分成不同的文件组，方便于对文件的分配和管理。

文件组主要分为以下两种类型。

① 主文件组：包含主要数据文件和任何没有明确指派给其他文件组的文件。系统表的所有页都分配在主文件组中。

② 用户定义文件组：主要是在 CREATE DATABASE 或 ALTER DATABASE 语句中，使用 FILEGROUP 关键字指定的文件组。

说明

> 每个数据库中都有一个文件组作为默认文件组运行，默认文件组包含在创建时没有指定文件组的所有表和索引的页。在没有指定的情况下，主文件组作为默认文件组。

对文件进行分组时，一定要遵循文件和文件组的设计规则。

① 文件只能是一个文件组的成员。

② 文件或文件组不能由一个以上的数据库使用。

③ 数据和事务日志信息不能属于同一文件或文件组。

④ 日志文件不能作为文件组的一部分。日志空间与数据空间分开管理。

注意

> 系统管理员在进行备份操作时，可以备份或恢复个别的文件或文件组，而不用备份或恢复整个数据库。

3.1.4 系统数据库

SQL Server 2014 的安装程序在安装时默认将建立 4 个系统数据库（master、tempdb、model、msdb）。下面分别对其进行介绍。

（1）master 数据库

SQL Server 2014 中最重要的数据库。记录 SQL Server 实例的所有系统级信息，包括实例范围的元数据、端点、链接服务器和系统配置设置。

（2）tempdb 数据库

tempdb 是一个临时数据库，用于保存临时对象或中间结果集。

（3）model 数据库

用作 SQL Server 实例上创建的所有数据库的模板。对 model 数据库进行的修改（如数据库大小、排序规则、恢复模式和其他数据库选项）将应用于以后创建的所有数据库。

（4）msdb 数据库

用于 SQL Server 代理计划警报和作业。

视频讲解

3.2 SQL Server 的命名规范

SQL Server 为了完善数据库的管理机制，设计了严格的命名规则。用户在创建数据库及数据库对象时必须严格遵守 SQL Server 的命名规则。本节将对标识符、对象和实例的命名进行详细的介绍。

3.2.1 标识符

在 SQL Server 中，服务器、数据库和数据库对象（如表、视图、列、索引、触发器、过程、约束和规则等）都有标识符，数据库对象的名称被看成是该对象的标识符。大多数对象要求带有标识符，但有些对象（如约束）中标识符是可选项。

对象标识符是在定义对象时创建的，标识符随后用于引用该对象，下面分别对标识符的格式及分类进行介绍。

1. 标识符格式

在定义标识符时必须遵守以下规定。

（1）标识符的首字符必须是下列字符之一。

☑ 统一码（Unicode）2.0 标准中所定义的字母，包括拉丁字母 a~z 和 A~Z，以及来自其他语言的字符。

☑ 下画线 "_"、at 符号 "@" 或者数字符号 "#"。

在 SQL Server 中，某些处于标识符开始位置的符号具有特殊意义。以 at 符号 "@" 开始的标识符表示局部变量或参数；以一个数字符号 "#" 开始的标识符表示临时表或过程，如表 "#gzb" 就是一张临时表；以双数字符号 "##" 开始的标识符表示全局临时对象，如表 "##gzb" 则是全局临时表。

📢 **注意**

某些 Transact-SQL 函数的名称以双 at 符号（@@）开始，为避免混淆这些函数，建议不要使用以@@开始的名称。

（2）标识符的后续字符可以是以下 3 种。

☑ 统一码（Unicode）2.0 标准中所定义的字母。

☑ 来自拉丁字母或其他国家/地区脚本的十进制数字。

☑ at 符号 "@"、美元符号 "$"、数字符号 "#" 或下画线 "_"。

（3）标识符不允许是 Transact-SQL 的保留字。

（4）不允许嵌入空格或其他特殊字符。

例如，为明日科技公司创建一个工资管理系统，可以将其数据库命名为 MR_GZGLXT。名字除了要遵守命名规则以外，最好还能准确表达数据库的内容，本例中的数据库名称是以每个字的大写字母命名的，其中还使用了下画线 "_"。

2. 标识符分类

SQL Server 将标识符分为以下两种类型。

- ☑ 常规标识符：符合标识符的格式规则。
- ☑ 分隔标识符：包含在双引号（""）或者方括号（[ ]）内的标识符。该标识符可以不符合标识符的格式规则，如[MR GZGLXT]，MR 和 GZGLXT 之间含有空格，但因为使用了方括号，所以视为分隔标识符。

注意

常规标识符和分隔标识符包含的字符数必须在 1～128 之间，对于本地临时表，标识符最多可以有 116 个字符。

3.2.2　对象命名规则

SQL Server 2014 的数据库对象的名字由 1～128 个字符组成，不区分大小写。使用标识符也可以作为对象的名称。

在一个数据库中创建了一个数据库对象后，数据库对象的完整名称应该由服务器名、数据库名、拥有者名和对象名 4 部分组成，其格式如下：

```
[[[server.] [database] .] [owner_name] .] object_name
```

服务器、数据库和所有者的名称即所谓的对象名称限定符。当引用一个对象时，不需要指定服务器、数据库和所有者，可以利用句号标出它们的位置，从而省略限定符。

对象名的有效格式如下：

```
server.database.owner_name.object_name
server.database..object_name
server..owner_name.object_name
server...object_name
database.owner_name.object_name
database..object_name
owner_name.object_name
object_name
```

指定了 4 个部分的对象名称被称为完全合法名称。

注意

不允许存在 4 部分名称完全相同的数据库对象。在同一个数据库里可以存在两个名为 EXAMPLE 的表格，但前提必须是这两个表的拥有者不同。

3.2.3　实例命名规则

使用 SQL Server 2014，可以选择在一台计算机上安装 SQL Server 的多个实例。SQL Server 2014 提

供了两种类型的实例：默认实例和命名实例。

（1）默认实例

此实例由运行它的计算机的网络名称标识。使用以前版本 SQL Server 客户端软件的应用程序可以连接到默认实例。SQL Server 6.5 版或 SQL Server 7.0 版服务器可作为默认实例操作。但是，一台计算机上每次只能有一个版本作为默认实例运行。

（2）命名实例

计算机可以同时运行任意个 SQL Server 命名实例。实例通过计算机的网络名称加上实例名称以 <计算机名称>\<实例名称>格式进行标识，即 computer_name\instance_name，但该实例名不能超过 16 个字符。

3.3　数据库操作

视频讲解

3.3.1　创建数据库

在 SQL Server 创建用户数据库之前，用户必须设计好数据库的名称以及它的所有者、空间大小和存储信息的文件和文件组。

1．以界面方式创建数据库

下面在 SQL Server Management Studio 中创建数据库 db_database，具体操作步骤如下。

（1）启动 SQL Server Management Studio，并连接到 SQL Server 2014 中的数据库。

（2）鼠标右键单击"数据库"节点，在弹出的快捷菜单中选择"新建数据库"命令，如图 3.1 所示。

图 3.1　新建数据库

43

（3）进入"新建数据库"窗口，如图 3.2 所示。在列表框中填写数据库名 db_database，单击"确定"按钮，即添加数据库成功。

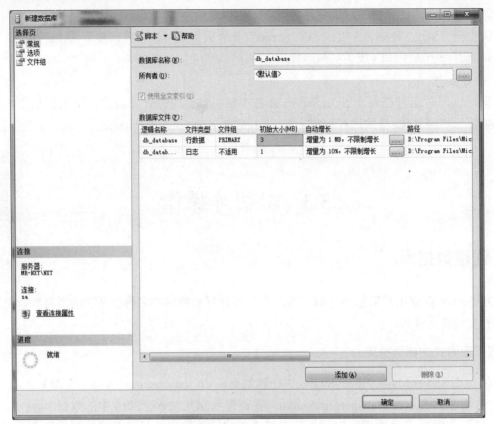

图 3.2 创建数据库名称

2. 使用 CREATE DATABASE 语句创建数据库

语法格式如下：

CREATE DATABASE 数据库名

例如，使用命令创建超市管理系统数据库 db_supermarket。

create database db_supermarket   --使用 create database 命令创建一个名称为 db_supermarket 的数据库

运行的结果如图 3.3 所示。

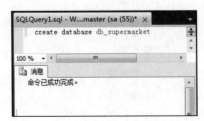

图 3.3 创建一个名称为 db_supermarket 的数据库

注意

在创建数据库时，所要创建的数据库名称必须是系统中不存在的，如果存在相同名称的数据库，在创建数据库时系统将会报错。另外，数据库的名称也可以是中文名称。

3.3.2　修改数据库

数据库创建完成后，常常需要根据用户环境进行调整，如对数据库的某些参数进行更改，这就需要使用修改数据库的命令。

1. 以界面方式修改数据库

下面介绍如何更改数据库 db_2012 的所有者。具体操作步骤如下。

（1）启动 SQL Server Management Studio，并连接到 SQL Server 2014 中的数据库，在"对象资源管理器"中展开"数据库"节点。

（2）鼠标右键单击需要更改的数据库 db_2012 选项，在弹出的快捷菜单中选择"属性"命令，如图 3.4 所示。

（3）进入"数据库属性"窗口，如图 3.5 所示。通过该窗口可以修改数据库的相关选项。

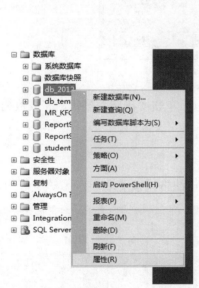

图 3.4　选择数据库属性　　　　　　　　　　图 3.5　"数据库属性"窗口

（4）单击"数据库属性"窗口中的"文件"选项，然后单击"所有者"后的 按钮，弹出"选择数据库所有者"对话框，如图 3.6 所示。

（5）单击"浏览"按钮，弹出"查找对象"对话框，如图 3.7 所示。通过该对话框选择匹配对象。

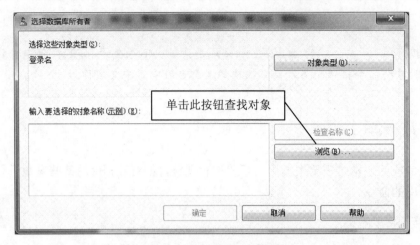

图 3.6　选择数据库所有者

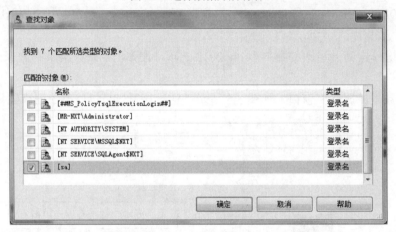

图 3.7　"查找对象"对话框

（6）在"匹配的对象"列表框中选择数据库的所有者 sa 选项，单击"确定"按钮，完成数据库所有者的更改操作。

2. 使用 ALTER DATABASE 语句修改数据库

Transact-SQL 中修改数据库的命令为 ALTER DATABASE。其语法格式如下：

```
ALTER DATABASE database
{ADD FILE<filespec>[,…n][TO FILEGROUP filegroup_name]
|ADD LOG FILE<filespec>[,…n]
|REMOVE FILE logical_file_name
|ADD FILEGROUP filegroup_name
|REMOVE FILEGROUP filegroup_name
|MODIFY FILE<filespec>
|MODIFY NAME=new_dbname
|MODIFY FILEGROUP filegroup_name{filegroup_property|NAME=new_filegroup_name}
|SET<optionspec>[,…n][WITH<termination>]
```

```
|COLLATE<collation_name>
}
```

参数说明如下。

- ☑ ADD FILE：指定要添加的数据库文件。
- ☑ TO FILEGROUP：指定要添加文件到哪个文件组。
- ☑ ADD LOG FILE：指定要添加的事务日志文件。
- ☑ REMOVE FILE：从 SQL Server 的实例中删除逻辑文件说明并删除物理文件。除非文件为空，否则无法删除文件。
- ☑ ADD FILEGROUP：指定要添加的文件组。
- ☑ REMOVE FILEGROUP：从数据库中删除指定文件组的定义，并且删除其包含的所有数据库文件。文件组只有为空时才能被删除。
- ☑ MODIFY FILE：修改指定文件的文件名、容量大小、最大容量、文件增容方式等属性，但一次只能修改一个文件的一个属性。使用此选项时应注意，在文件格式 filespec 中必须用 NAME 明确指定文件名称，如果文件大小是已经确定的，那么新定义的 SIZE 必须比当前的文件容量大；FILENAME 只能指定在 tempdbdatabase 中存在的文件，并且新的文件名只有在 SQL Server 重新启动后才发生作用。
- ☑ MODIFY FILEGROUP filegroup_name filegroup_property：修改文件组属性，其中属性 filegroup_property 的取值可以为 READONLY，表示指定文件组为只读，要注意的是主文件组不能指定为只读，只有对数据库有独占访问权限的用户才可以将一个文件组标志为只读；取值为 READWRITE，表示使文件组为可读写，只有对数据库有独占访问权限的用户才可以将一个文件组标志为可读写；取值为 DEFAULT，表示指定文件组为默认文件组，一个数据库中只能有一个默认文件组。
- ☑ SET：设置数据库属性。

【例 3.01】　将一个大小为 10MB 的数据文件 mrkj 添加到 Mingri 数据库中，该数据文件的大小为 10MB，最大的文件大小为 100MB，增长速度为 2MB，Mingri 数据库的物理地址为 D 盘文件夹下。（实例位置：资源包\源码\03\3.01）

SQL 语句如下：

```
ALTER DATABASE Mingri
ADD FILE
(
NAME=mrkj,
Filename='D:\mrkj.ndf',
size=10MB,
Maxsize=100MB,
Filegrowth=2MB
)
```

3.3.3　删除数据库

DROP DATABASE 命令可以删除一个或多个数据库。当某一个数据库被删除后，这个数据库的所有对象和数据都将被删除，所有日志文件和数据文件也都将删除，所占用的空间将会释放给操作系统。

1．以界面方式删除数据库

下面介绍如何删除数据库 Mingri。具体操作步骤如下。

（1）启动 SQL Server Management Studio，并连接到 SQL Server 2014 中的数据库。在"对象资源管理器"中展开"数据库"节点。

（2）鼠标右键单击要删除的数据库 Mingri 选项，在弹出的快捷菜单中选择"删除"命令，如图 3.8 所示。

（3）在弹出的"删除对象"窗口中单击"确定"按钮，即可删除数据库，如图 3.9 所示。

图 3.8　删除数据库

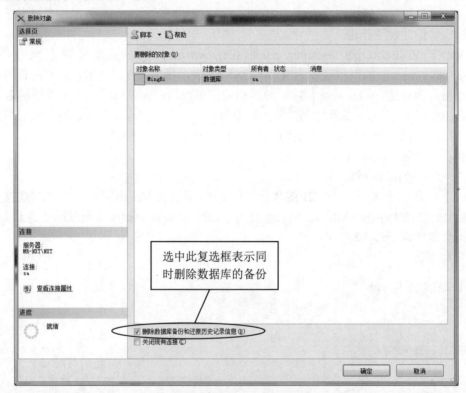

选中此复选框表示同时删除数据库的备份

图 3.9　除去对象

> **注意**
>
> 系统数据库（msdb、model、master、tempdb）无法删除。删除数据库后应立即备份 master 数据库，因为删除数据库将更新 master 数据库中的信息。

2. 使用 DROP DATABASE 语句删除数据库

语法格式如下：

```
DROP DATABASE database_name [,...n]
```

其中，database_name 是要删除的数据库名称。

注意

　使用 DROP DATABASE 命令删除数据库时，系统中必须存在所要删除的数据库，否则系统将会出现错误。

另外，如果删除正在使用的数据库，系统将会出现错误。

例如，不能在"学生档案管理"数据库中删除"学生档案管理"数据库，SQL 代码如下：

```
Use 学生档案管理              --使用学生档案管理数据库
Drop database 学生档案管理   --删除正在使用的数据库
```

删除学生档案管理数据库的操作没有成功，系统会报错，运行结果如图 3.10 所示。

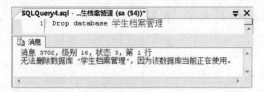

图 3.10　删除正在使用的数据库，系统会报错的效果图

在"学生档案管理"数据库中，使用 DROP DATABASE 命令删除数据库名为"学生档案管理"的数据库。

在查询编辑器窗口中的运行结果如图 3.11 所示。

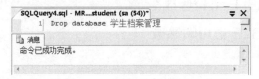

图 3.11　删除"学生档案管理"数据库

3.4　小　结

本章介绍了 SQL Server 2014 数据库的组成、创建和管理数据库的方法以及如何查看数据库信息。读者不仅可以使用 SQL Server 2014 界面方式完成创建和管理数据库的工作，还可以调用 Transact-SQL 语句完成对应操作。

第 **4** 章

操作数据表

(📹 视频讲解：**60** 分钟)

本章主要介绍使用 Transact-SQL 语句和使用 SQL Server Management Studio 创建数据表、修改数据表和删除数据表的过程。

学习摘要：

▸▸ 以界面方式创建表

▸▸ 以界面方式修改表

▸▸ 以界面方式删除表

▸▸ 使用 CREATE TABLE 语句创建表

▸▸ 使用 ALTER TABLE 语句修改表

▸▸ 使用 DROP TABLE 语句删除表

视频讲解

4.1　数据表的基础知识

表是最常见的一种组织数据的方式，一张表一般具有多个列（即多个字段）。每个字段都具有特定的属性，包括字段名、数据类型、字段长度、约束、默认值等，这些属性在创建表时被确定。

SQL Server 2014 提供了基本数据类型和自定义数据类型，下面分别对其进行介绍。

1. 基本数据类型

基本数据类型按数据的表现方式及存储方式的不同可以分为整数数据类型、货币数据类型、浮点数据类型、日期/时间数据类型、字符数据类型、二进制数据类型、图像和文本数据类型以及 SQL Server 2014 引用的 3 种新数据类型。具体介绍如表 4.1 所示。

表 4.1　基本数据类型

分　　类	数 据 特 性	数 据 类 型
整数数据类型	常用的一种数据类型，可以存储整数或者小数	BIT
		INT
		SMALLINT
		TINYINT
货币数据类型	用于存储货币值，使用时在数据前加上货币符号，不加货币符号的情况下默认为"￥"	MONEY
		SMALLMONEY
浮点数据类型	用于存储十进制小数	REAL
		FLOAT
		DECIMAL
		NUMERIC
日期/时间数据类型	用于存储日期类型和时间类型的组合数据	DATETIME
		SMALLDATETIME
		DATA
		DATETIME(2)
		DATETIMESTAMPOFFSET
字符数据类型	用于存储各种字母、数字符号和特殊符号	CHAR
		NCHAR(n)
		VARCHAR
		NVARCHAR(n)
二进制数据类型	用于存储二进制数据	BINARY
		VARBINARY
图像和文本数据类型	用于存储大量的字符及二进制数据（Binary Data）	TEXT
		NTEXT(n)
		IMAGE

51

2．用户自定义数据类型

用户自定义数据类型并不是真正的数据类型，它只是提供了一种加强数据库内部元素和基本数据类型之间一致性的机制。通过使用用户自定义数据类型，能够简化对常用规则和默认值的管理。

在 SQL Server 2014 中，创建用户自定义数据类型有两种方法：一是使用界面方式，二是使用 SQL 语句，下面分别介绍。

（1）使用界面方式创建用户定义数据类型

在 db_database 数据库中，创建用来存储邮政编码信息的 postcode 用户定义数据类型，数据类型为 char，长度为 8000。

操作步骤如下。

① 选择"开始"→"所有程序"→Microsoft SQL Server 2014→SQL Server Management Studio 命令，打开 SQL Server 2014。

② 在 SQL Server 2014 的"对象资源管理器"中，依次展开"数据库"→"选择指定数据库"→"可编程性"→"类型"的节点。

③ 展开"类型"节点，选中"用户定义数据类型"，单击鼠标右键，在弹出的快捷菜单中选择"新建用户定义数据类型"命令。在打开的窗口中设置用户定义数据类型的名称、依据的系统数据类型以及是否允许 NULL 值等，如图 4.1 所示，还可以将已创建的规则和默认值绑定到该用户定义的数据类型上。

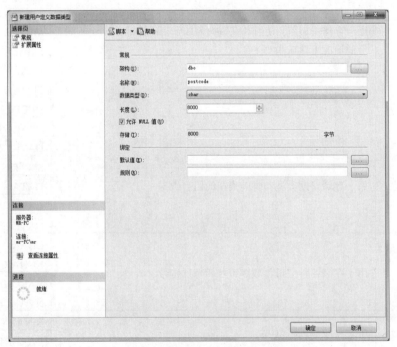

图 4.1　创建用户自定义数据类型

④ 单击"确定"按钮，完成创建工作。

（2）使用 SQL 语句创建用户自定义数据类型

在 SQL Server 2014 中，使用系统数据类型 sp_addtype 创建用户自定义数据类型。

语法格式如下：

```
sp_addtype[@typename=]type,
[@phystype=]system_data_type
[,[@nulltype=]'null_type']
[,[@owner=]'owner_name']
```

参数说明如下。

☑ [@typename=]type：指定待创建的用户自定义数据类型的名称。用户定义数据类型名称必须遵循标识符的命名规则，而且在数据库中唯一。

☑ [@phystype=]system_data_type：指定用户定义数据类型所依赖的系统数据类型。

☑ [@nulltype=]'null_type'：指定用户定义数据类型的可空属性，即用户定义数据类型处理空值的方式。取值为 NULL、NOT NULL 或 NONULL。

在 db_database 数据库中，创建用来存储邮政编码信息的 postcode 用户自定义数据类型。在查询编辑器窗口中运行的结果如图 4.2 所示。

SQL 语句如下：

```
USE db_database
EXEC sp_addtype postcode,'char(8)','not null'
```

创建用户定义数据类型后，就可以像系统数据类型一样使用用户自定义数据类型。例如，在 db_database 数据库的 tb_Student 表中创建新的字段，为字段"邮政编码"指定数据类型时，就可以在下拉列表框中选择刚刚创建的用户数据类型 postalcode 了，如图 4.3 所示。

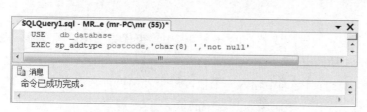

图 4.2　用户自定义 postalcode 类型　　　　　图 4.3　创建字段时用了 postalcode 数据类型

根据需要，还可以修改、删除用户数据类型。SQL Server 2014 提供系统存储过程 sp_droptype，该存储过程从 systypes 删除别名数据类型。

3. 数据表的数据完整性

表列中除了具有数据类型和大小属性之外，还有其他属性。其他属性是保证数据库中数据完整性和表的引用完整性的重要部分。

数据完整性是指列中每个事件都有正确的数据值。数据值的数据类型必须正确，并且数据值必须位于正确的域中。

引用完整性指示表之间的关系得到正确维护。一个表中的数据只应指向另一个表中的现有行，不应指向不存在的行。

SQL Server 2014 提供多种强制数据完整性的机制。下面分别对其进行介绍。

（1）空值与非空值（NULL 或 NOT NULL）

表的每一列都有一组属性，如名称、数据类型、数据长度和为空性等，列的所有属性即构成列的定义。列可以定义为允许或不允许空值。

☑ 允许空值（NULL）：默认情况下，列允许空值，即允许用户在添加数据时省略该列的值。

☑ 不允许空值（NOT NULL）：不允许在没有指定列默认值的情况下省略该列的值。

（2）默认值

如果在插入行时没有指定列的值，那么默认值将指定列中所使用的值。默认值可以是任何取值为常量的对象，如内置函数和数学表达式等。下面介绍两种使用默认值的方法。

在 CREATE TABLE 中使用 DEFAULT 关键字创建默认定义，将常量表达式指派为列的默认值，这是标准方法。

使用 CREATE DEFAULT 语句创建默认对象，然后使用 sp_bindefault 系统存储过程将它绑定到列上，这是一个向前兼容的功能。

（3）特定标识属性（IDENTITY）

数据表中如果某列被指派特定标识属性（IDENTITY），系统将自动为表中插入的新行生成连续递增的编号。因为标识值通常唯一，所以标识列常定义为主键。

IDENTITY 属性适用于 INT、SMALLINT、TINYINT、DECIMAL(P,0)、NUMERIC(P,0)数据类型的列。

> **注意**
>
> 一个列不能同时具有 NULL 属性和 IDENTITY 属性，二者只能选其一。

（4）约束

约束是用来定义 SQL Server 2014 自动强制数据库完整性的方式。使用约束优先于使用触发器、规则和默认值。SQL Server 2014 中共有以下 5 种约束。

① 非空（NOT NULL）：使用户必须在表的指定列中输入一个值。每个表中可以有多个非空约束。

② 检查（CHECK）：用来指定一个布尔操作，限制输入到表中的值。

③ 唯一性（UNIQUE）：使用户的应用程序必须向列中输入一个唯一的值，值不能重复，但可以为空。

④ 主键（PRIMARY KEY）：建立一列或多列的组合以唯一标识表中的每一行。主键可以保证实体完整性，一个表只能有一个主键，同时主键中的列不能接受空值。

⑤ 外键（FOREIGN KEY）：外键是用于建立和加强两个表数据之间的链接的一列或多列。当一个表中作为主键的一列被添加到另一个表中时，链接就建立了，主要目的是控制存储在外键表中的数据。

4.2　表的设计原则

数据库中的表与人们在日常生活中使用的表格类似。数据库中的表也是由行和列组成的。相同类的信息组成了列，每一列又称为一个字段，每列的列标题称为字段名。在每一行中，包含了许多列的信息，每一行数据称为一条记录。一个数据表是由一条或多条记录组成的，没有记录的表称为空表。

在设计数据库时，应该先确定需要什么样的表，各表中都有哪些数据，以及各个表的存取权限等。

创建表的最有效的方法是将表中所需的信息一次定义完成，也可以先创建一个表，然后再向其填入数据。

设计表时应注意下列问题。

（1）表中包含的数据类型。

（2）表的各列及每一列的数据类型。

（3）哪些列允许空值。

（4）是否要使用以及何时使用约束、默认设置或规则。

（5）所需索引的类型，哪里需要索引，哪些列是主键，哪些是外键。

在创建表时必须满足以下规定。

（1）每个表有一个名称，称为表名或关系名。表名必须以字母开头，最大长度为 30 个字符。

（2）一张表中可以包含若干个列，但是列名必须唯一。列名也称为属性名。

（3）同一列中的数据必须要有相同的数据类型。

（4）表中的每一列数值必须为一个不可分割的数据项。

（5）表中的一行称为一条记录。

4.3　以界面方式创建、修改和删除数据表

视频讲解

4.3.1　创建数据表

下面在 SQL Server Management Studio 中创建数据表 mrkj，具体操作步骤如下。

（1）启动 SQL Server Management Studio，并连接到 SQL Server 2014 中的数据库。

（2）鼠标右键单击"表"选项，在弹出的快捷菜单中选择"新建表"命令，如图 4.4 所示。

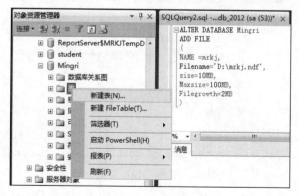

图 4.4　新建表

（3）进入表设计窗口，如图 4.5 所示。在列表框中填写所需要的字段名，单击"保存"按钮，即添加表成功。

图 4.5　创建数据表名称

4.3.2　修改数据表

下面介绍如何更改表 mrkj 的所有者。具体操作步骤如下。

（1）启动 SQL Server Management Studio，并连接到 SQL Server 2014 中的数据库，在"对象资源管理器"中展开"数据库"下面的表节点。

（2）鼠标右键单击需要更改的表 mrkj，在弹出的快捷菜单中选择"设计"命令，如图 4.6 所示。

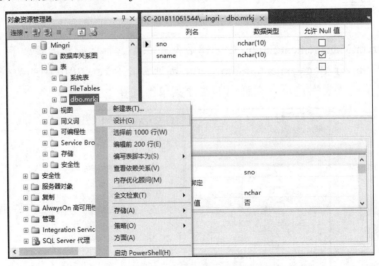

图 4.6　选择"设计"命令

（3）进入表设计窗口，如图 4.7 所示。通过该窗口可以修改数据表的相关选项。修改完成后，单击"保存"按钮，修改成功。

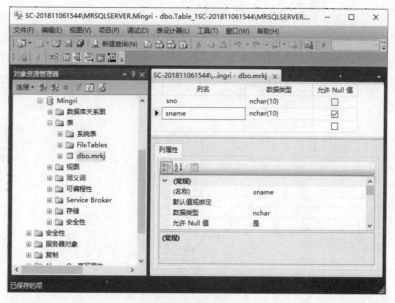

图 4.7　修改表字段

4.3.3　删除数据表

下面介绍如何删除表 mrkj 的所有者。具体操作步骤如下。

（1）启动 SQL Server Management Studio，并连接到 SQL Server 2014 中的数据库，在"对象资源管理器"中展开"数据库"下面的表节点。

（2）鼠标右键单击需要删除的表 mrkj，在弹出的快捷菜单中选择"删除"命令，如图 4.8 所示。

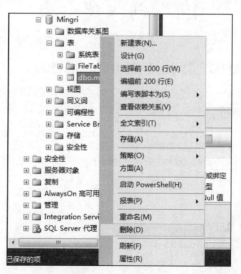

图 4.8　选择表删除

（3）打开"删除对象"窗口，如图 4.9 所示。通过该窗口可以删除数据表的相关选项。单击"确定"按钮，删除成功。

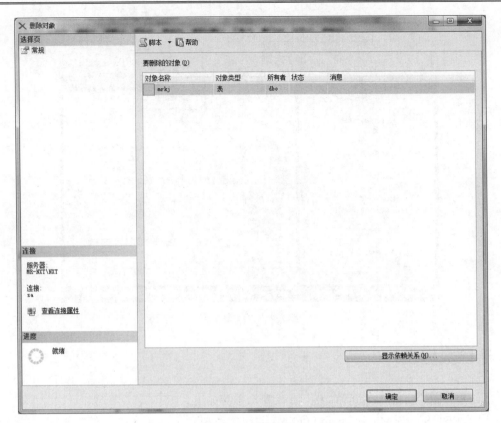

图 4.9　删除表

视频讲解

4.4　创　建　表

使用 CREATE TABLE 语句可以创建表，其基本语法格式如下：

```
CREATE TABLE
[database_name.[owner] .| owner.] table_name
({<column_definition>
| column_name AS computed_column_expression
| <table_constraint> ::= [CONSTRAINT constraint_name]}
| [{PRIMARY KEY | UNIQUE} [,...n]
)
[ON {filegroup | DEFAULT}]
[TEXTIMAGE_ON {filegroup | DEFAULT}]
<column_definition> ::= {column_name data_type}
[COLLATE <collation_name>]
[[DEFAULT constant_expression]
| [IDENTITY [(seed , increment) [NOT FOR REPLICATION]]]
]
[ROWGUIDCOL]
```

```
[<column_constraint>] [...n]
<column_constraint> ::= [CONSTRAINT constraint_name]
{[NULL | NOT NULL]
| [{PRIMARY KEY | UNIQUE}
[CLUSTERED | NONCLUSTERED]
[WITH FILLFACTOR = fillfactor]
[ON {filegroup | DEFAULT}]]
]
| [[FOREIGN KEY]
REFERENCES ref_table [(ref_column)]
[ON DELETE {CASCADE | NO ACTION}]
[ON UPDATE {CASCADE | NO ACTION}]
[NOT FOR REPLICATION]
]
| CHECK [NOT FOR REPLICATION]
(logical_expression)
}
<table_constraint> ::= [CONSTRAINT constraint_name]
{[{PRIMARY KEY | UNIQUE}
[CLUSTERED | NONCLUSTERED]
{(column [ASC | DESC] [,...n])}
[WITH FILLFACTOR = fillfactor]
[ON {filegroup | DEFAULT}]
]
| FOREIGN KEY
[(column [,...n])]
REFERENCES ref_table [(ref_column [,...n])]
[ON DELETE {CASCADE | NO ACTION}]
[ON UPDATE {CASCADE | NO ACTION}]
[NOT FOR REPLICATION]
| CHECK [NOT FOR REPLICATION]
(search_conditions)
}
```

CREATE TABLE 语句的参数及说明如表 4.2 所示。

表 4.2　CREATE TABLE 语句的参数及说明

参　　数	描　　述
database_name	在其中创建表的数据库的名称。database_name 必须指定现有数据库的名称。如果未指定，则 database_name 默认为当前数据库
owner	新表所属架构的名称
table_name	新表的名称。表名必须遵循标识符规则。除了本地临时表名（以单个数字符号（#）为前缀的名称）不能超过 116 个字符外，table_name 最多可包含 128 个字符
column_name	表中列的名称。列名必须遵循标识符规则，并且在表中是唯一的
computed_column_expression	定义计算列的值的表达式

续表

参　　数	描　　述
ON{filegroup|default}	指定存储表的分区架构或文件组
\<table_constraint>	表约束
TEXTIMAGE_ON{filegroup|"default"}}	指定 text、ntext、image、xml、varchar(max)、nvarchar(max)、varbinary(max) 列存储在指定文件组的关键字
CONSTRAINT	可选关键字，表示 PRIMARY KEY、NOT NULL、UNIQUE、FOREIGN KEY 或 CHECK 约束定义的开始
constraint_name	约束的名称。约束名称必须在表所属的架构中唯一
NULL | NOT NULL	确定列中是否允许使用空值
PRIMARY KEY	是通过唯一索引对给定的一列或多列强制实体完整性的约束。每个表只能创建一个 PRIMARY KEY 约束
UNIQUE	一个约束，该约束通过唯一索引为一个或多个指定列提供实体完整性。一个表可以有多个 UNIQUE 约束
CLUSTERED | NONCLUSTERED	指示为 PRIMARY KEY 或 UNIQUE 约束创建聚集索引还是非聚集索引。PRIMARY KEY 约束默认为 CLUSTERED，UNIQUE 约束默认为 NONCLUSTERED
column	用括号括起来的一列或多列，在表约束中表示这些列用在约束定义中
[ASC | DESC]	指定加入到表约束中的一列或多列的排序顺序。默认值为 ASC
WITH FILLFACTOR = fillfactor	指定数据库引擎存储索引数据时每个索引页的填充满程度。用户指定的 fillfactor 值可以为 1～100 之间的任意值。如果未指定值，则默认值为 0
FOREIGN KEY REFERENCES	为列中的数据提供引用完整性的约束。FOREIGN KEY 约束要求列中的每个值在所引用的表中对应的被引用列中都存在
(ref_column [,... n])	是 FOREIGN KEY 约束所引用的表中的一列或多列
ON DELETE {NO ACTION | CASCADE | SET NULL | SET DEFAULT}	指定如果已创建表中的行具有引用关系，并且被引用行已从父表中删除，则对这些行采取的操作。默认值为 NO ACTION
ON UPDATE {NO ACTION | CASCADE }	指定在发生更改的表中，如果行有引用关系且引用的行在父表中被更新，则对这些行采取什么操作。默认值为 NO ACTION
CHECK	一个约束，该约束通过限制可输入一列或多列中的可能值来强制实现域完整性。计算列上的 CHECK 约束也必须标记为 PERSISTED
NOT FOR REPLICATION	在 CREATE TABLE 语句中，可为 IDENTITY 属性、FOREIGN KEY 约束和 CHECK 约束指定 NOT FOR REPLICATION 子句

【例 4.01】 创建员工基本信息表。（实例位置：资源包\源码\04\4.01）

员工信息表（tb_basicMessage）：id 字段为 int 类型并且不允许为空；name 字段是长度为 10 的 varchar 类型；age 字段为 int 类型，dept 字段为 int 类型，headship 字段为 int 类型，SQL 语句如下：

```
USE db_2012
CREATE TABLE [dbo].[tb_basicMessage](
[id] [int] NOT NULL,
[name] [varchar](10),
```

```
[age] [int],
[dept] [int],
[headship] [int]
)
```

视频讲解

4.5 创建、修改和删除约束

4.5.1 非空约束

列为空性决定表中的行是否可为该列包含空值。空值（或 NULL）不同于零（0）、空白或长度为零的字符串（如""）。NULL 的意思是没有输入。出现 NULL 通常表示值未知或未定义。

1. 创建非空约束

以界面方式创建非空约束的操作步骤如下。

（1）启动 SQL Server Management Studio，并连接到 SQL Server 2014 中的数据库。

（2）在"对象资源管理器"中展开"数据库"节点，展开指定的数据库 db_2012。

（3）鼠标右键单击要创建约束的表，在弹出的快捷菜单中选择"设计"命令，如图 4.10 所示。

（4）在表设计窗口中选中数据表中的"允许 Null 值"列，可以将指定的数据列设置为允许空或不允许空，将复选框选中便将该列设置为允许空。或者在列属性中在"允许 Null 值"的下拉列表框中选择"是"或"否"，选择"是"便将该列设置为允许空，如图 4.11 所示。

图 4.10 选择"设计"命令

图 4.11 设定非空约束

可以在 CREATE TABLE 创建表时，使用 NOT NULL 关键字指定非空约束，其语法格式如下：

```
[CONSTRAINT <约束名>] NOT NULL
```

在例 4.01 中，通过使用 NOT NULL 关键字指定 id 字段不允许空。

2．修改非空约束

修改非空约束的语法格式如下：

```
ALTER TABLE table_name
ALTER COLUMN column_name column_type NULL | NOT NULL
```

参数说明如下。
- ☑ table_name：要修改非空约束的表名称。
- ☑ column_name：要修改非空约束的列名称。
- ☑ column_type：要修改非空约束的类型。
- ☑ NULL | NOT NULL：修改为空或者非空。

【例 4.02】 修改 tb_Student 表中的非空约束。（实例位置：资源包\源码\04\4.02）

SQL 语句如下：

```
USE db_2012
ALTER TABLE tb_Student
ALTER COLUMN ID int NULL
```

3．删除非空约束

若要删除非空约束，将"允许 Null 值"复选框的选中状态取消即可。或者将"列属性"中的"允许 Null 值"设置为"否"，单击 按钮，将修改后的表保存。

4.5.2　主键约束

可以通过定义 PRIMARY KEY 约束来创建主键，用于强制表的实体完整性。一个表只能有一个 PRIMARY KEY 约束，并且 PRIMARY KEY 约束中的列不能接受空值。由于 PRIMARY KEY 约束可保证数据的唯一性，因此经常对标识列定义这种约束。

1．创建主键约束

以界面方式创建主键约束的操作步骤如下。

（1）启动 SQL Server Management Studio，并连接到 SQL Server 2014 中的数据库。

（2）在"对象资源管理器"中展开"数据库"节点，展开指定的数据库 db_2012。

（3）鼠标右键单击要创建约束的表，在弹出的快捷菜单中选择"设计"命令。

（4）在弹出的表设计窗口中选择要设置为主键的列，可以通过快捷工具栏中的 按钮进行单一设定，还可以将列选择多个，并通过单击鼠标右键，选择"设置主键"命令，将一个或多个列设置为主键，如图 4.12 所示。

（5）设置完成后，单击快键工具栏中的 按钮保存主键设置，并关闭此窗体。

图 4.12　将多个列设置为主键

注意

将某列设置为主键时，不可以将此列设置为允许空，否则将弹出如图 4.13 所示的信息框，也不允许有重复的值。

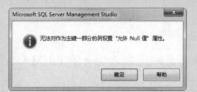

图 4.13　主键设置错误提示对话框

用 SQL 语句创建主键约束如下。

（1）在创建表时创建主键约束

【例 4.03】　创建数据表 Employee，并将字段 ID 设置主键约束。（实例位置：资源包\源码\04\4.03）

SQL 语句如下：

```
USE db_2012
CREATE TABLE [dbo].[Employee](
[ID] [int] CONSTRAINT PK_ID PRIMARY KEY,
[Name] [char](50),
[Sex] [char](2),
[Age] [int]
)
```

说明

在上述的语句中，CONSTRAINT PK_ID PRIMARY KEY 为创建一个主键约束，PK_ID 为用户自定义的主键约束名称，主键约束名称必须是合法的标识符。

（2）在现有表中创建主键约束

以 SQL 语句方式在现有表中创建主键约束的语法格式如下：

```
ALTER TABLE table_name
ADD
CONSTRAINT constraint_name
PRIMARY KEY [CLUSTERED | NONCLUSTERED]
{(Column[,…n])}
```

参数说明如下。

☑ CONSTRAINT：创建约束的关键字。

☑ constraint_name：创建约束的名称。

☑ PRIMARY KEY：表示所创建约束的类型为主键约束。

☑ CLUSTERED | NONCLUSTERED：是表示为 PRIMARY KEY 或 UNIQUE 约束创建聚集或非聚集索引的关键字。PRIMARY KEY 约束默认为 CLUSTERED，UNIQUE 约束默认为 NONCLUSTERED。

【例 4.04】 将 tb_Student 表中的 ID 字段指定设置主键约束。（**实例位置：资源包\源码\04\4.04**）
SQL 语句如下：

```
USE db_2012
ALTER TABLE tb_Student
ADD CONSTRAINT PRM_ID PRIMARY KEY (ID)
```

2．修改主键约束

若要修改 PRIMARY KEY 约束，必须先删除现有的 PRIMARY KEY 约束，然后再新定义重新创建该约束。

3．删除主键约束

在界面中删除主键约束的步骤如下。

（1）启动 SQL Server Management Studio，并连接到 SQL Server 2014 中的数据库。

（2）在"对象资源管理器"中展开"数据库"节点，展开指定的数据库 db_2012。

（3）鼠标右键单击要创建约束的表，在弹出的快捷菜单中选择"设计"命令。

（4）在弹出的表设计窗口中选择要设置为主键的列，然后单击鼠标右键，在弹出的快捷菜单中选择"删除主键"命令，如图 4.14 所示。

图 4.14 删除主键

使用 SQL 语句删除主键约束的语法格式如下：

```
ALTER TABLE table_name
DROP CONSTRAINT constraint_name[,…n]
```

【例 4.05】　删除 tb_Student 表中的主键约束。（**实例位置：资源包\源码\04\4.05**）

SQL 语句如下：

```
USE db_2012
ALTER TABLE tb_Student
DROP CONSTRAINT PRM_ID
```

4.5.3　唯一约束

唯一（UNIQUE）约束用于强制实施列集中值的唯一性。根据 UNIQUE 约束，表中的任何两行都不能有相同的列值。另外，主键也强制实施唯一性，但主键不允许 NULL 作为一个唯一值。

1．创建唯一约束

以界面方式创建唯一约束的操作步骤如下。

（1）启动 SQL Server Management Studio，并连接到 SQL Server 2014 中的数据库。

（2）在"对象资源管理器"中展开"数据库"节点，展开指定的数据库 db_2012。

（3）在"人员信息表"上单击鼠标右键，在弹出的快捷菜单中选择"设计"命令。

（4）鼠标右键单击该表中的"联系电话"这一列，在弹出的快捷菜单中选择"索引/键"命令，或者在工具栏中单击 按钮，弹出"索引/键"窗体，如图 4.15 和图 4.16 所示。

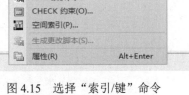

图 4.15　选择"索引/键"命令　　　　　　　　图 4.16　"索引/键"窗体

（5）在该窗体中选择"列"，并单击后面的 按钮，选择要设置唯一约束的列，此处选择的是"联系电话"列，并设置该列的排列顺序。

（6）在"是唯一的"下拉列表中选择"是"，就可以将选择的列设置唯一约束。

（7）在"（名称）"文本框中输入该约束的名称，设置完成后单击"关闭"按钮即可。设置后的结果如图 4.17 所示。

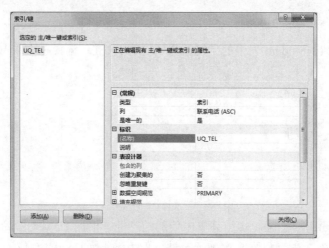

图 4.17　创建唯一约束

用 SQL 语句创建唯一约束如下。

（1）在创建表时创建唯一约束

【例 4.06】　在 db_2012 数据库中创建数据表 Employee，并将字段 ID 设置唯一约束。（实例位置：资源包\源码\04\4.06）

SQL 语句如下：

```
USE db_2012
CREATE TABLE [dbo].[Employee](
[ID] [int] CONSTRAINT UQ_ID UNIQUE,
[Name] [char](50),
[Sex] [char](2),
[Age] [int]
)
```

（2）在现有表中创建唯一约束

以 SQL 语句的方式在现有表中创建唯一约束的语法格式如下：

```
ALTER TABLE table_name
ADD CONSTRAINT constraint_name
UNIQUE [CLUSTERED | NONCLUSTERED]
{(column [,…n])}
```

参数说明如下。

☑　table_name：要创建唯一约束的表名称。

☑　constraint_name：唯一约束名称。

☑　column：要创建唯一约束的列名称。

【例 4.07】　将 Employee 表中的 ID 字段指定设置唯一约束。（实例位置：资源包\源码\04\4.07）

SQL 语句如下：

```
USE db_2012
ALTER TABLE Employee
ADD CONSTRAINT Unique_ID
UNIQUE(ID)
```

2．修改唯一约束

若要修改 UNIQUE 约束，必须首先删除现有的 UNIQUE 约束，然后用新定义重新创建。

3．删除唯一约束

（1）以界面的方式删除唯一约束的步骤如下。

如果想修改唯一约束，可重新设置图 4.17 中的信息，如重新选择列、重新设置唯一约束的名称等，然后单击"关闭"按钮，将该窗体关闭，最后再单击■按钮，将修改后的表保存。

（2）以 SQL 语句的方式删除唯一约束的语法格式如下：

```
ALTER TABLE table_name
DROP CONSTRAINT constraint_name[,…n]
```

【例 4.08】　删除 Employee 表中的唯一约束。（**实例位置：资源包\源码\04\4.08**）

SQL 语句如下：

```
USE db_2012
ALTER TABLE Employee
DROP CONSTRAINT Unique_ID
```

4.5.4　检查约束

检查（CHECK）约束可以强制域的完整性。CHECK 约束类似于 FOREIGN KEY 约束，可以控制放入列中的值。但是，它们在确定有效值的方式上有所不同：FOREIGN KEY 约束从其他表获得有效值列表，而 CHECK 约束通过不基于其他列中的数据的逻辑表达式确定有效值。

1．创建检查约束

以界面的方式创建检查约束的操作步骤如下。

（1）启动 SQL Server Management Studio，并连接到 SQL Server 2014 中的数据库。

（2）在"对象资源管理器"中展开"数据库"节点，展开指定的数据库 db_2012。

（3）鼠标右键单击要创建约束的表，在弹出的快捷菜单中选择"设计"命令。

（4）鼠标右键单击该表中的某一列，在弹出的快捷菜单中选择"CHECK 约束"命令，如图 4.18 所示。在弹出的窗体中设置约束的表达式，例如，输入 sex='女' OR sex='男'，表示性别只能是女或男，如图 4.19 所示。

用 SQL 语句创建检查约束如下。

（1）在创建表时创建检查约束

【例 4.09】　创建数据表 Employee，并将字段 Sex 设置检查约束，在输入性别字段时，只能接受"男"或者"女"，而不能接受其他数据。（**实例位置：资源包\源码\04\4.09**）

图 4.18　选择"CHECK 约束"命令　　　　　图 4.19　创建"CHECK 约束"

SQL 语句如下：

```
USE db_2012
CREATE TABLE [dbo].[Employee](
[ID] [int],
[Name] [char](50),
[Sex] [char](2) CONSTRAINT CK_Sex Check(sex in('男','女')),
[Age] [int]
)
```

（2）在现有表中创建检查约束

以 SQL 语句方式在现有表中创建检查约束的语法格式如下：

```
ALTER TABLE table_name
ADD CONSTRAINT constraint_name
CHECK (logical_expression)
```

参数说明如下。

☑　table_name：要创建检查约束的表名称。

☑　constraint_name：检查约束名称。

☑　logical_expression：要检查约束的条件表达式。

【例 4.10】　为 Employee 表中的 Sex 字段设置检查约束，在输入性别的时候只能接受"女"，不能接受其他字段。（实例位置：资源包\源码\04\4.10）

SQL 语句如下：

```
USE db_2012
ALTER TABLE [Employee]
ADD CONSTRAINT Check_Sex Check(sex='女')
```

2．修改检查约束

修改表中某列的 CHECK 约束使用的表达式，必须首先删除现有的 CHECK 约束，然后使用新定义重新创建，才能修改 CHECK 约束。

3．删除检查约束

（1）以界面的方式删除检查约束

如果想将创建的检查约束删除，单击图 4.19 中的"删除"按钮，就可以将创建的检查约束删除，然后单击"关闭"按钮，将该窗体关闭，最后再单击 🔚 按钮，将修改后的表保存。

（2）以 SQL 语句的方式删除检查约束

删除检查约束的语法格式如下：

```
ALTER TABLE table_name
DROP CONSTRAINT constraint_name[,…n]
```

删除 Employee 表中的检查约束，SQL 语句如下：

```
USE db_2012
ALTER TABLE Employee
DROP CONSTRAINT Check_Sex
```

4.5.5　默认约束

在创建或修改表时可通过定义默认（DEFAULT）约束来创建默认值。默认值可以是计算结果为常量的任何值，如常量、内置函数或数学表达式。这将为每一列分配一个常量表达式作为默认值。

1．创建默认约束

以界面的方式创建默认约束的操作步骤如下。

（1）启动 SQL Server Management Studio，并连接到 SQL Server 2014 中的数据库。

（2）在"对象资源管理器"中展开"数据库"节点，展开指定的数据库 db_2012。

（3）在 Student 表上单击鼠标右键，在弹出的快捷菜单中选择"设计"命令。

（4）选择该表中 Sex 这一列，在下面的列属性中选择"默认值或绑定"，在其后面的文本框中输入要设置约束的值，例如，输入"'男'"，表示该列的默认性别为男，如图 4.20 所示。

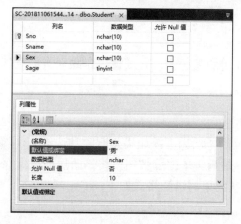

图 4.20　创建默认约束

（5）最后单击█按钮，就可以将设置完默认约束的表保存。

用 SQL 语句创建默认约束如下。

（1）在创建表时创建默认约束

【例 4.11】 创建数据表 Employee，并为字段 Sex 设置默认约束"女"。（**实例位置：资源包\源码\04\4.11**）

SQL 语句如下：

```
USE db_2012
CREATE TABLE [dbo].[Employee](
[ID] [int],
[Name] [char](50) ,
[Sex] [char](2) CONSTRAINT Def_Sex Default '女',
[Age] [int]
)
```

（2）在现有表中创建默认约束

以 SQL 语句的方式在现有表中创建默认约束的语法格式如下：

```
ALTER TABLE table_name
ADD CONSTRAINT constraint_name
DEFAULT constant_expression [FOR column_name]
```

参数说明如下。

☑ table_name：要创建默认约束的表名称。

☑ constraint_name：默认约束名称。

☑ constant_expression：默认值。

【例 4.12】 为 Employee 表中的 Sex 字段设置默认约束"男"。（**实例位置：资源包\源码\04\4.12**）

SQL 语句如下：

```
ALTER TABLE [Employee]
ADD CONSTRAINT Default_Sex
DEFAULT '男' FOR Sex
```

2．修改默认约束

修改表中某列的默认约束使用的表达式，必须首先删除现有的默认约束，然后使用新定义重新创建，才能修改默认约束。

3．删除默认约束

以界面的方式删除默认约束的方法如下：如果想删除默认约束，将"列属性"中的"默认值或绑定"文本框中的内容清空即可，最后再单击█按钮，将修改后的表保存。

以 SQL 语句的方式删除默认约束的语法格式如下：

```
ALTER TABLE table_name
DROP CONSTRAINT constraint_name[,…n]
```

【例 4.13】　　删除 Employee 表中的默认约束。（实例位置：资源包\源码\04\4.13）

SQL 语句如下：

```
USE db_2012
ALTER TABLE Employee
DROP CONSTRAINT Default_Sex
```

4.5.6　外键约束

通过定义外键（FOREIGN KEY）约束来创建外键。在外键引用中，当一个表的列被引用作为另一个表的主键值的列时，就在两表之间创建了链接。这个列就成为第二个表的外键。

1．创建外键约束

以界面的方式创建外键约束的操作步骤如下。

（1）启动 SQL Server Management Studio，并连接到 SQL Server 2014 中的数据库。

（2）在"对象资源管理器"中展开"数据库"节点，展开指定的数据库 db_2012。

（3）在 EMP 表上单击鼠标右键，在弹出的快捷菜单中选择"设计"命令。

（4）鼠标右键单击该表中的某一列，在弹出的快捷菜单中选择"关系"，或者在工具栏中单击 按钮，弹出"外键关系"窗体，单击该窗体中的"添加"按钮，添加要选中的关系，如图 4.21 所示。

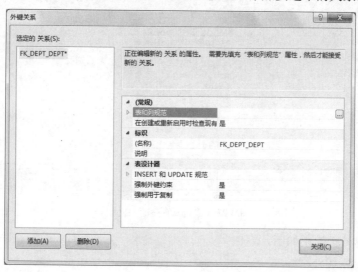

图 4.21　"外键关系"窗体

（5）在外键关系窗体中，单击"表和列规范"后面的 按钮，在弹出的窗体中选择要创建外键约束的主键表和外键表，如图 4.22 所示。

（6）在"表和列"窗体中，设置关系的名称，然后选择外键要参照的主键表及使用的字段。最后单击"确定"按钮，回到"外键关系"窗体中，如图 4.23 所示。

（7）单击"关闭"按钮，将该窗体关闭，最后再单击 按钮，将设置约束后的表保存。

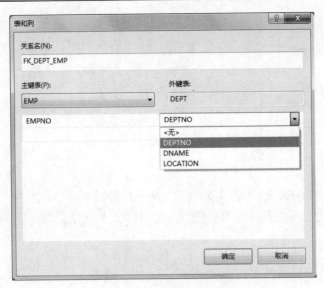

图 4.22 "表和列"窗体

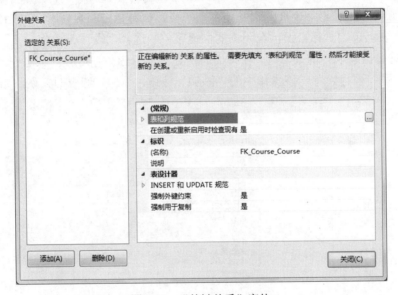

图 4.23 "外键关系"窗体

用 SQL 语句创建外键约束如下。

（1）在创建表时创建外键约束

【例 4.14】 创建表 Laborage，并为 Laborage 表创建外键约束，该约束把 Laborage 中的编号（ID）字段和表 Employee 中的编号（ID）字段关联起来，实现 Laboratory 中的编号（ID）字段的取值要参照表 Employee 中编号（ID）字段的数据值。（实例位置：资源包\源码\04\4.14）

SQL 语句如下：

```
USE db_2012
CREATE TABLE Laborage
(
```

```
ID INT,
Wage MONEY,
CONSTRAINT FKEY_ID
FOREIGN KEY (ID)
REFERENCES Employee(ID)
)
```

说明

FOREIGN KEY (ID)中的 ID 字段为 Laborage 表中的编号（ID）字段。

（2）在现有表中创建外键约束

用 SQL 语句的方式在现有表中创建外键约束的语法格式如下：

```
ALTER TABLE table_name
ADD CONSTRAINT constraint_name
[FOREIGN KEY]{(column_name[,…n])}
REFERENCES ref_table[(ref_column_name[,…n])]
```

创建外键约束语句的参数及说明如表 4.3 所示。

表 4.3　创建外键约束语句的参数及说明

参　　数	描　　述
table_name	要创建外键的表名称
constraint_name	外键约束名称
FOREIGN KEY… REFERENCES	为列中的数据提供引用完整性的约束。FOREIGN KEY 约束要求列中的每个值在被引用表中对应的被引用列中都存在。FOREIGN KEY 约束只能引用被引用表中为 PRIMARY KEY 或 UNIQUE 约束的列或被引用表中在 UNIQUE INDEX 内引用的列
ref_table	FOREIGN KEY 约束所引用的表名
(ref_column[,...n])	FOREIGN KEY 约束所引用的表中的一列或多列

【例 4.15】　将 Employee 表中的 ID 字段设置为 Laborage 表中的外键。（**实例位置：资源包\源码\ 04\4.15**）

SQL 语句如下：

```
USE db_2012
ALTER TABLE Laborage
ADD CONSTRAINT Fkey_ID
FOREIGN KEY (ID)
REFERENCES Employee(ID)
```

2．修改外键约束

修改表中某列的外键约束。必须首先删除现有的外键约束，然后使用新定义重新创建，才能修改外键约束。

3. 删除默认约束

如果想修改外键约束，可重新设置图 4.23 中的信息，如重新选择外键要参照的主键表及使用的字段、重新设置外键约束的名称等，然后单击"关闭"按钮，将该窗体关闭，最后再单击 按钮，将修改后的表保存。或者使用 SQL 语句删除外键约束。

删除外键约束的语法格式如下：

```
ALTER TABLE table_name
DROP CONSTRAINT constraint_name[,…n]
```

【例 4.16】 删除 Employee 表中的默认约束。（**实例位置：资源包\源码\04\4.16**）

SQL 语句如下：

```
USE db_2012
ALTER TABLE Laborage
DROP CONSTRAINT FKEY_ID
```

视频讲解

4.6 修 改 表

使用 ALTER TABLE 语句可以修改表的结构，语法格式如下：

```
ALTER TABLE [database_name . [schema_name] . | schema_name .] table_name
{
ALTER COLUMN column_name
{
[type_schema_name.] type_name [({precision [, scale]
| max | xml_schema_collection})]
[COLLATE collation_name]
[NULL | NOT NULL]
| {ADD | DROP}
{ROWGUIDCOL | PERSISTED| NOT FOR REPLICATION | SPARSE }
}
| [WITH {CHECK | NOCHECK}]
| ADD
{
<column_definition>
| <computed_column_definition>
| <table_constraint>
| <column_set_definition>
} [,...n]
| DROP
{
[CONSTRAINT] constraint_name
[WITH (<drop_clustered_constraint_option> [,...n])]
| COLUMN column_name
} [,...n]
```

ALTER TABLE 语句的参数及说明如表 4.4 所示。

表 4.4　ALTER TABLE 语句的参数及说明

参　　数	描　　述
database_name	创建表时所在的数据库的名称
schema_name	表所属架构的名称
table_name	要更改的表的名称
ALTER COLUMN	指定要更改命名列
column_name	要更改、添加或删除的列的名称
[type_schema_name.] type_name	更改后的列的新数据类型或添加的列的数据类型
precision	指定的数据类型的精度
scale	指定的数据类型的小数位数
max	仅应用于 VARCHAR、NVARCHAR 和 VARBINARY 数据类型
xml_schema_collection	仅应用于 XML 数据类型
COLLATE <collation_name>	指定更改后的列的新排序规则
NULL | NOT NULL	指定列是否可接受空值
[{ADD | DROP} ROWGUIDCOL]	指定在指定列中添加或删除 ROWGUIDCOL 属性
[{ADD | DROP} PERSISTED]	指定在指定列中添加或删除 PERSISTED 属性
DROP NOT FOR REPLICATION	指定当复制代理执行插入操作时，标识列中的值将增加
SPARSE	指示列为稀疏列。稀疏列已针对 NULL 值进行了存储优化。不能将稀疏列指定为 NOT NULL
WITH CHECK | WITH NOCHECK	指定表中的数据是否用新添加的或重新启用的 FOREIGN KEY 或 CHECK 约束进行验证
ADD	指定添加一个或多个列定义、计算列定义或者表约束
DROP {[CONSTRAINT] constraint_name | COLUMN column_name}	指定从表中删除 constraint_name 或 column_name。可以列出多个列或约束
WITH <drop_clustered_constraint_option>	指定设置一个或多个删除聚集约束选项

【例 4.17】　向 db_2012 数据库中的 tb_Student 表中添加 Sex 字段。(**实例位置：资源包\源码\04\4.17**)
SQL 语句如下：

```
USE db_2012
ALTER TABLE tb_Student
ADD Sex char(2)
```

【例 4.18】　删除 db_2012 数据库中 tb_Student 中的 Sex 字段。(**实例位置：资源包\源码\04\4.18**)
SQL 语句如下：

```
USE db_2012
ALTER TABLE tb_Student
DROP COLUMN Sex
```

视频讲解

4.7　删　除　表

使用 DROP TABLE 语句可以删除数据表，其语法格式如下：

```
DROP TABLE [database_name . [schema_name] . | schema_name .]
        table_name [,...n] [;]
```

参数说明如下。

☑　database_name：要在其中删除表的数据库的名称。

☑　schema_name：表所属架构的名称。

☑　table_name：要删除的表的名称。

【例 4.19】　删除 db_2012 数据库中 tb_Student 表。（实例位置：资源包\源码\04\4.19）

SQL 语句如下：

```
USE db_2012
DROP TABLE tb_Student
```

4.8　小　　结

本章介绍了数据表的基础知识，数据表的创建、修改和删除以及表中的约束。读者可以使用 SQL Server 2014 界面方式完成创建和管理数据表的工作。

第 **5** 章

操作表数据

（ 📹 视频讲解：24分钟 ）

本章主要介绍分区表，操作表数据和表与表的关联。通过本章的学习，读者可以熟悉分区表的创建，并能够掌握操作表数据的方法。

学习摘要：

▸▸ 分区表的创建

▸▸ 添加表记录

▸▸ 修改表记录

▸▸ 删除表记录

▸▸ 表与表之间的关联

视频讲解

5.1 分 区 表

5.1.1 分区表概述

分区表是把数据库按照某种标准划分成区域存储在不同的文件组中，使用分区可以快速有效地管理和访问数据子集，从而使大型表或索引更易于管理。合理地使用分区会很大程度上提高数据库的性能。已分区表和已分区索引的数据划分为分布于一个数据库中多个文件组的单元。数据是按水平方式分区的，因此多组行映射到单个的分区。已分区表和已分区索引支持与设计和查询标准表和索引相关的所有属性和功能，包括约束、默认值、标识和时间戳值以及触发器。因为分区表的本质是把符合不同标准的数据子集存储在一个数据库的一个或多个文件组中，通过元数据来表述数据存储逻辑地址。

决定是否实现分区主要取决于表当前的大小或将来的大小、如何使用表以及对表执行用户查询和维护操作的完善程度。通常，如果某个大型表同时满足下面的两个条件，则可能适用于进行分区。

（1）该表包含（或将包含）以多种不同方式使用的大量数据。

（2）不能按预期对表执行查询或更新，或维护开销超过了预定义的维护期。

5.1.2 界面创建分区表

以界面的方式创建分区表的步骤如下。

（1）启动 SQL Server Management Studio，并连接到 SQL Server 2014 中的数据库。

（2）在"对象资源管理器"中展开"数据库"节点，展开指定的数据库 db_2012。

（3）在 db_2012 数据库上，单击鼠标右键，在弹出的快捷菜单中选择"属性"命令，如图 5.1 所示。这时在弹出的"数据库属性"窗口的"选择页"中，选择"文件"选项，然后单击"添加"按钮，添加逻辑名称，如 Group1、Goup2、Group3、Group4，添加完之后，单击"确定"按钮，如图 5.2 所示。

图 5.1　创建文件和文件组

图 5.2　添加文件

（4）选择"文件组"选项，然后单击"添加"按钮，分别添加步骤（3）中的 4 个文件，然后选中在"只读"下面的复选框，最后单击"确定"按钮，如图 5.3 所示。

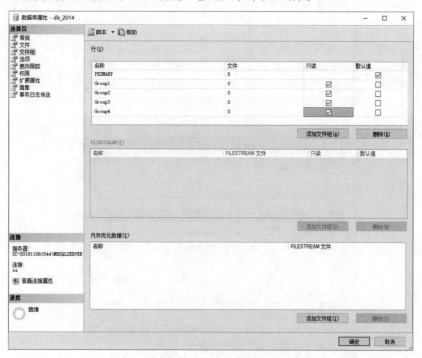

图 5.3　添加文件组

（5）在 Employee 表上单击鼠标右键，在弹出的快捷菜单中选择"存储"→"创建分区"命令，如图 5.4 所示，进入"创建分区向导"窗口，如图 5.5 所示，单击"下一步"按钮，进入"选择分区列"

界面，界面中将显示可用的分区列，选择 Age 列，如图 5.6 所示。

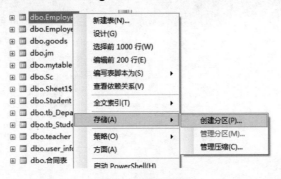

图 5.4　创建分区

图 5.5　创建分区向导

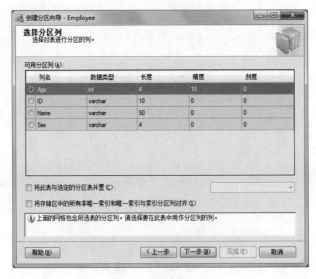

图 5.6　选择分区列

（6）单击"下一步"按钮，进入"选择分区函数"界面。在"选择分区函数"中选中"新建分区函数"单选按钮，然后在"新建分区函数"后面的文本框中输入新建分区函数的名称，如 AgeOrderFunction，如图 5.7 所示，单击"下一步"按钮。

图 5.7　选择分区函数

（7）弹出"选择分区方案"界面，选中"新建分区方案"单选按钮，在"新建分区方案"后面的文本框中输入新建分区方案的名称，如 AgeOrder，如图 5.8 所示，单击"下一步"按钮。

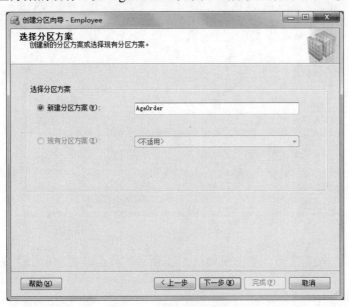

图 5.8　选择分区方案

（8）弹出"映射分区"界面，选中"左边界"单选按钮，然后选择各个分区要映射到的文件组，如图 5.9 所示，单击"下一步"按钮。

图 5.9　选择文件组合指定边界值

（9）弹出"选择输出选项"界面，选中"立即运行"单选按钮，然后单击"完成"按钮，完成对 Employee 表的分区操作，如图 5.10 所示。

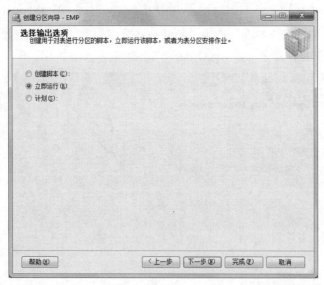

图 5.10　选择输出选项

（10）单击"完成"按钮之后，会出现如图 5.11 所示的界面，再次单击"完成"按钮。

注意

虽然分区可以带来很多好处，但是也会增加实现对象的管理操作和复杂性。所以，可能不需要为较小的表或目前满足性能和维护要求的表分区。本书中所涉及的表都是较小的表，所以不必建立分区表。

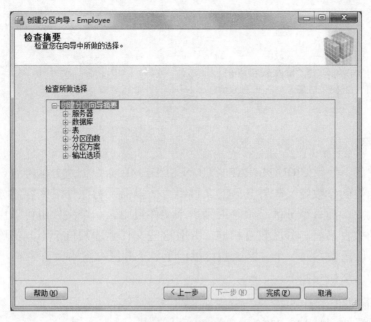

图 5.11 创建分区

5.1.3 命令创建分区表

1. 创建分区函数

创建分区函数的语法格式如下:

```
CREATE PARTITION FUNCTION partition_function_name (input_parameter_type)
AS RANGE [LEFT | RIGHT]
FOR VALUES ([boundary_value [,…n]])
[;]
```

参数说明如下。

☑ partition_function_name:是要创建的分区函数的名称。

☑ input_parameter_type:用于分区的列的数据类型。

☑ LEFT | RIGHT:指定当间隔值由数据库引擎按升序从左到右排列时,boundary_value 属于每个边界值间隔的那一侧(左侧或者右侧)。如果未指定,则默认值为 LEFT。

☑ boundary_value:为使用 partition_function_name 的已分区表或索引的每个分区指定边界值。如果为空,则分区函数使用 partition_function_name 将整个表或索引映射到单个分区。boundary_value 是可以引用变量的常量表达式。boundary_value 必须与 input_parameter_type 中提供的数据类型相匹配,或者可隐式转换为该数据类型。[,…n]指定 boundary_value 提供的值的数目,不能超过 999。所创建的分区数等于 n+1。

【例 5.01】 对 int 类型的列创建一个名为 AgePF 的分区函数,该函数把 int 类型的列中数据分成 6 个区。分为小于或等于 10 的区、大于 10 且小于或等于 30 的区、大于 30 且小于或等于 50 的区、大于 50 且小于或等于 70 的区、大于 70 且小于或等于 80 的区、大于 80 的区。(**实例位置:资源包\源码**

05\5.01）

代码如下：

```
CREATE PARTITION FUNCTION AgePF (int)
 AS RANGE LEFT FOR VALUES (10,30,50,80)
GO
```

2. 创建分区方案

分区函数创建完后，使用 CREATE PARTITION SCHEME 命令创建分区方案，由于在创建分区方案时需要根据分区函数的参数定义映射分区的文件组。所以需要有文件组来容纳分区数，文件组可以由一个或多个文件构成，而每个分区必须映射到一个文件组中。一个文件组可以由多个分区使用。通常情况下，文件组的数目最好与分区数目相同，并且这些文件组通常位于不同的磁盘上。一个分区方案只可以使用一个分区函数，而一个分区函数可以用于多个分区方案中。

创建分区方案的语法格式如下：

```
CREATE PARTITION SCHEME partition_scheme_name
AS PARTITION partition_function_name
[ALL] TO ({file_group_name | [PRIMARY]} [,…n])
[;]
```

参数说明如下。

- ☑ partition_scheme_name：创建的分区方案的名称，在创建表时使用该方案可以创建分区表。
- ☑ partition_function_name：使用分区方案的分区函数的名称，该函数必须在数据库中存在，分区函数所创建的分区将映射到在分区方案中指定的文件组。单个分区不能同时包含 FILESTREAM 和非 FILESTREAM 文件组。
- ☑ ALL：指定所有分区都映射到在 file_group_name 中提供的文件组，或映射到主文件组（如果指定了[PRIMARY]）。如果指定了 ALL，则只能指定一个 file_group_name。
- ☑ file_group_name：指定用来持有由 partition_function_name 指定的分区的文件组的名称。分区分配到文件组的顺序是从分区 1 开始，按文件组在[,…n]中列出的顺序进行分配。在[,…n]中，可以多次指定同一个 file_group_name。

【例 5.02】 假如数据库 db_2012 中存在 FGroup1、FGroup2、FGroup3、FGroup4、FGoup5、FGroup6 这 6 个文件组，根据例 5.01 中定义的分区函数创建一个分区方案，将分区函数中的 6 个分区分别存放在这 6 个文件组中。（实例位置：资源包\源码\05\5.02）

代码如下：

```
CREATE PARTITION SCHEME AgePS
AS PARTITION AgePF
TO (FGroup1,FGroup2,FGroup3,FGroup4,FGoup5,FGroup6)
GO
```

3. 使用分区方案创建分区表

分区函数和分区方案创建完后就可以创建分区表了。创建分区表使用 CREATE TABLE 语句，只要在 ON 关键字的后面指定分区方案和分区列即可。

【例 5.03】　在数据库 db_2012 中创建分区表，表中包含 ID、"姓名"和"年龄"（年龄取值范围是 1～100），使用例 5.02 的方案。（**实例位置：资源包\源码\05\5.03**）

代码如下：

```
CREATE TABLE sample
(
ID int NOT NULL,
姓名  varchar(8) NOT NULL,
年龄  int NOT NULL
)
ON AgePS(年龄)
GO
```

注意

已分区表的分区列在数据类型、长度、精度与分区方案索引引用的分区函数使用的数据类型、长度、精度要一致。

5.2　操作表数据

视频讲解

5.2.1　使用 SQL Server Management Studio 添加记录

打开数据表后，在最后一条记录下面有一条所有字段都为 NULL 的记录，在此条记录中添加新记录。向数据表（如 student）中添加数据的具体操作步骤如下。

（1）启动 SQL Server Management Studio，并连接到 SQL Server 2014 中的数据库。

（2）在"对象资源管理器"中展开"数据库"节点，展开指定的数据库。

（3）选择数据表 student，单击鼠标右键，在弹出的快捷菜单中选择"编辑前 200 行"命令，如图 5.12 所示。

（4）进入数据表编辑窗口，最后一条记录下面有一条所有字段都为 NULL 的记录，如图 5.13 所示，在此处添加新记录。记录添加后数据将自动保存在数据表中。

在新增记录内容时有以下几点需要注意。

（1）设置为标识规范的字段不能输入字段内容。

（2）被设置为主键的字段不允许与其他行的主键值相同。

（3）输入字段内容的数据类型和字段定义的数据类型一致，包括数据类型、长度和精度等。

（4）不允许 NULL 的字段必须输入与字段类型的数据。

（5）作为外键的字段，输入的内容一定要符合外键要求。

（6）如果字段存在其他约束，输入的内容必须满足约束要求。

图 5.12　打开数据表

	学号	姓名	性别
▶	B001	李艳丽	女
	B002	聂乐乐	女
	B003	刘大伟	男
	B004	王嘟嘟	女
	B005	李羽凡	男
	B006	刘月	女
*	NULL	NULL	NULL

图 5.13　编辑窗口

（7）如果字段被设置默认值，当不在字段内输入任何数据时会字段填入默认值。

5.2.2　使用 INSERT 语句添加记录

使用 INSERT 语句可以向数据表插入记录，INSERT 语句可以在查询编辑器窗口中执行。本小节将对 INSERT 语句的执行进行讲解。

1．INSERT 语句的语法

Transact-SQL 中 INSERT 语句的基本语法格式如下：

INSERT INTO 表名[(列名 1，列名 2，列名 3...)] VALUES(值 1，值 2，值 3...)

或：

INSERT INTO 表名[(列名 1，列名 2，列名 3...)] SELECT 语句

2．INSERT 语句添加数据的实例

使用 INSERT 语句向员工基本信息表中插入记录，代码如下：

INSERT INTO tb_basicMessage VALUES('小李',26,'男',4,4)

语句执行后数据表记录如图 5.14 所示。

	id	name	age	sex	dept	headship
1	7	小陈	27	男	1	1
2	8	小葛	29	男	1	1
3	16	张三	30	男	1	5
4	23	小开	30	男	4	4
5	24	金额	20	女	4	7
6	25	cdd	24	女	3	6
7	27		25	男	2	3
8	29	小李	26	男	4	4

图 5.14　插入后的数据

5.2.3 使用 SQL Server Management Studio 修改记录

使用 SQL Server Management Studio 打开数据表后，可以在需要修改的字段的单元格内修改字段内容。数据表中错误或过时的数据记录可以进行修改。修改数据表中数据记录的具体操作步骤如下。

（1）启动 SQL Server Management Studio，并连接到 SQL Server 2014 数据库中。

（2）在"对象资源管理器"中展开"数据库"节点，展开指定的数据库。

（3）选择数据表 student，单击鼠标右键，在弹出的快捷菜单中选择"编辑前 200 行"命令。

（4）进入数据表编辑窗口，如图 5.15 所示，直接单击需要修改字段的单元格，对数据进行修改。

	学号	姓名	性别
	B005	李羽凡	男
	B006	刘月	女
∅	B007	高兴	男
*	NULL	NULL	NULL

图 5.15 使用图形界面修改数据

5.2.4 使用 UPDATE 语句修改记录

使用 UPDATE 语句可以向数据表插入记录，UPDATE 语句可以在查询编辑器窗口中执行。本小节将对 UPDATE 语句的执行进行讲解。

1. UPDATE 语句的语法

Transact-SQL 中 UPDATE 语句的基本语法格式如下：

UPDATE 表名 SET 列名 1 = 值 1 [, 列名 2=值 2，列名 3=值 3...] [WHERE 子句]

2. UPDATE 语句更新数据的实例

【例 5.04】 使用 UPDATE 语句更新所有记录。（实例位置：资源包\源码\05\5.04）

使用 UPDATE 语句将数据表 tb_basicMessage 中所有数据的 sex 字段值都改为"男"，代码如下：

UPDATE tb_basicMessage SET sex='男'

修改的数据如图 5.16 所示。

	id	name	age	sex	dept	headship
1	7	小陈	27	男	1	1
2	8	小葛	29	男	1	1
3	16	张三	30	男	1	5
4	23	小开	30	男	4	4
5	24	金额	20	男	4	7
6	25	cdd	24	男	3	6
7	27	——	25	男	2	3
8	29	小李	26	男	4	4

图 5.16 更新记录后

【例 5.05】 使用 UPDATE 语句更新符合条件的记录。（**实例位置：资源包\源码\05\5.05**）

将姓名为"刘大伟"的人员性别设置为"男"，代码如下：

```
UPDATE student SET 性别='男' WHERE 姓名='刘大伟'
```

语句执行后，数据表的记录如图 5.17 所示。

	学号	姓名	性别	年龄	出生日期	联系方式
1	B001	李艳丽	女	25	1985-03-03	13451
2	B002	聂乐乐	女	23	1984-03-10	23451
3	B003	刘大伟	男	23	1986-01-01	52345
4	B004	王嘟嘟	女	22	1984-03-10	62345

图 5.17　修改指定记录后

5.2.5　使用 SQL Server Management Studio 删除记录

使用 SQL Server Management Studio 打开数据表后，选中要删除的记录，单击鼠标右键，在弹出的快捷菜单中选择"删除"命令，如图 5.18 所示。

将数据表 Table_1 中的记录进行删除，具体操作步骤如下。

（1）启动 SQL Server Management Studio，并连接到 SQL Server 2014 数据库。

（2）在"对象资源管理器"中展开"数据库"节点，展开指定数据库。

（3）选择数据表 student，单击鼠标右键，在弹出的快捷菜单中选择"编辑前 200 行"命令。

（4）进入数据表编辑窗口，选中要删除的数据记录，单击鼠标右键，在弹出的快捷菜单中选择"删除"命令。

（5）在弹出的提示对话框中，单击"是"按钮即可删除该记录，如图 5.19 所示。

图 5.18　图形界面删除数据

图 5.19　提示删除对话框

5.2.6　使用 DELETE 语句删除记录

使用 DELETE 语句也可以删除表中的记录，本小节将对 DELETE 语句的执行进行讲解。

1．DELETE 语句的语法

Transact-SQL 中 DELETE 语句的基本语法格式如下：

```
DELETE [FROM] 表名 [WHERE 子句]
```

2. DELETE 语句删除数据的实例

【例 5.06】　使用 DELETE 语句删除指定记录。(实例位置：资源包\源码\05\5.06)

删除表 tb_basicMessage 中的 name 为 "小李" 的记录，代码如下：

```
DELETE tb_basicMessage WHERE name='小李'
```

删除前数据表中的记录如图 5.20 所示，删除后数据表中的记录如图 5.21 所示。

	id	name	age	sex	dept	headship
1	7	小陈	27	男	1	1
2	8	小葛	29	男	1	1
3	16	张三	30	男	1	5
4	23	小开	30	男	4	4
5	24	金额	20	男	4	7
6	25	cdd	24	男	3	6
7	27	———	25	男	2	3
8	29	小李	26	男	4	4

	id	name	age	sex	dept	headship
1	7	小陈	27	男	1	1
2	8	小葛	29	男	1	1
3	16	张三	30	男	1	5
4	23	小开	30	男	4	4
5	24	金额	20	男	4	7
6	25	cdd	24	男	3	6
7	27	———	25	男	2	3

图 5.20　删除数据前　　　　　　　　　图 5.21　删除数据后

如果 DELETE 语句中不包含 WHERE 子句，则将删除全部记录。例如：

```
DELETE student
```

视频讲解

5.3　表与表之间的关联

关系是通过匹配键列中的数据而工作的，而键列通常是两个表中具有相同名称的列，在数据表间创建关系可以显示某个表中的列连接到另一个表中的列。表与表之间存在 3 种类型的关系，所创建的关系类型取决于相关联的列是如何定义的。表与表之间存在如下 3 种关系。

- ☑　一对一关系。
- ☑　一对多关系。
- ☑　多对多关系。

5.3.1　一对一关系

一对一关系是指表 A 中的一条记录确实在表 B 中有且只有一条相匹配的记录。在一对一关系中，大部分相关信息都在一个表中。

如果两个相关列都是主键或具有唯一约束，创建的就是一对一关系。

在学生管理系统中，Course 表用于存放课程的基础信息，这里定义为主表；teacher 表用于存放教师信息，这里定义为从表，且一个教师只能教一门课程。下面介绍如何通过这两张表创建一对一关系。

说明

"一个教师只能教一门课程"，在这里不考虑一名教师教多门课程的情况。例如，英语专业的老师只能教英语。

操作步骤如下。

（1）启动 SQL Server Management Studio，并连接到 SQL Server 2014 中的数据库。

（2）在"对象资源管理器"中展开"数据库"节点，展开指定的数据库 db_2012。

（3）鼠标右键单击 Course 表，在弹出的快捷菜单中选择"设计"命令。

（4）在表设计窗口中，鼠标右键单击 Cno 字段，在弹出的快捷菜单中选择"关系"命令，打开"外键关系"窗体，在该窗体中单击"添加"按钮，如图 5.22 所示。

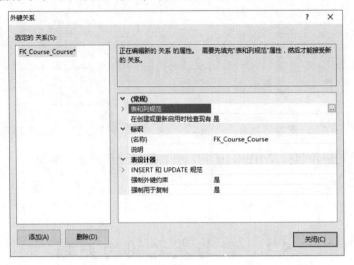

图 5.22　"外键关系"窗体

（5）在"外键关系"窗体中，单击"表和列规范"后面的按钮，添加表和列规范属性，弹出"表和列"窗体，在该窗体中设置关系名及主外键的表，如图 5.23 所示。

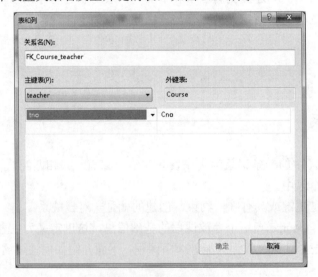

图 5.23　"表和列"窗体

（6）在"表和列"窗体中，单击"确定"按钮，返回到"外键关系"窗体，在"外键关系"窗体中单击"关闭"按钮，完成一对一关系的创建。

注意

> 创建一对一关系之前，都应将 tno、Cno 设置为这两个表的主键，且关联字段类型必须相同。

5.3.2　一对多关系

一对多关系是最常见的关系类型，是指表 A 中的行可以在表 B 中有许多匹配行，但是表 B 中的行只能在表 A 中有一个匹配行。

如果在相关列中只有一列是主键或具有唯一约束，则创建的是一对多关系。例如，student 用于存储学生的基础信息，这里定义为主表；Course 用于存储课程的基础信息，一个学生可以学多门课程，这里定义为从表。下面介绍如何通过这两张表创建一对多关系。

操作步骤如下。

（1）启动 SQL Server Management Studio，并连接到 SQL Server 2014 中的数据库。

（2）在"对象资源管理器"中展开"数据库"节点，展开指定的数据库 db_2012。

（3）鼠标右键单击 Course 表，在弹出的快捷菜单中选择"设计"命令。

（4）在表设计窗口中，鼠标右键单击 Cno 字段，在弹出的快捷菜单中选择"关系"命令，打开"外键关系"窗体，在该窗体中单击"添加"按钮，如图 5.24 所示。

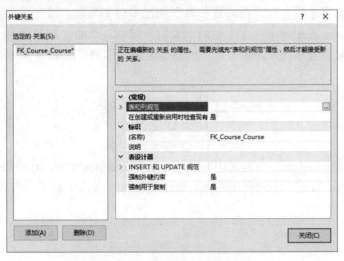

图 5.24　"外键关系"窗体

（5）在"外键关系"窗体中，单击"表和列规范"后面的按钮，选择要创建一对多关系的数据表和列。弹出"表和列"窗体，在该窗体中设置关系名及主外键的表，如图 5.25 所示。

（6）在"表和列"窗体中，单击"确定"按钮，返回到"外键关系"窗体，在"外键关系"窗体中单击"关闭"按钮，完成一对多关系的创建。

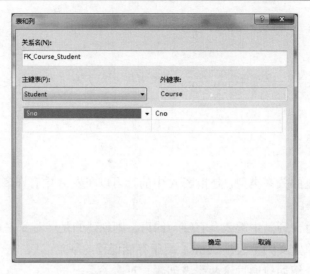

图 5.25　"表和列"窗体

5.3.3　多对多关系

多对多关系是指关系中每个表的行在相关表中具有多个匹配行。在数据库中，多对多关系的建立是依靠第 3 个表即连接表实现的，连接表包含相关的两个表的主键列，然后从两个相关表的主键列分别创建与连接表中匹配列的关系。

例如，通过"商品信息表"与"商品订单表"创建多对多关系。首先就需要建立一个连接表（如"商品订单信息表"），该表中应该包含上述两个表的主键列，然后"商品信息表"和"商品订单表"分别与连接表建立一对多关系，以此来实现"商品信息表"和"商品订单表"的多对多关系。

5.4　小　　结

本章介绍操作表数据的方法，分为使用 SQL Server Management Studio 和命令方式。通过本章的学习了解了分区表的创建、数据表中数据的添加、修改和删除，最后了解了表与表之间的关联。

第 6 章

SQL 函数的使用

（ 视频讲解：42 分钟 ）

在 SQL Server 中提供了许多内置函数，按函数种类可以分为聚合函数、数学函数、字符串函数、日期和时间函数、转换函数、元数据函数等 6 种。在进行查询操作时，经常能够用到 SQL 函数，使用 SQL 函数会给查询带来很多方便。本章将会对不同类型的 SQL 函数进行讲解，从而使读者能够快速地掌握好 SQL 函数的使用方法。

学习摘要：

▸▸ SQL 函数的几种主要分类

▸▸ 常用聚合函数

▸▸ 常用数学函数

▸▸ 常用字符串函数

▸▸ 常用日期和时间函数

▸▸ 转换函数

▸▸ 常用元数据函数

视频讲解

6.1 聚 合 函 数

聚合函数对一组值执行计算，并返回单个值。除了 COUNT 以外，聚合函数都会忽略空值。聚合函数经常与 SELECT 语句的 GROUP BY 子句一起使用。

所有聚合函数均为确定性函数。这表示任何时候使用一组特定的输入值调用聚合函数，所返回的值都是相同的。

6.1.1 聚合函数概述

聚合函数对一组值进行计算并返回单一的值，通常聚合函数会与 SELECT 语句的 GROUP BY 子句一同使用，在与 GROUP BY 子句使用时，聚合函数会为每一个组产生一个单一值，而不会为整个表产生一个单一值。常用的聚合函数及说明如表 6.1 所示。

表 6.1　常用的聚合函数及说明

函 数 名 称	说　　　明
SUM	返回表达式中所有值的和
AVG	计算平均值
MIN	返回表达式的最小值
MAX	返回表达式的最大值
COUNT	返回组中项目的数量
DISTINCT	返回一个集合，并从指定集合中删除重复的元组

6.1.2 SUM（求和）函数

SUM 函数返回表达式中所有值的和或仅非重复值的和。SUM 只能用于数字列。空值将被忽略。语法格式如下：

```
SUM([ALL | DISTINCT] expression)
```

参数说明如下。

☑　ALL：对所有的值应用此聚合函数。ALL 是默认值。

☑　DISTINCT：指定 SUM 返回唯一值的和。

☑　expression：常量、列或函数与算术、位和字符串运算符的任意组合。expression 是精确数字或近似数字数据类型类别（bit 数据类型除外）的表达式。

☑　返回类型：以最精确的 expression 数据类型返回所有 expression 值的和。

有关 SUM 函数使用的几点说明如下。

☑　含有索引的字段能够加快聚合函数的运行。

☑　字段数据类型为 int、smallint、tinyint、decimal、numeric、float、real、money 以及 smallmoney 的字段才可以使用 SUM 函数。

☑　在使用 SUM 函数时，SQL Server 把结果集中的 smallint 或 tinyint 这些数据类型当作 int 处理。

☑　在使用 SUM 函数时，SQL Server 将忽略空值（NULL），即计算时不计算这些空值。

【例 6.01】　使用 SUM 函数，求 SC 表中 001（数据结构）课程的总成绩，SQL 语句及运行结果如图 6.1 所示。（**实例位置：资源包\源码\06\6.01**）

SQL 语句如下：

```
USE db_2014
SELECT SUM(Grade) AS 数据结构总成绩
FROM SC WHERE Cno=001
```

在 SC 表中 001 的成绩如图 6.2 所示。

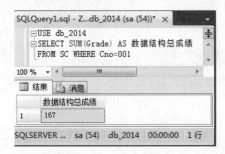

图 6.1　使用 SUM 函数获得数据结构的总成绩

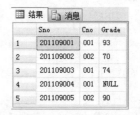

图 6.2　SC 表中 001 的成绩

6.1.3　AVG（平均值）函数

AVG 函数返回组中各值的平均值。将忽略空值。

语法格式如下：

```
AVG([ALL | DISTINCT] expression)
```

参数说明如下。

☑　ALL：对所有的值进行聚合函数运算。ALL 是默认值。

☑　DISTINCT：指定 AVG 只在每个值的唯一实例上执行，而不管该值出现了多少次。

☑　expression：是精确数值或近似数值数据类别（bit 数据类型除外）的表达式。不允许使用聚合函数和子查询。

☑　返回类型：返回类型由 expression 的计算结果类型确定。

有关 AVG 函数使用的几点说明如下。

☑　AVG 函数不一定返回与传递到函数的列完全相同的数据类型。

☑　AVG 函数只能用于数据类型是 int、smallint、tinyint、decimal、float、real、money 和 smallmoney 的字段。

☑　在使用 AVG 函数时，SQL Server 把结果集中的 smallint 或 tinyint 这些数据类型当作 int 处理。

AVG 函数的返回值类型由表达式的运算结果类型决定，如表 6.2 所示。

表 6.2　AVG 函数返回值类型

表达式结果	返回类型
整数分类	int
decimal 分类(p,s)	decimal(38,s)除以 decimal(10,0)
money 和 smallmoney 分类	money
float 和 read 分类	float

【例 6.02】　使用 AVG 函数，求 SC 表中 001（数据结构）课程的平均成绩，SQL 语句及运行结果如图 6.3 所示。（实例位置：资源包\源码\06\6.02）

图 6.3　使用 AVG 函数获得数据结构的平均成绩

SQL 语句如下：

```
USE db_2014
SELECT AVG(Grade) AS  数据结构平均成绩
FROM SC WHERE Cno=001
```

6.1.4　MIN（最小值）函数

MIN 函数返回表达式中的最小值。
语法格式如下：

```
MIN([ALL | DISTINCT] expression)
```

参数说明如下。

☑　ALL：对所有的值进行聚合函数运算。ALL 是默认值。

☑　DISTINCT：指定每个唯一值都被考虑。DISTINCT 对于 MIN 无意义，使用它仅仅是为了符合 ISO 标准。

☑　expression：常量、列名、函数以及算术运算符、位运算符和字符串运算符的任意组合。MIN 可用于 numeric、char、varchar 或 datetime 列，但不能用于 bit 列。不允许使用聚合函数和子查询。

☑　返回类型：返回与 expression 相同的值。

有关 MIN 函数使用的几点说明如下。

☑　MIN 函数不能用于数据类型是 bit 的字段。

☑　在确定列中的最小值时，MIN 函数忽略 NULL 值，但是如果在该列中的所有行都有 NULL 值，将返回 NULL 值。

☑　不允许使用聚合函数和子查询。

【例 6.03】　使用 MIN 函数，查询 Student 表中男同学的最小年龄，SQL 语句及运行结果如图 6.4 所示。（实例位置：资源包\源码\06\6.03）

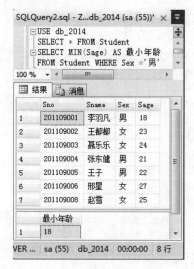

图 6.4　使用 MIN 函数获得数据结构的最小成绩

SQL 语句如下：

```
USE db_2014
SELECT * FROM Student
SELECT MIN(Sage) AS 最小年龄
FROM Student WHERE Sex ='男'
```

6.1.5　MAX（最大值）函数

MAX 函数返回表达式的最大值。

语法格式如下：

```
MAX([ALL | DISTINCT] expression)
```

参数说明如下。

☑　ALL：对所有的值应用此聚合函数。ALL 是默认值。

☑　DISTINCT：指定考虑每个唯一值。DISTINCT 对于 MAX 无意义，使用它仅仅是为了与 ISO 实现兼容。

☑　expression：常量、列名、函数以及算术运算符、位运算符和字符串运算符的任意组合。MAX 可用于 numeric 列、character 列和 datetime 列，但不能用于 bit 列。不允许使用聚合函数和子查询。

☑　返回类型：返回与 expression 相同的值。

有关 MAX 函数使用的几点说明如下。

☑ MAX 函数将忽略选取对象中的空值。

☑ 不能通过 MAX 函数从 bit、text 和 image 数据类型的字段中选取最大值。

☑ 在 SQL Server 中，MAX 函数可以用于数据类型为数字、字符、datetime 的列，但是不能用于数据类型为 bit 的列。不能使用聚合函数和子查询。

☑ 对于字符列，MAX 查找排序序列的最大值。

【例 6.04】 在本示例中使用了一个子查询，并在子查询中使用了 MAX 函数将查询条件指定为 Student 表中年龄最大的同学信息，SQL 语句及运行结果如图 6.5 所示。（**实例位置：资源包\源码\06\6.04**）

图 6.5 使用 MAX 函数获取 Student 表中年龄最大的同学信息

SQL 语句如下：

```
USE db_2014
SELECT * FROM Student
SELECT Sname,Sex,Sage FROM Student
WHERE Sage=(SELECT MAX(Sage) FROM Student)
```

首先在 Student 表中选择指定列的数据并显示，然后在 WHERE 条件中使用子查询，并在子查询中使用 MAX 函数选择 Student 中年龄最大的同学。

如果用户不想获取其他列的信息，可以直接在 SELECT 语句中使用 MAX 函数加上要查询的列即可。

【例 6.05】 直接查询学生中年龄最大的同学。（**实例位置：资源包\源码\06\6.05**）

SQL 语句如下：

```
USE db_2014
SELECT MAX(Sage) AS 最大年龄 FROM Student
```

6.1.6 COUNT（统计）函数

COUNT 函数返回组中的项数。COUNT 返回 int 数据类型值。

语法格式如下：

```
COUNT({[[ALL | DISTINCT] expression] | *})
```

参数说明如下。

- ☑　ALL：对所有的值进行聚合函数运算。ALL 是默认值。
- ☑　DISTINCT：指定 COUNT 返回唯一非空值的数量。
- ☑　expression：除 text、image 或 ntext 以外任何类型的表达式。不允许使用聚合函数和子查询。
- ☑　*：指定应该计算所有行以返回表中行的总数。COUNT(*)不需要任何参数，而且不能与 DISTINCT 一起使用。COUNT(*)不需要 expression 参数，因为根据定义，该函数不使用有关任何特定列的信息。COUNT(*)返回指定表中行数而不删除副本。它对各行分别计数。包括包含空值的行。
- ☑　返回类型：int 类型。

【例 6.06】　使用 SELECT 语句显示学生信息，并使用 COUNT 函数统计所有学生的性别，然后使用 AS 语句，将 Sex 重命名为"人数"，最后显示查询结果，SQL 语句及运行结果如图 6.6 所示。（实例位置：资源包\源码\06\6.06）

SQL 语句如下：

```
USE db_2014
SELECT * FROM Student
SELECT Sex,COUNT (Sex) AS  人数  FROM Student
GROUP BY Sex
```

【例 6.07】　查询 Student 表中的总人数，SQL 语句及运行结果如图 6.7 所示。（实例位置：资源包\源码\06\6.07）

图 6.6　使用 COUNT 函数计算男女同学的人数

图 6.7　使用 COUNT 函数计算学生的总人数

SQL 语句如下：

```
USE db_2014
SELECT * FROM Student
SELECT COUNT (*) AS  总人数  FROM Student
```

6.1.7　DISTINCT（取不重复记录）函数

DISTINCT 函数，对指定的集求值，删除该集中的重复元组，然后返回结果集。
语法格式如下：

```
Distinct(Set_Expression)
```

参数 Set_Expression 表示返回集的有效多维表达式（MDX）。

说明

如果 DISTINCT 函数在指定的集中找到了重复的元组，则此函数只保留重复元组的第一个实例，同时保留该集原来的顺序。

【例 6.08】　使用 DISTINCT 函数查询 Course 表中不重复的课程信息，SQL 语句及运行结果如图 6.8 所示。（实例位置：资源包\源码\06\6.08）

图 6.8　查询 Course 表中不重复的课程信息

SQL 语句如下：

```
SELECT * FROM Course
SELECT DISTINCT(Cname)
FROM Course ORDER BY Cname
```

6.1.8　查询重复记录

查询数据表中的重复记录，可以借助 HAVING 子句实现，该子句用来指定组或聚合的搜索条件。HAVING 子句只能与 SELECT 语句一起使用，而且它通常在 GROUP BY 子句中使用。
HAVING 子句语法格式如下：

```
[HAVING <search condition>]
```

参数 search condition 用来指定组或聚合应满足的搜索条件。

【例 6.09】　使用 HAVING 子句为组指定条件，当同种课程的记录大于等于一条时，显示此课程的名称及重复数量，SQL 语句及运行结果如图 6.9 所示。（**实例位置：资源包\源码\06\6.09**）

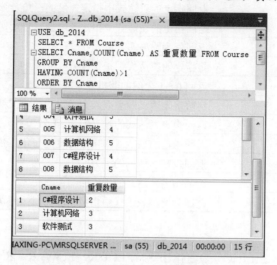

图 6.9　查询重复的课程及重复数量

SQL 语句如下：

```
USE db_2014
SELECT * FROM Course
SELECT Cname,COUNT(Cname) AS 重复数量 FROM Course
GROUP BY Cname
HAVING COUNT(Cname)>1
ORDER BY Cname
```

6.2　数 学 函 数

视频讲解

数学函数能够对数字表达式进行数学运算，并能够将结果返回给用户。默认情况下，传递给数学函数的数字将被解释为双精度浮点数。

6.2.1　数学函数概述

数学函数可以对数据类型为整型（integer）、实型（real）、浮点型（float）、货币型（money）和 smallmoney 的列进行操作。它的返回值是 6 位小数，如果使用出错，则返回 NULL 值并显示提示信息，通常该函数可以用在 SQL 语句的表达式中。常用的数学函数及说明如表 6.3 所示。

表 6.3　常用的数学函数及说明

函 数 名 称	说　　明
ABS	返回指定数字表达式的绝对值
COS	返回指定的表达式中指定弧度的三角余弦值
COT	返回指定的表达式中指定弧度的三角余切值
PI	返回值为圆周率
POWER	将指定的表达式乘指定次方
RAND	返回 0~1 之间的随机浮点数
ROUND	将数字表达式四舍五入为指定的长度或精度
SIGN	返回指定表达式的零（0）、正号（+1）或负号（-1）
SIN	返回指定的表达式中指定弧度的三角正弦值
SQUARE	返回指定表达式的平方
SQRT	返回指定表达式的平方根
TAN	返回指定的表达式中指定弧度的三角正切值

注意

　　算术函数（如 ABS、CEILING、DEGREES、FLOOR、POWER、RADIANS 和 SIGN）返回与输入值具有相同数据类型的值。三角函数和其他函数（包括 EXP、LOG、LOG10、SQUARE 和 SQRT）将输入值转换为 float 并返回 float 值。

6.2.2　ABS（绝对值）函数

ABS 函数返回数值表达式的绝对值。

语法格式如下：

```
ABS(numeric_expression)
```

参数说明如下。

　numeric_expression：是有符号或无符号的数值表达式。

　结果类型：提交给函数的数值表达式的数据类型。

说明

　　如果该参数为空，则 ABS 返回的结果为空。

【例 6.10】　使用 ABS 函数求指定表达式的绝对值，SQL 语句及运行结果如图 6.10 所示。（**实例位置：资源包\源码\06\6.10**）

SQL 语句如下：

```
SELECT ABS(1.0) AS "1.0 的绝对值",
ABS(0.0) AS "0.0 的绝对值",
ABS(-1.0) AS "-1.0 的绝对值"
```

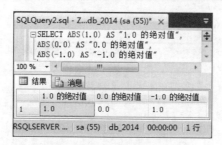

图 6.10　指定表达式的绝对值

6.2.3　PI（圆周率）函数

PI 函数返回 PI 的常量值。

语法格式如下：

PI( )

返回类型：float 型。

【例 6.11】　使用 PI 函数返回指定 PI 的值，SQL 语句及运行结果如图 6.11 所示。（实例位置：资源包\源码\06\6.11）

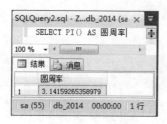

图 6.11　返回 PI 的值

SQL 语句如下：

SELECT PI() AS 圆周率

6.2.4　POWER（乘方）函数

POWER 函数返回对数值表达式进行幂运算的结果。power 参数的计算结果必须为整数。

语法格式如下：

POWER(numeric_expression,power)

参数说明如下。

☑　numeric_expression：有效的数值表达式。

☑　power：有效的数值表达式。

【例 6.12】　使用 POWER 函数分别求 2、3、4 的乘方的结果，SQL 语句及运行结果如图 6.12 所

示。（实例位置：资源包\源码\06\6.12）

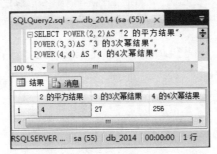

图 6.12　计算指定数的乘方

SQL 语句如下：

```
SELECT POWER(2,2) AS "2 的平方结果",
POWER(3,3) AS "3 的 3 次幂结果",
POWER(4,4) AS "4 的 4 次幂结果"
```

6.2.5　RAND（随机浮点数）函数

RAND 函数返回 0～1 之间的随机 float 值。
语法格式如下：

```
RAND([seed])
```

参数说明如下。
☑　seed：提供种子值的整数表达式（tinyint、smallint 或 int）。如果未指定 seed，则 SQL Server
　　数据库引擎随机分配种子值。对于指定的种子值，返回的结果始终相同。
☑　返回类型：float 类型。

注意
　　使用同一个种子值重复调用 RAND() 会返回相同的结果。

【例 6.13】　使用同一种子值调用 RAND 函数，返回相同的数字序列，SQL 语句及运行结果如图 6.13
所示。（实例位置：资源包\源码\06\6.13）

图 6.13　使用同一种子值调用 RAND 函数

SQL 语句如下：

```
SELECT RAND(100), RAND(100), RAND()
```

【例 6.14】　使用 RAND 函数生成的 3 个不同的随机数，SQL 语句及运行结果如图 6.14 所示。（实例位置：资源包\源码\06\6.14）

图 6.14　生成的 3 个不同的随机数

SQL 语句如下：

```
DECLARE @counter smallint;
SET @counter = 1;
WHILE @counter < 4
   BEGIN
      SELECT RAND() Random_Number
      SET @counter = @counter + 1
   END;
GO
```

6.2.6　ROUND（四舍五入）函数

ROUND 函数返回一个数值，舍入到指定的长度或精度。
语法格式如下：

```
ROUND(numeric_expression, length [,function])
```

参数说明如下。

☑ numeric_expression：精确数值或近似数值数据类别（bit 数据类型除外）的表达式。

☑ length：numeric_expression 的舍入精度。length 必须是 tinyint、smallint 或 int 类型的表达式。如果 length 为正数，则将 numeric_expression 舍入到 length 指定的小数位数。如果 length 为负数，则将 numeric_expression 小数点左边部分舍入到 length 指定的长度。

☑ function：要执行的操作的类型。function 必须为 tinyint、smallint 或 int。如果省略 function 或其值为 0（默认值），则将舍入 numeric_expression。如果指定了 0 以外的值，则将截断 numeric_expression。

☑ 返回类型：返回与 numeric_expression 相同的类型。

【例 6.15】 使用 ROUND 函数计算指定表达式的值，SQL 语句及运行结果如图 6.15 所示。（实例位置：资源包\源码\06\6.15）

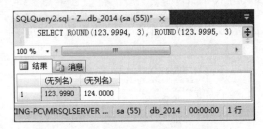

图 6.15 使用 ROUND 函数计算表达式

SQL 语句如下：

```
SELECT ROUND(123.9994, 3), ROUND(123.9995, 3)
```

6.2.7 SQUARE（平方）函数和 SQRT（平方根）函数

1. SQUARE（平方）函数

SQUARE 函数返回数值表达式的平方。

语法格式如下：

```
SQUARE(numeric_expression)
```

参数 numeric_expression 表示任意数值数据类型的数值表达式。

【例 6.16】 使用 SQUARE 函数计算指定表达式的值，SQL 语句及运行结果如图 6.16 所示。（实例位置：资源包\源码\06\6.16）

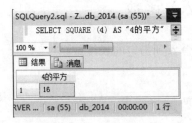

图 6.16 使用 SQUARE 函数计算表达式

SQL 语句如下：

```
SELECT SQUARE(4) AS "4 的平方"
```

2. SQRT（平方根）函数

SQRT 函数返回数值表达式的平方根。

语法格式如下：

```
SQRT(numeric_expression)
```

参数 numeric_expression 表示任意数值数据类型的数值表达式。

【例 6.17】　使用 SQRT 函数计算指定表达式的值，SQL 语句及运行结果如图 6.17 所示。（实例位置：资源包\源码\06\6.17）

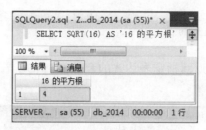

图 6.17　使用 SQRT 函数计算表达式

SQL 语句如下：

```
SELECT SQRT(16) AS '16 的平方根'
```

【例 6.18】　使用 SQRT 函数返回 1.00～10.00 之间的数字平方根。（实例位置：资源包\源码\06\6.18）

SQL 语句如下：

```
DECLARE @mysqrt float
SET @mysqrt = 1.00
WHILE @mysqrt < 10.00
BEGIN
    SELECT SQRT(@mysqrt)
    SELECT @mysqrt = @mysqrt + 1
END
```

程序运行结果如表 6.4 所示。

表 6.4　结果集

数　　字	平　方　根	数　　字	平　方　根
1.00	1.0	6.00	2.44948974278318
2.00	1.4142135623731	6.00	2.64575131106459
3.00	1.73205080756888	8.00	2.82842712474619
4.00	2.0	9.00	3.0
5.00	2.23606797749979		

6.2.8　三角函数

三角函数包括 COS、COT、SIN 以及 TAN 函数，分别表示为三角余弦值、三角余切值、三角正弦值和三角正切值，下面分别对这几种三角函数进行详细讲解。

1. COS 函数

COS 函数返回指定表达式中以弧度表示的指定角的三角余弦。

语法格式如下：

COS(float_expression)

参数说明如下。

☑ float_expression：float 类型的表达式。

☑ 返回类型：float 类型。

【例 6.19】 使用 COS 函数返回指定表达式的余弦值，SQL 语句及运行结果如图 6.18 所示。（**实例位置：资源包\源码\06\6.19**）

图 6.18 方法指定表达式的余弦值

SQL 语句如下：

```
DECLARE @angle float
SET @angle =10
SELECT CONVERT(varchar,COS(@angle)) AS COS
GO
```

2．COT 函数

COT 函数返回指定表达式中以弧度表示的指定角的三角余切值。

语法格式如下：

COT(float_expression)

参数说明如下。

☑ float_expression：float 类型或能够隐式转换为 float 类型的表达式。

☑ 返回类型：float 类型。

【例 6.20】 使用 COT 函数返回指定表达式的余切值，SQL 语句及运行结果如图 6.19 所示。（**实例位置：资源包\源码\06\6.20**）

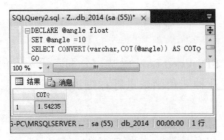

图 6.19 返回指定表达式的余切值

SQL 语句如下：

```
DECLARE @angle float
SET @angle =10
SELECT CONVERT(varchar,COT(@angle)) AS COT。
GO
```

3. SIN 函数

SIN 函数返回指定表达式中以弧度表示的指定角的三角正弦值。

语法格式如下：

```
SIN(float_expression)
```

参数说明如下。

☑　float_expression：float 类型或能够隐式转换为 float 类型的表达式。

☑　返回类型：float 类型。

【例 6.21】　使用 SIN 函数返回指定表达式的正弦值，SQL 语句及运行结果如图 6.20 所示。（实例位置：资源包\源码\06\6.21）

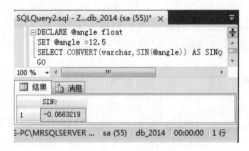

图 6.20　返回指定表达式的正弦值

SQL 语句如下：

```
DECLARE @angle float
SET @angle =12.5
SELECT CONVERT(varchar,SIN(@angle)) AS SIN。
GO
```

4. TAN 函数

TAN 函数返回指定表达式中以弧度表示的指定角的三角正切值。

语法格式如下：

```
TAN(float_expression)
```

参数说明如下。

☑　float_expression：float 类型或可隐式转换为 float 类型的表达式。

☑　返回类型：float 类型。

【例 6.22】 使用 TAN 函数返回指定表达式的正切值，SQL 语句及运行结果如图 6.21 所示。（实例位置：资源包\源码\06\6.22）

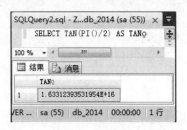

图 6.21 返回指定表达式的正切值

SQL 语句如下：

```
SELECT TAN(PI()/2) AS TAN○
```

视频讲解

6.3 字符串函数

字符串函数对 N 进制数据、字符串和表达式执行不同的运算，如返回字符串的起始位置，返回字符串的个数等。本节向读者介绍 SQL Server 中常用的字符串函数。

6.3.1 字符串函数概述

字符串函数作用于 char、varchar、binary 和 varbinary 数据类型以及可以隐式转换为 char 或 varchar 的数据类型。通常字符串函数可以用在 SQL 语句的表达式中。常用的字符串函数及说明如表 6.5 所示。

表 6.5 常用的字符串函数及说明

函 数 名 称	说 明
ASCII	返回字符表达式最左端字符的 ASCII 代码值
CHARINDEX	返回字符串中指定表达式的起始位置
LEFT	从左边开始，取得字符串左边指定个数的字符
LEN	返回指定字符串的字符（而不是字节）个数
REPLACE	将指定的字符串替换为另一指定的字符串
REVERSE	返回字符表达式的反转
RIGHT	从右边开始，取得字符串右边指定个数的字符
STR	返回由数字数据转换来的字符数据
SUBSTRING	返回指定个数的字符

6.3.2 ASCII（获取 ASCII 码）函数

ASCII 函数返回字符表达式中最左侧的字符的 ASCII 代码值。

语法格式如下：

```
ASCII(character_expression)
```

参数说明如下。

☑　character_expression：char 或 varchar 类型的表达式。

☑　返回类型：int 类型。

说明

ASCII 码共有 127 个，其中 Microsoft Windows 不支持 1～7、11～12 和 14～31 之间的字符。值 8、9、10 和 13 分别转换为退格、制表、换行和回车字符。它们并没有特定的图形显示，但会依不同的应用程序而对文本显示有不同的影响。

ASCII 码值对照表如表 6.6 所示。

表 6.6　ASCII 码值对照表

ASCII 码	按　　键	ASCII 码	按　　键	ASCII 码	按　　键	ASCII 码	按　　键
32	[space]	64	@	96	`	115	s
33	!	65	A	97	A	116	t
34	"	66	B	98	B	117	u
35	#	67	C	99	C	118	v
36	$	68	D	100	D	119	w
37	%	69	E	101	E	120	x
38	&	70	F	102	F	121	y
39	'	71	G	103	G	122	z
40	(	72	H	104	H	123	{
41	)	73	I	105	I	124		
42	*	74	J	106	j	125	}
43	+	75	K	107	k	126	~
44	,	76	L	108	l		
45	-	77	M	109	m		
46	.	78	N	110	n		
47	/	79	O	111	o		
48	0	80	P	112	p		
49	1	81	Q	113	q		
50	2	82	R	114	r		

【例 6.23】　使用 ASCII 函数返回 NXT 的 ASCII 代码值，SQL 语句及运行结果如图 6.22 所示。（实例位置：资源包\源码\06\6.23）

SQL 语句如下：

```
DECLARE @position int, @string char(3)
SET @position = 1
```

```
SET @string = 'NXT'
WHILE @position <= DATALENGTH(@string)
    BEGIN
    SELECT ASCII(SUBSTRING(@string, @position, 1)) AS ASCII 值,
        CHAR(ASCII(SUBSTRING(@string, @position, 1))) AS 字符
    SET @position = @position + 1
    END
```

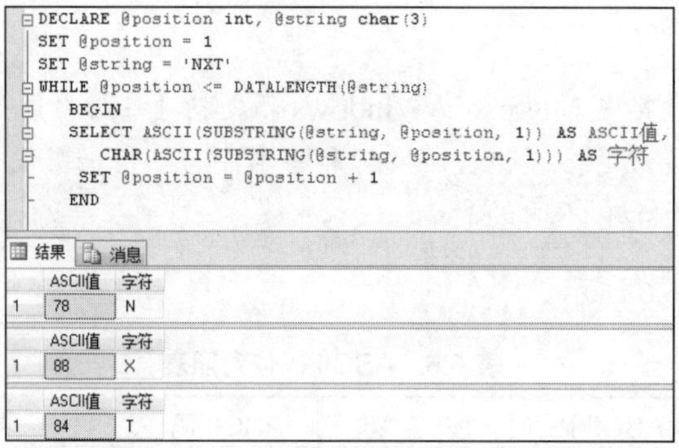

图 6.22　返回指定表达式的 ASCII 值

6.3.3　CHARINDEX（返回字符串的起始位置）函数

CHARINDEX 函数返回字符串中指定表达式的起始位置（如果找到）。搜索的起始位置为 start_location。

语法格式如下：

```
CHARINDEX(expression1,expression2 [, start_location])
```

参数说明如下。

- ☑ expression1：包含要查找的序列的字符表达式。expression1 最大长度限制为 8000 个字符。
- ☑ expression2：要搜索的字符表达式。
- ☑ start_location：表示搜索起始位置的整数或 bigint 表达式。如果未指定 start_location，或者 start_location 为负数或 0，则将从 expression2 的开头开始搜索。
- ☑ 返回类型：如果 expression2 的数据类型为 varchar(max)、nvarchar(max) 或 varbinary(max)，则为 bigint，否则为 int。

【例 6.24】　使用 CHARINDEX 函数返回指定字符串的起始位置，SQL 语句及运行结果如图 6.23 所示。（实例位置：资源包\源码\06\6.24）

SQL 语句如下：

```
USE db_2014
SELECT * FROM Course
SELECT CHARINDEX('设计',Cname) AS "起始位置" FROM Course
WHERE Cno = '003'
```

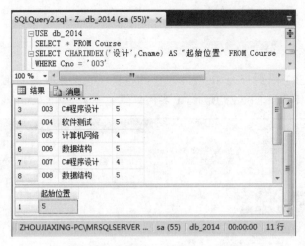

图 6.23　返回指定字符串的起始位置

6.3.4　LEFT（取左边指定个数的字符）函数

LEFT 函数返回字符串中从左边开始指定个数的字符。

语法格式如下：

```
LEFT(character_expression, integer_expression)
```

参数说明如下。

☑　character_expression：字符或二进制数据表达式。character_expression 可以是常量、变量或列。character_expression 可以是任何能够隐式转换为 varchar 或 nvarchar 的数据类型，但 text 或 ntext 除外。否则，请使用 CAST 函数对 character_expression 进行显式转换。

☑　integer_expression：正整数，指定 character_expression 将返回的字符数。如果 integer_expression 为负，则将返回错误。如果 integer_expression 的数据类型为 bigint 且包含一个较大值，character_expression 必须是大型数据类型，如 varchar(max)。

返回类型如下。

☑　当 character_expression 为非 Unicode 字符数据类型时，返回 varchar。

☑　当 character_expression 为 Unicode 字符数据类型时，返回 nvarchar。

【例 6.25】　使用 LEFT 函数返回指定字符串的最左边 4 个字符，SQL 语句及运行结果如图 6.24 所示。（实例位置：资源包\源码\06\6.25）

图 6.24　返回指定字符串中的字符

SQL 语句如下：

```
SELECT LEFT('明日科技有限公司',4)
```

【例 6.26】 使用 LEFT 函数查询 Student 表中的姓氏（姓氏是姓名的第一位）并计算出每个姓氏的数量，SQL 语句及运行结果如图 6.25 所示。（**实例位置：资源包\源码\06\6.26**）

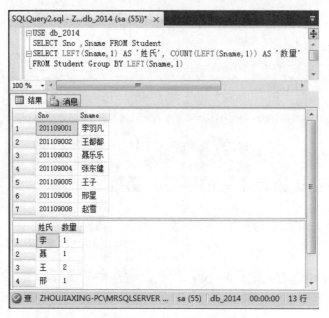

图 6.25 查询 Student 表中的姓氏

SQL 语句如下：

```
USE db_2014
SELECT Sno,Sname FROM Student
SELECT LEFT(Sname,1) AS '姓氏', COUNT(LEFT(Sname,1)) AS '数量'
FROM Student Group BY LEFT(Sname,1)
```

6.3.5 RIGHT（取右边指定个数的字符）函数

RIGHT 函数返回字符表达式中从起始位置（从右端开始）到指定字符位置（从右端开始计数）的部分。

语法格式如下：

```
RIGHT(character_expression,integer_expression)
```

参数说明如下。

☑ character_expression：从中提取字符的字符表达式。

☑ number：指示返回字符数的整数表达式。

【例 6.27】 使用 RIGHT 函数查询 Student 表中编号的后 3 位，SQL 语句及运行结果如图 6.26 所

示。（实例位置：资源包\源码\06\6.27）

图 6.26　查询 Student 表中的编号后 3 位

SQL 语句如下：

```
USE db_2014
SELECT Sno,Sname,Sex FROM Student
SELECT RIGHT(Sno,4) AS '编号',Sname,Sex
FROM Student
```

6.3.6　LEN（返回字符个数）函数

LEN 函数返回字符表达式中的字符数。如果字符串中包含前导空格和尾随空格，则函数会将它们包含在计数内。LEN 对相同的单字节和双字节字符串返回相同的值。

语法格式如下：

```
LEN(character_expression)
```

参数 character_expression 表示要处理的表达式。

【例 6.28】　使用 LEN 函数计算指定字符的个数，SQL 语句及运行结果如图 6.27 所示。（实例位置：资源包\源码\06\6.28）

SQL 语句如下：

```
SELECT LEN('ABCDE') AS "字符个数"
SELECT LEN('NIEXITING') AS "字符个数"
SELECT LEN('吉林省明日科技有限公司') AS "字符个数"
```

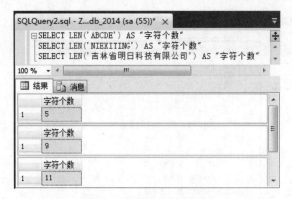

图 6.27　指定字符的个数

6.3.7　REPLACE（替换字符串）函数

REPLACE 函数将表达式中的一个字符串替换为另一个字符串或空字符串后，返回一个字符表达式。语法格式如下：

REPLACE(character_expression,searchstring,replacementstring)

参数说明如下。

- ☑　character_expression：函数要搜索的有效字符表达式。
- ☑　searchstring：函数尝试定位的有效字符表达式。
- ☑　replacementstring：用作替换表达式的有效字符表达式。

【例 6.29】　使用 REPLACE 函数替换指定的字符，SQL 语句及运行结果如图 6.28 所示。（**实例位置：资源包\源码\06\6.29**）

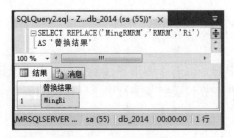

图 6.28　替换指定的字符

SQL 语句如下：

```
SELECT REPLACE('MingRMRM','RMRM','Ri')
AS '替换结果'
```

6.3.8　REVERSE（返回字符表达式的反转）函数

REVERSE 函数按相反顺序返回字符表达式。

语法格式如下：

REVERSE(character_expression)

参数 character_expression 表示要反转的字符表达式。

【例 6.30】　使用 REVERSE 函数反转指定的字符，SQL 语句及运行结果如图 6.29 所示。（**实例位置：资源包\源码\06\6.30**）

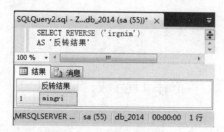

图 6.29　反转指定的字符

SQL 语句如下：

SELECT REVERSE ('irgnim')
AS '反转结果'

6.3.9　STR 函数

STR 函数返回由数字数据转换来的字符数据。
语法格式如下：

STR(float_expression [, length [, decimal]])

参数说明如下。

☑　float_expression：带小数点的近似数字（float）数据类型的表达式。

☑　length：总长度。它包括小数点、符号、数字以及空格。默认值为 10。

☑　decimal：小数点后的位数。decimal 必须小于或等于 16。如果 decimal 大于 16，则会截断结果，使其保持为小数点后具有 16 位。

【例 6.31】　使用 STR 函数返回以下字符数据，SQL 语句及运行结果如图 6.30 所示。（**实例位置：资源包\源码\06\6.31**）

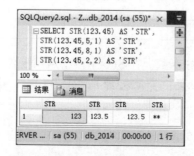

图 6.30　使用 STR 函数转换字符串

SQL 语句如下：

```
SELECT STR(123.45) AS 'STR',
STR(123.45,5,1) AS 'STR',
STR(123.45,8,1) AS 'STR',
STR(123.45,2,2) AS 'STR'
```

注意

当表达式超出指定长度时，字符串为指定长度返回**。

6.3.10 SUBSTRING（取字符串）函数

SUBSTRING 函数返回字符表达式、二进制表达式、文本表达式或图像表达式的一部分。
语法格式如下：

```
SUBSTRING(value_expression,start_expression, length_expression)
```

参数说明如下。

☑ value_expression：是 character、binary、text、ntext 或 image 表达式。

☑ start_expression：指定返回字符的起始位置的整数或 bigint 表达式。如果 start_expression 小于 0，会生成错误并终止语句。如果 start_expression 大于值表达式中的字符数，将返回一个零长度的表达式。

☑ length_expression：是正整数或指定要返回的 value_expression 的字符数的 bigint 表达式。如果 length_expression 是负数，会生成错误并终止语句。如果 start_expression 与 length_expression 的总和大于 value_expression 中的字符数，则返回整个值表达式。

☑ 返回类型：如果 expression 是受支持的字符数据类型，则返回字符数据。如果 expression 是支持的 binary 数据类型中的一种数据类型，则返回二进制数据。返回的字符串类型与指定表达式的类型相同，表 6.7 中显示的除外。

表 6.7 返回的字符串类型与指定表达式的类型不相同

指定的表达式	返 回 类 型
char/varchar/text	varchar
nchar/nvarchar/ntext	nvarchar
binary/varbinary/image	varbinary

【例 6.32】 使用 SUBSTRING 函数，在 Sno 字段中从第 5 位开始取字符串，共 5 位，SQL 语句及运行结果如图 6.31 所示。（**实例位置：资源包\源码\06\6.32**）

SQL 语句如下：

```
SELECT Sno, SUBSTRING(Sno,5,5) AS '编号'
FROM Student
```

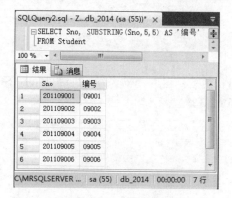

图 6.31　使用 SUBSTRING 函数取字符串

视频讲解

6.4　日期和时间函数

日期和时间函数主要用来显示有关日期和时间的信息。在日期和时间函数中，DAY 函数、MONTH 函数、YEAR 函数是用来获取日期和时间部分的函数。DATEDIFF 函数是用来获取日期和时间差的函数。DATEADD 函数是用来修改日期和时间值的函数。本节详细地向读者介绍这些函数。

6.4.1　日期和时间函数概述

日期和时间函数主要用来操作 datetime、smalldatetime 类型的数据，日期和时间函数执行算术运行与其他函数一样，也可以在 SQL 语句的 SELECT、WHERE 子句以及表达式中使用。常用的日期时间函数及说明如表 6.8 所示。

表 6.8　常用的日期和时间函数及说明

函 数 名 称	说　　　明
DATEADD	在向指定日期加上一段时间的基础上，返回新的 datetime 值
DATEDIFF	返回跨两个指定日期的日期和时间边界数
GETDATE	返回当前系统日期和时间
DAY	返回指定日期中的天的整数
MONTH	返回指定日期中的月份的整数
YEAR	返回指定日期中的年份的整数

6.4.2　GETDATE（返回当前系统日期和时间）函数

GETDATE 函数返回系统的当前日期。GETDATE 函数不使用参数。

注意

GETDATE 函数的返回结果的长度为 29 个字符。

语法格式如下：

GETDATE()

【例 6.33】 使用 GETDATE 函数，返回当前系统日期和时间，SQL 语句及运行结果如图 6.32 所示。（实例位置：资源包\源码\06\6.33）

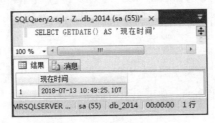

图 6.32 获取当前系统时间

SQL 语句如下：

SELECT GETDATE() AS '现在时间'

6.4.3 DAY（返回指定日期的天）函数

DAY 函数返回一个整数，表示日期的"日"部分。
语法格式如下：

DAY(date)

参数 date 表示以日期格式返回有效的日期或字符串的表达式。

【例 6.34】 使用 DAY 函数，返回现有日期的"日"部分，SQL 语句及运行结果如图 6.33 所示。（实例位置：资源包\源码\06\6.34）

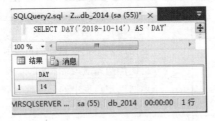

图 6.33 返回现有日期的"日"部分

SQL 语句如下：

SELECT DAY('2018-10-14') AS 'DAY'

【例 6.35】 使用 DAY 函数，返回当前日期的"日"部分，SQL 语句及运行结果如图 6.34 所示。（实例位置：资源包\源码\06\6.35）
SQL 语句如下：

SELECT DAY(GETDATE()) AS 'DAY'

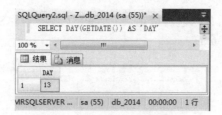

图 6.34　返回当前日期的"日"部分

6.4.4　MONTH（返回指定日期的月）函数

MONTH 函数返回一个表示日期中的"月份"部分的整数。
语法格式如下：

MONTH(date)

参数 date 表示任意日期格式的日期。

【例 6.36】　使用 MONTH 函数，返回指定日期时间的"月份"，SQL 语句及运行结果如图 6.35 所示。（实例位置：资源包\源码\06\6.36）

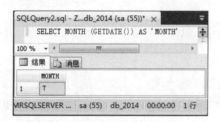

图 6.35　返回当前日期的"月份"

SQL 语句如下：

```
SELECT MONTH(GETDATE()) AS 'MONTH'
```

6.4.5　YEAR（返回指定日期的年）函数

YEAR 函数用于返回指定日期的"年份"。
语法格式如下：

YEAR(date)

参数 date 表示返回类型为 datetime 或 smalldatetime 的日期表达式。
有关 YEAR 函数使用的几点说明如下。

☑　该函数等价于 DATEPART(yy,date)。
☑　SQL Server 数据库将 0 解释为 1900 年 1 月 1 日。
☑　在使用日期函数时，其日期范围只应为 1753 年～9999 年，这是 SQL Server 系统所能识别的日期范围，否则会出现错误。

【例 6.37】 使用 YEAR 函数，返回指定日期时间的"年份"，SQL 语句及运行结果如图 6.36 所示。（实例位置：资源包\源码\06\6.37）

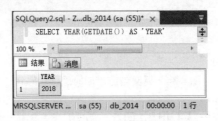

图 6.36 返回当前日期的"年份"

SQL 语句如下：

```
SELECT YEAR(GETDATE()) AS 'YEAR'
```

6.4.6 DATEDIFF（返回日期和时间的边界数）函数

DATEDIFF 函数用于返回日期和时间的边界数。
语法格式如下：

```
DATEDIFF(datepart,startdate,enddate)
```

参数说明如下。
- ☑ datepart：规定了应在日期的哪一部分计算差额的参数。
- ☑ startdate：表示计算的开始日期，startdate 是返回 datetime 值、smalldatetime 值或日期格式字符串的表达式。
- ☑ enddate：表示计算的终止日期。enddate 是返回 datetime 值、smalldatetime 值或日期格式字符串的表达式。

SQL Server 识别的日期部分和缩写如表 6.9 所示。

表 6.9 日期部分和缩写对照表

日 期 部 分	缩 写	日 期 部 分	缩 写
year	yy,yyyy	week	wk, ww
quarter	qq, q	hour	hh
month	mm, m	minute	mi, n
dayofyear	dy, y	second	ss, s
day	dd, d	millisecond	ms

有关 DATEDIFF 函数使用的几点说明如下。
- ☑ startdate 是从 enddate 中减去。如果 startdate 比 enddate 晚，则返回负值。
- ☑ 当结果超出整数值范围，DATEDIFF 产生错误。对于毫秒，最大数是 24 天 20 小时 31 分钟零 23.647 秒。对于秒，最大数是 68 年。
- ☑ 计算跨分钟、秒和毫秒这些边界的方法，使得 DATEDIFF 给出的结果在全部数据类型中是一致的。结果是带正负号的整数值，其等于跨第一个和第二个日期间的 datepart 边界数。例如，在 1 月 4 日（星期日）和 1 月 11 日（星期日）之间的星期数是 1。

【例 6.38】　使用 DATEDIFF 函数，返回两个日期之间的天数，SQL 语句及运行结果如图 6.37 所示。（实例位置：资源包\源码\06\6.38）

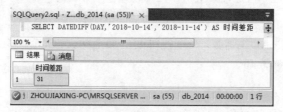

图 6.37　返回两个日期之间的天数

SQL 语句如下：

```
SELECT DATEDIFF(DAY,'2018-10-14','2018-11-14') AS  时间差距
```

6.4.7　DATEADD（添加日期时间）函数

DATEADD 函数将表示日期或时间间隔的数值与日期中指定的日期部分相加后，返回一个新的 DT_DBTIMESTAMP 值。number 参数的值必须为整数，而 date 参数的取值必须为有效日期。

语法格式如下：

```
DATEADD(datepart, number, date)
```

参数说明如下。
- ☑　datepart：指定要与数值相加的日期部分的参数。
- ☑　number：用于与 datepart 相加的值。该值必须是分析表达式时已知的整数值。
- ☑　date：返回有效日期或日期格式的字符串的表达式。

SQL Server 识别的日期部分和缩写如表 6.9 所示。

注意

如果指定一个不是整数的值，则将废弃此值的小数部分。

【例 6.39】　使用 DATEADD 函数，在现在时间上加上一个月，SQL 语句及运行结果如图 6.38 所示。（实例位置：资源包\源码\06\6.39）

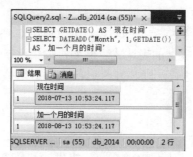

图 6.38　将现在时间上加上一个月

SQL 语句如下：

```
SELECT GETDATE() AS '现在时间'
SELECT DATEADD("Month", 1,GETDATE())
AS '加一个月的时间'
```

【例 6.40】 使用 DATEADD 函数，在现在时间上加上两天，SQL 语句及运行结果如图 6.39 所示。（实例位置：资源包\源码\06\6.40）

SQL 语句如下：

```
SELECT GETDATE() AS '现在时间'
SELECT DATEADD("DAY", 2,GETDATE())
AS '加两天的时间'
```

【例 6.41】 使用 DATEADD 函数，在现在时间上加上一年，SQL 语句及运行结果如图 6.40 所示。（实例位置：资源包\源码\06\6.41）

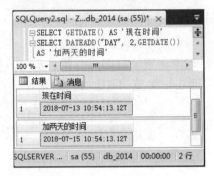

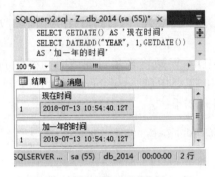

图 6.39 将现在时间上加两天   图 6.40 将现在时间上加上一年

SQL 语句如下：

```
SELECT GETDATE() AS '现在时间'
SELECT DATEADD("YEAR", 1,GETDATE())
AS '加一年的时间'
```

视频讲解

6.5 转 换 函 数

如果 SQL Server 没有自动执行数据类型的转换，可以使用 CAST 和 CONVERT 转换函数将一种数据类型的表达式转换为另一种数据类型的表达式。例如，如果比较 char 和 datetime 表达式、smallint 和 int 表达式或不同长度的 char 表达式，则 SQL Server 自动对这些表达式进行转换。

6.5.1 转换函数概述

当遇到类型转换的问题时，可以使用 SQL Server 提供的 CAST 和 CONVERT 函数。这两种函数不但可以将指定的数据类型转换为另一种数据类型，还可用来获得各种特殊的数据格式。CAST 和 CONVERT 函数都可用于选择列表、WHERE 子句和允许使用表达式的任何地方。

在 SQL Server 中数据类型转换分为两种，分别如下。

☑　隐性转换：SQL Server 自动处理某些数据类型的转换。例如，如果比较 char 和 datetime 表达式、smallint 和 int 表达式或不同长度的 char 表达式，SQL Server 可将它们自动转换，这种转换称为隐性转换，对这些转换不必使用 CAST 函数。

☑　显示转换：显示转换是指 CAST 和 CONVERT 函数，CAST 和 CONVERT 函数将数值从一种数据类型（局部变量、列或其他表达式）转换到另一种数据类型。

说明

隐性转换对用户是不可见的，SQL Server 自动将数据从一种数据类型转换成另一种数据类型。例如，如果一个 smallint 变量和一个 int 变量相比较，这个 smallint 变量在比较前即被隐性转换成 int 变量。

有关转换函数使用的几点说明如下。

☑　CAST 函数基于 SQL-92 标准并且优先于 CONVERT。

☑　当从一个 SQL Server 对象的数据类型向另一个数据类型转换时，一些隐性和显式数据类型转换是不支持的。例如，nchar 数值根本就不能被转换成 image 数值。nchar 只能显式地转换成 binary，隐性地转换到 binary 是不支持的。nchar 可以显式地或者隐性地转换成 nvarchar。

☑　当处理 sql_variant 数据类型时，SQL Server 支持将具有其他数据类型的对象隐性转换成 sql_variant 类型。然而，SQL Server 并不支持从 sql_variant 数据类型隐性地转换到其他数据类型的对象。

6.5.2　CAST 函数

CAST 函数用于将某种数据类型的表达式显式转换为另一种数据类型。

语法格式如下：

```
CAST(expression AS data_type)
```

参数说明如下。

☑　expression：表示任何有效的 SQL Server 表达式

☑　AS：用于分隔两个参数，在 AS 之前的是要处理的数据，在 AS 之后是要转换的数据类型。

☑　data_type：表示目标系统所提供的数据类型，包括 bigint 和 sql_variant，不能使用用户定义的数据类型。

使用 CAST 函数进行数据类型转换时，在下列情况下能够被接受。

☑　两个表达式的数据类型完全相同。

☑　两个表达式可隐性转换。

☑　必须显式转换数据类型。

如果试图进行不可能的转换（例如，将含有字母的 char 表达式转换为 int 类型），SQL Server 将显示一条错误信息。

如果转换时没有指定数据类型的长度，则 SQL Server 自动提供长度为 30。

【例 6.42】 使用 CAST 函数将字符串 MINGRIKEJI 转换为 NVARCHAR(6)类型，SQL 语句及运行结果如图 6.41 所示。（**实例位置：资源包\源码\06\6.42**）

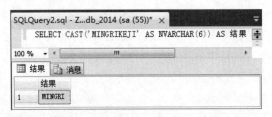

图 6.41　使用 CAST 函数转换字符串

SQL 语句如下：

```
SELECT CAST('MINGRIKEJI' AS NVARCHAR(6)) AS  结果
```

6.5.3　CONVERT 函数

CONVERT 函数与 CAST 函数的功能相似。该函数不是一个 ANSI 标准 SQL 函数，它可以按照指定的格式将数据转换为另一种数据类型。

语法格式如下：

```
CONVERT(data_type[(length)],expression [, style])
```

参数说明如下。

☑　data_type：表示目标系统所提供的数据类型，包括 bigint 和 sql_variant。不能使用用户定义的数据类型。

☑　length：为 nchar、nvarchar、char、varchar、binary 和 varbinary 数据类型的可选参数。参数 expression 表示任何有效的 SQL Server 表达式。

☑　style：为日期样式，指定当将 datetime 数据转换为某种字符数据时或将某种字符数据转换为 datetime 数据时会使用 style 中的样式。

style 日期样式如表 6.10 所示。

表 6.10　style 日期样式

样　　式	说　　明	输入/输出格式
0 或 100（*）	默认值	mon dd yyyy hh:mi AM（或者 PM）
1/101	美国	mm/dd/yyyy
2/102	ANSI	yy.mm.dd
3/103	英国/法国	dd/mm/yy
4/104	德国	dd.mm.yy

续表

样　　式	说　　明	输入/输出格式
5/105	意大利	dd-mm-yy
6/106	-	dd mon yy
7/107	-	mon dd,yy
8/108	-	hh:mm:ss
9 或 109（*）	默认值+毫秒	mon dd yyyy hh:mi:ss:mmmAM（或者 PM）
10 或 110	美国	mm-dd-yy
11 或 111	日本	yy/mm/dd
12 或 112	ISO	yymmdd
13 或 113（*）	欧洲默认值+毫秒	dd mon yyyy hh:mm:ss:mmm（24h）
14 或 114	-	hh:mi:ss:mmm（24h）
20 或 120（*）	ODBC 规范	yyyy-mm-dd hh:mm:ss（24h）
21 或 121（*）	ODBC 规范（带毫秒）	yyyy-mm-dd hh:mm:ss.mmm（24h）
126	ISO 8601	yyyy-mm-dd Thh:mm:ss:mmm（不含空格）
130	科威特	dd mon yyyy hh:mi:ss:mmmAM（或者 PM）
131	科威特	dd/mm/yy hh:mi:ss.mmmAM（或者 PM）

【例 6.43】　显示当前日期和时间，并使用 CAST 函数将当前日期和时间改为字符数据类型，然后使用 CONVERT 函数以 ISO 8601 格式显示日期和时间，SQL 语句及运行结果如图 6.42 所示。（**实例位置：资源包\源码\06\6.43**）

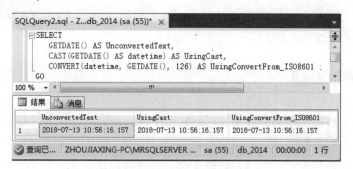

图 6.42　转换数据类型（1）

SQL 语句如下：

```
SELECT
    GETDATE() AS UnconvertedText,
    CAST(GETDATE() AS datetime) AS UsingCast,
    CONVERT(datetime, GETDATE(), 126) AS UsingConvertFrom_ISO8601;
GO
```

【例 6.44】　将当前日期和时间显示为字符数据，并使用 CAST 函数将字符数据改为 datetime 数据类型，然后使用 CONVERT 函数将字符数据改为 datetime 数据类型，SQL 语句及运行结果如图 6.43

所示。（实例位置：资源包\源码\06\6.44）

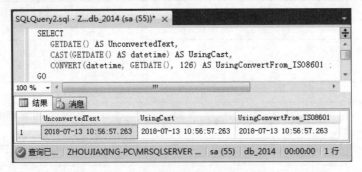

图 6.43　转换数据类型（2）

SQL 语句如下：

```
SELECT
    GETDATE() AS UnconvertedText,
    CAST(GETDATE() AS datetime) AS UsingCast,
    CONVERT(datetime, GETDATE(), 126) AS UsingConvertFrom_ISO8601;
GO
```

视频讲解

6.6　元数据函数

元数据函数主要是返回与数据库相关的信息，本节向读者介绍 COL_LENGTH、COL_NAME 和 DB_NAME 3 个常用的元数据函数。

6.6.1　元数据函数概述

元数据函数描述了数据的结构和意义，它主要用于返回数据库中的相应信息，其中包括以下方面。

- ☑ 返回数据库中数据表或视图的个数和名称。
- ☑ 返回数据表中数据字段的名称、数据类型、长度等描述信息。
- ☑ 返回数据表中定义的约束、索引、主键或外键等信息。

常用的元数据函数及说明如表 6.11 所示。

表 6.11　常用的元数据函数及说明

函 数 名 称	说　　　明
COL_LENGTH	返回列的定义长度（以字节为单位）
COL_NAME	返回数据库列的名称，该列具有相应的表标识号和列标识号
DB_NAME	返回数据库名
OBJECT_ID	返回数据库对象标识号

6.6.2　COL_LENGTH 函数

COL_LENGTH 函数用于返回列的定义长度。
语法格式如下：

```
COL_LENGTH('table', 'column')
```

参数 table 表示数据表名称，参数 column 表示数据表的列名称。

【例 6.45】　首先创建一个数据表，然后使用 COL_LENGTH 函数返回指定列定义的长度，SQL 语句及运行结果如图 6.44 所示。（实例位置：资源包\源码\06\6.45）

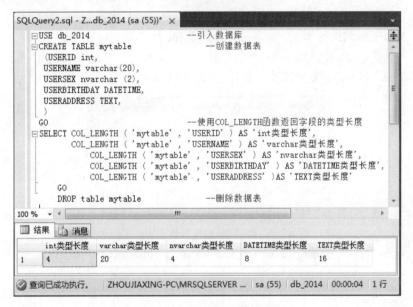

图 6.44　返回字段类型的长度

SQL 语句如下：

```
USE db_2014                              --引入数据库
CREATE TABLE mytable                     --创建数据表
 (USERID int,
 USERNAME varchar(20),
 USERSEX nvarchar(2),
 USERBIRTHDAY DATETIME,
 USERADDRESS TEXT,
 )
GO                                       --使用 COL_LENGTH 函数返回字段的类型长度
SELECT COL_LENGTH('mytable', 'USERID') AS 'int 类型长度',
      COL_LENGTH('mytable', 'USERNAME') AS 'varchar 类型长度',
      COL_LENGTH('mytable', 'USERSEX') AS 'nvarchar 类型长度',
      COL_LENGTH('mytable', 'USERBIRTHDAY') AS 'DATETIME 类型长度',
      COL_LENGTH('mytable', 'USERADDRESS') AS 'TEXT 类型长度'
```

```
GO
DROP table mytable                    --删除数据表
```

6.6.3 COL_NAME 函数

COL_NAME 函数用于返回数据库列的名称。

语法格式如下：

```
COL_NAME(table_id, column_id)
```

参数说明如下。

☑ table_id：包含数据库列的表的标识号，table_id 属于 int 类型。

☑ column_id：表示列的标识号，column_id 属于 int 类型。

【例 6.46】 使用 COL_NAME 函数，返回 db_2014 数据库的 Employee 表中首列的名称，SQL 语句及运行结果如图 6.45 所示。（实例位置：资源包\源码\06\6.46）

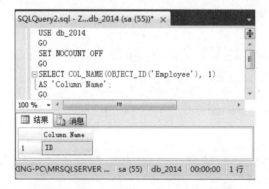

图 6.45 返回 Employee 表中首列的名称

SQL 语句如下：

```
USE db_2014
GO
SET NOCOUNT OFF
GO
SELECT COL_NAME(OBJECT_ID('Employee'), 1)
AS 'Column Name';
GO
```

6.6.4 DB_NAME 函数

DB_NAME 函数返回数据库名称。

语法格式如下：

```
DB_NAME([database_id])
```

参数说明如下。

- ☑ database_id：要返回的数据库的标识号（ID）。database_id 的数据类型为 int，无默认值。如果未指定 ID，则返回当前数据库名称。
- ☑ 返回类型：nvarchar(128)类型。

【例 6.47】　使用 DB_NAME 函数，返回当前数据库的名称，SQL 语句及运行结果如图 6.46 所示。（实例位置：资源包\源码\06\6.47）

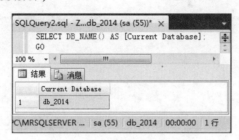

图 6.46　返回当前数据库的名称

SQL 语句如下：

```
SELECT DB_NAME() AS [Current Database];
GO
```

6.7　小　　结

本章主要对 SQL 中常用的函数进行了讲解，并通过具体的实例说明了各个函数的使用方法。通过本章的学习，读者应该能够掌握常用的 SQL 函数及其使用方法，并能够在实际应用中使用这些 SQL 函数提高工作的效率。

第 7 章

视图操作

（ 📹 视频讲解：15 分钟 ）

本章主要介绍视图的操作，包括视图概述，以及从视图中浏览数据、向视图中添加数据、修改视图中的数据、删除视图中的数据等视图中的数据操作相关知识。通过本章的学习，读者将掌握创建或者删除视图的使用方法，能够使用视图来优化数据。

学习摘要：

▸▸ 视图的概念

▸▸ 界面方式创建视图

▸▸ 命令方式创建视图

▸▸ 视图中的数据操作

视频讲解

7.1　视　图　概　述

视图中的内容是由查询定义来的，并且视图和查询都是通过 SQL 语句定义的，它们有着许多相同和不同之处。具体如下。

☑　存储：视图存储为数据库设计的一部分，而查询则不是。视图可以禁止所有用户访问数据库中的基表，而要求用户只能通过视图操作数据。这种方法可以保护用户和应用程序不受某些数据库修改的影响，同样也可以保护数据表的安全性。

☑　排序：可以排序任何查询结果，但是只有当视图包括 TOP 子句时才能排序视图。

☑　加密：可以加密视图，但不能加密查询。

7.1.1　界面方式操作视图

1. 视图的创建

下面在 SQL Server Management Studio 中创建视图 View_Stu，具体操作步骤如下。

（1）启动 SQL Server Management Studio，并连接到 SQL Server 2014 中的数据库。

（2）在"对象资源管理器"中展开"数据库"节点，展开指定的数据库 db_2014。

（3）鼠标右键单击"视图"选项，在弹出的快捷菜单中选择"新建视图"命令，如图 7.1 所示。

（4）进入"添加表"窗体，如图 7.2 所示。在列表框中选择学生信息表 Student，单击"添加"按钮，然后单击"关闭"按钮关闭该窗体。

图 7.1　新建视图

图 7.2　"添加表"窗体

（5）进入视图设计窗口，如图 7.3 所示。在"表选择区"中选择"所有列"选项，单击执行按钮，视图结果区中自动显示视图结果。

（6）单击工具栏中的"保存"按钮，弹出"选择名称"对话框，如图 7.4 所示。在"输入视图名称"文本框中输入视图名称 View_student，单击"确定"按钮即可保存该视图。

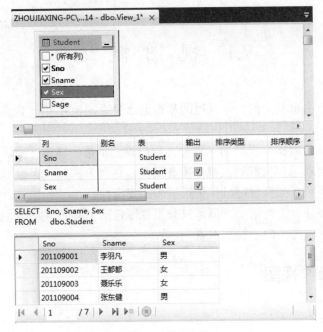

图 7.3　视图设计窗口

2．视图的删除

用户可以删除视图。删除视图时，底层数据表不受影响，但会造成与该视图关联的权限丢失。
下面介绍如何在 SQL Server Management Studio 中删除视图，具体操作步骤如下。

（1）启动 SQL Server Management Studio，并连接到 SQL Server 2014 中的数据库。

（2）在"对象资源管理器"中展开"数据库"节点，展开指定的数据库 db_2014。

（3）展开"视图"节点，鼠标右键单击要删除的视图 View_student，在弹出的快捷菜单中选择"删
除"命令，如图 7.5 所示。

图 7.4　"选择名称"对话框

图 7.5　删除视图

（4）在弹出的"删除对象"对话框中单击"确定"按钮，即可删除该视图。

7.1.2 使用 CREATE VIEW 语句创建视图

使用 CREATE VIEW 语句可以创建视图，语法格式如下：

```
CREATE VIEW [schema_name .] view_name [(column [,...n])]
[WITH <view_attribute> [,...n]]
AS select_statement [;]
[WITH CHECK OPTION]
<view_attribute> ::=
{
    [ENCRYPTION] [SCHEMABINDING] [VIEW_METADATA]
}
```

参数如表 7.1 所示。

表 7.1 CREATE VIEW 语句参数说明

参　数	说　　明
schema_name	视图所属架构的名称
view_name	视图的名称。视图名称必须符合有关标识符的规则。可以选择是否指定视图所有者名称
column	视图中的列使用的名称
AS	指定视图要执行的操作
select_statement	定义视图的 SELECT 语句
CHECK OPTION	强制针对视图执行的所有数据修改语句都必须符合在 select_statement 中设置的条件
ENCRYPTION	对视图进行加密
SCHEMABINDING	将视图绑定到基础表的架构
VIEW_METADATA	指定为引用视图的查询请求浏览模式的元数据时，SQL Server 实例将向 DB-Library、ODBC 和 OLE DB API 返回有关视图的元数据信息，而不返回基表的元数据信息

【例 7.01】 创建仓库入库表视图。（实例位置：光盘\源码\07\7.01）

代码如下：

```
CREATE VIEW view_1
AS
SELECT * FROM tb_joinDepot
```

7.1.3 使用 ALTER VIEW 语句修改视图

使用 ALTER VIEW 语句可以修改视图，语法格式如下：

```
ALTER VIEW view_name [(column [,...n])]
[WITH ENCRYPTION]
AS
```

```
select_statement
[WITH CHECK OPTION]
```

参数说明如下。

☑ view_name：要更改的视图。

☑ column：一列或多列的名称，用逗号分开，将成为给定视图的一部分。

☑ n：表示 column 可重复 n 次的占位符。

☑ WITH ENCRYPTION：加密 syscomments 表中包含 ALTER VIEW 语句文本的条目。使用 WITH ENCRYPTION 可防止将视图作为 SQL Server 复制的一部分发布。

☑ AS：视图要执行的操作。

☑ select_statement：定义视图的 SELECT 语句。

☑ WITH CHECK OPTION：强制视图上执行的所有数据的修改语句都必须符合由定义视图的 select_statement 设置的准则。

说明

如果原来的视图定义是用 WITH ENCRYPTION 或 CHECK OPTION 创建的，那么只有在 ALTER VIEW 中也包含这些选项时，这些选项才有效。

【例 7.02】 修改仓库入库表视图。（实例位置：光盘\源码\07\7.02）

关键代码如下：

```
ALTER VIEW View_1(oid,wareName)
AS
SELECT oid,wareName
FROM tb_joinDepot
WHERE id=9
--查看视图定义
EXEC sp_helptext 'View_1'
```

7.1.4   使用 DROP VIEW 语句删除视图

使用 DROP VIEW 语句可以删除视图，语法格式如下：

```
DROP VIEW view_name [,...n]
```

参数说明如下。

☑ view_name：要删除的视图名称。视图名称必须符合标识符规则。可以选择是否指定视图所有者名称。若要查看当前创建的视图列表，使用 sp_help。

☑ n：表示可以指定多个视图的占位符。

注意

在单击"全部除去"按钮删除视图以前，可以在"除去对象"对话框中单击"显示相关性"按钮，即可查看该视图依附的对象，以确认该视图是否为想要删除的视图。

【例 7.03】　使用 Transact-SQL 删除视图。（实例位置：光盘\源码\07\7.03）

（1）首先单击"新建查询"按钮。

（2）在查询编辑器窗口中输入以下代码，单击工具栏上的执行按钮。此时执行查询结果将在下面的子窗口中显示出来。相关代码如下：

```
USE db_2014
GO
DROP VIEW View_1
GO
```

视频讲解

7.2　视图中的数据操作

7.2.1　从视图中浏览数据

下面在 SQL Server Management Studio 中查看视图 View_Stu 的信息，具体操作步骤如下。

（1）启动 SQL Server Management Studio，并连接到 SQL Server 2014 中的数据库。

（2）在"对象资源管理器"中展开"数据库"节点，展开指定的数据库 db_2014。

（3）再依次展开"视图"节点，就会显示出当前数据库中的所有视图，鼠标右键单击要查看信息的视图。

（4）如果想要查看视图的属性，在弹出的快捷菜单中选择"属性"命令，如图 7.6 所示，弹出"视图属性"窗口，如图 7.7 所示。

图 7.6　查看视图属性

（5）如果想要查看视图中的内容，可在如图 7.6 所示的快捷菜单中选择"编辑前 200 行"命令，在右侧即可以显示视图中的内容，如图 7.8 所示。

图 7.7　"视图属性"窗口

（6）如果想要重新设置视图，可在如图 7.6 所示的快捷菜单中选择"设计"命令，弹出视图设计窗口，如图 7.9 所示。在此窗口中可对视图进行重新设置。

图 7.8　显示视图中的内容

图 7.9　视图设计窗口

7.2.2　向视图中添加数据

使用视图可以添加新的记录，但应该注意的是，新添加的数据实际上是存储在与视图相关的表中。

例如，向视图 View_student 中插入信息"20110901，明日科技，女"。步骤如下。

（1）鼠标右键单击要插入记录的视图，在弹出的快捷菜单中选择"设计"命令，显示视图设计窗口。

（2）在显示视图结果的最下面一行直接输入新记录即可，如图 7.10 所示。

（3）然后按 Enter 键，即可把信息插入视图中。

（4）单击 ![]按钮，完成新记录的添加，如图 7.11 所示。

学号	姓名	性别
22050120	刘春芬	女
22050121	刘丽	女
22050125	刘小宁	男
20110901	❶ 明日科技	❶ 女

图 7.10 插入记录

学号	姓名	性别
20047109	鸿飞	男
20049110	秀丽	女
20110901	明日科技	女
22050110	张晓亮	男
22050111	李壮	男

插入的记录

图 7.11 插入记录后的视图

7.2.3 修改视图中的数据

使用视图可以修改数据记录，但是与插入记录相同，修改的是数据表中的数据记录。

例如，修改视图 View_student 中的记录，将"明日科技"修改为"明日"。步骤如下。

（1）鼠标右键单击要修改记录的视图，在弹出的快捷菜单中选择"设计"命令，显示视图设计窗口。

（2）在显示的视图结果中，选择要修改的内容，直接修改即可。

（3）最后按 Enter 键，即可把信息保存到视图中。

7.2.4 删除视图中的数据

使用视图可以删除数据记录，但是与插入记录相同，删除的是数据表中的数据记录。

例如，删除视图 View_student 中的记录"明日科技"。步骤如下。

（1）鼠标右键单击要删除记录的视图，在弹出的快捷菜单中选择"设计"命令，显示视图设计窗口。

（2）在显示视图的结果中，鼠标右键单击要删除的行"明日科技"，在弹出的快捷菜单中选择"删除"命令，弹出删除视图中的数据对话框，如图 7.12 所示。

（3）单击"是"按钮，便将该记录删除。

图 7.12 删除视图中的数据对话框

7.3 小 结

本章介绍了创建视图、修改视图和删除视图的方法。读者可以针对表创建视图并能够通过视图实现对表的操作以及查看视图是否存在，修改视图中的内容等。

第 **8** 章

Transact-SQL 语法基础

(🎥 视频讲解：29 分钟)

本章主要介绍 Transact-SQL（T-SQL）语法基础。Transact-SQL 是标准 SQL 程序设计语言的增强版，是应用程序与 SQL Server 数据库引擎沟通的主要语言。不管应用程序的用户接口是什么，都会通过 Transact-SQL 语句与 SQL Server 数据库引擎进行沟通。

学习摘要：

▶▶ Transact-SQL 概述

▶▶ 常量、变量

▶▶ 注释符、运算符和通配符

8.1 Transact-SQL 概述

视频讲解

8.1.1 Transact-SQL 语言的组成

Transact-SQL 语言是具有强大查询功能的数据库语言，除此以外，Transact-SQL 还可以控制 DBMS 为其用户提供的所有功能，主要包括如下。

☑ 数据定义语言（Data Definition Language，DDL）：SQL 让用户定义存储数据的结构和组织，以及数据项之间的关系。

☑ 数据检索语言：SQL 允许用户或应用程序从数据库中检索存储的数据并使用它。

☑ 数据操作语言（Data Manipulation Language，DML）：SQL 允许用户或应用程序通过添加新数据、删除旧数据和修改以前存储的数据对数据库进行更新。

☑ 数据控制语言（Data Control Language，DCL）：可以使用 SQL 来限制用户检索、添加和修改数据的能力，保护存储的数据不被未授权的用户所访问。

☑ 数据共享：可以使用 SQL 来协调多个并发用户共享数据，确保它们不会相互干扰。

☑ 数据完整性：SQL 在数据库中定义完整性约束条件，使它不会由不一致的更新或系统失败而遭到破坏。

因此，Transact-SQL 是一种综合性语言，用来控制并与数据库管理系统进行交互作用。Transact-SQL 是数据库子语言，包含大约 40 条专用于数据库管理任务的语句。各类的 SQL 语句分别如表 8.1～表 8.5 所示。

数据操作类 SQL 语句如表 8.1 所示。

表 8.1 数据操作类 SQL 语句

语　句	功　能
SELECT	从数据库表中检索数据行和列
INSERT	把新的数据记录添加到数据库中
DELETE	从数据库中删除数据记录
UPDATE	修改现有的数据库中的数据

数据定义类 SQL 语句如表 8.2 所示。

表 8.2 数据定义类 SQL 语句

语　句	功　能
CREATE TABLE	在一个数据库中创建一个数据库表
DROP TABLE	从数据库删除一个表
ALTER TABLE	修改一个现存表的结构
CREATE VIEW	把一个新的视图添加到数据库中
DROP VIEW	从数据库中删除视图

语　句	功　能
CREATE INDEX	为数据库表中的一个字段构建索引
DROP INDEX	从数据库表中的一个字段中删除索引
CREATE PROCEDURE	在一个数据库中创建一个存储过程
DROP PROCEDURE	从数据库中删除存储过程
CREATE TRIGGER	创建一个触发器
DROP TRIGGER	从数据库中删除触发器
CREATE SCHEMA	向数据库添加一个新模式
DROP SCHEMA	从数据库中删除一个模式
CREATE DOMAIN	创建一个数据值域
ALTER DOMAIN	改变域定义
DROP DOMAIN	从数据库中删除一个域

数据控制类 SQL 语句如表 8.3 所示。

表 8.3　数据控制类 SQL 语句

语　句	功　能
GRANT	授予用户访问权限
DENY	拒绝用户访问
REVOKE	删除用户访问权限

事务控制类 SQL 语句如表 8.4 所示。

表 8.4　事务控制类 SQL 语句

语　句	功　能
COMMIT	结束当前事务
ROLLBACK	中止当前事务
SET TRANSACTION	定义当前事务数据访问特征

程序化 SQL 语句如表 8.5 所示。

表 8.5　程序化 SQL 语句

语　句	功　能
DECLARE	定义查询游标
EXPLAN	描述查询描述数据访问计划
OPEN	检索查询结果打开一个游标
FETCH	检索一条查询结果记录
CLOSE	关闭游标
PREPARE	为动态执行准备 SQL 语句
EXECUTE	动态地执行 SQL 语句
DESCRIBE	描述准备好的查询

8.1.2　Transact-SQL 语句结构

每条 SQL 语句均由一个谓词（Verb）开始，该谓词描述这条语句要产生的动作，如 SELECT 或 UPDATE 关键字。谓词后紧接着一个或多个子句（Clause），子句中给出了被谓词作用的数据或提供谓词动作的详细信息。每一条子句都由一个关键字开始。下面以 SELECT 语句为例介绍 Transact-SQL 语句的结构，语法格式如下：

```
SELECT 　子句
[INTO 　子句]
FROM 　子句
[WHERE 　子句]
[GROUP 　BY 子句]
[HAVING 　子句]
[ORDER BY 　子句]
```

【例 8.01】　在 student 数据库中查询 course 表的信息。在查询编辑器窗口中运行的结果如图 8.1 所示。（实例位置：资源包\源码\06\8.01）

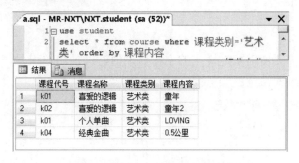

图 8.1　查询 course 数据表的信息

SQL 语句如下：

```
use student
select * from course where  课程类别='艺术类' order by  课程内容
```

8.2　常　　量

视频讲解

常量也叫常数，常量是指在程序运行过程中不发生改变的量。它可以是任何数据类型，本节将对常量使用进行详细讲解。

1. 字符串常量

字符串常量定义在单引号内。字符串常量包含字母、数字字符（a～z、A～Z 和 0～9）及特殊字符

（如数字号#、感叹号!、at 符@）。

例如，以下为字符串常量：

```
'Hello World'
'Microsoft Windows'
'Good Morning'
```

2．二进制常量

在 Transact-SQL 中定义二进制常量，需要使用 0x，并采用十六进制来表示，不再需要括号。

例如，以下为二进制常量：

```
0xB0A1
0xB0C4
0xB0C5
```

3．bit 常量

在 Transact-SQL 中，bit 常量使用数字 0 或 1 即可，并且不包括在引号中。如果使用一个大于 1 的数字，则该数字将转换为 1。

4．日期和时间常量

定义日期和时间常量需要使用特定格式的字符日期值，并使用单引号。

例如，以下为日期和时间常量：

```
'2008 年 1 月 9 日'
'15:39:15'
'01/09/2008'
'06:59  AM'
```

视频讲解

8.3 变 量

数据在内存中存储可以变化的量叫作变量。为了在内存存储信息，用户必须指定存储信息的单元，并为该存储单元命名，以方便获取信息，这就是变量的功能。Transact-SQL 可以使用两种变量：一种是局部变量；另外一种是全局变量。局部变量和全局变量的主要区别在于存储的数据作用范围不一样，本节将对变量的使用进行详细讲解。

8.3.1 局部变量

局部变量是用户可自定义的变量，它的作用范围仅在程序内部。局部变量的名称是用户自定义的，命名的局部变量名要符合 SQL Server 标识符命名规则，局部变量名必须以@开头。

1．声明局部变量

局部变量的声明需要使用 DECLARE 语句。语法格式如下：

```
DECLARE
{
@varaible_name datatype [,… n]
}
```

参数说明如下。

☑ @varaible_name：局部变量的变量名必须以@开头，另外变量名的形式必须符合 SQL Server 标识符的命名方式。

☑ datatype：局部变量使用的数据类型可以是除 text、ntext 或者 image 类型外所有的系统数据类型和用户自定义数据类型。一般来说，如果没有特殊的用途，建议在应用时尽量使用系统提供的数据类型。这样做可以减少维护应用程序的工作量。

例如，声明局部变量@songname，SQL 语句如下：

```
DECLARE @songname char(10)
```

2．为局部变量赋值

为变量赋值的方式一般有两种：一种是使用 SELECT 语句；一种是使用 SET 语句。使用 SELECT 语句为变量赋值的语法格式如下：

```
SELECT @varible_name = expression
[FROM table_name [,...n]
WHERE clause]
```

上面的 SELECT 语句的作用是为了给变量赋值，而不是为了从表中查询出数据。而且在使用 SELECT 语句进行赋值的过程中，并不一定非要使用 FROM 关键字和 WHERE 子句。

【例 8.02】　在 student 数据库的 course 表中，把"课程内容"是"艺术类"信息赋值给局部变量 @songname，并把它的值用 print 关键字显示出来。在查询编辑器窗口中运行的结果如图 8.2 所示。(**实例位置：资源包\源码\06\8.02**)

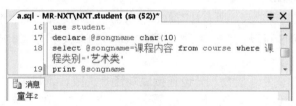

图 8.2　把查询内容赋值给局部变量

SQL 语句如下：

```
use student
declare @songname char(10)
select @songname=课程内容 from course where 课程类别='艺术类'
print @songname
```

SELECT 语句赋值和查询不能混淆，例如，声明一个局部变量名是@b 并赋值的 SQL 语句如下：

```
DECLARE @b int
SELECT @b=1
```

另一种为局部变量赋值的方式是使用 SET 语句。使用 SET 语句对变量进行赋值的常用语法格式如下：

```
{ SET @varible_name = ecpression } [,... n]
```

下面是一个简单的赋值语句：

```
DECLARE @song char(20)
SET @song = 'I love flower'
```

还可以为多个变量一起赋值，相应的 SQL 语句如下：

```
DECLARE @b int, @c char(10),@a int
SELECT @b=1, @c='love',@a=2
```

注意

数据库语言和编程语言有一些关键字，关键字是在某一环境下能够促使某一操作发生的字符组。为避免冲突和产生错误，在命名表、列、变量以及其他对象时应避免使用关键字。

8.3.2　全局变量

全局变量是 SQL Server 系统内部事先定义好的变量，不需要用户参与定义，对用户而言，其作用范围并不局限于某一程序，而是任何程序均可随时调用。全局变量通常用于存储一些 SQL Server 的配置设定值和效能统计数据。

SQL Server 一共提供了 30 多个全局变量，本节只对一些常用变量的功能和使用方法进行介绍。全局变量的名称都是以@@开头的。

（1）@@CONNECTIONS

记录自最后一次服务器启动以来，所有针对这台服务器进行的连接数目，包括没有连接成功的尝试。使用@@CONNECTIONS 可以让系统管理员很容易地得到今天所有试图连接本服务器的连接数目。

（2）@@CUP_BUSY

记录自上次启动以来尝试的连接数，无论连接成功还是失败，都以 ms 为单位的 CPU 工作时间。

（3）@@CURSOR_ROWS

返回在本次服务器连接中，打开游标取出数据行的数目。

（4）@@DBTS

返回当前数据库中 timestamp 数据类型的当前值。

（5）@@ERROR

返回执行上一条 Transact-SQL 语句所返回的错误代码。

在 SQL Server 服务器执行完一条语句后，如果该语句执行成功，将返回@@ERROR 的值为 0，如果该语句执行过程中发生错误，将返回错误的信息，而@@ERROR 将返回相应的错误编号，该编号将一直保持下去，直到下一条语句得到执行为止。

由于@@ERROR 在每一条语句执行后被清除并且重置，应在语句验证后立即检查它，或将其保存到一个局部变量中以备事后查看。

【例 8.03】　在 pubs 数据库中修改 authors 数据表时，用@@ERROR 检测限制查询冲突。在查询编辑器窗口中运行的结果如图 8.3 所示。（**实例位置：资源包\源码\06\8.03**）

图 8.3　修改数据时检测错误

SQL 语句如下：

```
use pubs
GO
UPDATE authors SET au_id = '172 32 1176'
WHERE au_id = '172-32-1176'
IF @@ERROR = 547
PRINT 'A check constraint violation occurred'
```

（6）@@FETCH_STATUS

返回上一次使用游标 FETCH 操作所返回的状态值，且返回值为整型。

返回值描述如表 8.6 所示。

表 8.6　@@FETCH_STATUS 返回值的描述

返 回 值	描　　述
0	FETCH 语句成功
−1	FETCH 语句失败或此行不在结果集中
−2	被提取的行不存在

例如，到了最后一行数据后，还要接着取下一行数据，返回的值为−2，表示返回的值已经丢失。

（7）@@IDENTITY

返回最近一次插入的 identity 列的数值，返回值是 numeric。

【例 8.04】　在 pugs 数据库的 jobs 数据表中，插入一行数据，并用@@identity 显示新行的标识值。在查询编辑器窗口运行的结果如图 8.4 所示。（**实例位置：资源包\源码\06\8.04**）

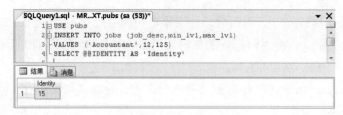

图 8.4　显示新行的标识值

SQL 语句如下：

```
USE pubs
INSERT INTO jobs (job_desc,min_lvl,max_lvl)
VALUES ('Accountant',12,125)
SELECT @@IDENTITY AS 'Identity'
```

（8）@@IDLE

返回以 ms 为单位计算 SQL Server 服务器自最近一次启动以来处于停顿状态的时间。

（9）@@IO_BUSY

返回以 ms 为单位计算的 SQL Server 服务器自最近一次启动以来花在输入和输出上的时间。

（10）@@LOCK_TIMEOUT

返回当前对数据锁定的超时设置。

（11）@@PACK_RECEIVED

返回 SQL Server 服务器自最近一次启动以来一共从网络上接收数据分组的数目。

（12）@@PACK_SENT

返回 SQL Server 服务器自最近一次启动以来一共向网络上发送数据分组的数目。

（13）@@PROCID

返回当前存储过程的 ID 标识。

（14）@@REMSERVER

返回在登录记录中记载远程 SQL Server 服务器的名字。

（15）@@ROWCOUNT

返回上一条 SQL 语句所影响到数据行的数目。对所有不影响数据库数据的 SQL 语句，这个全局变量返回的结果是 0。在进行数据库编程时，经常要检测@@ROWCOUNT 的返回值，以便明确所执行的操作是否达到了目标。

（16）@@SPID

返回当前服务器进程的 ID 标识。

（17）@@TOTAL_ERRORS

返回自 SQL Server 服务器启动来，所遇到读写错误的总数。

（18）@@TOTAL_READ

返回自 SQL Server 服务器启动来，读磁盘的次数。

（19）@@TOTAL_WRITE

返回自 SQL Server 服务器启动来，写磁盘的次数。

（20）@@TRANCOUNT

返回当前连接中，处于活动状态事务的数目。

（21）@@VERSION

返回当前 SQL Server 服务器安装日期、版本，以及处理器的类型。

8.4　注释符、运算符与通配符

视频讲解

8.4.1　注释符（Annotation）

注释语句不是可执行语句，不参与程序的编译，通常是一些说明性的文字，对代码的功能或者代码的实现方式给出简要的解释和提示。

在 Transact-SQL 中，可使用两类注释符：

☑　ANSI 标准的注释符（--），用于单行注释；例如，下面 SQL 语句所加的注释：

```
USE pubs       --打开数据表
```

☑　与 C 语言相同的程序注释符号，即"/*""*/"。其中，"/*"用于注释文字的开头，"*/"用于注释文字的结尾，可在程序中标识多行文字为注释。例如，有多行注释的 SQL 语句如下：

```
USE student
DECLARE @songname char(10)
SELECT @songname=课程内容 FROM course WHERE 课程类别='艺术类'
PRINT @songname
/*打开 student 数据库，定义一个变量
把查询到的结果赋值给所定义的变量*/
```

把所选的行一次都注释的快捷键是 Shift+Ctrl+C；一次取消多行注释的快捷键是 Shift+Ctrl+R。

8.4.2　运算符（Operator）

运算符是一种符号，用来进行常量、变量或者列之间的数学运算和比较操作，它是 Transact-SQL 语言很重要的部分。运算符分为算术运算符、赋值运算符、比较运算符、逻辑运算符、位运算符、字符串连接运算符 6 种类型。

1．算术运算符

算术运算符在两个表达式上执行数学运算，这两个表达式可以是数字数据类型分类的任何数据类型。算术运算符包括+（加）、–（减）、×（乘）、/（除）、%（取余）。

例如：5%3=2，3%5=3。

示例：求 2 对 5 取余。在查询编辑器窗口中运行的结果如图 8.5 所示。

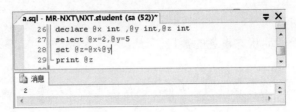

图 8.5 求 2%6 的结果

SQL 语句如下：

```
declare @x int ,@y int,@z int
select @x=2,@y=5
set @z=@x%@y
print @z
```

注意

取余运算两边的表达式必须是整型数据。

2．赋值运算符

Transact-SQL 有一个赋值运算符，即等号（=）。在下面的示例中，创建了@songname 变量。然后利用赋值运算符将@songname 设置成一个由表达式返回的值。

```
DECLARE @songname char(20)
SET @songname='loving'
```

还可以使用 SELECT 语句进行赋值，并输出该值。

```
DECLARE @songname char(20)
SELECT @songname ='loving'
print @songname
```

3．比较运算符

比较运算符测试两个表达式是否相同。除了 text、ntext 或 image 数据类型的表达式外，比较运算符可以用于所有的表达式。比较运算符包括>（大于）、<（小于）、=（等于）、>=（大于等于）、<=（小于等于）、!=（不等于）、!>（不大于）、!<（不小于），其中! =、!>、!<不是 ANSI 标准的运算符。

比较运算符的结果，布尔数据类型有 3 种值：TRUE、FALSE 及 UNKNOWN。那些返回布尔数据类型的表达式被称为布尔表达式。

和其他 SQL Server 数据类型不同，不能将布尔数据类型指定为表列或变量的数据类型，也不能在结果集中返回布尔数据类型。

例如：3>5=FALSE，6!=9=TRUE。

【例 8.05】 用查询语句搜索 pubs 数据库中的 titles 表，返回书的价格打了 8 折后仍大于 12 美元的书的书号、种类以及原价。（实例位置：资源包\源码\06\8.05）

SQL 语句如下：

```
use pubs
go
select title_id as 书号,type as 种类,price as 原价
from titles
where price-price*0.2>12
```

4．逻辑运算符

逻辑运算符对某个条件进行测试，以获得其真实情况。逻辑运算符和比较运算符一样，返回带有 TRUE 或 FALSE 值的布尔数据类型。SQL 支持的逻辑运算符如表 8.7 所示。

表 8.7　SQL 支持的逻辑运算符

运　算　符	行　　　为
ALL	如果一个比较集中全部都是 TRUE，则值为 TRUE
AND	如果两个布尔表达式均为 TRUE，则值为 TRUE
ANY	如果一个比较集中任何一个为 TRUE，则值为 TRUE
BETWEEN	如果操作数是在某个范围内，则值为 TRUE
EXISTS	如果子查询包含任何行，则值为 TRUE
IN	如果操作数与一个表达式列表中的某个相等的话，则值为 TRUE
LIKE	如果操作数匹配某个模式的话，则值为 TRUE
NOT	对任何其他布尔运算符的值取反
OR	如果任何一个布尔表达式是 TRUE，则值为 TRUE
SOME	如果一个比较集中的某些为 TRUE 的话，则值为 TRUE

例如：8>5 and 3>2=TRUE。

【例 8.06】　在 student 表中，查询女生中年龄大于 21 岁的学生信息。在查询编辑器窗口中运行的结果如图 8.6 所示。（**实例位置：资源包\源码\06\8.06**）

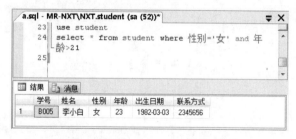

图 8.6　查询年龄大于 21 的女生信息

SQL 语句如下：

```
use student
select *
from student
where 性别='女' and 年龄>21
```

当 NOT、AND 和 OR 出现在同一表达中，它们的优先级依次是 NOT、AND、OR。

例如：3>5 or 6>3 and not 6>4=FALSE。

先计算 not 6>4=FALSE，然后再计算 6>3 AND FALSE =FALSE，最后计算 3>5 or FALSE= FALSE。

5．位运算符

位运算符的操作数可以是整数数据类型或二进制串数据类型（image 数据类型除外）范畴的。SQL 支持的按位运算符如表 8.8 所示。

表 8.8　位运算符

运　算　符	说　　明
&	按位 AND
|	按位 OR
^	按位互斥 OR
~	按位 NOT

6．字符串连接运算符

字符串连接运算符（+）用于连接两个或两个以上的字符或二进制串、列名或者串和列的混合体，将一个串加入另一个串的末尾。

语法格式如下：

```
<expression1>+<expression2>
```

【例 8.07】　用"+"连接两个字符串。在查询编辑器窗口中运行的结果如图 8.7 所示。（实例位置：资源包\源码\06\8.07）

图 8.7　用"+"连接两个字符串

SQL 语句如下：

```
declare @name char(20)
set @name='舞'
print '我喜爱的专辑是'+@name
```

7．运算符优先级

当一个复杂表达式中包含多个运算符时，运算符的优先级决定了表达式计算和比较操作的先后顺序。运算符的优先级由高到低的顺序如下。

（1）+（正）、−（负）、~（位反）

（2）*（乘）、/（除）、%（取余）

（3）+（加）、+（字符串串联运算符）、−（减）

（4）=、>、<、>=、<=、<>、!=、!>、!<（比较运算符）

（5）^（按位异或）、&（按位与）、|（按位或）

（6）NOT

（7）AND

（8）ALL、ANY、BETWEEN、IN、LIKE、OR、SOME（逻辑运算符）

（9）=（赋值）

若表达式中含有相同优先级的运算符，则从左向右依次处理。还可以使用括号来提高运算的优先级，在括号中的表达式优先级最高。如果表达式有嵌套的括号，那么首先对嵌套最内层的表达式求值。例如：

```
DECLARE @num int
SET @num = 2 * (4 + (5 - 3))
```

先计算（5-3），然后再加 4，最后再和 2 相乘。

8.4.3　通配符（Wildcard）

在 SQL 中通常用 LIKE 关键字与通配符结合起来实现模式查询。其中 SQL 支持的通配符如表 8.9 所示。

表 8.9　SQL 支持的通配符的描述和示例

通　配　符	描　述	示　例
%	包含零个或更多字符的任意字符	'loving%'可以表示：'loving'、'loving you'、'loving？'
_（下画线）	任何单个字符	'loving_'可以表示：'lovingc'。后面只能再接一个字符
[ ]	指定范围（[a-f]）或集合（[abcdef]）中的任何单个字符	'[0-9]123'表示以 0～9 之间任意一个字符开头，以'123'结尾的字符
[^]	不属于指定范围（[a-f]）或集合（[abcdef]）的任何单个字符	'[^0-5]123'表示不以 0～5 之间任意一个字符开头，却以'123'结尾的字符

8.5　小　　结

本章介绍了 Transact-SQL 语法基础，常量、变量、注释符、运算符与通配符的运用，以及运算符的优先级和如何比较运算符等，都能使读者更好地理解所学的知识。

第 **9** 章

数据的查询

（ ▶ 视频讲解：32 分钟 ）

本章主要介绍针对数据表记录的各种查询以及对记录的操作，主要包括选择查询、数据汇总、基于多表的连接查询。通过本章的学习，读者可以应用各种查询对数据表中的记录进行访问。

学习摘要：

▶▶ 创建查询和测试查询

▶▶ 简单的 SELECT 查询

▶▶ 使用 WHERE 子句过滤数据

▶▶ 使用聚合函数

▶▶ 使用 GROUP BY 子句

▶▶ 使用 HAVING 子句

▶▶ 使用 JOIN 关键字连接多个数据表

9.1　创建查询和测试查询

1. 编写 SQL 语句

在 SQL Server 2014 中，用户可以在 SQL Server Manager Studio 中编写 SQL 语句操作数据库。例如，查询 course 表中的所有记录的操作步骤如下。

（1）选择"开始"→"程序"→Microsoft SQL Server 2014→SQL Server Management Studio 命令，启动 SQL Server Manager Studio。

（2）使用"Windows 身份验证"建立连接。

（3）单击"标准"工具栏上的"新建查询"按钮。

（4）输入如下 SQL 语句：

```
use student
select * from course
```

2. 测试 SQL 语句

在新建的查询编辑器窗口中输入 SQL 语句之后，为了查看语句是否有语法错误，需要对 SQL 语句进行测试。单击工具栏中的 ✔ 按钮或直接按 Ctrl+F5 快捷键，可以对当前的 SQL 语句进行测试，如果 SQL 语句准确无误，在代码区下方会显示"命令已成功完成"，否则显示错误信息提示。

3. 执行 SQL 语句

最后要执行 SQL 语句才能实现各种操作。单击工具栏上的 ！执行(X) 按钮或直接按 F5 键可以执行 SQL 语句。上面输入的 SQL 语句的执行结果如图 9.1 所示。

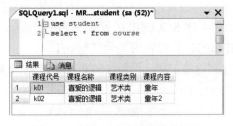

图 9.1　显示 course 表的所有记录

9.2　选　择　查　询

9.2.1　简单的 SELECT 查询

SELECT 语句是从数据库中检索数据并查询，并将查询结果以表格的形式返回。

SELECT 语句的基本语法格式如下：

```
SELECT select_list
[INTO new_table_name]
FROM table_list
[WHERE search_condition]
[GROUP BY group_by_list]
[HAVING search_condition]
[ORDER BY order_list [ASC| DESC]]
```

参数说明如表 9.1 所示。

表 9.1　SELECT 语句的参数说明

设　置　值	描　　述
select_list	指定由查询返回的列，它是一个逗号分隔的表达式列表
INTO new_table_name	创建新表并将查询行从查询插入新表中。new_table_name 指定新表的名称
FROM table_list	指定从其中检索行的表，这些来源可能包括基表、视图和链接表；FROM 子句还可包含连接说明；FROM 子句还用在 DELETE 和 UPDATE 语句中以定义要修改的表
WHERE search_condition	WHERE 子句指定用于限制返回的行的搜索条件。WHERE 子句还用在 DELETE 和 UPDATE 语句中以定义目标表中要修改的行
GROUP BY group_by_list	GROUP BY 子句根据 group_by_list 列中的值将结果集分成组。例如，student 表在"性别"中有两个值。"GROUP BY 性别"子句将结果集分成两组，每组对应于性别的一个值
HAVING search_condition	HAVING 子句是指定组或聚合的搜索条件
ORDER BY order_list [ASC | DESC]	ORDER BY 子句定义结果集中的行排列的顺序。order_list 指定组成排序列表的结果集的列。ASC 和 DESC 关键字用于指定行是按升序还是按降序排序

1. 选择所有字段

SELECT 语句后的第一个子句，即 SELECT 关键字开头的子句，用于选择进行显示的列。如果要显示数据表中所有列的值时，SELECT 子句后用星号（*）表示。

【例 9.01】　查询包含所有字段的记录。（**实例位置：资源包\源码\09\9.01**）

在 student 数据库中，查询 grade 表的所有记录，查询结果如图 9.2 所示。

	学号	课程代号	课程成绩	学期
1	B003	k03	90.3	1
2	B005	K02	93.2	2
3	NULL	NULL	NULL	NULL
4	B003	K03	98.3	1
5	B004	K04	87.9	2
6	B002	K02	88.4	2

图 9.2　查询显示 grade 表的内容

SQL 语句如下：

```
USE student
SELECT *
FROM grade
```

2. 选择部分字段

在查询表时，很多时候只显示所需要的字段，这时在 SELECT 子句后分别列出各个字段名称就可以。

【例 9.02】 查询包含部分字段的记录。（实例位置：资源包\源码\09\9.02）

在 grade 表中，显示学号、课程成绩字段的信息。查询结果如图 9.3 所示。.

	学号	课程成绩
1	B003	90.3
2	B005	93.2
3	NULL	NULL
4	B003	98.3
5	B004	87.9
6	B002	88.4

图 9.3　显示 grade 表的部分列

SQL 语句如下：

```
USE student
SELECT  学号,课程成绩
FROM grade
```

 注意

各个列用逗号隔开，但逗号是英文状态下的逗号。且不要混淆 SELECT 子句和 SELECT 语句。

9.2.2　重新对列排序

对于表格比较小的，不用 ORDER BY 子句，查询结果会按照在表格中的顺序排列。但对于表格比较大的，则必须使用 ORDER BY 子句，方便查看查询结果。

ORDER BY 子句由关键字 ORDER BY 后跟一个用逗号分开的排序列表组成，语法格式如下：

```
[ORDER BY {order_by_expression [ASC | DESC]} [,...n]]
```

参数说明如表 9.2 所示。

表 9.2　ORDER BY 语句的参数说明

设 置 值	说 明
order_by_expression	指定要排序的列。可以将排序列指定为列名、列的别名（可由表名或视图名限定）和表达式，或者指定为代表选择列表内的名称、别名或表达式的位置的负整数。可指定多个排序列。ORDER BY 子句中的排序列序列定义排序结果集的结构
ORDER BY	子句可包括未出现在此选择列表中的项目。然而，如果指定 SELECT DISTINCT，或者如果 SELECT 语句包含 UNION 运算符，则排序列必定出现在选择列表中。此外，当 SELECT 语句包含 UNION 运算符时，列名或列的别名必须是在第一选择列表内指定的列名或列的别名
ASC	指定按递增顺序，从低到高对指定列中的值进行排序。默认就是递增顺序
DESC	指定按递减顺序，从高到低对指定列中的值进行排序

1. 单级排序

排序的关键字是 ORDER BY，默认状态下是升序，关键字是 ASC。可以按照某一个字段排序，排序的字段是数值型，也可以是字符型、日期和时间型。

【例 9.03】 按照某一个字段进行排序。（**实例位置：资源包\源码\09\9.03**）

在 tb_basicMessage 表中，按照 age 升序排序。查询结果如图 9.4 所示。

	id	name	age	sex	dept	headship
1	24	金额	20	女	4	7
2	25	cdd	24	女	3	6
3	27	——	25	男	2	3
4	7	小陈	27	男	1	1
5	8	小葛	29	男	1	1
6	16	张三	30	男	1	5
7	23	小开	30	男	4	4

图 9.4 tb_basicMessage 表按照 age 升序排序

SQL 语句如下：

```
USE db_supermarket
SELECT *
FROM tb_basicMessage
ORDER BY age
```

查询结果以降序排序，必须在列名后指定关键字的 DESC。

例如，在 tb_basicMessage 表中按照 age 降序排序。SQL 语句如下：

```
USE student
SELECT * FROM tb_basicMessage ORDER BY age DESC
```

2. 多级排序

按照一列进行排序后，如果该列有重复的记录值，则重复记录值这部分就没有进行有效的排序，这就需要再附加一个字段，作为第二次排序的标准，对没有排序的记录进行再排序。

【例 9.04】 按照多个字段进行排序。（**实例位置：资源包\源码\09\9.04**）

在 grade 表中，按照学生的"学期"降序排列，然后再按照"课程成绩"升序排序。查询结果如图 9.5 所示。

	学号	课程代号	课程成绩	学期
1	B004	K04	87.9	2
2	B002	K02	88.4	2
3	B005	K02	93.2	2
4	B003	k03	90.3	1
5	B001	K01	96.7	1
6	B003	K03	98.3	1

图 9.5 grade 表按照多级字段排序

SQL 语句如下：

```
USE student
SELECT *
```

```
FROM grade
ORDER BY 学期 DESC,课程成绩
```

当排序字段是字符类型时，将按照字符数据中字母或汉字的拼音在字典中的顺序排序，先比较第1 个字母在字典中的顺序，位置在前的表示该字符串小于后面的字符串，若第 1 个字符相同，则继续比较第 2 个字母，直至得出比较结果。

例如，在 course 表中先按照"课程类别"升序排列，再按照"课程内容"降序排列。SQL 语句如下：

```
USE student
SELECT * FROM course ORDERY BY 课程类别 ASC,课程内容 DESC
```

9.2.3 使用运算符或函数进行列计算

某些查询要求在字段上带表达式进行查询，关于表达式中运算符和函数部分请参考 Transact-SQL 语法部分。

带表达式的查询语法如下：

```
SELECT 表达式 1,表达式 2,字段 1,字段 2,...from 数据表名
```

【例 9.05】 使用运算符进行列计算。（实例位置：资源包\源码\09\9.05）

新的一年开始学生的年龄都长了一岁，查询代码如下：

```
SELECT 学号,姓名,年龄=年龄+1 FROM tb_stu
```

查询结果如图 9.6 所示。

	学号	姓名	年龄
1	2	张二	24
2	3	张三	24
3	4	张四	24
4	5	张五	22
5	1	张一	21

图 9.6 表达式查询

9.2.4 利用 WHERE 参数过滤数据

WHERE 子句是用来选取需要检索的记录。因为一个表通常会有数千条记录，在查询结果中，用户仅需其中的一部分记录，这时需要使用 WHERE 子句指定一系列的查询条件。

WHERE 子句的基本语法格式如下：

```
SELECT<字段列表>
FROM<表名>
WHERE<条件表达式>
```

为了实现许多不同种类的查询，WHERE 子句提供了丰富的查询条件，下面总结了 5 个基本的查询条件。

（1）比较查询条件（=、<>、<、>等）。

（2）范围查询条件（BETWEEN、NOT BETWEEN）。

（3）列表查询条件（IN、NOT IN）。

（4）模糊查询（LIKE、NOT LIKE）。

（5）复合查询条件（AND、OR、NOT）。

1. 比较查询条件

比较查询条件由比较运算符连接表达式组成，系统将根据该查询条件的真假来决定某一条记录是否满足该查询条件，只有满足该查询条件的记录才会出现在最终的结果集中。SQL Server 比较运算符如表 9.3 所示。

表 9.3　比较运算符

运　算　符	说　　明	运　算　符	说　　明
=	等于	<=	小于等于
>	大于	!>	不大于
<	小于	!<	不小于
>=	大于等于	<>或!=	不等于

【例 9.06】　使用运算符进行比较查询。（**实例位置：资源包\源码\09\9.06**）

在 grade 表中，查询"课程成绩"大于 90 分的，查询结果如图 9.7 所示。

	学号	课程代号	课程成绩	学期
1	B003	k03	90.3	1
2	B005	K02	93.2	2
3	B003	K03	98.3	1
4	B001	K01	96.7	1

图 9.7　查询 grade 表中课程成绩大于 90 分的信息

SQL 语句如下：

```
USE student
SELECT *
FROM grade
WHERE  课程成绩>90
```

例如，在 grade 表中查询"课程成绩"小于等于 90 分的，SQL 语句如下：

```
USE student
SELECT * FROM grade WHERE  课程成绩<=90
```

例如，在 student 表中查询"年龄"范围为 20～22 岁（包括 20 和 22）的所有学生。SQL 语句如下：

```
USE student
SELECT * FROM student WHERE  年龄>=20 AND  年龄<=22
```

例如，在 student 表中查询"年龄"不大于 20～22 岁的所有学生。SQL 语句如下：

```
USE student
SELECT * FROM student WHERE  年龄<20 OR  年龄>22
```

例如，在 student 表中查询"年龄"不小于 20 岁的所有学生。SQL 语句如下：

```
USE student
SELECT * FROM student WHERE  年龄  !<20
```

换一种写法。查询"年龄"不小于 20 岁的所有学生。SQL 语句如下：

```
USE student
SELECT * FROM student WHERE  年龄>=20
```

例如，在 student 表中查询年龄不等于 20 岁的所有学生。SQL 语句如下：

```
USE student
SELECT * FROM student WHERE  年龄!=20
```

注意

搜索满足条件的记录行，要比消除所有不满足条件的记录行快得多，所以，将否定的 WHERE 条件改写为肯定的条件将会提高性能，这是一个必须记住的准则。

2．范围查询条件

使用范围条件进行查询，是当需要返回某一个数据值是否位于两个给定值之间，通常使用 BETWEEN…AND 和 NOT…BETWEEN…AND 来指定范围条件。

使用 BETWEEN…AND 查询条件时，指定的第 1 个值必须小于第 2 个值。因为 BETWEEN…AND 实质是查询条件"大于等于第 1 个值，并且小于等于第 2 个值"的简写形式。即 BETWEEN…AND 要包括两端的值，等价于比较运算符（>=…<=）。

【例 9.07】　使用 BETWEEN…AND 语句进行范围查询。（实例位置：资源包\源码\09\9.07）

在 grade 表中，显示年龄范围为 20～21 岁的学生信息。查询结果如图 9.8 所示

	Sno	Sname	Sex	年龄
1	201109001	李羽凡	男	20

图 9.8　显示 grade 表中年龄范围为 20～21 岁的学生信息

SQL 语句如下：

```
USE student
SELECT *
FROM student
WHERE  年龄  BETWEEN 20 AND 21
```

上述 SQL 也可以用>=…<=符号来改写。SQL 语句如下：

```
USE student
SELECT * FROM student WHERE  年龄>=20 AND  年龄<=21
```

而 NOT…BETWEEN…AND 语句返回某个数据值在两个指定值范围以外，但并不包括两个指定的值。

【例 9.08】　使用 NOT…BETWEEN…AND 语句进行范围查询。（实例位置：资源包\源码\09\9.08）

在 student 表中，显示年龄不在 20～21 岁的学生信息。查询结果如图 9.9 所示。

	Sno	Sname	Sex	年龄
1	201109008	李艳丽	女	25
2	201109003	聂乐乐	女	23
3	201109018	触发器	男	23
4	201109002	王嘟嘟	女	22

图 9.9　显示 grade 表中年龄不在 20～21 岁的学生信息

SQL 语句如下：

```
USE student
SELECT *
FROM student
WHERE  年龄  NOT BETWEEN 20 AND 21
```

3. 列表查询条件

当测试一个数据值是否匹配一组目标值中的一个时，通常使用 IN 关键字来指定列表搜索条件。IN 关键字的格式是 IN(目标值 1,目标值 2,目标值 3,...)，目标值的项目之间必须使用逗号分隔，并且括在括号中。

【例 9.09】　使用 IN 关键字进行列表查询。（**实例位置：资源包\源码\09\9.09**）

在 course 表中，查询"课程代号"是 k01、k03、k04 的课程信息。查询结果如图 9.10 所示。

	课程代号	课程名称	课程类别	课程内容
1	k01	喜爱的逻辑	艺术类	童年
2	k03	个人单曲	歌曲类	舞
3	k04	经典歌曲	歌曲类	冬天快乐

图 9.10　查询"课程代号"是 k01、k03、k04 的课程信息

SQL 语句如下：

```
USE student
SELECT *
FROM course
WHERE  课程代号  IN ('k01','k03', 'k04')
```

IN 运算符可以与 NOT 配合使用排除特定的行。测试一个数据值是否不匹配任何目标值。

【例 9.10】　使用 NOT IN 关键字进行列表查询。（**实例位置：资源包\源码\09\9.10**）

在 course 表中，查询"课程代号"不是 k01、k03 和 k04 的课程信息。查询结果如图 9.11 所示。

	课程代号	课程名称	课程类别	课程内容
1	k02	喜爱的逻辑	艺术类	童年2

图 9.11　查询"课程代号"不是 k01、k03、k04 的课程信息

SQL 语句如下：

```
USE student
SELECT *
FROMcourse
WHERE  课程代号  NOT IN('k01','k03', 'k04')
```

4．模糊查询

有时用户对查询数据表中的数据了解得不全面，如不能确定所要查询人的姓名只知道姓李，查询某个人的联系方式只知道是以 3451 结尾等，这时需要使用 LIKE 进行模糊查询。LIKE 关键字需要使用通配符在字符串内查找指定的模式，所以读者需要了解通配符及其含义。通配符的含义如表 9.4 所示。

表 9.4　LIKE 关键字中的通配符及其含义

通　配　符	说　　　明
%	由零个或更多字符组成的任意字符串
_	任意单个字符
[]	用于指定范围，例如，[A-F]表示 A～F 范围内的任何单个字符
[^]	表示指定范围之外的，例如，[^A-F]范围以外的任何单个字符

（1）%通配符

%通配符能匹配 0 个或更多个字符的任意长度的字符串。

【例 9.11】　使用%通配符进行模糊查询。（**实例位置：资源包\源码\09\9.11**）

在 student 表中，查询姓"李"的学生信息。查询结果如图 9.12 所示。

	学号	姓名	性别	年龄
1	201109008	李艳丽	女	25
2	201109001	李羽凡	男	20

图 9.12　student 表中查询姓"李"的学生信息

SQL 语句如下：

```
USE student
SELECT *
FROM student
WHERE  姓名  LIKE '李%'
```

在 SQL Server 语句中，可以在查询条件的任意位置放置一个%符号来代表任意长度的字符串。在设置查询条件时，也可以放置两个%，但最好不要连续出现两个%符号。

例如，在 student 表中，查询姓"李"并且联系方式是以 2 打头的学生信息。SQL 语句如下：

```
USE student
SELECT * FROM student WHERE  姓名  LIKE '李%' AND  联系方式  LIKE '2%'
```

（2）_通配符

_号表示任意单个字符，该符号只能匹配一个字符，利用_号可以作为通配符组成匹配模式进行查询。

【例 9.12】　使用_通配符进行模糊查询。（**实例位置：资源包\源码\09\9.12**）

在 student 表中，查询姓"刘"并且名字只有两个字的学生信息。查询结果如图 9.13 所示。

	学号	姓名	性别	年龄	出生日期	联系方式
1	201109004	刘月	女	20	1986-01-03	82345

图 9.13　在 student 表中查询姓"刘"并且名字是两个字的学生信息

SQL 语句如下：

```
USE student
SELECT *
FROM student
WHERE  姓名  LIKE '刘_'
```

_符号可以放在查询条件的任意位置，但只能代表一个字符。

例如，在 student 表中，查询姓"李"并且末尾字是"丽"的学生信息。SQL 语句如下：

```
USE student
SELECT * FROM student WHERE  姓名  LIKE '李_丽'
```

（3）[]通配符

在模糊查询中可以使用[]符号来查询一定范围内的数据。[]符号用于表示一定范围内的任意单个字符，它包括两端数据。

【例 9.13】　使用[]通配符进行模糊查询。（**实例位置：资源包\源码\09\9.13**）

在 student 表中，查询联系方式以 3451 结尾并且开头数字位于 1～5 之间的学生信息。查询结果如图 9.14 所示。

	学号	姓名	性别	年龄	出生日期	联系方式
1	201109008	李艳丽	女	25	1985-03-03	13451
2	201109003	聂乐乐	女	23	1984-03-10	23451
3	201109001	李羽凡	男	20	1982-03-03	23451

图 9.14　在 student 表中查询联系方式以 3451 结尾的学生

SQL 语句如下：

```
USE student
SELECT *
FROM student
WHERE  联系方式  LIKE '[1-5]3451'
```

例如，在 grade 表中，查询学号是 B001～B003 之间的学生成绩信息。SQL 语句如下：

```
USE student
SELECT * FROM grade WHERE  学号  LIKE 'B00[1-3]'
```

（4）[^]通配符

在模糊查询中可以使用[^]符号来查询不在指定范围内的数据。[^]符号用于表示不在某范围内的任意单个字符，它包括两端数据。

【例 9.14】　使用[^]通配符进行模糊查询。（**实例位置：资源包\源码\09\9.14**）

在 student 表中，查询联系方式以 3451 结尾，但不以 2 开头的学生信息。查询结果如图 9.15 所示。

	学号	姓名	性别	年龄	出生日期	联系方式
1	201109008	李艳丽	女	25	1985-03-03	13451

图 9.15　在 student 表中查询联系方式以 3451 结尾但不以 2 开头的学生信息

SQL 语句如下：

```
USE student
SELECT *
```

```
FROM student
WHERE 联系方式 LIKE '[^2]3451'
```

NOT LIKE 的含义与 LIKE 关键字正好相反，查询结果将返回不符合匹配模式查询。

例如，查询不姓"李"的学生信息。SQL 语句如下：

```
SELECT * FROM student WHERE 姓名 NOT LIKE '李%'
```

例如，查询除了名字是两个字并且姓"李"的其他学生信息。SQL 语句如下：

```
SELECT * FROM student WHERE 姓名 NOT LIKE '李_'
```

例如，查询除了电话号码以 3451 结尾并且开头数字位于 1～5 之间的其他学生信息。SQL 语句如下：

```
SELECT * FROM student WHERE 联系方式 NOT LIKE '[1-5]3451'
```

例如，查询电话号码不符合如下条件的学生信息，这些条件是电话号码以 3451 结尾，但不以 2 开头的。SQL 语句如下：

```
SELECT * FROM student WHERE 联系方式 NOT LIKE '[^2]3451'
```

5. 复合查询条件

很多情况下，在 WHERE 子句中仅仅使用一个条件不能准确地从表中检索到需要的数据，这里就需要使用逻辑运算符 AND、OR 和 NOT。使用逻辑运算符时，遵循的指导原则如下。

（1）使用 AND 返回满足所有条件的行。

（2）使用 OR 返回满足任一条件的行。

（3）使用 NOT 返回不满足表达式的行。

例如，用 OR 进行查询。查询学号是 B001 或者是 B003 的学生信息。SQL 语句如下：

```
USE student
SELECT * FROM student WHERE 学号='B001' OR 学号='B003'
```

例如，用 AND 进行查询。根据姓名和密码查询用户。SQL 语句如下：

```
USE db_supermarket
SELECT * FROM tb_users WHERE username='mr' AND password='mrsoft'
```

就像数据运算符乘和除一样，它们之间是具有优先级顺序的：NOT 优先级最高，AND 次之，OR 的优先级最低。下面用 AND 和 OR 结合进行查询。

【例 9.15】 使用 AND 和 OR 结合进行查询。（实例位置：资源包\源码\09\9.15）

在 student 表中，要查询年龄大于 21 岁女生或者年龄大于等于 19 岁的男生信息。查询结果如图 9.16 所示。

	学号	姓名	性别	年龄	出生日期	联系方式
1	201109008	李艳丽	女	25	1985-03-03	13451
2	201109003	聂乐乐	女	23	1984-03-10	23451
3	201109018	触发器	男	23	1986-01-01	52345
4	201109002	王嘟嘟	女	22	1984-03-10	62345
5	201109001	李羽凡	男	20	1982-03-03	23451

图 9.16 复合搜索

SQL 语句如下：

```
USE student
SELECT *
FROM student
WHERE  年龄> 21 AND  性别='女' OR  年龄>=19 AND  性别='男'
```

使用逻辑关键字 AND、OR、NOT 和括号把搜索条件分组，可以构建非常复杂的搜索条件。

例如，在 student 表中，查询年龄大于 20 岁的女生或者年龄大于 22 岁的男生，并且电话号码都是 23451 的学生信息。在查询编辑器窗口中输入的 SQL 语句如下：

```
USE student
SELECT * FROM student WHERE (年龄>20 AND  性别='女' OR  年龄>22 AND  性别='男') AND  联系方式 =
'23451'
```

9.2.5 消除重复记录

DISTINCT 关键字主要用来从 SELECT 语句的结果集中去掉重复的记录。如果用户没有指定 DISTINCT 关键字，那么系统将返回所有符合条件的记录组成结果集，其中包括重复的记录。

【例 9.16】 使用 DISTINCT 关键字消除重复记录。（**实例位置：资源包\源码\09\9.16**）

在 course 表中，显示共有几种"课程类别"。查询结果如图 9.17 所示。

SQL 语句如下：

	课程类别
1	歌曲类
2	计算机类
3	艺术类

图 9.17 显示 course 表中的课程类别

```
USE student
SELECT DISTINCT  课程类别
FROM course
```

对多个列使用 DISTINCT 关键字时，查询结果只显示每个有效组合的一个例子。即结果表中没有完全相同的两行。

例如，在 grade 表中，显示"学号"和"课程代号"的不同值。SQL 语句如下：

```
USE student
SELECT DISTINCT  学号,课程代号
FROM grade
```

视频讲解

9.3 数 据 汇 总

9.3.1 使用聚合函数

SQL 提供一组聚合函数，它们能够对整个数据集合进行计算，将一组原始数据转换为有用的信息，以便用户使用。例如，求成绩表中的总成绩、学生表中平均年龄等。

SQL 的聚合函数如表 9.5 所示。

表 9.5　聚合函数

聚 合 函 数	支持的数据类型	功 能 描 述
SUM()	数字	对指定列中的所有非空值求和
AVG()	数字	对指定列中的所有非空值求平均值
MIN()	数字、字符、日期	返回指定列中的最小数字、最小的字符串和最早的日期时间
MAX()	数字、字符、日期	返回指定列中的最大数字、最大的字符串和最近的日期时间
COUNT([DISTINCT] *)	任意基于行的数据类型	统计结果集中全部记录行的数量。最多可达 2147483647 行
COUNT_BIG([DISTINCT] *)	任意基于行的数据类型	类似于 COUNT 函数，但因其返回值使用了 BIGINT 数据类型，所以最多可以统计 $2^{63}-1$ 行

下面用聚集函数分别举例。

例如，在 grade 表中，求所有的课程成绩的总和，SQL 语句如下：

```
USE student
SELECT SUM(课程成绩) FROM grade
```

例如，在 student 表中，求所有学生的平均年龄，SQL 语句如下：

```
USE student
SELECT AVG(年龄) FROM student
```

例如，在 student 表中，查询最早出生的学生，SQL 语句如下：

```
USE student
SELECT MIN(出生日期) FROM student
```

例如，在 grade 表中，查询课程成绩最高的学生信息，SQL 语句如下：

```
USE student
SELECT MAX(课程成绩) FROM grade
```

例如，在 student 表中，求所有女生的人数，SQL 语句如下：

```
USE student
SELECT COUNT(性别) FROM student WHERE  性别='女'
```

使用 COUNT(*)可以求整个表所有的记录数。

例如，求 student 表中所有的记录数，SQL 语句如下：

```
USE student
SELECT COUNT(*) FROM student
```

9.3.2　使用 GROUP BY 子句

GROUP BY 子句可以将表的行划分为不同的组。分别总结每个组，这样就可以控制想要看见的详细信息的级别。例如，按照学生的性别分组、按照不同的学期分组等。

使用 GROUP BY 子句的注意事项。

（1）在 SELECT 子句的字段列表中，除了聚集函数外，其他所出现的字段一定要在 GROUP BY 子句中有定义才行。如 GROUP BY A,B，那么 SELECT SUM(A),C 就有问题，因为 C 不在 GROUP BY 中，但是 SUM(A)还是可以的。

（2）SELECT 子句的字段列表中不一定要有聚集函数，但至少要用到 GROUP BY 子句列表中的一个项目。如 GROUP BY A,B,C，则 SELECT A 是可以的。

（3）在 SQL Server 中 text、ntext 和 image 数据类型的字段不能作为 GROUP BY 子句的分组依据。

（4）GROUP BY 子句不能使用字段别名。

1．按单列分组

GROUP BY 子句可以基于指定某一列的值将数据集合划分为多个分组，同一组内所有记录在分组属性上具有相同值。

【例 9.17】　使用 GROUP BY 子句按单列分组。（实例位置：**资源包\源码\09\9.17**）

把 student 表按照"性别"这个单列进行分组。查询结果如图 9.18 所示。

	性别
1	男
2	女

图 9.18　student 表按照"性别"分组

SQL 语句如下：

```
USE student
SELECT  性别
FROM student
GROUP BY  性别
```

重复前面介绍的注意事项：在 SELECT 子句的字段列表中，除了聚集函数外，其他所出现的字段一定要在 GROUP BY 子句中有定义才行。

例如，由于下列查询中"姓名"列即不包含在 GROUP BY 子句中，也不包含在分组函数中，所以是错误的。错误的 SQL 语句如下：

```
USE student SELECT  姓名,性别 FROM student GROUP BY  性别
```

2．按多列分组

GROUP BY 子句可以基于指定多列的值将数据集合划分为多个分组。

【例 9.18】　使用 GROUP BY 子句按多列分组。（实例位置：**资源包\源码\09\9.18**）

在 student 表中，按照"性别"和"年龄"列进行分组。查询结果如图 9.19 所示。

	性别	年龄
1	男	20
2	男	23
3	女	20
4	女	22
5	女	23
6	女	25

图 9.19　student 表按多列分组

SQL 语句如下：

```
USE student
SELECT  性别,年龄
FROM student
GROUP BY  性别,年龄
```

在 student 表中，首先按照性别分组，然后再按照年龄分组。

9.3.3　使用 HAVING 子句

分组之前的条件要用 WHERE 关键字，而分组之后的条件要使用关键字 HAVING 子句。

【例 9.19】　使用 HAVING 子句分组查询。（实例位置：资源包\源码\09\9.19）

在 student 表中，先按"性别"分组求出平均年龄，然后筛选出平均年龄大于 20 岁的学生信息。查询结果如图 9.20 所示。

图 9.20　student 表用 HAVING 筛选结果

SQL 语句如下：

```
USE student
SELECT AVG(年龄), 性别
FROM student
GROUP BY  性别
HAVING AVG(年龄)>20
```

视频讲解

9.4　基于多表的连接查询

9.4.1　连接谓词

JOIN 是一种将两个表连接在一起的连接谓词。连接条件可在 FROM 或 WHERE 子句中指定，建议在 FROM 子句中指定连接条件。

9.4.2　以 JOIN 关键字指定的连接

使用 JOIN 关键字可以进行交叉连接、内连接和外连接。

1. 交叉连接

交叉连接是两个表的笛卡儿积的另一个名称。笛卡儿积就是两个表的交叉乘积，即两个表的记录进行交叉组合，如图 9.21 所示。

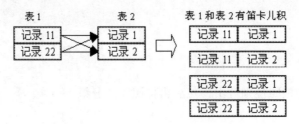

图 9.21　两个表的笛卡儿积示意图

交叉连接的语法格式如下：

```
SELECT fieldlist
FROM table1
CROSS JOIN table2
```

其中忽略 ON 条件的方法来创建交叉连接。

2．内连接

内连接也叫连接，是最早的一种连接，还被称为普通连接或自然连接。内连接是从结果中删除其他被连接表中没有匹配行的所有行，所以内连接可能会丢失信息。

内连接的语法格式如下：

```
SELECT fieldlist
FROM table1 [INNER] JOIN table2
ON table1.column=table2.column
```

一个表中的行和与另外一个表中的行匹配连接。表中的数据决定了如何对这些行进行组合。从每一个表中选取一行。

3．外连接

外连接则扩充了内连接的功能，会把内连接中删除原表中的一些保留下来，由于保留下来的行不同，把外连接分为左外连接、右外连接和全外连接 3 种连接。

（1）左外连接

左外连接保留了第 1 个表的所有行，但只包含第 2 个表与第 1 个表匹配的行。第 2 个表相应的空行被放入 NULL 值。

左外连接的语法格式如下：

```
USE student
SELECT fieldlist
FROM table1 LEFT JOIN table2
ON table1.column= table2.column
```

【例 9.20】　使用 LEFT JOIN…ON 关键字进行左外连接。（实例位置：资源包\源码\09\9.20）

把 student 表和 grade 表左外连接。第 1 个表 student 有不满足连接条件的。查询结果如图 9.22 所示。

	学号	姓名	性别	年龄	出生日期	联系方式	学号	课程代号	课程成绩	学期
1	B001	李艳丽	女	25	1985-03-03	13451	B001	K01	96.7	1
2	B002	聂乐乐	女	23	1984-03-10	23451	B002	K02	88.4	2
3	B003	触发器	男	23	1986-01-01	52345	B003	k03	90.3	1
4	B003	触发器	男	23	1986-01-01	52345	B003	K03	98.3	1
5	B004	王嘟嘟	女	22	1984-03-10	62345	B004	K04	87.9	2
6	B005	李羽凡	男	20	1982-03-03	23451	B005	K02	93.2	2
7	B006	刘月	女	20	1986-01-03	82345	NULL	NULL	NULL	NULL

图 9.22 student 表和 grade 表左外连接

SQL 语句如下：

```
USE student
SELECT   *
FROM student LEFT JOIN grade
ON student.学号=grade.学号
```

（2）右外连接

右外连接保留了第 2 个表的所有行，但只包含第 1 表与第 2 个表匹配的行。第 1 个表相应的空行被放入 NULL 值。

右外连接的语法格式如下：

```
USE student
SELECT fieldlist
FROM table1 RIGHT JOIN table2
ON table1.column=table2.column
```

【例 9.21】 使用 RIGHT JOIN…ON 关键字进行右外连接。（**实例位置：资源包\源码\09\9.21**）

把 grade 表和 course 表右外连接。第 2 个表 course 有不满足连接条件的行。查询结果如图 9.23 所示。

	学号	课程代号	课程成绩	学期	课程代号	课程名称	课程类别	课程内容
1	B001	K01	96.7	1	k01	喜爱的逻辑	艺术类	童年
2	B005	K02	93.2	2	k02	喜爱的逻辑	艺术类	童年2
3	B002	K02	88.4	2	k02	喜爱的逻辑	艺术类	童年2
4	B003	k03	90.3	1	k03	个人单曲	歌曲类	舞
5	B003	K03	98.3	1	k03	个人单曲	歌曲类	舞
6	B004	K04	87.9	2	k04	经典歌曲	歌曲类	冬天快乐
7	NULL	NULL	NULL	NULL	k06	数据结构	计算机类	查询

图 9.23 grade 表和 course 表右外连接

SQL 语句如下：

```
USE student
SELECT *
FROM grade RIGHT JOIN course
ON course.课程代号=grade.课程代号
```

（3）全外连接

全外连接会把两个表所有的行都显示在结果表中，并尽可能多地匹配数据和连接条件。

全外连接的语法格式如下：

```
USE student
SELECT fieldlist
```

```
FROM table1 FULL JOIN table2
ON table1.column=table2.column
```

【例 9.22】 使用 JOIN 关键字进行全外连接。（**实例位置：资源包\源码\09\9.22**）

把 grade 表和 course 表实现全连接。两个表都有不满足连接条件的。查询结果如图 9.24 所示。

	学号	课程代号	课程成绩	学期	课程代号	课程名称	课程类别	课程内容
1	B003	k03	90.3	1	k03	个人单曲	歌曲类	舞
2	B005	K02	93.2	2	k02	喜爱的逻辑	艺术类	童年2
3	NULL	NULL	NULL	NULL	NULL	NULL	NULL	NULL
4	B003	K03	98.3	1	k03	个人单曲	歌曲类	舞
5	B004	K04	87.9	2	k04	经典歌曲	歌曲类	冬天快乐
6	B002	K02	88.4	2	k02	喜爱的逻辑	艺术类	童年2
7	B001	K01	96.7	1	k01	喜爱的逻辑	艺术类	童年
8	NULL	NULL	NULL	NULL	k06	数据结构	计算机类	查询

图 9.24 course 表和 grade 表全外连接

SQL 语句如下：

```
USE student
SELECT *
FROM grade FULL JOIN course
ON course.课程代号=grade.课程代号
```

9.5 小 结

本章介绍了如何在 SQL Server 2014 中编写、测试和执行 SQL 语句。读者应熟练掌握选择查询、分组查询，能根据实际的要求编写 SQL 查询语句的操作。

第 **10** 章

子查询与嵌套查询

(▣◄ 视频讲解：11 分钟)

　　在使用 SELECT 语句检索数据时，可以使用 WHERE 子句指定用于限制返回的行的搜索条件，GROUP BY 子句将结果集分成组，ORDER BY 子句定义结果集中的行排列的顺序。使用这些子句可以方便地查询表中的数据。但是，当由 WHERE 子句指定的搜索条件指向另一张表时，就需要使用子查询或嵌套查询。在本章将详细地介绍什么是子查询、嵌套查询以及如何进行嵌套查询。

　　学习摘要：

▸▸　子查询的概念

▸▸　嵌套查询的概念

▸▸　简单的嵌套查询

▸▸　带关键字的嵌套查询

10.1　子查询概述

子查询是一个嵌套在 SELECT、INSERT、UPDATE 或 DELETE 语句或其他子查询中的查询。任何允许使用表达式的地方都可以使用子查询。

10.1.1　子查询语法

子查询语法格式如下：

```
SELECT [ALL | DISTINCT]<select item list>
FROM <table list>
[WHERE<search condition>]
[GROUP BY <group item list>
[HAVING <group by search conditoon>]]
```

10.1.2　语法规则

（1）子查询的 SELECT 查询总使用圆括号括起来。

（2）不能包括 COMPUTE 或 FOR BROWSE 子句。

（3）如果同时指定 TOP 子句，则可能只包括 ORDER BY 子句。

（4）子查询最多可以嵌套 32 层，个别查询可能会不支持 32 层嵌套。

（5）任何可以使用表达式的地方都可以使用子查询，只要它返回的是单个值。

（6）如果某个表只出现在子查询中而不出现在外部查询中，那么该表中的列就无法包含在输出中。

10.1.3　语法格式

（1）WHERE　查询表达式　[NOT] IN（子查询）。

（2）WHERE　查询表达式　比较运算符　[ANY | ALL]（子查询）。

（3）WHERE [NOT] EXISTS（子查询）。

10.2　嵌套查询概述

嵌套查询是指将一个查询块嵌套在另一个查询块的 WHERE 子句或 HAVING 短语的条件中的查询。

嵌套查询中上层的查询块称为外侧查询或父查询，下层查询块称为内层查询或子查询。SQL 语言允许多层嵌套，但是在子查询中不允许出现 ORDER BY 子句，ORDER BY 子句只能用在最外层的查询块中。

嵌套查询的处理方法是：先处理最内侧的子查询，然后一层一层向上处理，直到最外层的查询块。

10.3　简单的嵌套查询

嵌套查询中的内层子查询通常作为搜索条件的一部分呈现在 WHERE 或 HAVING 子句中。例如，把一个表达式的值和一个由子查询生成的一个值相比较，这个测试类似于简单比较测试。

子查询比较测试用到的运算符包括=、<>、<、>、<=、>=。子查询比较测试把一个表达式的值和由子查询产生的一个值进行比较，返回比较结果为 TRUE 的记录。

【例 10.01】　Student 表中存储的是学生的基本信息，SC 表中存储的是学生的成绩（Grade）信息，使用嵌套查询，查询在 Student 表中，Grade>90 分的学生信息，SQL 语句及运行结果如图 10.1 所示。（**实例位置：资源包\源码\10\10.01**）

SQL 语句如下：

```
SELECT * FROM Student
WHERE Sno = (SELECT Sno FROM SC WHERE Grade > 90)
```

这里给出本节中用到的 SC 表、Student 表和 Course 表的信息，如图 10.2 所示。

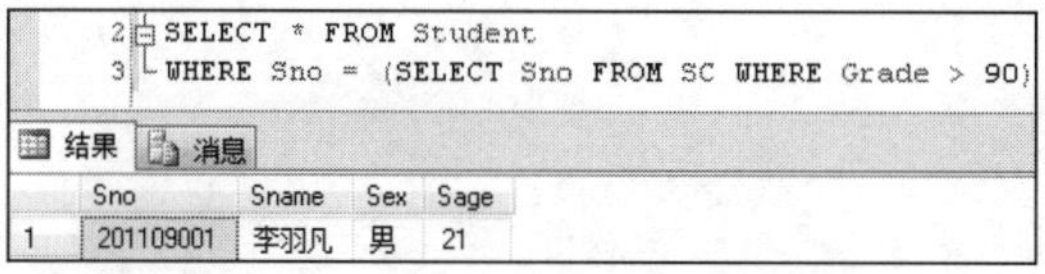

```
2 SELECT * FROM Student
3 WHERE Sno = (SELECT Sno FROM SC WHERE Grade > 90)
```

结果　消息

	Sno	Sname	Sex	Sage
1	201109001	李羽凡	男	21

图 10.1　查询成绩大于 90 分的学生信息

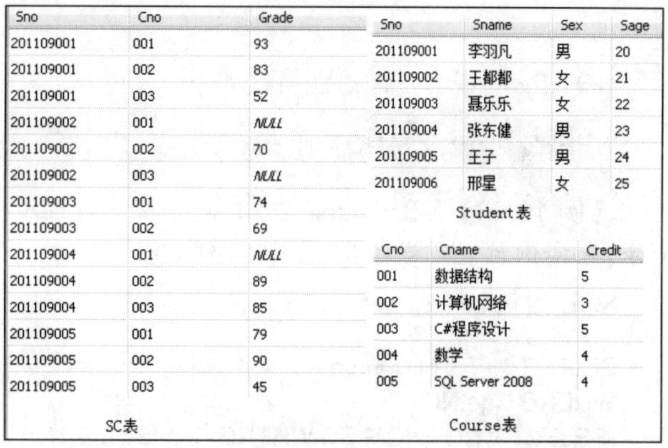

Sno	Cno	Grade
201109001	001	93
201109001	002	83
201109001	003	52
201109002	001	NULL
201109002	002	70
201109002	003	NULL
201109003	001	74
201109003	002	69
201109004	001	NULL
201109004	002	89
201109004	003	85
201109005	001	79
201109005	002	90
201109005	003	45

SC表

Sno	Sname	Sex	Sage
201109001	李羽凡	男	20
201109002	王都都	女	21
201109003	聂乐乐	女	22
201109004	张东健	男	23
201109005	王子	男	24
201109006	邢星	女	25

Student表

Cno	Cname	Credit
001	数据结构	5
002	计算机网络	3
003	C#程序设计	5
004	数学	4
005	SQL Server 2008	4

Course表

图 10.2　SC 表、Student 表和 Course 表中的信息

10.4　带 IN 的嵌套查询

带 IN 的嵌套查询语法格式如下：

```
WHERE 查询表达式 IN(子查询)
```

一些嵌套内层的子查询会产生一个值，也有一些子查询会返回一系列值，即子查询不能返回带几行和几列数据的表。原因在于子查询的结果必须适合外层查询的语句。当子查询产生一系列值时，适合用带 IN 的嵌套查询。

把查询表达式单个数据和由子查询产生的一系列的数值相比较，如果数值匹配一系列值中的一个，则返回 TRUE。

【例 10.02】 在 Student 表和 SC 表中，查询参加考试的学生信息，SQL 语句及运行结果如图 10.3 所示。（实例位置：**资源包\源码\10\10.02**）

图 10.3 参加考试的学生的信息

SQL 语句如下：

```
SELECT * FROM Student
WHERE Sno IN (SELECT Sno FROM SC )
```

10.5 带 NOT IN 的嵌套查询

NOT IN 的嵌套查询语法格式如下：

```
WHERE 查询表达式 NOT IN(子查询)
```

【例 10.03】 在 Course 表和 SC 表中，查询没有考试的课程信息，SQL 语句及运行结果如图 10.4 所示。（实例位置：**资源包\源码\10\10.03**）

SQL 语句如下：

```
SELECT * FROM Course
WHERE Cno NOT IN
(SELECT CNO FROM SC WHERE Cno IS NOT NULL)
```

查询过程是用主查询中 Cno 的值与子查询结果中的值比较，不匹配返回真值。由于主查询中的 004 和 005 的课程代号值与子查询的结果的数据不匹配，返回真值。所以查询结果显示 Cno 为 004 和 005 的课程信息。

【例 10.04】 在 Student 表和 SC 表中，查询没有考试的学生信息，SQL 语句及运行结果如图 10.5 所示。（实例位置：**资源包\源码\10\10.04**）

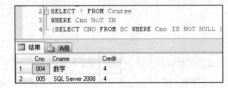

图 10.4 没考试的课程信息

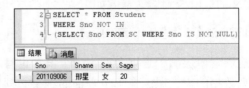

图 10.5 没有参加考试的学生

SQL 语句如下：

```
SELECT * FROM Student
WHERE Sno NOT IN
(SELECT Sno FROM SC WHERE Sno IS NOT NULL)
```

10.6 带 SOME 的嵌套查询

SQL 支持 3 种定量比较谓词：SOME、ANY 和 ALL。它们都是判断是否任何或全部返回值都满足搜索要求的。其中 SOME 和 ANY 谓词是存在量的，只注重是否有返回值满足搜索要求。这两种谓词含义相同，可以替换使用。

【例 10.05】 在 Student 表中，查询 Sage 小于平均年龄的所有学生的信息，SQL 语句及运行结果如图 10.6 所示。（**实例位置：资源包\源码\10\10.05**）

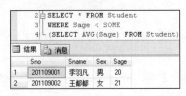

图 10.6 查询年龄小于平均年龄的学生信息

SQL 语句如下：

```
SELECT * FROM Student
WHERE Sage < SOME
(SELECT AVG(Sage) FROM Student)
```

10.7 带 ANY 的嵌套查询

ANY 属于 SQL 支持的 3 种定量谓词之一，且和 SOME 完全等价，即能用 SOME 的地方完全可以使用 ANY。

【例 10.06】 在 Student 表中，查询 Sage 大于平均年龄的所有学生的信息，SQL 语句及运行结果如图 10.7 所示。（**实例位置：资源包\源码\10\10.06**）

图 10.7 查询年龄大于平均年龄的学生信息

SQL 语句如下：

```
SELECT * FROM Student
WHERE Sage > ANY
(SELECT AVG(Sage) FROM Student)
```

【例 10.07】 在 Student 表中，查询 Sage 不等于平均年龄的所有学生的信息，SQL 语句及运行结果如图 10.8 所示。（**实例位置：资源包\源码\10\10.07**）

图 10.8 查询年龄不等于平均年龄的学生信息

SQL 语句如下：

```
SELECT * FROM Student
WHERE Sage <> ANY
(SELECT AVG(Sage) FROM Student)
```

10.8 带 ALL 的嵌套查询

ALL 谓词的使用方法和 ANY 或者 SOME 谓词一样，也是把列值与子查询结果进行比较，但是它不要求任意结果值的列值为真，而是要求所有列的查询结果都为真，否则就不返回行。

【例 10.08】 在 SC 表中，查询 Grade 没有大于 90 分的 Cno 的详细信息，SQL 语句及运行结果如图 10.9 所示。（**实例位置：资源包\源码\10\10.08**）

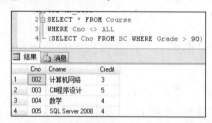

图 10.9 查询某课程成绩没有大于 90 分的课程信息

SQL 语句如下：

```
SELECT * FROM Course
WHERE Cno <> ALL
(SELECT Cno FROM SC WHERE Grade > 90)
```

10.9　带 EXISTS 的嵌套查询

EXISTS 谓词只注重子查询是否返回行。如果子查询返回一个或多个行，谓词返回为真值，否则为假。EXISTS 搜索条件并不真正地使用子查询的结果。它仅仅测试子查询是否产生任何结果。

用带 IN 的嵌套查询也可以用带 EXISTS 的嵌套查询改写。

【例 10.09】　在 Student 表中，查询参加考试的学生信息，SQL 语句及运行结果如图 10.10 所示。（实例位置：资源包\源码\10\10.09）

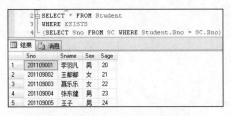

图 10.10　参加考试的学生信息

SQL 语句如下：

```
SELECT * FROM Student
WHERE EXISTS
(SELECT Sno FROM SC WHERE Student.Sno = SC.Sno)
```

【例 10.10】　在 Student 表中，查询没有参加考试的学生信息，SQL 语句及运行结果如图 10.11 所示。（实例位置：资源包\源码\10\10.10）

图 10.11　没有参加考试的学生信息

SQL 语句如下：

```
SELECT * FROM Student
WHERE NOT EXISTS
(SELECT Sno FROM SC WHERE Student.Sno = SC.Sno)
```

10.10　小　　结

本章主要对 SQL 中的高级数据查询进行了详细讲解，在具体讲解过程中，由于嵌套查询中必然用到子查询，因此首先介绍了子查询和嵌套查询的概念，然后对各种嵌套查询进行了详细讲解。学习本章内容时，应该重点掌握各种嵌套查询的使用。

第**2**篇

提高篇

　　本篇介绍了索引与数据完整性、流程控制、存储过程、触发器、游标的使用、SQL 中的事务、SQL Server 高级开发、SQL Server 安全管理、SQL Server 维护管理等内容。学习完本篇，读者将能够掌握比较高级的 SQL 及 SQL Server 管理知识，并对数据库进行管理。

第11章

索引与数据完整性

（ 📹 视频讲解：56分钟）

本章主要介绍索引与数据完整性，主要包括索引的概念、索引的创建、索引的删除、索引的分析与维护、域完整性、实体完整性和引用完整性。通过本章的学习，读者应掌握建立或者删除索引的方法，能够使用索引优化数据库查询，熟悉数据完整性。

学习摘要：

▶▶ 索引的基本概念及分类

▶▶ 索引的优缺点

▶▶ 创建、修改和删除索引

▶▶ 索引的分析与维护

▶▶ 使用数据库进行全文索引

▶▶ 全文目录的创建与删除

▶▶ 数据完整性

11.1 索引的概念

视频讲解

与书中的索引一样，数据库中的索引使用户可以快速找到表或索引视图中的特定信息。索引包含从表或视图中一个或多个列生成的键，以及映射到指定数据的存储位置的指针。通过创建设计良好的索引以支持查询，可以显著提高数据库查询和应用程序的性能。索引可以减少为返回查询结果集而必须读取的数据量。索引还可以强制表中的行具有唯一性，从而确保表数据的数据完整性。

索引是一个单独的、物理的数据库结构，在 SQL Server 中，索引是为了加速对表中数据行的检索而创建的一种分散存储结构。它是针对一个表而建立的，每个索引页面中的行都含有逻辑指针，指向数据表中的物理位置，以便加速检索物理数据。因此，对表中的列是否创建索引，将对查询速度有很大的影响。一个表的存储是由两部分组成的，一部分用来存放表的数据页，另一部分存放索引页。通常索引页面对于数据页来说小得多。在进行数据检索时，系统首先搜索索引页面，从中找到所需数据的指针，然后直接通过该指针从数据页面中读取数据，从而提高查询速度。

11.2 索引的优缺点

视频讲解

索引是与表或视图关联的磁盘上结构，可以加快从表或视图中检索行的速度。本节将介绍索引的优缺点。

11.2.1 索引的优点

索引有以下优点。

- ☑ 创建唯一性索引，保证数据库表中每一行数据的唯一性。
- ☑ 大大加快数据的检索速度，这也是创建索引的最主要原因。
- ☑ 加速表与表之间的连接，特别是在实现数据的参考完整性方面特别有意义。
- ☑ 在使用分组和排序子句进行数据检索时，同样可以减少查询中分组和排序的时间。
- ☑ 通过使用索引，可以在查询的过程中使用优化隐藏器，提高系统的性能。

11.2.2 索引的缺点

索引有以下缺点。

- ☑ 创建索引和维护索引要耗费时间，这种时间随着数据量的增加而增加。
- ☑ 索引需要占物理空间，除了数据表占数据空间之外，每一个索引还要占一定的物理空间，如果要建立聚集索引，那么需要的空间就会更大。
- ☑ 当对表中的数据进行增加、删除和修改的时候，索引也要动态地维护，降低了数据的维护速度。

视频讲解

11.3　索引的分类

在 SQL Server 2014 中提供的索引类型主要有聚集索引、非聚集索引、唯一索引、包含性列索引、索引视图、全文索引、空间索引、筛选索引和 XML 索引。

按照存储结构的不同，可以将索引分为聚集索引和非聚集索引两类。

11.3.1　聚集索引

聚集索引根据数据行的键值在表或视图中排序和存储这些数据行。索引定义中包含聚集索引列。每个表只能有一个聚集索引，因为数据行本身只能按一个顺序排序。

只有当表包含聚集索引时，表中的数据行才按排序顺序存储。如果表具有聚集索引，则该表称为聚集表。如果表没有聚集索引，则其数据行存储在一个称为堆的无序结构中。

除了个别表之外，每个表都应该有聚集索引。聚集索引除了可以提高查询性能之外，还可以按需重新生成或重新组织来控制表碎片。

聚集索引按下列方式实现。

（1）PRIMARY KEY 和 UNIQUE 约束

☑　在创建 PRIMARY KEY 约束时，如果不存在该表的聚集索引且未指定唯一非聚集索引，则将自动对一列或多列创建唯一聚集索引。主键列不允许空值。

☑　在创建 UNIQUE 约束时，默认情况下将创建唯一非聚集索引，以便强制 UNIQUE 约束。如果不存在该表的聚集索引，则可以指定唯一聚集索引。

（2）独立于约束的索引

指定非聚集主键约束后，用户可以对非主键列的列创建聚集索引。

（3）索引视图

若要创建索引视图，请对一个或多个视图列定义唯一聚集索引。视图将具体化，并且结果集存储在该索引的页级别中，其存储方式与表数据存储在聚集索引中的方式相同。

11.3.2　非聚集索引

非聚集索引具有独立于数据行的结构。非聚集索引包含非聚集索引键值，并且每个键值项都有指向包含该键值的数据行的指针。

从非聚集索引中的索引行指向数据行的指针称为行定位器。行定位器的结构取决于数据页是存储在堆中还是聚集表中。对于堆，行定位器是指向行的指针。对于聚集表，行定位器是聚集索引键。

下面以图 11.1 对非聚集索引的结构进行详细的说明。图 11.1（a）中的数据是按图 11.1（b）中的数据进行顺序存储的，在图 11.1（a）中为"地址代码"列建立索引，"指针地址"列是每条记录在表中的存储位置（通常称为指针），当查询地址代码为 01 的信息时，先在索引表中查找地址代码 01，然后根据索引表中的指针地址（在这里指针地址为 2）找到第 2 条记录，这样就很大地提高了查询速度。

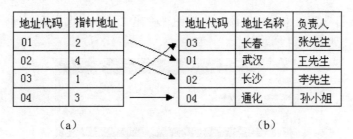

地址代码	指针地址
01	2
02	4
03	1
04	3

地址代码	地址名称	负责人
03	长春	张先生
01	武汉	王先生
02	长沙	李先生
04	通化	孙小姐

（a）　　　　　　　　　　　　　　　　　（b）

图 11.1　非聚集索引结构图

视频讲解

11.4　索引的操作

索引就是加快检索表中数据的方法。它对数据表中一个或多个列的值进行结构排序，是数据库中一个非常有用的对象。本节主要介绍如何通过 SQL Server Management Studio 和 Transact-SQL 语句创建索引。

11.4.1　索引的创建

1. 使用 SQL Server Management Studio 创建索引

操作步骤如下。

（1）启动 SQL Server Management Studio，并连接到 SQL Server 2014 数据库。

（2）选择指定的数据库 db_2014，然后展开要创建索引的表，在表的下级菜单中，鼠标右键单击"索引"，在弹出的快捷菜单中选择"新建索引"命令，如图 11.2 所示。弹出"新建索引"窗口，如图 11.3 所示。

图 11.2　选择"新建索引"命令　　　　　　　　　　图 11.3　"新建索引"窗口

（3）在"新建索引"窗口中单击"添加"按钮，弹出"从表中选择列"窗口，在该窗口中选择要添加到索引键的表列，如图 11.4 所示。

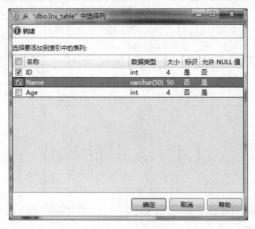

图 11.4　"从表中选择列"窗口

（4）单击"确定"按钮，返回到"新建索引"窗口，单击"确定"按钮，便完成了索引的创建。

2．使用 Transact-SQL 语句创建索引

CREATE INDEX 语句为给定表或视图创建一个改变物理顺序的聚集索引，也可以创建一个具有查询功能的非聚集索引。

语法格式如下：

```
CREATE [UNIQUE] [CLUSTERED | NONCLUSTERED] INDEX index_name
    ON {table | view} (column [ASC | DESC] [,...n])
[WITH < index_option > [,...n]]
[ON filegroup]
< index_option > ::=
  {PAD_INDEX |
    FILLFACTOR = fillfactor |
    IGNORE_DUP_KEY |
    DROP_EXISTING |
  STATISTICS_NORECOMPUTE |
  SORT_IN_TEMPDB
}
```

CREATE INDEX 语句的参数及说明如表 11.1 所示。

表 11.1　CREATE INDEX 语句的参数及说明

参　　数	描　　述
[UNIQUE][CLUSTERED | NONCLUSTERED]	指定创建索引的类型，参数依次为唯一索引、聚集索引和非聚集索引。当省略 UNIQUE 选项时，建立非唯一索引，省略 CLUSTERED|NONCLUSTERED 选项时，建立聚集索引，省略 NONCLUSTERED 选项时，建立唯一聚集索引
index_name	索引名。索引名在表或视图中必须唯一，但在数据库中不必唯一。索引名必须遵循标识符规则

186

续表

参　　数	描　　述
table	包含要创建索引的列的表。可以选择指定数据库和表所有者
column	应用索引的列。指定两个或多个列名，可为指定列的组合值创建组合索引
[ASC | DESC]	确定具体某个索引列的升序或降序排序方向。默认设置为 ASC
PAD_INDEX	指定索引中间级中每个页（节点）上保持开放的空间
FILLFACTOR	指定在 SQL Server 创建索引的过程中，各索引页的填满程度
IGNORE_DUP_KEY	控制向唯一聚集索引的列插入重复的键值时所发生的情况。如果为索引指定了 IGNORE_DUP_KEY，并且执行了创建重复键的 INSERT 语句，SQL Server 将发出警告消息并忽略重复的行
DROP_EXISTING	指定应删除并重建已命名的先前存在的聚集索引或非聚集索引
SORT_IN_TEMPDB	指定用于生成索引的中间排序结果将存储在 tempdb 数据库中
ON filegroup	在给定的文件组上创建指定的索引。该文件组必须已创建

【例 11.01】　为 Student 表的 Sno 列创建非聚集索引。（实例位置：资源包\源码\ 11\11.01）

SQL 语句如下：

```
USE db_2014
CREATE INDEX IX_Stu_Sno
ON Student (Sno)
```

【例 11.02】　为 Student 表的 Sno 列创建唯一聚集索引。（实例位置：资源包\源码\11\11.02）

SQL 语句如下：

```
USE db_2014
CREATE UNIQUE CLUSTERED INDEX IX_Stu_Sno1
ON Student (Sno)
```

注意

无法对表创建多个聚集索引。

【例 11.03】　为 Student 表的 Sno 列创建组合索引。（实例位置：资源包\源码\ 11\11.03）

SQL 语句如下：

```
USE db_2014
CREATE INDEX IX_Stu_Sno2
ON Student (Sno,Sname DESC)
```

【例 11.04】　用 FILLFACTOR 参数为 Student 表的 Sno 列创建一个填充因子为 100 的非聚集索引。（实例位置：资源包\源码\11\11.04）

SQL 语句如下：

```
USE db_2014
CREATE NONCLUSTERED INDEX IX_Stu_Sno3
ON Student (Sno)
WITH FILLFACTOR = 100
```

【例 11.05】 用 IGNORE_DUP_KEY 参数为 Student 表的 Sno 列创建唯一聚集索引，并且不能输入重复值。（实例位置：资源包\源码\11\11.05）

SQL 语句如下：

```
USE db_2014
CREATE UNIQUE CLUSTERED INDEX IX_Stu_Sno4
ON Student (Sno)
WITH IGNORE_DUP_KEY
```

3．创建索引的原则

使用索引虽然可以提高系统的性能，增强数据的检索速度，但它需要占用大量的物理存储空间，建立索引的一般原则如下。

（1）只有表的所有者可以在同一个表中创建索引。

（2）每个表中只能创建一个聚集索引。

（3）每个表中最多可以创建 249 个非聚集索引。

（4）在经常查询的字段上建立索引。

（5）定义 text、image 和 bit 数据类型的列上不要建立索引。

（6）在外键列上可以建立索引。

（7）主键列上一定要建立索引。

（8）在那些重复值比较多、查询较少的列上不要建立索引。

11.4.2　查看索引信息

1．使用 SQL Server Management Studio 器查看索引

使用 SQL Server Management Studio 查看索引的步骤如下。

（1）启动 SQL Server Management Studio，并连接到 SQL Server 2014 数据库。

（2）选择指定的数据库 db_2014，然后展开要查看索引的表。

（3）鼠标右键单击该表，在弹出的快捷菜单中选择"设计"命令。

（4）弹出表设计窗口，鼠标右键单击该窗口，在弹出的快捷菜单中选择"索引/键"命令。

（5）打开"索引/键"窗体，如图 11.5 所示。在窗体的左侧选中某个索引，在窗体的右侧就可以查看此索引的信息，并可以修改相关的信息。

2．使用系统存储过程查看索引

系统存储过程 sp_helpindex 可以报告有关表或视图上索引的信息。

语法格式如下：

```
sp_helpindex [@objname =] 'name'
```

参数[@objname =] 'name'表示用户定义的表或视图的限定或非限定名称。

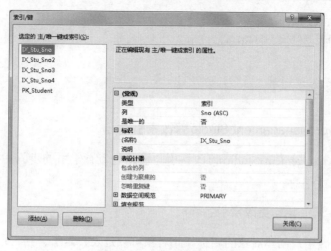

图 11.5 "索引/键"窗体

【例 11.06】 用系统存储过程 Sp_helpindex,查看 db_2014 数据库中 Student 表的索引信息。(实例位置:**资源包\源码\11\11.06**)

SQL 语句如下:

```
use db_2014
EXEC Sp_helpindex Student
```

运行结果如图 11.6 所示。

3. 利用系统表查看索引信息

查看数据库中指定表的索引信息,可以利用该数据库中的系统表 sysobjects(记录当前数据库中所有对象的相关信息)和 sysindexes(记录有关索引和建立索引表的相关信息)进行查询,系统表 sysobjects 可以根据表名查找到索引表的 ID 号,再利用系统表 sysindexes 根据 ID 号查找到索引文件的相关信息。

【例 11.07】 利用系统表查看 db_2014 数据库中 Student 表中的索引信息,SQL 语句及运行结果如图 11.7 所示。(**实例位置:资源包\源码\11\11.07**)

图 11.6 使用系统存储过程查看索引

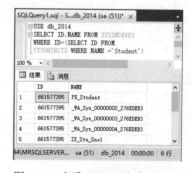

图 11.7 查看 Student 表中的索引

SQL 语句如下:

```
USE db_2014
SELECT ID,NAME FROM SYSINDEXES
```

```
WHERE ID=(SELECT ID FROM
SYSOBJECTS WHERE NAME ='Student')
```

11.4.3　索引的修改

1．使用 SQL Server Management Studio 修改索引

使用 SQL Server Management Studio 修改索引与使用它查看索引的步骤相同，在"索引/键"窗体中就可以修改索引的相关信息。

2．使用 Transact-SQL 语句更改索引名称

在当前数据库中更改用户创建对象的名称。此对象可以是表、索引、列、别名数据类型或 Microsoft .NET Framework 公共语言运行时（CLR）用户定义类型。

语法格式如下：

```
sp_rename [@objname =] 'object_name',
[@newname =] 'new_name'
[, [@objtype =] 'object_type']
```

参数说明如下。

☑　[@objname =] 'object_name'：用户对象或数据类型的当前限定或非限定名称。

☑　[@newname =] 'new_name'：指定对象的新名称。

☑　[@objtype =] 'object_type'：要重命名的对象的类型。

【例 11.08】　利用系统存储过程 sp_rename，IX_Stu_Sno 索引重命名为 IX_Stu_Sno1。（**实例位置：资源包\源码\11\11.08**）

SQL 语句如下：

```
USE db_2014
EXEC sp_rename 'Student.IX_Stu_Sno','IX_Stu_Sno1'
```

运行结果如图 11.8 所示。

> **注意**
>
> 　要对索引进行重命名时，需要修改的索引名格式必须为"表名.索引名"。

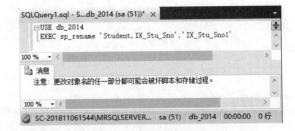

图 11.8　更改索引名称

11.4.4　索引的删除

1．使用 SQL Server Management Studio 器删除索引

使用 SQL Server Management Studio 删除索引与使用它查看索引的步骤相同，在"索引/键"窗体中，单击"删除"按钮，就可以把当前选中的索引删除。

2. 使用 Transact-SQL 语句删除索引

DROP INDEX 语句表示从当前数据库中删除一个或多个关系索引、空间索引、筛选索引或 XML 索引。

DROP INDEX 语句不适用于通过定义 PRIMARY KEY 或 UNIQUE 约束创建的索引。若要删除该约束和相应的索引，请使用带有 DROP CONSTRAINT 子句的 ALTER TABLE。

DROP INDEX 语句的语法格式如下：

```
DROP INDEX
{<drop_relational_or_xml_or_spatial_index> [,...n]
| <drop_backward_compatible_index> [,...n]
}
<drop_relational_or_xml_or_spatial_index> ::=
    index_name ON <object>
    [WITH (<drop_clustered_index_option> [,...n])]
<drop_backward_compatible_index> ::=
    [owner_name.] table_or_view_name.index_name
<object> ::=
{
    [database_name. [schema_name] . | schema_name.]
    table_or_view_name
}
```

DROP INDEX 语句的参数及说明如表 11.2 所示。

表 11.2　DROP INDEX 语句的参数及说明

参　　数	描　　述
index_name	要删除的索引名称
database_name	数据库的名称
schema_name	该表或视图所属架构的名称
table_or_view_name	与该索引关联的表或视图的名称
<drop_clustered_index_option>	控制聚集索引选项。这些选项不能与其他索引类型一起使用

【例 11.09】　删除 Student 表中的 IX_Stu_Sno1 索引。（实例位置：资源包\源码\11\11.09）

SQL 语句如下：

```
USE db_2014
--判断表中是否有要删除的索引
If EXISTS(Select * from sysindexes where name='IX_Stu_Sno1')
  Drop Index Student.IX_Stu_Sno1
```

运行结果如图 11.9 所示。

【例 11.10】　删除 Student 表中的 IX_Stu_Sno3 索引和 SC 表中的 IX_SC_Sno 索引。（实例位置：资源包\源码\11\11.10）

SQL 语句如下：

```
USE db_2014
Drop Index Student.IX_Stu_Sno3,SC.IX_SC_Sno
```

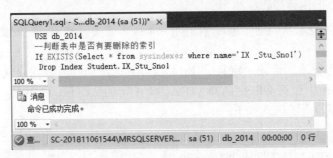

图 11.9　索引的删除

11.4.5　设置索引的选项

1. 设置 PAD_INDEX 选项

PAD_INDEX 选项是设置创建索引期间中间级别页中可用空间的百分比。

对于非叶级索引页需要使用 PAD_INDEX 选项设置其预留空间的大小。PAD_INDEX 选项只有在指定了 FILLFACTOR 选项时才有用，因为 PAD_INDEX 是由 FILLFACTOR 所指定的百分比决定。默认情况下，给定中间级页上的键集，SQL Server 将确保每个索引页上的可用空间至少可以容纳一个索引允许的最大行。如果 FILLFACTOR 指定的百分比不够大，无法容纳一行，SQL Server 将在内部使用允许的最小值替代该百分比。

【例 11.11】　为 Student 表的 Sno 列创建一个簇索引 IX_Stu_Sno，并将预留空间设置为 10。（**实例位置：资源包\源码\11\11.11**）

SQL 语句如下：

```
USE db_2014
CREATE UNIQUE CLUSTERED INDEX IX_Stu_Sno
ON Student(Sno)
WITH PAD_INDEX,FILLFACTOR = 10
```

2. 设置 FILLFACTOR 选项

FILLFACTOR 选项是设置创建索引期间每个索引页的页级别中可用空间的百分比。

数据库系统在存储数据库文件时，有时会将用到的数据页隔断，在使用数据索引的同时会产生一定程度的碎片。为了尽量减少页拆分，在创建索引时，可以选择 FILLFACTOR（称为填充因子）选项，此选项用来指定各索引页的填满程度，即指定索引页上所留出的额外的间隙和保留一定的百分比空间，从而扩充数据的存储容量和减少页拆分。FILLFACTOR 选项的取值范围是 1~100，表示用户创建索引时数据容量所占页容量的百分比。

【例 11.12】　在 db_2014 数据库中的 Student 表上创建基于 Sname 列的非聚集索引 IX_Stu_Snanme，并且为升序，填充因子为 80。（**实例位置：资源包\源码\11\11.12**）

SQL 语句如下：

```
USE db_2014
GO
CREATE INDEX IX_Stu_Sname ON Student(Sname)
WITH FILLFACTOR=80
GO
```

3. 设置 ASC/DESC 选项

排序查询是指将查询结果按指定属性的升序（ASC）或降序（DESC）排列，由 ORDER BY 子句指明。ASC/DESC 选项可以在创建索引时设置索引方式。

【例 11.13】 在 Student 表中创建一个聚集索引 MR_Stu_Sage，将 Sage 列按从小到大排序。（实例位置：资源包\源码\11\11.13）

SQL 语句如下：

```
USE db_2014
CREATE CLUSTERED INDEX MR_Stu_Sage
ON Student (Sage DESC)
```

创建索引后，数据表如图 11.10 所示。

图 11.10 对 Sage 字段进行排序

【例 11.14】 在 Student 表中创建一个聚集索引 MR_Stu，将 Sage 列按从大到小排序，Sno 列从小到大排序。（实例位置：光盘\源码\11\11.14）

SQL 语句如下：

```
USE db_2014
CREATE CLUSTERED INDEX MR_Stu
ON Student (Sage DESC,Sno ASC)
```

创建索引后，数据表如图 11.11 所示。

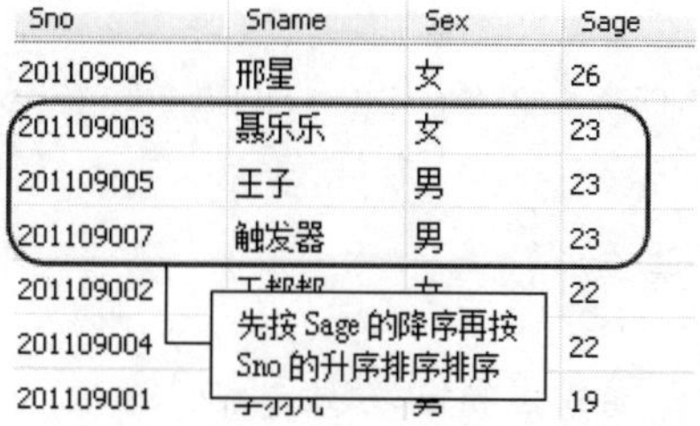

图 11.11 按多字段进行排序

4．设置 SORT_IN_TEMPDB 选项

SORT_IN_TEMPDB 选项是确定对创建索引期间生成的中间排序结果进行排序的位置。如果为 ON，则排序结果存储在 tempdb 中。如果为 OFF，则排序结果存储在存储结果索引的文件组或分区方案中。

【例 11.15】 用 SORT_IN_TEMPDB 选项创建 MR_Stu 索引，当 tempdb 与用户数据库位于不同的磁盘集上时，可以减少创建索引所需的时间。（**实例位置：资源包\源码\11\11.15**）

SQL 语句如下：

```
CREATE UNIQUE CLUSTERED INDEX MR_Stu_Sno
ON Student (Sno ASC)
WITH SORT_IN_TEMPDB
```

5．设置 STATISTICS_NORECOMPUTE 选项

STATISTICS_NORECOMPUTE 选项指定是否应自动重新计算过期的索引统计信息。

【例 11.16】 在 Student 表上创建索引 MR_Stu，其功能是不自动重新计算过期的索引统计信息。（**实例位置：资源包\源码\11\11.16**）

SQL 语句如下：

```
USE db_2014
CREATE UNIQUE CLUSTERED INDEX MR_Stu
ON Student (Sno ASC)
WITH STATISTICS_NORECOMPUTE
```

6．设置 UNIQUE 选项

UNIQUE 选项是确定是否允许并发用户在索引操作期间访问基础表或聚集索引数据以及任何关联非聚集索引。

为表或视图创建唯一索引（不允许存在索引值相同的两行）。视图上的聚集索引必须是 UNIQUE 索引。如果存在唯一索引，当使用 UPDATE 或 INSERT 语句产生重复值时将回滚，并显示错误信息。即使 UPDATE 或 INSERT 语句更改了许多行但只产生了一个重复值，也会出现这种情况。如果在有唯一索引并且指定了 IGNORE_DUP_KEY 子句情况下输入数据，则只有违反 UNIQUE 索引的行才会失败。在处理 UPDATE 语句时，IGNORE_DUP_KEY 不起作用。

【例 11.17】 用 IGNORE_DUP_KEY 参数创建唯一聚集索引，并且不能输入重复值，改变行的物理排序。（**实例位置：资源包\源码\11\11.17**）

SQL 语句如下：

```
USE db_2014
CREATE UNIQUE CLUSTERED INDEX MR_Stu_Sno ON Student (Sno)
WITH IGNORE_DUP_KEY
```

7．设置 DROP_EXISTING 选项

DROP_EXISTING 选项指示应删除和重新创建现有索引。

删除 SQL Server 2014 中已存在的索引，并根据修改重新创建一个索引，如果创建的是一个聚集索

引，并且被索引的表上还存在其他非聚集索引，通过创建可以提高表的查询性能，因为重建聚集索引将强制重建所有的非聚集索引。

【例 11.18】　对已有的索引 MR_Stu，进行重新创建。（实例位置：资源包\源码\11\11.18）

SQL 语句如下：

```
CREATE UNIQUE CLUSTERED INDEX MR_Stu
ON Student (Sno ASC)
WITH DROP_EXISTING
```

11.5　索引的分析与维护

视频讲解

索引建立后，还需对它们进行分析和维护。本节主要讲解索引的分析及维护的方法。

11.5.1　索引的分析

1．使用 SHOWPLAN 语句

SHOWPLAN 语句用来显示查询语句的执行信息，包含查询过程中连接表时所采取的每个步骤以及选择哪个索引。语法格式如下：

```
SET SHOWPLAN_ALL {ON | OFF}
SET SHOWPLAN_TEXT {ON | OFF}
```

参数说明如下。

☑　ON：显示查询执行信息。

☑　OFF：不显示查询执行信息（系统默认）。

SET SHOWPLAN_ALL 的设置是在执行或运行时设置，而不是在分析时设置。如果 SET SHOWPLAN_ALL 为 ON，则 SQL Server 将返回每个语句的执行信息但不执行语句。Transact-SQL 语句不会被执行。在将此选项设置为 ON 后，将始终返回有关所有后续 Transact-SQL 语句的信息，直到将该选项设置为 OFF 为止。

SET SHOWPLAN_TEXT 的设置是在执行或运行时设置的，而不是在分析时设置的。当 SET SHOWPLAN_TEXT 为 ON 时，SQL Server 将返回每个 Transact-SQL 语句的执行信息，但不执行语句。将该选项设置为 ON 以后，将返回有关所有后续 SQL Server 语句的执行计划信息，直到将该选项设置为 OFF 为止。

【例 11.19】　在 db_2014 数据库的 Student 表中查询所有性别为男且年龄大于 23 岁的学生信息。（实例位置：资源包\源码\11\11.19）

SQL 语句如下：

```
USE db_2014
GO
SET SHOWPLAN_ALL ON
```

```
GO
SELECT Sname,Sex,Sage FROM Student WHERE Sex='男' AND Sage >23
GO
SET SHOWPLAN_ALLOFF
GO
```

运行结果如图 11.12 所示。

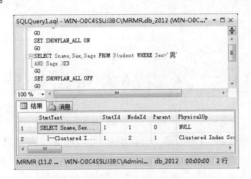

图 11.12　SHOWPLAN 语句的使用

2. 使用 STATISTICS IO 语句

STATISTICS IO 语句表示使 SQL Server 显示有关由 Transact-SQL 语句生成的磁盘活动量的信息。语法格式如下：

```
SET STATISTICS IO {ON | OFF}
```

如果 STATISTICS IO 为 ON，则显示统计信息。如果为 OFF，则不显示统计信息。如果将此选项设置为 ON，则所有后续的 Transact-SQL 语句将返回统计信息，直到将该选项设置为 OFF 为止。

【例 11.20】　在 db_2014 数据库中的 Student 表中查询所有性别为男且年龄大于 20 岁的学生信息，并显示查询处理过程在磁盘活动的统计信息。（**实例位置：资源包\源码\11\11.20**）

SQL 语句如下：

```
USE db_2014
GO
SET STATISTICS IO ON
GO
SELECT Sname,Sex,Sage FROM Student WHERE Sex='男' AND Sage >20
GO
SET STATISTICS IO OFF;
GO
```

11.5.2　索引的维护

1. 使用 DBCC SHOWCONTIG 语句

DBCC SHOWCONTIG 语句用来显示指定表的数据和索引的碎片信息。当对表进行大量的修改或添加数据后，应该执行此语句来查看有无碎片。语法格式如下：

```
DBCC SHOWCONTIG
[(
    {table_name | table_id | view_name | view_id}
    [, index_name | index_id]
)]
    [WITH
        {
        [, [ALL_INDEXES]]
        [, [TABLERESULTS]]
        [, [FAST]]
        [, [ALL_LEVELS]]
        [NO_INFOMSGS]
        }
    ]
```

DBCC SHOWCONTIG 语句的参数及说明如表 11.3 所示。

表 11.3　DBCC SHOWCONTIG 语句的参数及说明

参　　数	描　　述
table_name	table_id	view_name	view_id	要检查碎片信息的表或视图。如果未指定，则检查当前数据库中的所有表和索引视图
index_name	index_id	要检查碎片信息的索引。如果未指定，则该语句将处理指定表或视图的基本索引
WITH	指定有关 DBCC 语句返回的信息类型的选项
FAST	指定是否要对索引执行快速扫描和输出最少信息。快速扫描不读取索引的叶级或数据级页
ALL_INDEXES	显示指定表和视图的所有索引的结果，即使指定了特定索引也是如此
TABLERESULTS	将结果显示为含附加信息的行集
ALL_LEVELS	仅为保持向后兼容性而保留
NO_INFOMSGS	取消严重级别从 0～10 的所有信息性消息

【例 11.21】　显示 db_2014 数据库中 Student 表的碎片信息，SQL 语句及运行结果如图 11.13 所示。（实例位置：资源包\源码\11\11.21）

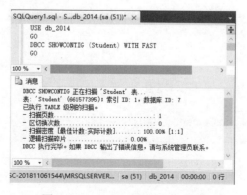

图 11.13　Student 表的碎片信息

SQL 语句如下：

```
USE db_2014
GO
DBCC SHOWCONTIG (Student) WITH FAST
GO
```

说明

当扫描密度为 100%时，说明表无碎片信息。

2. 使用 DBCC DBREINDEX 语句

DBCC DBREINDEX 表示对指定数据库中的表重新生成一个或多个索引。语法格式如下：

```
DBCC DBREINDEX
(
    table_name
    [, index_name [, fillfactor]]
)
    [WITH NO_INFOMSGS]
```

参数说明如下。

☑ table_name：包含要重新生成的指定索引的表的名称。表名称必须遵循有关标识符的规则。

☑ index_name：要重新生成的索引名。索引名称必须符合标识符规则。

☑ fillfactor：在创建或重新生成索引时，每个索引页上用于存储数据的空间百分比。

☑ WITH NO_INFOMSGS：取消显示严重级别从 0～10 的所有信息性消息。

【例 11.22】 使用填充因子 100 重建 db_2014 数据库中 Student 表上的 MR_Stu_Sno 聚集索引。（实例位置：资源包\源码\11\11.22）

SQL 语句如下：

```
USE db_2014
GO
DBCC DBREINDEX('db_2014.dbo.Student',MR_Stu_Sno, 100)
GO
```

【例 11.23】 使用填充因子 100 重建 db_2014 数据库中 Student 表上的所有索引。（实例位置：资源包\源码\11\11.23）

SQL 语句如下：

```
USE db_2014
GO
DBCC DBREINDEX('db_2014.dbo.Student','',100)
GO
```

3. 使用 DBCC INDEXDEFRAG 语句

DBCC INDEXDEFRAG 语句指定表或视图的索引碎片整理。语法格式如下：

```
DBCC INDEXDEFRAG
(
    {database_name | database_id | 0}
        , {table_name | table_id | view_name | view_id}
    [, {index_name | index_id} [, {partition_number | 0}]]
)
    [WITH NO_INFOMSGS]
```

DBCC INDEXDEFRAG 语句的参数及说明如表 11.4 所示。

表 11.4　DBCC INDEXDEFRAG 语句的参数及说明

参　　数	描　　述
database_name | database_id | 0	包含要进行碎片整理的索引的数据库。如果指定 0，则使用当前数据库
table_name | table_id | view_name | view_id	包含要进行碎片整理的索引的表或视图
index_name | index_id	要进行碎片整理的索引的名称或 ID。如果未指定，该语句将针对指定表或视图的所有索引进行碎片整理
partition_number | 0	要进行碎片整理的索引的分区号。如果未指定或指定 0，该语句将对指定索引的所有分区进行碎片整理
WITH NO_INFOMSGS	取消严重级别从 0～10 的所有信息性消息

【例 11.24】　清除数据库 db_2014 数据库中 Student 表的 MR_Stu_Sno 索引上的碎片。(实例位置：资源包\源码\11\11.24)

SQL 语句如下：

```
USE db_2014
GO
DBCC INDEXDEFRAG (db_2014,Student,MR_Stu_Sno)
GO
```

视频讲解

11.6　全文索引

全文索引是一种特殊类型的基于标记的功能性索引，它是由 SQL Server 全文引擎生成和维护的。生成全文索引的过程不同于生成其他类型的索引。全文引擎并非基于特定行中存储的值来构造 B 树结构，而是基于要编制索引的文本中的各个标记来生成倒排、堆积且压缩的索引结构。

11.6.1　使用 SQL Server Management Studio 启用全文索引

操作步骤如下。

（1）启动 SQL Server Management Studio，并连接到 SQL Server 2014 数据库。

（2）选择指定的数据库 db_2014，然后鼠标右键单击要创建索引的表，在弹出的快捷菜单中选择"全文检索"→"定义全文检索"命令，如图 11.14 所示。

（3）打开"全文索引向导"窗口，如图 11.15 所示。

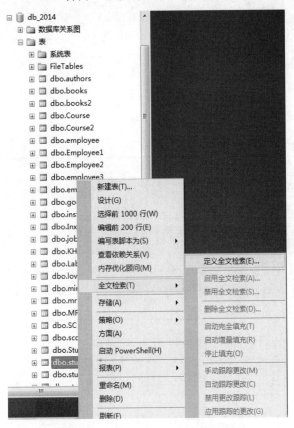

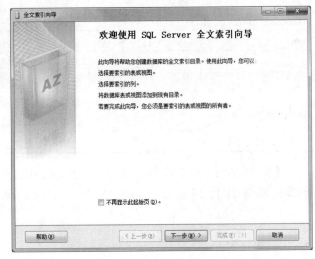

图 11.14　选择"定义全文检索"命令　　　　　　图 11.15　"全文索引向导"窗口

（4）单击"下一步"按钮，选择"唯一索引"，如图 11.16 所示。

（5）单击"下一步"按钮，选择表列，如图 11.17 所示。

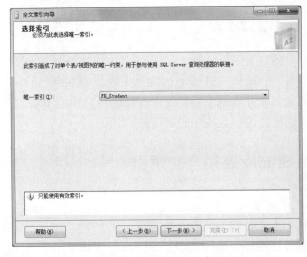

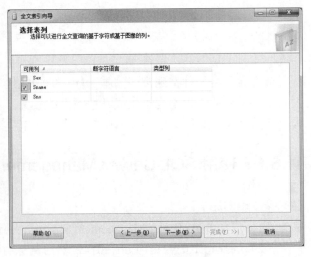

图 11.16　选择"唯一索引"　　　　　　　　图 11.17　选择表列

（6）单击"下一步"按钮，选择跟踪表和视图更改的方式，如图 11.18 所示。

（7）单击"下一步"按钮，选中"创建新目录"复选框，在"名称"文本框中输入全文目录的名称，如图 11.19 所示。

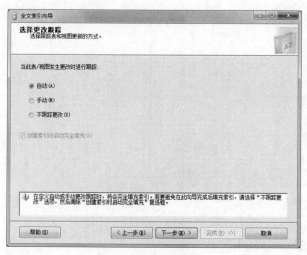

图 11.18　选择更改跟踪的方式

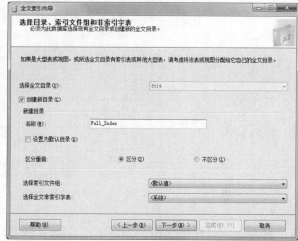

图 11.19　设置全文目录

（8）单击"下一步"按钮，弹出"定义填充计划（可选）"界面，如图 11.20 所示，此界面用来创建或修改此全文目录的填充计划（此计划是可选的）。在该界面中选择"新建表计划"或"新建目录计划"弹出新建计划的窗口，在新建窗口中输入计划的名称，设置执行的日期和时间，单击"确定"按钮即可。

（9）单击"下一步"按钮，弹出"全文索引向导说明"界面，如图 11.21 所示。

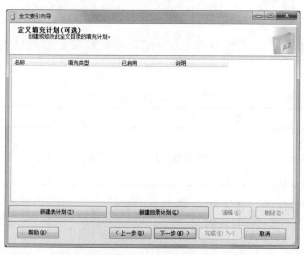

图 11.20　定义填充计划

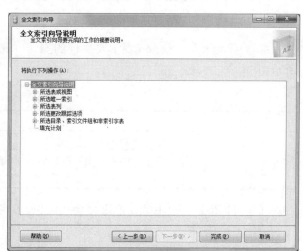

图 11.21　全文索引向导说明

（10）单击"完成"按钮，弹出"全文索引向导进度"界面，如图 11.22 所示。

（11）单击"关闭"按钮即可。

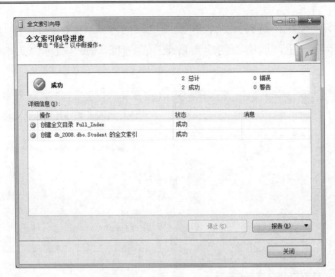

图 11.22　全文索引向导进度

11.6.2　使用 Transact-SQL 语句启用全文索引

1．指定数据库启用全文索引

sp_fulltext_database 用于初始化全文索引，或者从当前数据库中删除所有的全文目录。在 SQL Server 2014 及更高版本中对全文目录无效，支持它仅仅是为了保持向后兼容。sp_fulltext_database 不会对给定数据库禁用全文引擎。在 SQL Server 2014 中，所有用户创建的数据库始终启用全文索引。

语法格式如下：

```
sp_fulltext_database [@action=] 'action'
```

参数[@action=] 'action'表示要执行的操作。action 的数据类型为 varchar(20)，参数取值如表 11.5 所示。

表 11.5　[@action =] 'action'参数的取值

值	描　　述
enable	在当前数据库中启用全文索引
disable	对于当前数据库，删除文件系统中所有的全文目录，并且将该数据库标记为已经禁用全文索引。这个动作并不在全文目录或在表上更改任何全文索引元数据

【例 11.25】　使用数据库进行全文索引。（**实例位置：资源包\源码\11\11.25**）

SQL 语句如下：

```
USE db_2014
EXEC sp_fulltext_database 'enable'
```

运行结果如图 11.23 所示。

【例 11.26】　从数据库中删除全文索引。（**实例位置：资源包\源码\11\11.26**）

SQL 语句如下：

```
USE db_2014
EXEC sp_fulltext_database 'disable'
```

运行结果如图 11.24 所示。

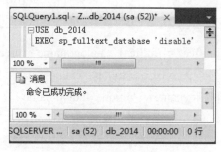

图 11.23　当前数据库启用全文索引　　　　图 11.24　删除当前数据库的全文索引

2. 指定表启用全文索引

sp_fulltext_table 用于标记或取消标记要编制全文索引的表。

语法格式如下：

```
sp_fulltext_table [@tabname =] 'qualified_table_name'
  , [@action =] 'action'
  [, [@ftcat =] 'fulltext_catalog_name'
  , [@keyname =] 'unique_index_name']
```

参数说明如下。

☑ [@tabname =] 'qualified_table_name'：表名。该表必须存在于当前的数据库中。数据类型为 nvarchar(517)，无默认值。

☑ [@action =] 'action'：将要执行的动作。action 的数据类型为 varchar(20)，无默认值，取值如表 11.6 所示。

表 11.6　[@action =] 'action'参数的取值

值	描　　述
create	为 qualified_table_name 引用的表创建全文索引的元数据，并且指定该表的全文索引数据应该驻留在 fulltext_catalog_name 中
drop	除去全文索引上的元数据。如果全文索引是活动的，那么在除去它之前会自动停用它
activate	停用全文索引后，激活为 qualified_table_name 聚集全文索引的数据。在激活全文索引之前，应该至少有一列参与这个全文索引
deactivate	停用的全文索引，使得无法再为 qualified_table_name 聚集全文索引数据。全文索引元数据依然保留，并且该表还可以被重新激活
start_change_tracking	启动全文索引的增量填充。如果该表没有时间戳，那么就启动全文索引的完全填充，开始跟踪表发生的变化
stop_change_tracking	停止跟踪表发生的变化
update_index	将当前一系列跟踪的变化传播到全文索引

续表

值	描　述
start_background_updateindex	在变化发生时，开始将跟踪的变化传播到全文索引
stop_background_updateindex	在变化发生时，停止将跟踪的变化传播到全文索引
start_full	启动表的全文索引的完全填充
start_incremental	启动表的全文索引的增量填充

☑ [@ftcat =] 'fulltext_catalog_name': create 动作有效的全文目录名。对于所有其他动作，该参数必须为 NULL。fulltext_catalog_name 的数据类型为 sysname，默认值为 NULL。

☑ [@keyname =] 'unique_index_name': 有效的单键列，create 动作在 qualified_table_name 上的唯一的非空索引。对于所有其他动作，该参数必须为 NULL。unique_index_name 的数据类型为 sysname，默认值为 NULL。

用表启用全文索引的操作步骤如下。

（1）将要启用全文索引的表创建一个唯一的非空索引（在以下示例中其索引名为 MR_Emp_ID_FIND）。

（2）用表所在的数据库启用全文索引。

（3）在该数据库中创建全文索引目录（在以下示例中全文索引目录为 ML_Employ）。

（4）用表启用全文索引标记。

（5）向表中添加索引字段。

（6）激活全文索引。

（7）启动完全填充。

【例 11.27】 创建一个全文索引标记，并在全文索引中添加字段。（**实例位置：资源包\源码\11\11.27**）

SQL 语句如下：

```
--将 Employee 表设为唯一索引
CREATE UNIQUE CLUSTERED INDEX MR_Emp_ID_FIND ON Employee (ID)
WITH IGNORE_DUP_KEY
--判断 db_2014 数据库是否可以创建全文索引
if (select DatabaseProperty('db_2014','IsFulltextEnabled'))=0
EXEC sp_fulltext_database 'enable'                                  --数据库启用全文索引
EXEC sp_fulltext_catalog 'ML_Employ','create'                      --创建全文索引目录为 ML_Employ
EXEC sp_fulltext_table 'Employee','create','ML_Employ','MR_Emp_ID_FIND'   --表启用全文索引标记
EXEC sp_fulltext_column 'Employee','Name','add'                    --添加全文索引字段
EXEC sp_fulltext_table 'Employee','activate'                       --激活全文索引
EXEC sp_fulltext_catalog 'ML_Employ','start_full'                  --启动表的全文索引的完全填充
```

11.6.3　使用 Transact-SQL 语句删除全文索引

DROP FULLTEXT INDEX 从指定的表或索引视图中删除全文索引。语法格式如下：

```
DROP FULLTEXT INDEX ON table_name
```

参数 table_name 表示包含要删除的全文索引的表或索引视图的名称。

【例 11.28】 删除 Employee 数据表的全文索引 MR_Emp_ID_FIND。（**实例位置：资源包\源码\11\11.28**）

SQL 语句如下：

```
USE db_2014
DROP FULLTEXT INDEX ON Employee
```

11.6.4　全文目录

对于 SQL Server 2014 数据库，全文目录为虚拟对象，并不属于任何文件组；它是一个表示一组全文索引的逻辑概念。

1. 全文目录的创建、删除和重创建

sp_fulltext_catalog 用于创建和删除全文目录，并启动和停止目录的索引操作。可为每个数据库创建多个全文目录。

注意

在 Microsoft SQL Server 2008 之后将删除该功能。请避免在新的开发工作中使用该功能，并着手修改当前还在使用该功能的应用程序。

语法格式如下：

```
sp_fulltext_catalog [@ftcat =] 'fulltext_catalog_name' ,
    [@action =] 'action'
    [, [@path =] 'root_directory']
```

参数说明如下。

- ☑ [@ftcat =] 'fulltext_catalog_name': 全文目录的名称。对于每个数据库，目录名必须是唯一的。其数据类型为 sysname。
- ☑ [@action =] 'action': 将要执行的动作。action 的数据类型为 varchar(20)，取值如表 11.7 所示。

表 11.7　[@action =] 'action'参数的取值

值	描　　述
create	在文件系统中创建一个空的新全文目录，并向 sysfulltextcatalogs 添加一行
drop	将全文目录从文件系统中删除，并且删除 sysfulltextcatalogs 中相关的行
start_incremental	启动全文目录的增量填充。如果目录不存在，就会显示错误
start_full	启动全文目录的完全填充。即使与此全文目录相关联的每一个表的每一行都进行过索引，也会对其检索全文索引
stop	停止全文目录的索引填充。如果目录不存在，就会显示错误。如果已经停止了填充，那么并不会显示警告
rebuild	重建全文目录，方法是从文件系统中删除现有的全文目录，然后重建全文目录，并使该全文目录与所有带有全文索引引用的表重新建立关联

【例 11.29】 创建一个空的全文目录 QWML。（**实例位置：资源包\源码\11\11.29**）

SQL 语句如下：

```
USE db_2014
GO
EXEC sp_fulltext_database 'enable'      --数据库启用全文索引
EXEC sp_fulltext_catalog 'QWML','create'
```

【例 11.30】 重新创建一个已有的全文目录 QWML。（**实例位置：资源包\源码\11\11.30**）

SQL 语句如下：

```
USE db_2014
GO
EXEC sp_fulltext_database 'enable'      --数据库启用全文索引
EXEC sp_fulltext_catalog 'QWML','rebuild'
```

运行结果如图 11.25 所示。

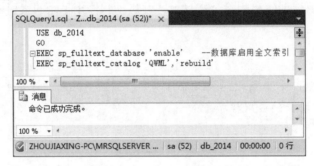

图 11.25　重建一个全文目录

【例 11.31】 删除全文目录 QWML。（**实例位置：资源包\源码\11\11.31**）

SQL 语句如下：

```
USE db_2014
GO
EXEC sp_fulltext_catalog 'QWML','drop'
```

2. 向全文目录中增加、删除列

sp_fulltext_column 指定表的某个特定列是否参与全文索引。

注意

　　在 Microsoft SQL Server 2005 之后将删除该功能。请避免在新的开发工作中使用该功能，并着手修改当前还在使用该功能的应用程序。

语法格式如下：

```
sp_fulltext_column [@tabname=] 'qualified_table_name' ,
    [@colname=] 'column_name' ,
```

```
[@action=] 'action'
[, [@language=] 'language_term']
[, [@type_colname=] 'type_column_name']
```

参数说明如下。

- ☑ [@tabname=] 'qualified_table_name'：由一部分或两部分组成的表的名称。表必须在当前数据库中。表必须有全文索引。qualified_table_name 的数据类型为 nvarchar(517)，无默认值。

- ☑ [@colname=] 'column_name'：qualified_table_name 中列的名称。列必须为字符列、varbinary(max) 列或 image 列，不能是计算列。column_name 的数据类型为 sysname，无默认值。

> **注意**
>
> SQL Server 可以为存储在数据类型为 varbinary(max)或 image 的列中的文本数据创建全文索引。不对图像和图片进行索引。

- ☑ [@action=] 'action'：要执行的操作。action 的数据类型为 varchar(20)，无默认值，可以是表 11.8 中的列值之一。

表 11.8　[@action =] 'action'参数的取值

值	描　　述
add	将 qualified_table_name 的 column_name 添加到表的非活动全文索引中。该动作启用全文索引的列
drop	从表的非活动全文索引中删除 qualified_table_name 的 column_name

- ☑ [@language=] 'language_term'：存储在列中的数据的语言。

- ☑ [@type_colname =] 'type_column_name'：qualified_table_name 中列的名称，用于保存 column_name 的文档类型。此列必须是 char、nchar、varchar 或 nvarchar。仅当 column_name 数据类型为 varbinary(max)或 image 时才使用该列。type_column_name 的数据类型为 sysname，无默认值。

【例 11.32】　将 Student 表的 Sex 列添加到表的全文索引。（**实例位置：资源包\源码\11\11.32**）

SQL 语句如下：

```
USE db_2014
EXEC sp_fulltext_column Student, Sex, 'add'
```

运行结果如图 11.26 所示。

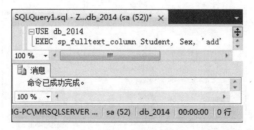

图 11.26　在列中添加表的全文索引

【例 11.33】　将 Student 表的 Sex 列从全文索引中删除。（**实例位置：资源包\源码\11\11.33**）

SQL 语句如下：

```
USE db_2014
EXEC sp_fulltext_column Student, Sex, 'drop'
```

3．激活全文目录

要激活表 Student 的全文目录，首先要在表中创建全文索引。

【例 11.34】 激活 Employee 表中的全文目录。（实例位置：资源包\源码\11\11.34）

SQL 语句如下：

```
USE db_2014
EXEC sp_fulltext_table 'Employee','activate'
```

这样就完成了对全文目录的定义，如果要对创建的全文目录进行初始化填充，可以使用如下 SQL 语句：

```
USE db_2014
EXEC sp_fulltext_table 'Employee','start_full'
```

填充也称为爬网，是创建和维护全文索引的过程。

11.6.5　全文目录的维护

1．用 SQL Server Management Studio 来维护全文目录

操作步骤如下。

（1）启动 SQL Server Management Studio，并连接到 SQL Server 2014 数据库。

（2）选择指定数据库中的数据表（这里以 db_2014 数据库中的 Employee 表为例，该表已经创建全文索引）。

（3）在 Employee 表上单击鼠标右键，在弹出的快捷菜单中选择"全文索引"命令，如图 11.27 所示。

图 11.27　维护全文目录

（4）在"全文索引"的子菜单中可以对全文目录进行修改，具体功能如表 11.9 所示。

表 11.9　维护全文目录

选　　项	描　　述
删除全文索引	将选定的表从它的全文目录中删除
启动完全填充	使用选定表中的全部行对全文目录进行初始的数据填充
启动增量填充	识别选定的表从最后一次填充所发生的数据变化，并利用最后一次添加、删除或修改的行对全文索引进行填充
停止填充	终止当前正在运行的全文索引填充任务
手动跟踪更改	手动的方式使应用程序可以仅获取对用户表所做的更改以及与这些更改有关的信息
自动跟踪更改	自动使应用程序可以仅获取对用户表所做的更改以及与这些更改有关的信息
禁用更改跟踪	不让应用程序获取对用户表所做的更改以及与这些更改有关的信息
应用跟踪的更改	应用应用程序获取对用户表所做的更改及与这些更改有关的信息

2. 使用 Transact-SQL 语句维护全文目录

以 Employee 表为例介绍如何使用 Transact-SQL 语句维护全文目录，Employee 为已经创建全文索引的数据表。

（1）完全填充

```
EXEC sp_fulltext_table 'Employee','start_full'
```

（2）增量填充

```
EXEC sp_fulltext_table 'Employee','start_incremental'
```

（3）更改跟踪

```
EXEC sp_fulltext_table ' Employee ','start_change_tracking'
```

（4）后台更新

```
EXEC sp_fulltext_table ' Employee ','start_background_updateindex'
```

（5）清除无用的全文目录

```
EXEC sp_fulltext_service 'clean_up'
```

（6）sp_help_fulltext_catalogs

返回指定的全文目录的 ID（ftcatid）、名称（NAME）、根目录（PATH）、状态（STATUS）以及全文索引表的数量（NUMBER_FULLTEXT_TABLES）。

【例 11.35】　返回有关全文目录 QWML 的信息。（**实例位置：资源包\源码\11\11.35**）

SQL 语句如下：

```
USE db_2014
GO
```

```
EXEC sp_help_fulltext_catalogs 'QWML';
GO
```

运行结果如图 11.28 所示。

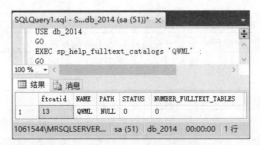

图 11.28　返回全文目录 QWML 的信息

STATUS 列将返回指定全文目录的当前状态，如表 11.10 所示。

表 11.10　STATUS 列的返回状态

返 回 值	描 述	返 回 值	描 述
0	空闲	5	关闭
1	正在进行完全填充	6	正在进行增量填充
2	暂停	7	生成索引
3	已中止	8	磁盘已满，已暂停
4	正在恢复	9	更改跟踪

（7）sp_help_fulltext_tables

该存储过程返回为全文索引注册的表的列表。

【例 11.36】　返回包含在指定全文目录 QWML 中的表的信息。（实例位置：资源包\源码\11\11.36）

SQL 语句如下：

```
USE db_2014
EXEC sp_help_fulltext_tables 'QWML'
```

运行结果如图 11.29 所示。

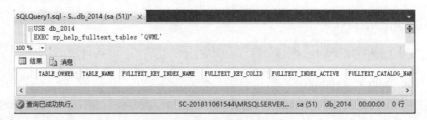

图 11.29　返回包含在指定全文目录

（8）sp_help_fulltext_columns

该存储过程返回为全文索引指定的列。

【例 11.37】　返回 Inx_table 表中全文索引，Inx_table 表为已创建全文索引的数据表。（实例位置：资源包\源码\11\11.37）

SQL 语句如下：

```
USE db_2014
EXEC sp_help_fulltext_columns 'Inx_table'
```

运行结果如图 11.30 所示。

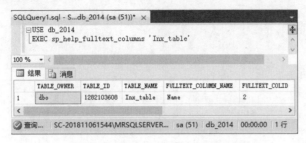

图 11.30　返回全文索引指定的列

视频讲解

11.7　数据完整性

数据完整性是 SQL Server 用于保证数据库中数据一致性的一种机制，防止非法数据存入数据库。具体的数据完整性主要体现在以下几点。

☑　数据类型准确无误。

☑　数据取值符合规定的范围。

☑　多个数据表之间的数据不存在冲突。

下面介绍 SQL Server 2014 提供的 4 种数据完整性机制：域完整性、实体完整性、引用完整性和用户定义完整性。

11.7.1　域完整性

域是指数据表中的列（字段），域完整性就是指列的完整性。实现域完整性的方法有：限制类型（通过数据类型）、格式（通过 CHECK 约束和规则）或可能的取值范围（通过 CHECK 约束、DEFAULT 定义、NOT NULL 定义和规则）等，它要求数据表中指定列的数据具有正确的数据类型、格式和有效的数据范围。

域完整性常见的实现机制包括以下方面。

☑　默认值（Default）

☑　检查（Check）

☑　外键（Foreign Key）

☑　数据类型（Data Type）

☑　规则（Rule）

【例 11.38】　创建表 student2，有学号、最好成绩和平均成绩 3 列，求最好成绩必须大于平均成绩。（实例位置：资源包\源码\11\11.38）

SQL 语句如下：

```
CREATE TABLE student2
(
学号  char(6) not null,
最好成绩  int not null,
平均成绩  int not null,
CHECK(最好成绩>平均成绩)
)
```

运行结果如图 11.31 所示。

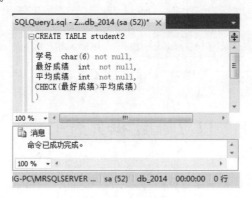

图 11.31　域完整性

11.7.2　实体完整性

现实世界中，任何一个实体都有区别于其他实体的特征，即实体完整性。在 SQL Server 数据库中，实体完整性是指所有的记录都应该有一个唯一的标识，以确保数据表中数据的唯一性。

如果将数据库中数据表的第一行看作一个实体，可以通过以下几项实施实体完整性。

☑　唯一索引（Unique Index）

☑　主键（Primary Key）

☑　唯一码（Unique Key）

☑　标识列（Identity Column）

【例 11.39】　创建表 student3，并对借书证号字段创建 PRIMARY KEY 约束，对姓名字段定义 UNIQUE 约束。（实例位置：资源包\源码\11\11.39）

SQL 语句如下：

```
USE db_2014
Go
CREATE TABLE student3
(
借书证号  char(8) not null CONSTRAINT py PRIMARY KEY,
姓名  char(8) not null CONSTRAINT uk UNIQUE,
专业  char(12) not null,
性别  bit not null,
```

```
借书量  int CHECK(借书量>=0 AND  借书量<=20) null
)
go
```

运行结果如图 11.32 所示。

【例 11.40】　创建表 student4，由借书证号、索书名、借书时间作为联合主键。（**实例位置：资源包\源码\11\11.40**）

SQL 语句如下：

```
Use db_2014
CREATE TABLE student4
(
 借书证号  char(8) not null,
 索书名  char(10) not null,
 借书时间  date not null,
 还书时间  date not null,
PRIMARY KEY(索书名,借书证号,借书时间)
)
```

运行结果如图 11.33 所示。

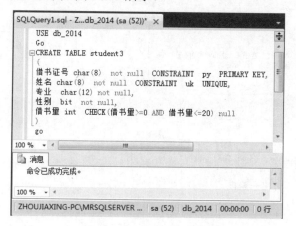

图 11.32　实体完整性设置

图 11.33　联合主键

11.7.3　引用完整性

引用完整性又称参照完整性，引用完整性保证主表中的数据与从表中数据的一致性。在 SQL Server 2014 中，参照完整性的实现是通过定义外键与主键之间或外键与唯一键之间的对应关系实现的。引用完整性确保键值在所有表中一致。引用完整性的实现方法如下。

☑　外键（Foreign Key）

☑　检查（Check）

☑　触发器（Trigger）

☑　存储过程（Stored Procedure）

【例 11.41】　创建表 student5，要求表中所用的索书名、借书证号和借书时间组合都必须出现在

student4 表中。（**实例位置：资源包\源码\11\11.41**）

SQL 语句如下：

```
Use db_2014
CREATE TABLE student5
(
借书证号  char(8) NOT NULL,
ISBN char(16) NOT NULL,
索书名  char(10) NOT NULL,
借书时间  date NOT NULL,
还书时间  date NOT NULL,
CONSTRAINT FK_point FOREIGN KEY (索书名,借书证号,借书时间)
REFERENCES student4 (索书名,借书证号,借书时间)
ON DELETE NO ACTION
)
```

运行结果如图 11.34 所示。

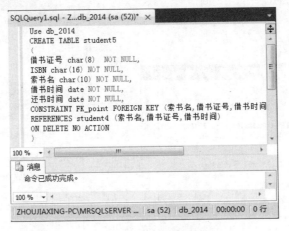

图 11.34 引用完整性

11.7.4 用户定义完整性

用户定义完整性使用户可以定义不属于其他任何完整性类别的特定业务规则。所有完整性类别都支持用户定义完整性，这包括 CREATE TABLE 中所有列级约束和表级约束、存储过程以及触发器。

11.8 小   结

本章介绍了索引的建立、删除、分析与维护，以及 4 种数据完整性。读者在了解索引概念的前提下，可以使用 SQL Server Management Studio 或者 SQL 语句来建立和删除索引，进而对索引进行分析和维护，以优化对数据的访问。为了保证存储数据的合理性，读者应了解域完整性、实体完整性和引用完整性。

第12章

流程控制

(▶ 视频讲解：14分钟)

本章主要介绍程序的流程控制。通过本章的学习，读者可以掌握基本的流程控制语句来控制程序的执行流程。

学习摘要：

▸▸ 分支语句

▸▸ 循环控制语句

12.1 流程控制概述

流程控制语句是用来控制程序执行流程的语句。使用流程控制语句可以提高编程语言的处理能力。与程序设计语言（如 C 语言）一样，Transact-SQL 语言提供的流程控制语句如表 12.1 所示。

表 12.1 Transact-SQL 语言提供的流程控制语句

BEGIN...END	CASE	RETURN
IF	WHILE	GOTO
IF...ELSE	WHILE...CONTINUE...BREAK	WAITFOR

12.2 流程控制语句

12.2.1 BEGIN...END

BEGIN...END 语句用于将多个 Transact-SQL 语句组合为一个逻辑块。当流程控制语句必须执行一个包含两条或两条以上的 Transact-SQL 语句的语句块时，使用 BEGIN...END 语句。语法格式如下：

```
BEGIN
{sql_statement...}
END
```

其中，sql_statement 是指包含的 Transact-SQL 语句。

BEGIN 和 END 语句必须成对使用，任何一条语句均不能单独使用。BEGIN 语句后为 Transact-SQL 语句块。最后，END 语句行指示语句块结束。

【例 12.01】 在 BEGIN...END 语句块中完成把两个变量的值交换。在查询编辑器窗口运行的结果如图 12.1 所示。（**实例位置：资源包\源码\12\12.01**）

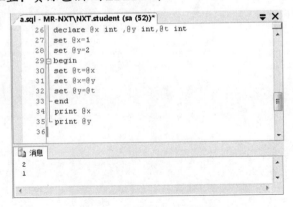

图 12.1 交换两个变量的值

SQL 语句如下：

```
declare @x int, @y int,@t int
set @x=1
set @y=2
begin
set @t=@x
set @x=@y
set @y=@t
end
print @x
print @y
```

此例子不用 BEGIN...END 语句结果也完全一样，但 BEGIN...END 和一些流程控制语句结合起来就有作用了。在 BEGIN...END 中可嵌套另外的 BEGIN...END 来定义另一程序块。

12.2.2　IF

在 SQL Server 中为了控制程序的执行方向，也会像其他语言（如 C 语言）有顺序、选择和循环 3 种控制语句，其中 IF 就属于选择判断结构。IF 结构的语法格式如下：

```
IF<条件表达式>
    {命令行|程序块}
```

其中，<条件表达式>可以是各种表达式的组合，但表达式的值必须是逻辑值 "真" 或 "假"。其中命令行和程序块可以是合法 Transact-SQL 任意语句，但含两条或两条以上的语句的程序块必须加 BEGIN...END 子句。

执行顺序是：遇到选择结构 IF 子句，先判断 IF 子句后的条件表达式，如果条件表达式的逻辑值是 "真"，就执行后面的命令行或程序块，然后再执行 IF 结构下一条语句；如果条件式的逻辑值是 "假"，就不执行后面的命令行或程序块，直接执行 IF 结构的下一条语句。

【例 12.02】　判断一个数是否是正数。在查询编辑器窗口中运行的结果如图 12.2 所示。（实例位置：资源包\源码\12\12.02）

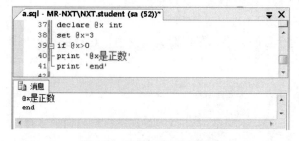

图 12.2　判断一个数的正负

SQL 语句如下：

```
declare @x int
set @x=3
```

```
if @x>0
print '@x 是正数'
print 'end'
```

【例 12.03】 判断一个数的奇偶性。在查询编辑器窗口中运行的结果如图 12.3 所示。（**实例位置：资源包\源码\12\12.03**）

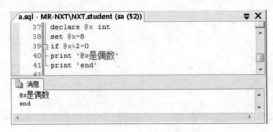

图 12.3　判断一个数的奇偶性

SQL 语句如下：

```
declare @x int
set @x=8
if @x % 2=0
print '@x 偶数'
print 'end'
```

12.2.3　IF…ELSE

IF 选择结构可以带 EISE 子句。IF...ELSE 的语法格式如下：

```
IF<条件表达式>
    {命令行 1|程序块 1}
[ELSE
    {命令行 2|程序块 2}
```

如果逻辑判断表达式返回的结果是"真"，那么程序接下来会执行命令行 1 或程序块 1；如果逻辑判断表达式返回的结果是"假"，那么程序接下来会执行命令行 2 或程序块 2。无论哪种情况，最后都要执行 IF...ELSE 语句的下一条语句。

【例 12.04】 判断两个数的大小。在查询编辑器窗口运行的结果如图 12.4 所示。（**实例位置：资源包\源码\12\12.04**）

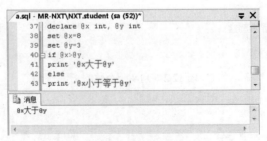

图 12.4　判断两个数的大小

218

SQL 语句如下：

```
declare @x int,@y int
set @x=8
set @y=3
if @x>@y
print '@x 大于@y'
else
print '@x 小于等于@y'
```

IF...ELSE 结构还可以嵌套解决一些复杂的判断。

【例 12.05】　输入一个坐标值，然后判断它在哪一个象限。在查询编辑器窗口中的运行结果如图 12.5 所示。（**实例位置：资源包\源码\12\12.05**）

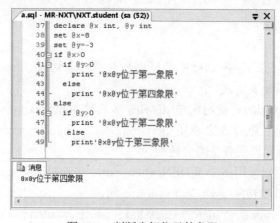

图 12.5　判断坐标位于的象限

SQL 语句如下：

```
declare @x int,@y int
set @x=8
set @y=-3
if @x>0
  if @y>0
    print '@x@y 位于第一象限'
  else
    print '@x@y 位于第四象限'
else
  if @y>0
    print '@x@y 位于第二象限'
  else
    print '@x@y 位于第三象限'
```

12.2.4　CASE

使用 CASE 语句可以很方便地实现多重选择的情况，比 IF...THEN 结构有更多的选择和判断的机会，可以避免编写多重的 IF...THEN 嵌套循环。

Transact-SQL 支持 CASE 有两种语句格式。

（1）简单 CASE 函数

```
CASE input_expression
  WHEN when_expression THEN result_expression [...n]
  [ELSE else_result_expression]
END
```

（2）CASE 搜索函数

```
CASE
  WHEN Boolean_expression THEN result_expression [...n]
  [ELSE else_result_expression]
END
```

参数说明如下。

☑ input_expression：使用简单 CASE 格式时所计算的表达式。input_expression 是任何有效的 Microsoft SQL Server 表达式。

☑ WHEN when_expression：使用简单 CASE 格式时 input_expression 所比较的简单表达式。when_expression 是任意有效的 SQL Server 表达式。input_expression 和每个 when_expression 的数据类型必须相同，或者是隐性转换。

☑ n：占位符，表明可以使用多个 WHEN when_expression THEN result_expression 子句或 WHEN Boolean_expression THEN result_expression 子句。

☑ THEN result_expression：当 input_expression = when_expression 取值为 TRUE，或者 Boolean_expression 取值为 TRUE 时返回的表达式。result_expression 是任意有效的 SQL Server 表达式。

☑ ELSE else_result_expression：当比较运算取值不为 TRUE 时返回的表达式。如果省略此参数并且比较运算取值不为 TRUE，CASE 将返回 NULL 值。else_result_expression 是任意有效的 SQL Server 表达式。else_result_expression 和所有 result_expression 的数据类型必须相同，或者必须是隐性转换。

☑ WHEN Boolean_expression：使用 CASE 搜索格式时所计算的布尔表达式。Boolean_expression 是任意有效的布尔表达式。

两种格式的执行顺序如下。

（1）简单 CASE 函数执行顺序

☑ 计算 input_expression，然后按指定顺序对每个 WHEN 子句的 input_expression = when_expression 进行计算。

☑ 返回第一个取值为 TRUE 的 input_expression = when_expression 的 result_expression。

☑ 如果没有取值为 TRUE 的 input_expression = when_expression，则当指定 ELSE 子句时，SQL Server 将返回 else_result_expression；若没有指定 ELSE 子句，则返回 NULL 值。

（2）CASE 搜索函数执行顺序

☑ 按指定顺序为每个 WHEN 子句的 Boolean_expression 求值。

☑ 返回第一个取值为 TRUE 的 Boolean_expression 的 result_expression。

☑ 如果没有取值为 TRUE 的 Boolean_expression，则当指定 ELSE 子句时，SQL Server 将返回 else_result_expression；若没有指定 ELSE 子句，则返回 NULL 值。

【例 12.06】 在 pubs 数据库的 titles 表中，使用带有简单 CASE 函数的 SELECT 语句。在查询编辑器窗口中运行的结果如图 12.6 所示。（实例位置：资源包\源码\12\12.06）

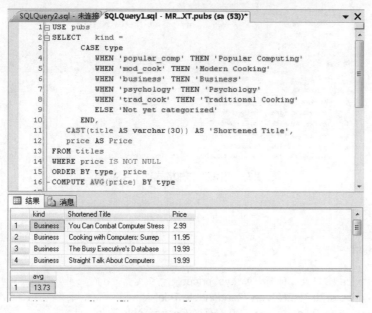

图 12.6 统计 titles 表

SQL 语句如下：

```
USE pubs
SELECT kind =
    CASE type
        WHEN 'popular_comp' THEN 'Popular Computing'
        WHEN 'mod_cook' THEN 'Modern Cooking'
        WHEN 'business' THEN 'Business'
        WHEN 'psychology' THEN 'Psychology'
        WHEN 'trad_cook' THEN 'Traditional Cooking'
        ELSE 'Not yet categorized'
    END,
    CAST(title AS varchar(30)) AS 'Shortened Title',
    price AS Price
FROM titles
WHERE price IS NOT NULL
ORDER BY type, price
COMPUTE AVG(price) BY type
```

下面的例子应用了第二种 CASE 格式。

【例 12.07】 在 pubs 数据库的 titles 表中，应用第二种 CASE 格式进行查询。在查询编辑器窗口中运行的结果如图 12.7 所示。（实例位置：资源包\源码\12\12.07）

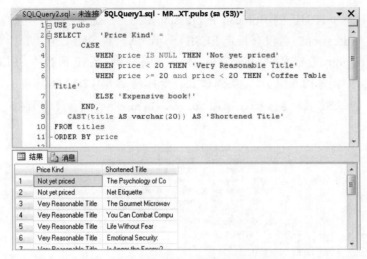

图 12.7　应用第二种格式的 CASE 语句

SQL 语句如下：

```
USE pubs
SELECT 'Price Kind' =
        CASE
            WHEN price IS NULL THEN 'Not yet priced'
            WHEN price < 20 THEN 'Very Reasonable Title'
            WHEN price >= 20 and price < 20 THEN 'Coffee Table Title'
            ELSE 'Expensive book!'
        END,
      CAST(title AS varchar(20)) AS 'Shortened Title'
FROM titles
ORDER BY price
```

12.2.5　WHILE

WHILE 子句是 Transact-SQL 语句支持的循环结构。在条件为"真"的情况下，WHILE 子句可以循环地执行其后的一条 Transact-SQL 命令。如果想循环执行一组命令，则需要使用 BEGIN…END 子句。语法格式如下：

```
WHILE<条件表达式>
BEGIN
    <命令行|程序块>
END
```

遇到 WHILE 子句，先判断条件表达式的值，当条件表达式的值为"真"时，执行循环体中的命令行或程序块，遇到 END 子句会自动地再次判断条件表达式值的真假，决定是否执行循环体中的语句。只能当条件表达式的值为"假"时，才结束执行循环体的语句。

【例 12.08】　求数字 1～10 的和。在查询编辑器窗口中运行的结果如图 12.8 所示。（**实例位置：**

222

资源包\源码\12\12.08）

SQL 语句如下：

```
declare @n int,@sum int
set @n=1
set @sum=0
while @n<=10
begin
set @sum=@sum+@n
set @n=@n+1
end
print @sum
```

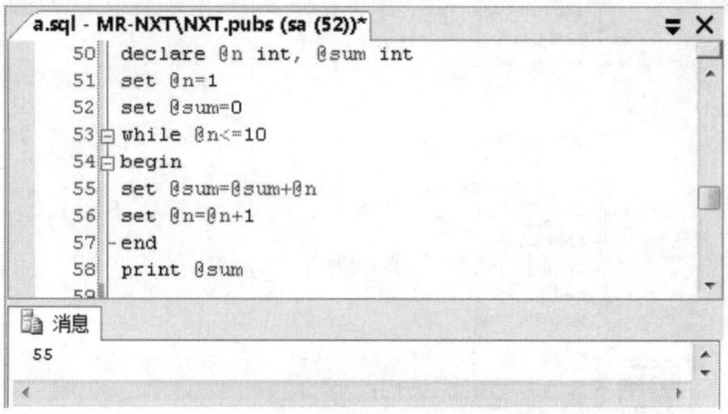

```
a.sql - MR-NXT\NXT.pubs (sa (52))*
50    declare @n int, @sum int
51    set @n=1
52    set @sum=0
53    while @n<=10
54    begin
55    set @sum=@sum+@n
56    set @n=@n+1
57    end
58    print @sum

消息
55
```

图 12.8　求数字 1～10 的和

12.2.6　WHILE…CONTINUE…BREAK

循环结构 WHILE 子句还可以用 CONTINUE 和 BREAK 命令控制 WHILE 循环中语句的执行。语法格式如下：

```
WHILE<条件表达式>
BEGIN
    <命令行|程序块>
    [BREAK]
    [CONTINUE]
    [命令行|程序块]
END
```

其中，CONTINUTE 命令可以让程序跳过 CONTINUE 命令之后的语句，回到 WHILE 循环的第一行命令。BREAK 命令则让程序完全跳出循环，结束 WHILE 命令的执行。

【例 12.09】　求 1～10 之间的偶数的和，并用 CONTINUE 控制语句的输出。在查询编辑器窗口中运行的结果如图 12.9 所示。（实例位置：资源包\源码\12\12.09）

SQL 语句如下：

```
declare @x int,@sum int
set @x=1
```

```
set @sum=0
while @x<10
begin
set @x=@x+1
if @x%2=0
set @sum=@sum+@x
else
continue
print '只有@x 是偶数才输出这句话'
end
print @sum
```

```
a.sql - MR-NXT\NXT.pubs (sa (52))
50  declare @x int, @sum int
51  set @x=1
52  set @sum=0
53  while @x<10
54  begin
55    set @x=@x+1
56    if @x%2=0
57    set @sum=@sum+@x
58    else
59    continue
60    print '只有@x是偶数才输出这句话'
61  end
62  print @sum
63

消息
只有@x是偶数才输出这句话
只有@x是偶数才输出这句话
只有@x是偶数才输出这句话
只有@x是偶数才输出这句话
只有@x是偶数才输出这句话
30
```

图 12.9　求 1～10 之间偶数的和

12.2.7　RETURN

RETURN 语句用于从查询过程中无条件退出。RETURN 语句可在任何时候用于从过程、批处理或语句块中退出。位于 RETURN 之后的语句不会被执行。语法格式如下：

RETURN[整数值]

在括号内可指定一个返回值。如果没有指定返回值，SQL Server 系统会根据程序执行的结果返回一个内定值，内定值如表 12.2 所示。

表 12.2　RETURN 命令返回的内定值

返　回　值	含　　义
0	程序执行成功
−1	找不到对象
−2	数据类型错误
−3	死锁
−4	违反权限原则

续表

返　回　值	含　义
−5	语法错误
−6	用户造成的一般错误
−7	资源错误，如磁盘空间不足
−8	非致命的内部错误
−9	已达到系统的极限
−10 或−11	致命的内部不一致性错误
−12	表或指针破坏
−13	数据库破坏
−14	硬件错误

【例 12.10】　RETURN 语句的使用。在查询编辑器窗口中运行的结果如图 12.10 所示。(实例位置：资源包\源码\12\12.10)

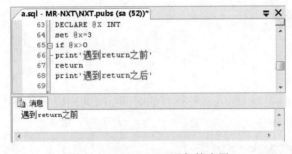

图 12.10　RETURN 语句的应用

SQL 语句如下：

```
DECLARE @X INT
set @x=3
if @x>0
print'遇到 return 之前'
return
print'遇到 return 之后'
```

12.2.8　GOTO

GOTO 命令用来改变程序执行的流程，使程序跳到标识符指定的程序行再继续往下执行。语法格式如下：

GOTO　标识符

标识符需要在其名称后加上一个冒号"："。例如，"33:""loving:"。

【例 12.11】　用 GOTO 语句实现跳转输入其下的值。在查询编辑器窗口中执行的结果如图 12.11 所示。(实例位置：资源包\源码\12\12.11)

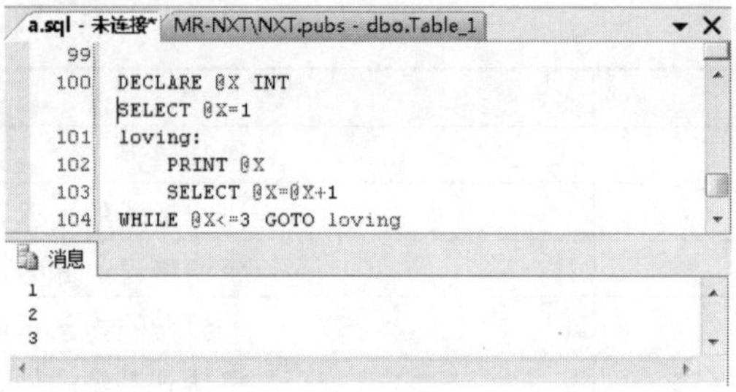

图 12.11　GOTO 语句的应用

SQL 语句如下：

```
DECLARE @X INT
SELECT @X=1
loving:
    PRINT @X
    SELECT @X=@X+1
WHILE @X<=3 GOTO loving
```

12.2.9　WAITFOR

WAITFOR 指定触发器、存储过程或事务执行的时间、时间间隔或事件；还可以用来暂时停止程序的执行，直到所设定的等待时间已过才继续往下执行。语法格式如下：

```
WAITFOR{DELAY<'时间'>|TIME<'时间'>}
```

其中"时间"必须为 DATETIME 类型的数据，如 11:15:27，但不能包括日期。各关键字含义如下。
　☑　DELAY：用来设定等待的时间，最多可达 24 小时。
　☑　TIME：用来设定等待结束的时间点。
例如，再过 3 秒钟显示"葱葱睡觉了！"，SQL 语句如下：

```
WAITFOR DELAY '00:00:03'
PRINT '葱葱睡觉了！'
```

例如，等到 15 点显示"喜爱的歌曲：舞"，SQL 语句如下：

```
WAITFOR TIME '15:00:00'
PRINT '喜爱的歌曲：舞'
```

12.3　小　　结

本章介绍了常用的流程控制语句，流程控制语句能够控制程序的执行顺序，其中条件判断语句和循环控制语句十分重要。条件判断语句包括 IF、IF…ELSE 和 CASE。循环控制语句包括 WHILE、WHILE…CONTINUE…BREAK。跳转语句包括 RETURN 和 GOTO。

第13章

存储过程

（ 📹 视频讲解：20分钟 ）

存储过程（Stored Procedure）代替了传统的逐条执行 SQL 语句的方式。存储过程是预编译 SQL 语句的集合，这些语句存储在一个名称下并作为一个单元来处理。一个存储过程中可包含查询、插入、删除、更新等操作的一系列 SQL 语句，当这个存储过程被调用执行时，这些操作也会同时执行。

学习摘要：

▶▶ 存储过程的基本概念

▶▶ 创建存储过程的两种方法

▶▶ 执行存储过程

▶▶ 使用 sys.sql_modules 查看存储过程的定义

▶▶ 使用 ALTER PROCEDURE 语句修改存储过程

▶▶ 存储过程重命名

▶▶ 删除存储过程

视频讲解

13.1 存储过程概述

13.1.1 存储过程的概念

存储过程（Stored Procedure）是预编译 SQL 语句的集合，这些语句存储在一个名称下并作为一个单元来处理。存储过程代替了传统的逐条执行 SQL 语句的方式。一个存储过程中可包含查询、插入、删除、更新等操作的一系列 SQL 语句，当这个存储过程被调用执行时，这些操作也会同时执行。

存储过程与其他编程语言中的过程类似，它可以接收输入参数并以输出参数的格式向调用过程或批处理返回多个值；包含用于在数据库中执行操作（包括调用其他过程）的编程语句；向调用过程或批处理返回状态值，以指明成功或失败（以及失败的原因）。

SQL Server 提供了 3 种类型的存储过程，各类型存储过程如下。

☑ 系统存储过程：用来管理 SQL Server 和显示有关数据库和用户的信息的存储过程。

☑ 自定义存储过程：用户在 SQL Server 中通过采用 SQL 语句创建存储过程。

☑ 扩展存储过程：通过编程语言（如 C 语言）创建外部例程，并将这个例程在 SQL Server 中作为存储过程使用。

13.1.2 存储过程的优点

存储过程的优点表现在以下几个方面。

（1）存储过程可以嵌套使用，支持代码重用。

（2）存储过程可以接收与使用参数动态执行其中的 SQL 语句。

（3）存储过程比一般的 SQL 语句执行速度快。存储过程在创建时已经被编译，每次执行时不需要重新编译。而 SQL 语句每次执行都需要编译。

（4）存储过程具有安全特性（如权限）和所有权链接，以及可以附加到它们的证书。用户可以被授予权限来执行存储过程而不必直接对存储过程中引用的对象具有权限。

（5）存储过程允许模块化程序设计。存储过程一旦创建，以后即可在程序中调用任意多次。这可以改进应用程序的可维护性，并允许应用程序统一访问数据库。

（6）存储过程可以减少网络通信流量。一个需要数百行 SQL 语句代码的操作可以通过一条执行过程代码的语句来执行，而不需要在网络中发送数百行代码。

（7）存储过程可以强制应用程序的安全性。参数化存储过程有助于保护应用程序不受 SQL Injection（SQL 注入）攻击。

📝 **说明**

> SQL Injection 是一种攻击方法，它可以将恶意代码插入到以后将传递给 SQL Server 供分析和执行的字符串中。任何构成 SQL 语句的过程都应进行注入漏洞检查，因为 SQL Server 将执行其接收到的所有语法有效的查询。

视频讲解

13.2 创建存储过程

存储过程（Stored Procedure）是在数据库服务器端执行的一组 Transact-SQL 语句的集合，经编译后存放在数据库服务器中。本节主要介绍如何通过 SQL Server Management Studio 和 Transact-SQL 语句创建存储过程。

13.2.1 使用向导创建存储过程

在 SQL Server 2014 中，使用向导创建存储过程的步骤如下。

（1）启动 SQL Server Management Studio，并连接到 SQL Server 2014 中的数据库。

（2）在"对象资源管理器"中选择指定的服务器和数据库，展开数据库的"可编辑性"节点，鼠标右键单击"存储过程"，在弹出的快捷菜单中选择"新建存储过程"命令，如图 13.1 所示。

（3）在弹出的"连接到数据库引擎"窗口中，单击"连接"按钮，便出现创建存储过程窗口，如图 13.2 所示。

图 13.1 选择"新建存储过程"命令

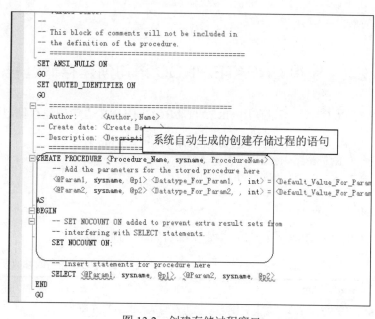

图 13.2 创建存储过程窗口

在创建存储过程窗口的文本框中，可以看到系统自动给出了创建存储过程的格式模板语句，可以在此模板中进行修改来创建新的存储过程。

【例 13.01】 创建一个名称为 Proc_Stu 的存储过程，要求完成以下功能：在 Student 表中查询男生的 Sno、Sname、Sex、Sage 这几个字段的内容。（实例位置：资源包\源码\13\13.01）

具体的操作步骤如下。

（1）在创建存储过程窗口中单击"查询"菜单，选择"指定模板参数的值"，弹出"指定模板参

229

数的值"对话框，如图 13.3 所示。

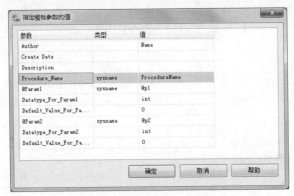

图 13.3　指定模板参数的值

（2）在"指定模板参数的值"对话框中将 Procedure_Name 参数对应的名称修改为 Proc_Stu，单击"确定"按钮，关闭此对话框。

（3）在创建存储过程窗口中，将对应的 SELECT 语句修改为以下语句：

```
SELECT Sno,Sname,Sex,Sage
FROM Student
WHERE Sex='男'
```

13.2.2　使用 CREATE PROC 语句创建存储过程

在 SQL 中，可以使用 CREATE PROCEDURE 语句创建存储过程，其语法格式如下：

```
CREATE PROC [EDURE] procedure_name [; number]
    [{@parameter data_type}
        [VARYING] [= default] [OUTPUT]
    ] [,...n]
AS sql_statement
```

CREATE PROC 语句的参数及说明如表 13.1 所示。

表 13.1　CREATE PROC 语句的参数及说明

参　　数	描　　述
CREATE PROCEDURE	关键字，也可以写成 CREATE PROC
procedure_name	创建的存储过程名称
number	对存储过程进行分组
@parameter	存储过程参数，存储过程可以声明一个或多个参数
data_type	参数的数据类型，所有数据类型（包括 text、ntext 和 image）均可以用作存储过程的参数，但是 cursor 数据类型只能用于 OUTPUT 参数
VARYING	可选项，指定作为输出参数支持的结果集（由存储过程动态构造，内容可以变化），该关键字仅适用于游标参数

续表

参 数	描 述
default	可选项，表示为参数设置默认值
OUTPUT	可选项，表明参数是返回参数，可以将参数值返回给调用的过程
n	表示可以定义多个参数
AS	指定存储过程要执行的操作
sql_statement	存储过程中的过程体

【例 13.02】 使用 CREATE PROCEDURE 语句创建一个存储过程，用来根据学生编号查询学生信息。（实例位置：资源包\源码\13\13.02）

SQL 语句如下：

```
Create Procedure Proc_Student
@Proc_Sno int
as
select * from Student where Sno = @Proc_Sno
```

查询结果如图 13.4 所示。

图 13.4 创建存储过程

视频讲解

13.3 管理存储过程

存储过程创建完成后，用户可以通过 SQL Server Management Studio 工具对其进行管理。数据库中的存储过程都被保存在"数据库"→"数据库名称"→"可编程性"→"存储过程"路径下。本节介绍使用 SQL Server Management Studio 工具对存储过程进行执行、查看代码、修改代码及名称、删除等管理。

13.3.1 执行存储过程

存储过程创建完成后，可以通过 EXECUTE 执行，可简写为 EXEC。

1. EXECUTE

EXECUTE 用来执行 Transact-SQL 中的命令字符串、字符串或执行下列模块之一：系统存储过程、用户定义存储过程、标量值用户定义函数或扩展存储过程。

EXECUTE 的语法格式如下：

```
[{EXEC | EXECUTE}]
  {
      [@return_status =]
      {module_name [;number] | @module_name_var}
      [[@parameter =] {value
                      | @variable [OUTPUT]
                      | [DEFAULT]
                      }
      ]
      [,...n]
      [WITH RECOMPILE]
  }
[;]
```

EXECUTE 语句的参数及说明如表 13.2 所示。

表 13.2　EXECUTE 语句的参数及说明

参　数	描　　述
@return_status	可选的整型变量，存储模块的返回状态。这个变量在用于 EXECUTE 语句前，必须在批处理、存储过程或函数中声明过
module_name	是要调用的存储过程或标量值用户定义函数的完全限定或者不完全限定名称。模块名称必须符合标识符规则。无论服务器的排序规则如何，扩展存储过程的名称总是区分大小写
number	是可选整数，用于对同名的过程分组。该参数不能用于扩展存储过程
@module_name_var	是局部定义的变量名，代表模块名称
@parameter	module_name 的参数，与在模块中定义的相同。参数名称前必须加上 at 符号（@）
value	传递给模块或传递命令的参数值。如果参数名称没有指定，参数值必须以在模块中定义的顺序提供
@variable	是用来存储参数或返回参数的变量
OUTPUT	指定模块或命令字符串返回一个参数。该模块或命令字符串中的匹配参数也必须已使用关键字 OUTPUT 创建。使用游标变量作为参数时使用该关键字
DEFAULT	根据模块的定义，提供参数的默认值。当模块需要的参数值没有定义默认值并且缺少参数或指定了 DEFAULT 关键字，会出现错误
WITH RECOMPILE	执行模块后，强制编译、使用和放弃新计划。如果该模块存在现有查询计划，则该计划将保留在缓存中

2. 使用 EXECUTE 执行存储过程

【例 13.03】　使用 EXECUTE 执行存储过程 Proc_Stu。（实例位置：资源包\源码\13\13.03）

SQL 语句如下：

```
exec Proc_Stu
```

使用 EXECUTE 执行存储过程的步骤如下。

（1）打开 SQL Server Management Studio，并连接到 SQL Server 2014 中的数据库。

（2）单击工具栏中的 _{新建查询(N)} 按钮，新建查询编辑器，并输入如下 SQL 语句代码。

```
exec Proc_Stu
```

（3）单击 ! 执行(X) 按钮，就可以执行上述 SQL 语句代码，即可完成执行 Proc_Stu 存储过程。执行结果如图 13.5 所示。

图 13.5　执行存储过程的结果

13.3.2　查看存储过程

许多系统存储过程、系统函数和目录视图都提供有关存储过程的信息。用户可以使用这些系统存储过程来查看存储过程的定义，即用于创建存储过程的 Transact-SQL 语句。

可以通过下面 3 种系统存储过程和目录视图查看存储过程。

1．使用 sys.sql_modules 查看存储过程的定义

sys.sql_modules 为系统视图，通过该视图可以查看数据库中的存储过程。查看存储过程的操作方法如下。

（1）单击工具栏中的 _{新建查询(N)} 按钮，新建查询编辑器。

（2）在新建查询编辑器中输入如下代码：

```
SELECT * FROM sys.sql_modules
```

（3）单击 ! 执行(X) 按钮，执行该查询命令。查询结果如图 13.6 所示。

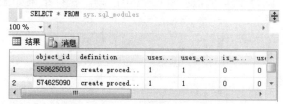

图 13.6　使用 sys.sql_modules 视图查询的存储过程

2．使用 OBJECT_DEFINITION 查看存储过程的定义

返回指定对象定义的 Transact-SQL 源文本。语法格式如下：

```
OBJECT_DEFINITION(object_id)
```

其中，object_id 是指要使用的对象的 ID。object_id 的数据类型为 int，并假定表示当前数据库上下文中的对象。

【例 13.04】 使用 OBJECT_DEFINITION 查看 ID 为 309576141 存储过程的代码。（**实例位置：资源包\源码\13\13.04**）

SQL 语句如下：

```
SELECT OBJECT_DEFINITION(309576141)
```

3．使用 sp_helptext 查看存储过程的定义

显示用户定义规则的定义、默认值、未加密的 Transact-SQL 存储过程、用户定义 Transact-SQL 函数、触发器、计算列、CHECK 约束、视图或系统对象（如系统存储过程）。语法格式如下：

```
sp_helptext [@objname =] 'name' [, [@columnname =] computed_column_name]
```

参数说明如下。
- ☑ [@objname =] 'name'：架构范围内的用户定义对象的限定名称和非限定名称。仅当指定限定对象时才需要引号。如果提供的是完全限定名称（包括数据库名称），则数据库名称必须是当前数据库的名称。对象必须在当前数据库中。name 的数据类型为 nvarchar(776)，无默认值。
- ☑ [@columnname =] 'computed_column_name'：要显示其定义信息的计算列的名称。必须将包含列的表指定为 name。column_name 的数据类型为 sysname，无默认值。

【例 13.05】 通过 sp_helptext 系统存储过程查看名为 Proc_Stu 存储过程的代码。（**实例位置：资源包\源码\13\13.05**）

SQL 语句如下：

```
sp_helptext 'Proc_Stu'
```

操作步骤如下。
（1）打开 SQL Server Management Studio，并连接到 SQL Server 2014 中的数据库。
（2）选择存储过程所在的数据库，如 **db_2014** 数据库。
（3）单击工具栏中的 新建查询(N) 按钮，新建查询编辑器，并输入如下 SQL 语句代码。

```
sp_helptext 'Proc_Stu'
```

（4）单击 ! 执行(X) 按钮，就可以执行上述 SQL 语句代码。执行结果如图 13.7 所示。

图 13.7　查看 Proc_Stu 存储过程的结果

13.3.3 修改存储过程

修改存储过程可以改变存储过程中的参数或者语句，可以通过 SQL 语句中的 ALTER PROCEDURE 语句实现。虽然删除并重新创建该存储过程，也可以达到修改存储过程的目的，但是将丢失与该存储过程关联的所有权限。

1．ALTER PROCEDURE 语句

ALTER PROCEDURE 语句用来修改通过执行 CREATE PROCEDURE 语句创建的存储过程。该语句修改存储过程时不会更改权限，也不影响相关的存储过程或触发器。

ALTER PROCEDURE 语句的语法格式如下：

```
ALTER {PROC | PROCEDURE} [schema_name.] procedure_name [; number]
    [{@parameter [type_schema_name.] data_type}
    [VARYING] [= default] [OUT PUT]
    ] [,...n]
[WITH <procedure_option> [,...n]]
[FOR REPLICATION]
AS {<sql_statement> [...n] | <method_specifier>}
<procedure_option> ::=
    [ENCRYPTION]
    [RECOMPILE]
    [EXECUTE_AS_Clause]
<sql_statement> ::=
{[BEGIN] statements [END]}
<method_specifier> ::=
EXTERNAL NAME
assembly_name.class_name.method_name
```

ALTER PROCEDURE 语句的参数及说明如表 13.3 所示。

表 13.3 ALTER PROCEDURE 语句的参数及说明

参　　数	描　　述
schema_name	过程所属架构的名称
procedure_name	要更改的过程的名称。过程名称必须符合标识符规则
number	现有的可选整数，该整数用来对具有同一名称的过程进行分组，以便可以用一个 DROP PROCEDURE 语句全部删除它们
@parameter	过程中的参数。最多可以指定 2100 个参数
[type_schema_name.] data_type	参数及其所属架构的数据类型
VARYING	指定作为输出参数支持的结果集。此参数由存储过程动态构造，并且其内容可以不同。仅适用于游标参数
default	参数的默认值
OUTPUT	指示参数是返回参数

续表

参　　数	描　　述
FOR REPLICATION	指定不能在订阅服务器上执行为复制创建的存储过程
AS	过程将要执行的操作
ENCRYPTION	指示数据库引擎会将 ALTER PROCEDURE 语句的原始文本转换为模糊格式
RECOMPILE	指示 SQL Server 2014 数据库引擎不会缓存该过程的计划，该过程在运行时重新编译
EXECUTE AS	指定访问存储过程后执行该存储过程所用的安全上下文
<sql_statement>	过程中要包含的任意数目和类型的 Transact-SQL 语句。但有一些限制
EXTERNAL NAME assembly_name.class_name.method_name	指定 Microsoft .NET Framework 程序集的方法，以便 CLR 存储过程引用。class_name 必须为有效的 SQL Server 标识符，并且必须作为类存在于程序集中。如果类具有使用句点（.）分隔命名空间部分的命名空间限定名称，则必须使用方括号（[]）或引号（""）来分隔类名。指定的方法必须为该类的静态方法

注意

默认情况下，SQL Server 不能执行 CLR 代码。可以创建、修改和删除引用公共语言运行时模块的数据库对象；不过，只有在启用 clr enabled 选项之后，才能在 SQL Server 中执行这些引用。若要启用该选项，请使用 sp_configure。

2. 使用 ALTER PROCEDURE 语句修改存储过程

【例 13.06】　通过 ALTER PROCEDURE 语句修改名为 Proc_Stu 的存储过程。（实例位置：资源包\源码\13\13.06）

具体操作步骤如下。

（1）打开 SQL Server Management Studio，并连接到 SQL Server 2014 中的数据库。

（2）选择存储过程所在的数据库，如 db_2014 数据库。

（3）单击工具栏中的 新建查询(N) 按钮，新建查询编辑器，并输入如下 SQL 语句代码。

```
ALTER PROCEDURE [dbo].[Proc_Stu]
@Sno varchar(10)
as
select * from student
```

（4）单击 ! 执行(X) 按钮，就可以执行上述 SQL 语句代码。执行结果如图 13.8 所示。

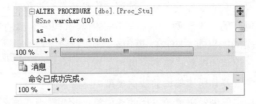

图 13.8　使用 ALTER PROCEDURE 语句修改存储过程

除了上述方法修改存储过程外，也可以通过 SQL Server 2014 自动生成的 ALTER PROCEDURE 语句修改存储过程。以修改系统数据库 master 中系统存储过程 sp_MScleanupmergepublisher_internal 为例，操作步骤如下。

（1）打开 SQL Server Management Studio，并连接到 SQL Server 2014 中的数据库。

（2）展开"对象资源管理器"中"数据库"→"系统数据库"→master→"可编程性"→"系统存储过程"的节点后，在 sp_MScleanupmergepublisher_internal 系统存储过程上单击鼠标右键，弹出快捷菜单，如图 13.9 所示。

图 13.9　修改存储过程

（3）选择"修改"命令，在查询编辑器窗口中自动生成修改该存储过程的语句。生成的语句如图 13.10 所示。

```
USE [master]
GO
/****** Object:  StoredProcedure [sys].[sp_MScleanupmergepublisher_internal]    Script Date: 2018/7/16 星期一 14:58:31 ******/
SET ANSI_NULLS OFF
GO
SET QUOTED_IDENTIFIER OFF
GO
ALTER procedure [sys].[sp_MScleanupmergepublisher_internal]
as
begin
    set nocount on
    declare @status_mask int
    declare @published_mask int
    declare @published_database_name sysname
    declare @command nvarchar(4000)

    -- Security check: sysadmin only
    if (isnull(is_srvrolemember('sysadmin'),0) = 0)
    begin
        raiserror(14260,16,-1)
        return (1)
    end
```

图 13.10　自动生成的 SQL 语句

（4）修改该段 SQL 语句并执行，即可完成修改该存储过程。

13.3.4　重命名存储过程

重新命名存储过程可以通过手动操作或执行 sp_rename 系统存储过程实现。

1．手动操作重新命名存储过程

（1）打开 SQL Server Management Studio，并连接到 SQL Server 2014 中的数据库。

（2）展开"对象资源管理器"中"数据库"→"数据库名称"→"可编程性"→"存储过程"节点，鼠标右键单击需要重新命名的存储过程，在弹出的快捷菜单中选择"重命名"命令。例如，修改 db_2014 数据库中的 Proc_stu 存储过程名称，如图 13.11 所示。

图 13.11　重命名存储过程

（3）此时，在存储过程名称的文本框中输入要修改的名称，即可重命名存储过程。

2. 执行 sp_rename 系统存储过程重新命名存储过程

sp_rename 系统存储过程可以在当前数据库中更改用户创建对象的名称。此对象可以是表、索引、列、别名数据类型或 Microsoft .NET Framework 公共语言运行时（CLR）用户定义类型。语法格式如下：

```
sp_rename [@objname =] 'object_name' , [@newname =] 'new_name'
    [, [@objtype =] 'object_type']
```

参数说明如下。

☑　[@objname =] 'object_name'：用户对象或数据类型的当前限定或非限定名称。如果要重命名的对象是表中的列，则 object_name 的格式必须是 table.column。如果要重命名的对象是索引，则 object_name 的格式必须是 table.index。

☑　[@newname =] 'new_name'：指定对象的新名称。new_name 必须是名称的一部分，并且必须遵循标识符的规则。newname 的数据类型为 sysname，无默认值。

☑　[@objtype =] 'object_type'：要重命名的对象的类型。

使用 sp_rename 系统存储过程重新命名存储过程的步骤如下。

（1）打开 SQL Server Management Studio，并连接到 SQL Server 2014 中的数据库。

（2）选择需要重新命名的存储过程所在的数据库，单击工具栏中的 新建查询(N) 按钮，新建查询编辑器，输入执行 sp_rename 系统存储过程重新命名的 SQL 语句。

【例 13.07】　将 Proc_Stu 存储过程重新命名为 Proc_StuInfo。（实例位置：资源包\源码\13\13.07）
SQL 语句如下：

```
sp_rename 'Proc_Stu','Proc_StuInfo'
```

（3）单击 执行(X) 按钮，就可以执行上述 SQL 语句代码。结果如图 13.12 所示。

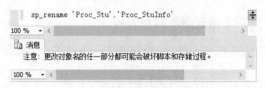

图 13.12 重新命名的存储过程

注意

更改对象名的任一部分都可能破坏脚本和存储过程。建议读者不要使用此语句来重命名存储过程、触发器、用户定义函数或视图；而是删除该对象，然后使用新名称重新创建该对象。

13.3.5 删除存储过程

数据库中某些不再应用的存储过程可以将其删除，这样节约该存储过程所占的数据库空间。删除存储过程可以通过手动删除或执行 DROP PROCEDURE 语句实现。

1. 手动删除存储过程

（1）打开 SQL Server Management Studio，并连接到 SQL Server 2014 中的数据库。

（2）展开"对象资源管理器"中"数据库"→"数据库名称"→"可编程性"→"存储过程"节点，鼠标右键单击要删除的存储过程，在弹出的快捷菜单中选择"删除"命令。

（3）在弹出的"删除对象"窗口中确认所删除的存储过程，单击"确定"按钮即可将该存储过程删除。

例如，删除 Proc_StuInfo 存储过程，如图 13.13 所示。

图 13.13 删除存储过程

2. 执行 DROP PROCEDURE 语句删除存储过程

DROP PROCEDURE 语句用来从当前数据库中删除一个或多个存储过程。语法格式如下：

```
DROP {PROC | PROCEDURE} {[schema_name.] procedure} [,...n]
```

参数说明如下。

☑ schema_name：过程所属架构的名称。不能指定服务器名称或数据库名称。

☑ procedure：要删除的存储过程或存储过程组的名称。

执行 DROP PROCEDURE 语句删除存储过程的步骤如下。

（1）打开 SQL Server Management Studio，并连接到 SQL Server 2014 中的数据库。

（2）选择需要删除的存储过程所在的数据库，单击工具栏中的 新建查询(N) 按钮，在新建查询编辑器中输入执行 DROP PROCEDURE 语句删除存储过程的 SQL 语句。

【例 13.08】 删除名为 Proc_Student 的存储过程。（实例位置：资源包\源码\ 13\13.08）

SQL 语句如下：

```
DROP PROCEDURE Proc_Student
```

（3）单击 ! 执行(X) 按钮，就可以执行上述 SQL 语句代码，将 Proc_Student 存储过程删除。

📢 注意

不可以删除正在使用的存储过程，否则 Microsoft SQL Server 2014 将在执行调用进程时显示一条错误消息。

13.4 小　　结

本章介绍了存储过程的概念，以及创建和管理存储过程的方法。读者使用存储过程可以增强代码的重用性，创建存储过程后可以调用 EXECUTE 语句执行存储过程或者设置其自动执行，另外，还可以查看、修改或者删除存储过程，使读者能够更容易理解存储过程。

第**14**章

触发器

(📹 视频讲解：11分钟)

本章主要介绍如何使用触发器，包括触发器概述、创建触发器、修改触发器和删除触发器等内容。通过本章的学习，读者可以掌握使用 Transact-SQL 创建触发器，并应用触发器编写 SQL 语句，从而优化查询和提高数据访问速度。

学习摘要：

▸▸ **触发器的基本概念**

▸▸ **触发器的分类及创建**

▸▸ **使用 sp_helptext 存储过程查看触发器**

▸▸ **创建 DML、DDL 触发器**

▸▸ **使用 sp_rename 重命名触发器**

▸▸ **禁用和启用触发器**

▸▸ **删除触发器**

视频讲解

14.1 触发器概述

14.1.1 触发器的概念

Microsoft SQL Server 提供两种主要机制来强制使用业务规则和数据完整性：约束和触发器。

触发器是一种特殊类型的存储过程，当指定表中的数据发生变化时触发器自动生效。它与表紧密相连，可以看作是表定义的一部分。触发器不能通过名称被直接调用，更不允许设置参数。

在 SQL Server 中一张表可以有多个触发器。用户可以使用 INSERT、UPDATE 或 DELETE 语句对触发器进行设置，也可以对一张表上的特定操作设置多个触发器。触发器可以包含复杂的 Transact-SQL 语句。不论触发器所进行的操作有多复杂，触发器都只作为一个独立的单元被执行，被看作是一个事务。如果在执行触发器的过程中发生了错误，则整个事务将会自动回滚。

14.1.2 触发器的优点

触发器的优点表现在以下几个方面。

（1）触发器自动执行，对表中的数据进行修改后，触发器立即被激活。

（2）为了实现复杂的数据库更新操作，触发器可以调用一个或多个存储过程，甚至可以通过调用外部过程（不是数据库管理系统本身）完成相应的操作。

（3）触发器能够实现比 CHECK 约束更为复杂的数据完整性约束。在数据库中，为了实现数据完整性约束，可以使用 CHECK 约束或触发器。CHECK 约束不允许引用其他表中的列来完成检查工作，而触发器可以引用其他表中的列。它更适合在大型数据库管理系统中用来约束数据的完整性。

（4）触发器可以检测数据库内的操作，从而取消了数据库未经许可的更新操作，使数据库修改、更新操作更安全，数据库的运行也更稳定。

（5）触发器能够对数据库中的相关表实现级联更改。触发器是基于一个表创建的，但是可以针对多个表进行操作，实现数据库中相关表的级联更改。

（6）一个表中可以同时存在 3 个不同操作的触发器（INSERT、UPDATE 和 DELETE）。

14.1.3 触发器的种类

SQL Server 包括 3 种常规类型的触发器：DML 触发器、DDL 触发器和登录触发器。

当数据库中发生数据操作语言（DML）事件时将调用 DML 触发器。DML 事件包括在指定表或视图中修改数据的 INSERT 语句、UPDATE 语句或 DELETE 语句。DML 触发器可以查询其他表，还可以包含复杂的 Transact-SQL 语句。

读者可以设计以下类型的 DML 触发器。

☑ AFTER 触发器：在执行了 INSERT、UPDATE 或 DELETE 语句操作之后执行 AFTER 触发器。

☑ INSTEAD OF 触发器：执行 INSTEAD OF 触发器代替通常的触发动作。还可为带有一个或多个基表的视图定义 INSTEAD OF 触发器，而这些触发器能够扩展视图可支持的更新类型。

☑ CLR 触发器：可以是 AFTER 触发器或 INSTEAD OF 触发器。CLR 触发器还可以是 DDL 触发器。CLR 触发器将执行在托管代码（在.NET Framework 中创建并在 SQL Server 中上载的程序集的成员）中编写的方法，而不用执行 Transact-SQL 存储过程。

DDL 触发器是一种特殊的触发器，它在响应数据定义语言（DDL）语句时触发，可以用于在数据库中执行管理任务，如审核以及规范数据库操作。

登录触发器将为响应 LOGON 事件而激发存储过程。与 SQL Server 实例建立用户会话时将引发此事件。登录触发器将在登录的身份验证阶段完成之后且用户会话实际建立之前激发。可以使用登录触发器来审核和控制服务器会话，例如，通过跟踪登录活动，限制 SQL Server 的登录名或限制特定登录名的会话数。

14.2　创建触发器

视频讲解

创建 DML 触发器、DDL 触发器和登录触发器可以通过执行 CREATE TRIGGER 语句实现。但在使用该语句创建 DML 触发器、DDL 触发器和登录触发器时，其语法存在差异。本节讲解 CREATE TRIGGER 语句与使用该语句创建 DML 触发器、DDL 触发器和登录触发器。

14.2.1　创建 DML 触发器

如果用户要通过数据操作语言（DML）事件编辑数据，则执行 DML 触发器。DML 事件是针对表或视图的 INSERT、UPDATE 或 DELETE 语句。

创建 DML 触发器的语法格式如下：

```
CREATE TRIGGER [schema_name .]trigger_name
ON {table | view}
[WITH <dml_trigger_option> [,...n]]
{FOR | AFTER | INSTEAD OF}
{[INSERT] [,] [UPDATE] [,] [DELETE]}
[WITH APPEND]
[NOT FOR REPLICATION]
AS {sql_statement    [;] [,...n] | EXTERNAL NAME <method specifier [;] >}
<dml_trigger_option> ::=
    [ENCRYPTION]
    [EXECUTE AS Clause]
<method_specifier> ::=
    assembly_name.class_name.method_name
```

创建 DML 触发器的参数及说明如表 14.1 所示。

表 14.1　创建 DML 触发器的参数及说明

参　　数	描　　述
schema_name	DML 触发器所属架构的名称。DML 触发器的作用域是为其创建该触发器的表或视图的架构
trigger_name	触发器的名称。trigger_name 必须遵循标识符规则，但 trigger_name 不能以#或##开头
table | view	对其执行 DML 触发器的表或视图，有时称为触发器表或触发器视图。可以根据需要指定表或视图的完全限定名称。视图只能被 INSTEAD OF 触发器引用。不能对局部或全局临时表定义 DML 触发器
FOR | AFTER	AFTER 指定 DML 触发器仅在触发 SQL 语句中指定的所有操作都已成功执行时才被触发
INSTEAD OF	指定执行 DML 触发器而不是触发 SQL 语句，因此，其优先级高于触发语句的操作
{[INSERT] [,] [UPDATE] [,] [DELETE]}}	指定数据修改语句，这些语句可在 DML 触发器对此表或视图进行尝试时激活该触发器。必须至少指定一个选项
WITH APPEND	指定应该再添加一个现有类型的触发器
NOT FOR REPLICATION	指示当复制代理修改涉及触发器的表时，不应执行触发器
sql_statement	触发条件和操作。触发器条件指定其他标准，用于确定尝试的 DML、DDL 或 LOGON 事件是否导致执行触发器操作
EXECUTE AS	指定用于执行该触发器的安全上下文
< method_specifier>	对于 CLR 触发器，指定程序集与触发器绑定的方法。该方法不能带有任何参数，并且必须返回空值

【例 14.01】　为员工表 employee3 创建 DML 触发器，当向该表中插入数据时给出提示信息。（**实例位置：资源包\源码\14\14.01**）

设计步骤如下。

（1）打开 SQL Server Management Studio，并连接到 SQL Server 2014 中的数据库。

（2）单击工具栏中的 🔍 新建查询(N) 按钮，新建查询编辑器，输入如下 SQL 语句代码。

```
CREATE TRIGGER T_DML_Emp3          --创建触发器 T_DML_Emp3
ON employee3                       --依赖于表 employee3
AFTER INSERT                       --执行插入语句之后
AS
RAISERROR ('正在向表中插入数据', 16, 10);    --提示信息
```

（3）单击 ❗执行⊗ 按钮，执行上述 SQL 语句代码，创建名称为 T_DML_Emp3 的 DML 触发器。

每次对 employee3 表的数据进行添加时，都会显示如图 14.1 所示的消息内容。

14.2.2　创建 DDL 触发器

DDL 触发器用于响应各种数据定义语言（DDL）事件。这些事件主要对应于 Transact-SQL 的 CREATE、

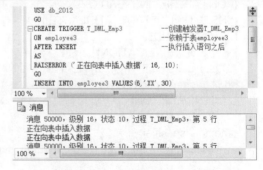

图 14.1　向表中插入数据时给出的信息

ALTER 和 DROP 语句，以及执行类似 DDL 操作的某些系统存储过程。

创建 DDL 触发器的语法格式如下：

```
CREATE TRIGGER trigger_name
ON {ALL SERVER | DATABASE}
[WITH <ddl_trigger_option> [,...n]]
{FOR | AFTER} {event_type | event_group} [,...n]
AS {sql_statement   [;] [,...n] | EXTERNAL NAME <method specifier>   [;]}
<ddl_trigger_option> ::=
    [ENCRYPTION]
    [EXECUTE AS Clause]
<method_specifier> ::=
    assembly_name.class_name.method_name
```

创建 DDL 触发器的参数及说明如表 14.2 所示。

表 14.2　创建 DDL 触发器的参数及说明

参　　数	描　　述
trigger_name	触发器的名称。trigger_name 必须遵循标识符规则，但 trigger_name 不能以#或##开头
ALL SERVER	将 DDL 或登录触发器的作用域应用于当前服务器
DATABASE	将 DDL 触发器的作用域应用于当前数据库
FOR | AFTER	AFTER 指定 DML 触发器仅在触发 SQL 语句中指定的所有操作都已成功执行时才被触发
event_type	执行之后将导致激发 DDL 触发器的 Transact-SQL 语言事件的名称。DDL 事件中列出了 DDL 触发器的有效事件
event_group	预定义的 Transact-SQL 语言事件分组的名称
sql_statement	触发条件和操作。触发器条件指定其他标准，用于确定尝试的 DML、DDL 或 LOGON 事件是否导致执行触发器操作
<method_specifier>	对于 CLR 触发器，指定程序集与触发器绑定的方法

【例 14.02】　为数据库 db_2014 创建 DDL 触发器，防止用户对表进行删除或修改等操作。（实例位置：资源包\源码\14\14.02）

设计步骤如下。

（1）打开 SQL Server Management Studio，并连接到 SQL Server 2014 中的数据库。

（2）单击工具栏中的 新建查询(N) 按钮，新建查询编辑器，输入如下 SQL 语句代码。

```
CREATE TRIGGER T_DDL_DATABASE            --创建 DDL 触发器
ON DATABASE                              --将该触发器应用于当前数据库
FOR DROP_TABLE, ALTER_TABLE             --对表修改时，提示信息
AS
PRINT '只有 "T_DDL_DATABASE" 触发器无效时，才可以删除或修改表。'
ROLLBACK                                 --回滚操作
```

（3）单击 执行(X) 按钮，执行上述 SQL 语句代码。创建名称为 T_DDL_DATABASE 的 DDL 触发器。

创建完该触发器后，当对数据库中的表进行修改与删除等操作时，都会提示：只有 "T_DDL_DATABASE" 触发器无效时，才可以删除或修改表。并将删除后修改操作进行回滚。显示信息如图 14.2

所示。

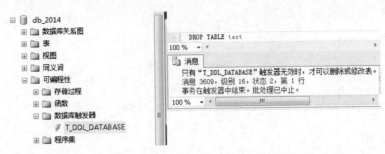

图 14.2　对数据库中表进行修改与删除等操作时显示的消息

14.2.3　创建登录触发器

登录触发器在遇到 LOGON 事件时触发。LOGON 事件是在建立用户会话时引发的。触发器可以由 Transact-SQL 语句直接创建，也可以由程序集方法创建，这些方法是在 Microsoft .NET Framework 公共语言运行时（CLR）中创建并上载到 SQL Server 实例的。SQL Server 允许为任何特定语句创建多个触发器。

创建登录触发器的语法格式如下：

```
CREATE TRIGGER trigger_name
ON ALL SERVER
[WITH <logon_trigger_option> [,...n]]
{FOR | AFTER} LOGON
AS {sql_statement   [;] [,...n] | EXTERNAL NAME <method specifier>   [;]}
<logon_trigger_option> ::=
    [ENCRYPTION]
    [EXECUTE AS Clause]
<method_specifier> ::=
    assembly_name.class_name.method_name
```

创建登录触发器的参数及说明如表 14.3 所示。

表 14.3　创建登录触发器的参数及说明

参　数	描　述
trigger_name	触发器的名称。trigger_name 必须遵循标识符规则，但 trigger_name 不能以#或##开头
ALL SERVER	将 DDL 或登录触发器的作用域应用于当前服务器
FOR | AFTER	AFTER 指定 DML 触发器仅在触发 SQL 语句中指定的所有操作都已成功执行时才被触发
sql_statement	触发条件和操作。触发器条件指定其他标准，用于确定尝试的 DML、DDL 或 LOGON 事件是否导致执行触发器操作
<method_specifier>	对于 CLR 触发器，指定程序集与触发器绑定的方法

【例 14.03】　创建一个登录触发器，该触发器拒绝登录名为 mr 的成员登录 SQL Server。（实例位置：资源包\源码\14\14.03）

SQL 语句如下：

```
USE master;
GO
CREATE LOGIN TM WITH PASSWORD = 'TMsoft' MUST_CHANGE,
    CHECK_EXPIRATION = ON;
GO
GRANT VIEW SERVER STATE TO TM;
GO
CREATE TRIGGER connection_limit_trigger
ON ALL SERVER WITH EXECUTE AS 'mr'
FOR LOGON
AS
BEGIN
IF ORIGINAL_LOGIN()= 'mr' AND
    (SELECT COUNT(*) FROM sys.dm_exec_sessions
            WHERE is_user_process = 1 AND
                original_login_name = 'mr') > 1
    ROLLBACK;
END;
```

设计步骤如下。

（1）打开 SQL Server Management Studio，并连接到 SQL Server 2014 中的数据库。

（2）单击工具栏中的 ![新建查询(N)] 按钮，新建查询编辑器，输入例 14.03 中的 SQL 语句。

（3）单击 ![!执行⊗] 按钮，执行上述 SQL 语句代码。创建名称为 connection_limit_trigger 的登录触发器。

登录触发器与 DML 触发器、DDL 触发器所存储的位置不同，其存储位置为"对象资源管理器"中的"服务器对象"→"触发器"。登录触发器 connection_limit_trigger 中的 mr 为登录到 SQL Server 中的登录名。触发器及 mr 所在的位置如图 14.3 所示。

创建完该触发器后，当以登录名 mr 登录 SQL Server 时，就会显示如图 14.4 所示的提示信息。

图 14.3　触发器及 mr 所在的位置

图 14.4　登录名 mr 登录 SQL Server 时提示的信息

视频讲解

14.3　管理触发器

触发器的查看、修改、重命名、禁用和启用，以及删除等操作都可以使用 SQL Server Management Studio 管理工具实现。本节讲解通过 SQL 命令管理工具查看、修改、重命名、禁用和启用，以及删除触发器。

14.3.1　查看触发器

查看触发器与查看存储过程相同。同样可以使用 sp_helptext 存储过程与 sys.sql_modules 视图查看触发器。

1. 使用 sp_helptext 存储过程查看触发器

sp_helptext 存储过程可以查看架构范围内的触发器，非架构范围内的触发器是不能用此存储过程查看的，如 DDL 触发器、登录触发器。

【例 14.04】　sp_helptext 存储过程查看 DML 触发器，SQL 语句及运行结果如图 14.5 所示。（**实例位置：资源包\源码\14\14.04**）

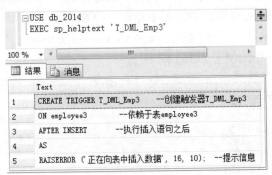

图 14.5　使用 sp_helptext 存储过程查看 DML 触发器

SQL 语句如下：

```
USE db_2014
EXEC sp_helptext 'T_DML_Emp3'
```

2. 获取数据库中触发器的信息

每个类型为 TR 或 TA 的触发器对象对应一行，TA 代表程序集（CLR）触发器，TR 代表 SQL 触发器。DML 触发器名称在架构范围内，因此，可在 sys.objects 中显示。DDL 触发器名称的作用域取决于父实体，只能在对象目录视图中显示。

【例 14.05】　在 db_2014 数据库中，查找类型为 TR 的触发器，即 DDL 触发器，SQL 语句及运行结果如图 14.6 所示。（**实例位置：资源包\源码\14\14.05**）

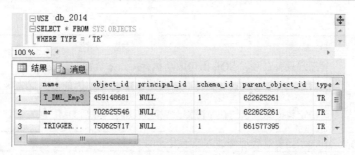

图 14.6   查找 DDL 触发器

SQL 语句如下：

```
USE db_2014
SELECT * FROM sys.objects
WHERE TYPE='TR'
```

14.3.2   修改触发器

修改触发器可以通过 ALTER TRIGGER 语句实现，下面分别对修改 DML 触发器、修改 DDL 触发器、修改登录触发器进行介绍。

1. 修改 DML 触发器

修改 DML 触发器的语法格式如下：

```
ALTER TRIGGER schema_name.trigger_name
ON (table | view)
[WITH <dml_trigger_option> [,...n]]
(FOR | AFTER | INSTEAD OF)
{[DELETE] [,] [INSERT] [,] [UPDATE]}
[NOT FOR REPLICATION]
AS {sql_statement [;] [...n] | EXTERNAL NAME <method specifier> [;]}
<dml_trigger_option> ::=
    [ENCRYPTION]
    [<EXECUTE AS Clause>]
<method_specifier> ::=
        assembly_name.class_name.method_name
```

修改 DML 触发器的参数及说明如表 14.4 所示。

表 14.4   修改 DML 触发器的参数及说明

参 数	描 述
schema_name	DML 触发器所属架构的名称。DML 触发器的作用域是为其创建该触发器的表或视图的架构
trigger_name	要修改的现有触发器
table | view	对其执行 DML 触发器的表或视图，有时称为触发器表或触发器视图。可以根据需要指定表或视图的完全限定名称

续表

参　　数	描　　述
AFTER	指定只有在触发 SQL 语句成功执行后，才会激发触发器
INSTEAD OF	指定执行 DML 触发器而不是触发 SQL 语句，因此，其优先级高于触发语句的操作
{[DELETE] [,] [INSERT] [,] [UPDATE]}	指定数据修改语句在试图修改表或视图时，激活 DML 触发器。必须至少指定一个选项
NOT FOR REPLICATION	指示当复制代理修改涉及触发器的表时，不应执行触发器
sql_statement	触发条件和操作
EXECUTE AS	指定用于执行该触发器的安全上下文
< method_specifier>	对于 CLR 触发器，指定程序集与触发器绑定的方法。该方法不能带有任何参数，并且必须返回空值

【例 14.06】　使用 ALTER TRIGGER 语句修改 DML 触发器 T_DML_Emp3，当向该表中插入、修改或删除数据时给出提示信息。（**实例位置：资源包\源码\14\14.06**）

SQL 语句如下：

```
ALTER TRIGGER T_DML_Emp3
ON employee3
AFTER INSERT,UPDATE,DELETE
AS
RAISERROR ('正在向表中插入、修改或删除数据', 16, 10);
```

运行结果如图 14.7 所示。

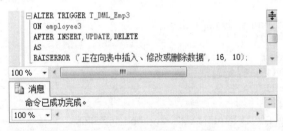

图 14.7　使用 ALTER TRIGGER 修改 DML 触发器

2. 修改 DDL 触发器

修改 DDL 触发器的语法格式如下：

```
ALTER TRIGGER trigger_name
ON {DATABASE | ALL SERVER}
[WITH <ddl_trigger_option> [,...n]]
{FOR | AFTER} {event_type [,...n] | event_group}
AS {sql_statement [;] | EXTERNAL NAME <method specifier>
[;]}
}
<ddl_trigger_option> ::=
    [ENCRYPTION]
    [<EXECUTE AS Clause>]
```

```
<method_specifier> ::=
        assembly_name.class_name.method_name
```

修改 DDL 触发器的参数及说明如表 14.5 所示。

表 14.5　修改 DDL 触发器的参数及说明

参　　数	描　　述
trigger_name	要修改的现有触发器
DATABASE	将 DDL 触发器的作用域应用于当前数据库
ALL SERVER	将 DDL 或登录触发器的作用域应用于当前服务器
AFTER	指定只有在触发 SQL 语句成功执行后，才会激发触发器
event_type	执行之后将导致激发 DDL 触发器的 Transact-SQL 语言事件的名称
event_group	预定义的 Transact-SQL 语言事件分组的名称
sql_statement	触发条件和操作
EXECUTE AS	指定用于执行该触发器的安全上下文
<method_specifier>	对于 CLR 触发器，指定程序集与触发器绑定的方法。该方法不能带有任何参数，并且必须返回空值

【例 14.07】　使用 ALTER TRIGGER 语句修改 DDL 触发器 T_DDL_DATABASE，防止用户修改数据。(实例位置：资源包\源码\14\14.07)

SQL 语句如下：

```
ALTER TRIGGER T_DDL_DATABASE              --修改触发器
ON DATABASE                               --应用于当前数据库
FOR ALTER_TABLE
AS
RAISERROR ('只有"T_DDL_DATABASE"触发器无效时，才可以修改表。', 16, 10)
ROLLBACK                                  --回滚事务
```

3. 修改登录触发器

修改登录触发器的语法格式如下：

```
ALTER TRIGGER trigger_name
ON ALL SERVER
[WITH <logon_trigger_option> [,...n]]
{FOR | AFTER} LOGON
AS {sql_statement   [;] [,...n] | EXTERNAL NAME < method specifier >   [;]}
<logon_trigger_option> ::=
    [ENCRYPTION]
    [EXECUTE AS Clause]
<method_specifier> ::=
    assembly_name.class_name.method_name
```

修改登录触发器的参数及说明如表 14.6 所示。

表 14.6　修改登录触发器的参数及说明

参　　数	描　　述
trigger_name	要修改的现有触发器
ALL SERVER	将 DDL 或登录触发器的作用域应用于当前服务器
AFTER	指定只有在触发 SQL 语句成功执行后，才会激发触发器
sql_statement	触发条件和操作
EXECUTE AS	指定用于执行该触发器的安全上下文
<method_specifier>	指定要与触发器绑定的程序集的方法

【例 14.08】　使用 ALTER TRIGGER 语句修改登录触发器 connection_limit_trigger，将用户名修改为 nxt，如果在此登录名下已运行 3 个用户会话，拒绝 nxt 登录到 SQL Server。（**实例位置：资源包\源码\14\14.08**）

SQL 语句如下：

```
ALTER TRIGGER connection_limit_trigger
ON ALL SERVER WITH EXECUTE AS 'nxt'
FOR LOGON
AS
BEGIN
IF ORIGINAL_LOGIN()= 'nxt' AND
    (SELECT COUNT(*) FROM sys.dm_exec_sessions
            WHERE is_user_process = 1 AND
                original_login_name = 'nxt') > 3
    ROLLBACK;
END;
```

14.3.3　重命名触发器

重命名触发器可以使用 sp_rename 系统存储过程实现。使用 sp_rename 系统存储过程重命名触发器与重命名存储过程相同。但是使用该系统存储过程重命名触发器，不会更改 sys.sql_modules 类别视图的 definition（用于定义此模块的 SQL 文本）列中相应对象名的名称，所以建议用户不要使用该系统存储过程重命名触发器，而是删除该触发器，然后使用新名称重新创建该触发器。

【例 14.09】　使用 sp_rename 将触发器 T_DML_Emp3 重命名为 T_DML_3。（**实例位置：资源包\源码\14\14.09**）

SQL 语句如下：

```
sp_rename 'T_DML_Emp3','T_DML_3'
```

14.3.4　禁用和启用触发器

当不再需要某个触发器时，可将其禁用或删除。禁用触发器不会删除该触发器，该触发器仍然作为对象存在于当前数据库中。但是，当执行任意 INSERT、UPDATE 或 DELETE 语句（在其上对触发器进行了编程）时，触发器将不会激发。已禁用的触发器可以被重新启用。启用触发器会以最初创建它时的方式将其激发。默认情况下，创建触发器后会启用触发器。

1．禁用触发器

使用 DISABLE TRIGGER 语句禁用触发器，其语法格式如下：

```
DISABLE TRIGGER {[schema_name .] trigger_name [,...n] | ALL}
ON {object_name | DATABASE | ALL SERVER} [;]
```

参数说明如下。

☑　schema_name：触发器所属架构的名称。

☑　trigger_name：要禁用的触发器的名称。

☑　ALL：指示禁用在 ON 子句作用域中定义的所有触发器。

注意

SQL Server 在为合并复制发布的数据库中创建触发器。在已发布数据库中指定 ALL 可禁用这些触发器，这样会中断复制。在指定 ALL 之前，请验证没有为合并复制发布当前数据库。

☑　object_name：要对其创建要执行的 DML 触发器 trigger_name 的表或视图的名称。

☑　DATABASE：对于 DDL 触发器，指示所创建或修改的 trigger_name 将在数据库范围内执行。

☑　ALL SERVER：对于 DDL 触发器，指示所创建或修改的 trigger_name 将在服务器范围内执行。ALL SERVER 也适用于登录触发器。

【例 14.10】　使用 DISABLE TRIGGER 语句禁用 DML 触发器 T_DML_3。（实例位置：资源包\源码\14\14.10）

SQL 语句如下：

```
DISABLE TRIGGER T_DML_3 ON employee3
```

禁用后触发器的状态如图 14.8 所示。

图 14.8　禁用触发器的状态

【例 14.11】　使用 DISABLE TRIGGER 语句禁用 DDL 触发器 T_DDL_DATABASE。（实例位置：资源包\源码\14\14.11）

SQL 语句如下：

```
DISABLE TRIGGER T_DDL_DATABASE ON DATABASE
```

【例 14.12】 使用 DISABLE TRIGGER 语句禁用登录触发器 connection_limit_trigger。（实例位置：资源包\源码\14\14.12）

SQL 语句如下：

```
DISABLE TRIGGER connection_limit_trigger ON ALL SERVER
```

2. 启用触发器

启用触发器并不是重新创建它。已禁用的 DDL 触发器、DML 触发器或登录触发器可以通过执行 ENABLE TRIGGER 语句重新起用。语法格式如下：

```
ENABLE TRIGGER {[schema_name .] trigger_name [,...n] | ALL}
ON {object_name | DATABASE | ALL SERVER} [;]
```

启用触发器的参数及说明如表 14.7 所示。

表 14.7　启用触发器的参数及说明

参　　数	描　　述
schema_name	触发器所属架构的名称。不能为 DDL 或登录触发器指定 schema_name
trigger_name	要启用的触发器的名称
ALL	指示启用在 ON 子句作用域中定义的所有触发器
object_name	要对其创建要执行的 DML 触发器 trigger_name 的表或视图的名称
DATABASE	对于 DDL 触发器，指示所创建或修改的 trigger_name 将在数据库范围内执行
ALL SERVER	对于 DDL 触发器，指示所创建或修改的 trigger_name 将在服务器范围内执行。ALL SERVER 也适用于登录触发器

【例 14.13】 使用 ENABLE TRIGGER 语句启用 DML 触发器 T_DML_3。（实例位置：资源包\源码\14\14.13）

SQL 语句如下：

```
ENABLE TRIGGER T_DML_3 on employee3
```

【例 14.14】 使用 ENABLE TRIGGER 语句启用 DDL 触发器 T_DDL_DATABASE。（实例位置：资源包\源码\14\14.14）

SQL 语句如下：

```
ENABLE TRIGGER T_DDL_DATABASE ON DATABASE
```

【例 14.15】 使用 ENABLE TRIGGER 语句启用登录触发器 connection_limit_trigger。（实例位置：资源包\源码\14\14.15）

SQL 语句如下：

```
ENABLE TRIGGER connection_limit_trigger ON ALL SERVER
```

启用后触发器的状态如图 14.9 所示。

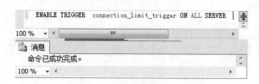

图 14.9　启用后触发器的状态

14.3.5　删除触发器

删除触发器是将触发器对象从当前数据库中永久地删除。通过执行 DROP TRIGGER 语句可以将 DML 触发器、DDL 触发器或登录触发器删除。也可以通过操作 SQL Server Management Studio 手动删除 DML 触发器、DDL 触发器或登录触发器。

1．DROP TRIGGER 语句删除触发器

DROP TRIGGER 语句可以从当前数据库中删除一个或多个 DML 触发器、DDL 触发器或登录触发器。

（1）删除 DML 触发器

删除 DML 触发器的语法格式如下：

```
DROP TRIGGER schema_name.trigger_name [,...n] [;]
```

参数说明如下。

☑　schema_name：DML 触发器所属架构的名称。

☑　trigger_name：要删除的触发器的名称。

【例 14.16】　使用 DROP TRIGGER 语句删除 DML 触发器 T_DML_3。（实例位置：资源包\源码\14\14.16）

SQL 语句如下：

```
DROP TRIGGER T_DML_3
```

（2）删除 DDL 触发器

删除 DDL 触发器的语法格式如下：

```
DROP TRIGGER trigger_name [,...n]
ON {DATABASE | ALL SERVER}
[;]
```

参数说明如下。

☑　trigger_name：要删除的触发器的名称。

☑　DATABASE：指示 DDL 触发器的作用域应用于当前数据库。如果在创建或修改触发器时也指定了 DATABASE，则必须指定 DATABASE。

☑　ALL SERVER：指示 DDL 触发器的作用域应用于当前服务器。如果在创建或修改触发器时也指定了 ALL SERVER，则必须指定 ALL SERVER。ALL SERVER 也适用于登录触发器。

【例 14.17】　使用 DROP TRIGGER 语句删除 DDL 触发器 T_DDL_DATABASE。（实例位置：资源包\源码\14\14.17）

SQL 语句如下：

```
DROP TRIGGER T_DDL_DATABASE   ON DATABASE
```

（3）删除登录触发器

删除登录触发器的语法格式如下：

```
DROP TRIGGER trigger_name [,...n]
ON ALL SERVER
```

参数说明如下。

☑　trigger_name：要删除的触发器的名称。

☑　ALL SERVER：将 DDL 触发器或登录触发器的作用域应用于当前服务器。如果指定了此参数，则只要当前服务器中的任何位置上出现 event_type 或 event_group，就会激发该触发器。

【例 14.18】　使用 DROP TRIGGER 语句删除登录触发器 connection_limit_trigger。（实例位置：**资源包\源码\14\14.18**）

SQL 语句如下：

```
DROP TRIGGER connection_limit_trigger ON ALL SERVER
```

2．SQL Server Management Studio 手动删除触发器

手动删除触发器步骤如下。

（1）打开 SQL Server Management Studio，并连接到 SQL Server 2014 中的数据库。

（2）展开"对象资源管理器"中触发器所在位置。例如，要删除创建在 db_2014 数据库的 T_DDL_DATABASE 触发器，则展开如图 14.10 所示的树型结构。

（3）鼠标右键单击要删除的触发器，在弹出的快捷菜单中选择"删除"命令，打开"删除对象"窗口，如图 14.11 所示。

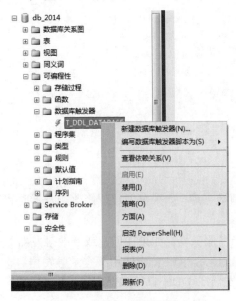

图 14.10　展开触发器所在的位置

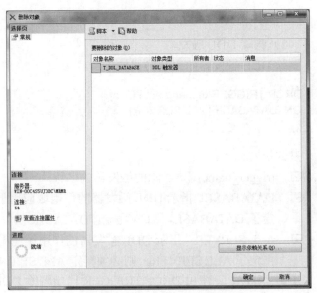

图 14.11　"删除对象"窗口

（4）在"删除对象"窗口中确认所删除的触发器，单击"确定"按钮即可将该触发器删除。

14.4 小 结

本章介绍了触发器的概念，以及创建和管理触发器的方法。读者使用触发器可以在操作数据的同时触发指定的事件从而维护数据完整性。触发器可分为 DML 触发器、DDL 触发器和登录触发器，可以使用 SQL Server Management Studio 或者 Transact-SQL 语句对触发器进行管理。通过本章的学习，希望读者能更深入地熟悉触发器的使用。

第15章

游标的使用

（ 📹 视频讲解：12分钟 ）

游标是取用一组数据并能够一次与一个单独的数据进行交互的方法，然而，不能通过在整个行集中修改或者选取数据来获得所需要的结果。本章将对游标的使用进行详细讲解。

学习摘要：

▶▶ **游标的概念**

▶▶ **游标的类型**

▶▶ **游标的基本操作**

▶▶ **游标系统存储过程**

▶▶ **使用系统过程查看游标的方法**

视频讲解

15.1　游标的概述

　　游标是取用一组数据并能够一次与一个单独的数据进行交互的方法。关系数据库中的操作会对整个行集起作用。由 SELECT 语句返回的行集包括满足该语句的 WHERE 子句中条件的所有行。这种由语句返回的完整行集称为结果集。应用程序，特别是交互式联机应用程序，并不总能将整个结果集作为一个单元来有效地处理。这些应用程序需要一种机制以便每次处理一行或一部分行。游标就是提供这种机制并对结果集的一种扩展。

　　游标通过以下方式来扩展结果处理。

- ☑ 　允许定位在结果集的特定行。
- ☑ 　从结果集的当前位置检索一行或一部分行。
- ☑ 　支持对结果集中当前位置的行进行数据修改。
- ☑ 　为由其他用户对显示在结果集中的数据库数据所做的更改提供不同级别的可见性支持。
- ☑ 　提供脚本、存储过程和触发器中用于访问结果集中的数据的 Transact-SQL 语句。

　　游标可以定在该单元中的特定行，从结果集的当前行检索一行或多行。可以对结果集当前行做修改。一般不使用游标，但是需要逐条处理数据的时候，游标显得十分重要。

15.1.1　游标的实现

　　游标提供了一种从表中检索数据并进行操作的灵活手段，游标主要用在服务器上，处理由客户端发送给服务器端的 SQL 语句，或是批处理、存储过程、触发器中的数据处理请求。游标的优点在于它可以定位到结果集中的某一行，并可以对该行数据执行特定操作，为用户在处理数据的过程中提供了很大方便。一个完整的游标由 5 部分组成，并且这 5 个部分应符合下面的顺序。

　　（1）声明游标。

　　（2）打开游标。

　　（3）从一个游标中查找信息。

　　（4）关闭游标。

　　（5）释放游标。

15.1.2　游标的类型

　　SQL Server 提供了 4 种类型的游标：静态游标、动态游标、只进游标和键集驱动游标。这些游标的检测结果集变化的能力和内存占用的情况都有所不同，数据源没有办法通知游标当前提取行的更改。游标检测这些变化的能力也受事务隔离级别的影响。

1. 静态游标

　　静态游标的完整结果集在游标打开时建立在 tempdb 中。静态游标总是按照游标打开时的原样显示结果集。静态游标在滚动期间很少或根本检测不到变化，虽然它在 tempdb 中存储了整个游标，但消耗的资源很少。尽管动态游标使用 tempdb 的程度最低，在滚动期间它能够检测到所有变化，但消耗的资源也更多。键集驱动游标介于二者之间，它能检测到大部分的变化，但比动态游标消耗更少的资源。

2．动态游标

动态游标与静态游标相对。当滚动游标时，动态游标反映结果集中所做的所有更改。结果集中的行数据值、顺序和成员在每次提取时都会改变。所有用户做的全部 UPDATE、INSERT 和 DELETE 语句均通过游标可见。

3．只进游标

只进游标不支持滚动，它只支持游标从头到尾顺序提取。只在从数据库中提取出来后才能进行检索。对所有由当前用户发出或由其他用户提交、并影响结果集中的行的 INSERT、UPDATE 和 DELETE 语句，其效果在这些行从游标中提取时是可见的。

4．键集驱动游标

打开游标时，键集驱动游标中的成员和行顺序是固定的。键集驱动游标由一套被称为键集的唯一标识符（键）控制。键由以唯一方式在结果集中标识行的列构成。键集是游标打开时来自所有适合 SELECT 语句的行中的一系列键值。键集驱动游标的键集在游标打开时建立在 tempdb 中。对非键集列中的数据值所做的更改（由游标所有者更改或其他用户提交）在用户滚动游标时是可见的。在游标外对数据库所做的插入在游标内是不可见的，除非关闭并重新打开游标。

视频讲解

15.2　游标的基本操作

游标的基本操作包括声明游标、打开游标、读取游标中的数据、关闭游标和释放游标。本节将详细地介绍如何操作游标。

15.2.1　声明游标

声明游标可以使用 DECLARE CURSOR 语句。此语句有两种语法声明格式，分别为 ISO 标准语法和 Transact-SQL 扩展的语法，下面将分别介绍声明游标的两种语法格式。

1．ISO 标准语法

语法格式如下：

```
DECLARE cursor_name [INSENSITIVE] [SCROLL] CURSOR
FOR select_statement
FOR {READ ONLY | UPDATE [OF column_name [,...n]]}
```

参数说明如下。

☑　DECLARE cursor_name：指定一个游标名称，其游标名称必须符合标识符规则。

☑ INSENSITIVE：定义一个游标，以创建将由该游标使用的数据的临时复本。对游标的所有请求都从 tempdb 中的临时表中得到应答；因此，在对该游标进行提取操作时返回的数据中不反映对基表所做的修改，并且该游标不允许修改。使用 SQL-92 语法时，如果省略 INSENSITIVE，（任何用户）对基表提交的删除和更新都反映在后面的提取中。

☑ SCROLL：指定所有的提取选项（FIRST、LAST、PRIOR、NEXT、RELATIVE、ABSOLUTE）均可用。

➢ FIRST：取第一行数据。

➢ LAST：取最后一行数据。

➢ PRIOR：取前一行数据。

➢ NEXT：取后一行数据。

➢ RELATIVE：按相对位置取数据。

➢ ABSOLUTE：按绝对位置取数据。

如果未指定 SCROLL，则 NEXT 是唯一支持的提取选项。

☑ select_statement：定义游标结果集的标准 SELECT 语句。在游标声明的 select_statement 内不允许使用关键字 COMPUTE、COMPUTE BY、FOR BROWSE 和 INTO。

☑ READ ONLY：表明不允许游标内的数据被更新，尽管在默认状态下游标是允许更新的。在 UPDATE 或 DELETE 语句的 WHERE CURRENT OF 子句中不允许引用游标。

☑ UPDATE [OF column_name [,...n]]：定义游标内可更新的列。如果指定 OF column_name [,...n] 参数，则只允许修改所列出的列。如果在 UPDATE 中未指定列的列表，则可以更新所有列。

2．Transact-SQL 扩展的语法

语法格式如下：

```
DECLARE cursor_name CURSOR
[LOCAL | GLOBAL]
[FORWARD_ONLY | SCROLL]
[STATIC | KEYSET | DYNAMIC | FAST_FORWARD]
[READ_ONLY | SCROLL_LOCKS | OPTIMISTIC]
[TYPE_WARNING]
FOR select_statement
[FOR UPDATE [OF column_name [,...n]]]
```

DECLARE CURSOR 语句的参数及说明如表 15.1 所示。

表 15.1　DECLARE CURSOR 语句的参数及说明

参　　数	描　　述
DECLARE cursor_name	指定一个游标名称，其游标名称必须符合标识符规则
LOCAL	定义游标的作用域仅限在其所在的批处理、存储过程或触发器中。当建立游标在存储过程执行结束后，游标会被自动释放
GLOBAL	指定该游标的作用域对连接是全局的。在由连接执行的任何存储过程或批处理中，都可以引用该游标名称。该游标仅在脱接时隐性释放

参　　数	描　　述
FORWARD_ONLY	指定游标只能从第一行滚动到最后一行。FETCH NEXT 是唯一受支持的提取选项非指定 STATIC、KEYSET 或 DYNAMIC 关键字，否则默认为 FORWARD_ONLY。STATIC、KEYSET 和 DYNAMIC 游标默认为 SCROLL。与 ODBC 和 ADO 这类数据库 API 不同，STATIC、KEYSET 和 DYNAMICTransact-SQL 游标支持 FORWARD_ONLY。FAST_FORWARD 和 FORWARD_ONLY 是互斥的；如果指定一个，则不能指定另一个
STATIC	定义一个游标，以创建将由该游标使用的数据的临时复本。对游标的所有请求都从 tempdb 中的该临时表中得到应答；因此，在对该游标进行提取操作时返回的数据中不反映对基表所做的修改，并且该游标不允许修改
KEYSET	指定当游标打开时，游标中行的成员资格和顺序已经固定。对行进行唯一标识的键集内置在 tempdb 内一个称为 keyset 的表中。对基表中的非键值所做的更改（由游标所有者更改或由其他用户提交）在用户滚动游标时是可视的。其他用户进行的插入是不可视的（不能通过 Transact-SQL 服务器游标进行插入）。如果某行已删除，则对该行的提取操作将返回 @@FETCH_STATUS 值-2。从游标外更新键值类似于删除旧行后接着插入新行的操作。含有新值的行不可视，对含有旧值的行的提取操作将返回@@FETCH_STATUS 值-2。如果通过指定 WHERE CURRENT OF 子句用游标完成更新，则新值可视
DYNAMIC	定义一个游标，以反映在滚动游标时对结果集内的行所做的所有数据的更改。行的数据值、顺序和成员在每次提取时都会更改。动态游标不支持 ABSOLUTE 提取选项
FAST_FORWARD	指明一个 FORWARD_ONLY、READ_ONLY 型游标
SCROLL_LOCKS	指定确保通过游标完成的定位更新或定位删除可以成功。将行读入游标以确保它们可用于以后的修改时，SQL Server 会锁定这些行。如果还指定了 FAST_FORWARD，则不能指定 SCROLL_LOCKS
OPTIMISTIC	指明在数据被读入游标后，如果游标中某行数据已发生变化，那么对游标数据进行更新或删除可能会导致失败
TYPE_WARNING	指定如果游标从所请求的类型隐性转换为另一种类型，则给客户端发送警告消息

【例 15.01】　创建一个名为 Cur_Emp 的标准游标。（实例位置：资源包\源码\ 15\15.01）

SQL 语句如下：

```
USE db_2014
DECLARE Cur_Emp CURSOR FOR
SELECT * FROM Employee
GO
```

运行结果如图 15.1 所示。

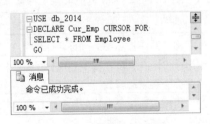

图 15.1　创建标准游标

【例 15.02】　创建一个名为 Cur_Emp_01 的只读游标。（**实例位置：资源包\源码\15\15.02**）

SQL 语句如下：

```
USE db_2014
DECLARE Cur_Emp_01 CURSOR FOR
SELECT * FROM Employee
FOR READ ONLY      --只读游标
GO
```

运行结果如图 15.2 所示。

【例 15.03】　创建一个名为 Cur_Emp_02 的更新游标。（**实例位置：资源包\源码\15\15.03**）

SQL 语句如下：

```
USE db_2014
DECLARE Cur_Emp_02 CURSOR FOR
SELECT Name,Sex,Age FROM Employee
FOR UPDATE      --更新游标
GO
```

运行结果如图 15.3 所示。

图 15.2　创建只读游标

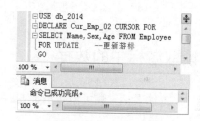

图 15.3　创建更新游标

15.2.2　打开游标

打开一个声明的游标可以使用 OPEN 命令。语法格式如下：

```
OPEN {{[GLOBAL] cursor_name} | cursor_variable_name}
```

参数说明如下。

☑　GLOBAL：指定 cursor_name 为全局游标。

☑　cursor_name：已声明的游标名称，如果全局游标和局部游标都使用 cursor_name 作为其名称，那么如果指定了 GLOBAL，cursor_name 指的是全局游标，否则，cursor_name 指的是局部游标。

☑　cursor_variable_name：游标变量的名称，该名称引用一个游标。

说明

如果使用 INSENSITIV 或 STATIC 选项声明了游标，那么 OPEN 将创建一个临时表以保留结果集。如果结果集中任意行的大小超过 SQL Server 表的最大行大小，OPEN 将失败。如果使用 KEYSET 选项声明了游标，那么 OPEN 将创建一个临时表以保留键集。临时表存储在 tempdb 中。

【例 15.04】　首先声明一个名为 Emp_01 的游标，然后使用 OPEN 命令打开该游标。（实例位置：资源包\源码\15\15.04）

SQL 语句如下：

```
USE db_2014
DECLARE Emp_01 CURSOR FOR        --声明游标
SELECT * FROM Employee
WHERE ID = '1'
OPEN Emp_01                      --打开游标
GO
```

运行结果如图 15.4 所示。

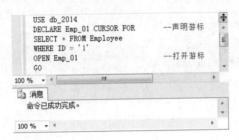

图 15.4　打开游标

15.2.3　读取游标中的数据

当打开一个游标之后，就可以读取游标中的数据了。可以使用 FETCH 命令读取游标中的某一行数据。语法格式如下：

```
FETCH
        [[NEXT | PRIOR | FIRST | LAST
            | ABSOLUTE {n | @nvar}
            | RELATIVE {n | @nvar}
        ]
          FROM
        ]
{{[GLOBAL] cursor_name} | @cursor_variable_name}
[INTO @variable_name [,...n]]
```

FETCH 命令的参数及说明如表 15.2 所示。

表 15.2　FETCH 命令的参数及说明

参　　数	描　　述
NEXT	返回紧跟当前行之后的结果行，并且当前行递增为结果行。如果 FETCH NEXT 为对游标的第一次提取操作，则返回结果集中的第一行。NEXT 为默认的游标提取选项
PRIOR	返回紧临当前行前面的结果行，并且当前行递减为结果行。如果 FETCH PRIOR 为对游标的第一次提取操作，则没有行返回并且游标置于第一行之前
FIRST	返回游标中的第一行并将其作为当前行

续表

参 数	描 述
LAST	返回游标中的最后一行并将其作为当前行
ABSOLUTE {n | @nvar}	如果 n 或@nvar 为正数，返回从游标头开始的第 n 行，并将返回的行变成新的当前行。如果 n 或@nvar 为负数，返回游标尾之前的第 n 行，并将返回的行变成新的当前行。如果 n 或@nvar 为 0，则没有行返回
RELATIVE {n | @nvar}	如果 n 或@nvar 为正数，返回当前行之后的第 n 行，并将返回的行变成新的当前行。如果 n 或@nvar 为负数，返回当前行之前的第 n 行，并将返回的行变成新的当前行。如果 n 或@nvar 为 0，返回当前行。如果对游标的第一次提取操作时将 FETCHRELATIVE 的 n 或@nvar 指定为负数或 0，则没有行返回。n 必须为整型常量且@nvar 必须为 smallint、tinyint 或 int
GLOBAL	指定 cursor_name 为全局游标
cursor_name	要从中进行提取的开放游标的名称。如果同时有以 cursor_name 作为名称的全局和局部游标存在，若指定为 GLOBAL，则 cursor_name 对应于全局游标，未指定 GLOBAL，则对应于局部游标
@cursor_variable_name	游标变量名，引用要进行提取操作的打开的游标
INTO @variable_name[,...n]	允许将提取操作的列数据放到局部变量中。列表中的各个变量从左到右与游标结果集中的相应列相关联。各变量的数据类型必须与相应的结果列的数据类型匹配，或是结果列数据类型所支持的隐性转换。变量的数目必须与游标选择列表中的列的数目一致
@@FETCH_STATUS	返回上次执行 FETCH 命令的状态。在每次用 FETCH 从游标中读取数据时，都应检查该变量，以确定上次 FETCH 操作是否成功，决定如何进行下一步处理。@@FETCH_STATUS 变量有 3 个不同的返回值，说明如下：（1）返回值为 0：FETCH 语句成功；（2）返回值为-1：FETCH 语句失败或此行不在结果集中；（3）返回值为 -2：被提取的行不存在

 说明

（1）在前两个参数中，包含了 n 和@nvar，表示游标相对于作为基准的数据行所偏离的位置。

（2）当使用 SQL-92 语法来声明一个游标时，没有选择 SCROLL 选项，则只能使用 FETCH NEXT 命令来从游标中读取数据，即只能从结果集第一行按顺序地每次读取一行。由于不能使用 FIRST、LAST、PRIOR，所以无法回滚读取以前的数据。如果选择了 SCROLL 选项，则可以使用所有的 FETCH 操作。

【例 15.05】 用@@FETCH_STATUS 控制一个 WHILE 循环中的游标活动，SQL 语句及运结果如图 15.5 所示。（实例位置：资源包\源码\15\15.05）

SQL 语句如下：

```
USE db_2014                          --引入数据库
DECLARE ReadCursor CURSOR FOR        --声明一个游标
SELECT * FROM Student
OPEN ReadCursor                      --打开游标
FETCH NEXT FROM ReadCursor           --执行取数操作
WHILE @@FETCH_STATUS=0               --检查@@FETCH_STATUS，以确定是否还可以继续取数
```

```
BEGIN
  FETCH NEXT FROM ReadCursor
END
```

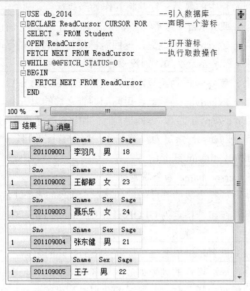

图 15.5　从游标中读取数据

15.2.4　关闭游标

当游标使用完毕之后，使用 CLOSE 语句可以关闭游标，但不释放游标占用的系统资源。语法格式如下：

```
CLOSE {{[GLOBAL] cursor_name} | cursor_variable_name}
```

参数说明如下。

☑　GLOBAL：指定 cursor_name 为全局游标。

☑　cursor_name：开放游标的名称。如果全局游标和局部游标都使用 cursor_name 作为它们的名称，那么当指定 GLOBAL 时，cursor_name 引用全局游标；否则，cursor_name 引用局部游标。

☑　cursor_variable_name：与开放游标关联的游标变量名称。

【例 15.06】　声明一个名为 CloseCursor 的游标，并使用 Close 语句关闭游标。（**实例位置：资源包\源码\15\15.06**）

SQL 语句如下：

```
USE db_2014
DECLARE CloseCursor Cursor FOR
SELECT * FROM   Student
FOR READ ONLY
OPEN CloseCursor
CLOSE CloseCursor
```

运行结果如图 15.6 所示。

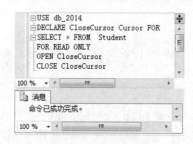

图 15.6　关闭游标

15.2.5　释放游标

当游标关闭之后，并没有在内存中释放所占用的系统资源，所以可以使用 DEALLOCATE 命令删除游标引用。当释放最后的游标引用时，组成该游标的数据结构由 SQL Server 释放。语法格式如下：

```
DEALLOCATE {{[GLOBAL] cursor_name} | @cursor_variable_name}
```

参数说明如下。

☑　cursor_name：已声明游标的名称。当全局和局部游标都以 cursor_name 作为它们的名称存在时，如果指定 GLOBAL，则 cursor_name 引用全局游标，如果未指定 GLOBAL，则 cursor_name 引用局部游标。

☑　@cursor_variable_name：cursor 变量的名称。@cursor_variable_name 必须为 cursor 类型。

当使用 DEALLOCATE @cursor_variable_name 来删除游标时，游标变量并不会被释放，除非超过使用该游标的存储过程和触发器的范围。

【例 15.07】　使用 DEALLOCATE 命令释放名为 FreeCursor 的游标。（**实例位置：资源包\源码\ 15\15.07**）

SQL 语句如下：

```
USE db_2014
DECLARE FreeCursor Cursor FOR
SELECT * FROM Student
OPEN FreeCursor
Close FreeCursor
DEALLOCATE FreeCursor
```

运行结果如图 15.7 所示。

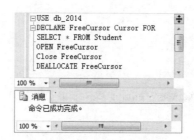

图 15.7　释放游标

视频讲解

15.3 使用系统过程查看游标

创建游标后，通常使用 sp_cursor_list 和 sp_describe_cursor 查看游标的属性。sp_cursor_list 用来报告当前为连接打开的服务器游标的属性，sp_describe_cursor 用于报告服务器游标的属性。本节将详细地介绍这两个系统过程。

15.3.1 sp_cursor_list

sp_cursor_list 报告当前为连接打开的服务器游标的属性。语法格式如下：

```
sp_cursor_list [@cursor_return =] cursor_variable_name OUTPUT
        , [@cursor_scope =] cursor_scope
```

参数说明如下。

☑ [@cursor_return =] cursor_variable_name OUTPUT：已声明的游标变量的名称。cursor_variable_name 的数据类型为 cursor，无默认值。游标是只读的可滚动动态游标。

☑ [@cursor_scope =] cursor_scope：指定要报告的游标级别。cursor_scope 的数据类型为 int，无默认值，可取值如表 15.3 所示。

表 15.3 cursor_scope 可取的值

值	说　　明
1	报告所有本地游标
2	报告所有全局游标
3	报告本地游标和全局游标

【例 15.08】 声明一个游标 Cur_Employee，并使用 sp_cursor_list 报告该游标的属性。（**实例位置：资源包\源码\15\15.08**）

SQL 语句如下：

```
USE db_2014
GO
DECLARE Cur_Employee CURSOR FOR
SELECT Name
FROM Employee
WHERE Name LIKE '王%'
OPEN Cur_Employee
DECLARE @Report CURSOR
EXEC master.dbo.sp_cursor_list @cursor_return = @Report OUTPUT,
        @cursor_scope = 2
FETCH NEXT from @Report
WHILE (@@FETCH_STATUS <> -1)
```

```
BEGIN
    FETCH NEXT from @Report
END
CLOSE @Report
DEALLOCATE @Report
GO
CLOSE Cur_Employee
DEALLOCATE Cur_Employee
GO
```

运行结果如图 15.8 所示。

图 15.8　sp_cursor_list 属性

15.3.2　sp_describe_cursor

sp_describe_cursor 用于报告服务器游标的属性。语法格式如下：

```
sp_describe_cursor [@cursor_return =] output_cursor_variable OUTPUT
    {[, [@cursor_source =] N'local'
    , [@cursor_identity =] N'local_cursor_name']
    | [, [@cursor_source =] N'global'
    , [@cursor_identity =] N'global_cursor_name']
    | [, [@cursor_source =] N'variable'
    , [@cursor_identity =] N'input_cursor_variable']
    }
```

sp_describe_cursor 语句的参数及说明如表 15.4 所示。

表 15.4　sp_describe_cursor 语句的参数及说明

参　　数	描　　述
[@cursor_return =] output_cursor_variable OUTPUT	用于接收游标输出的声明游标变量的名称。output_cursor_ variable 的数据类型为 cursor，无默认值。调用 sp_describe_ cursor 时，该参数不得与任何游标关联。返回的游标是可滚动的动态只读游标
[@cursor_source =] {N'local'| N'global' | N'variable'}	指定是使用局部游标的名称、全局游标的名称还是游标变量的名称来指定要报告的游标。该参数的类型为 nvarchar(30)
[@cursor_identity =] N'local_cursor_name'	由具有 LOCAL 关键字或默认设置为 LOCAL 的 DECLARE CURSOR 语句创建的游标名称。local_cursor_name 的数据类型为 nvarchar(128)
[@cursor_identity =] N'global_cursor_name'	由具有 GLOBAL 关键字或默认设置为 GLOBAL 的 DECLARE CURSOR 语句创建的游标名称。global_cursor_name 的数据类型为 nvarchar(128)
[@cursor_identity =] N'input_cursor_variable'	与所打开游标相关联的游标变量的名称。input_cursor_variable 的数据类型为 nvarchar(128)

【例 15.09】　声明一个游标，并使用 sp_describe_cursor 报告该游标的属性。（**实例位置：资源包\ 源码\15\15.09**）

SQL 语句如下：

```
USE db_2014
GO
DECLARE Cur_Employee CURSOR STATIC FOR
SELECT Name
FROM Employee
OPEN Cur_Employee
DECLARE @Report CURSOR
EXEC master.dbo.sp_describe_cursor @cursor_return = @Report OUTPUT,
        @cursor_source = N'global', @cursor_identity = N'Cur_Employee'
FETCH NEXT from @Report
WHILE (@@FETCH_STATUS <> -1)
BEGIN
    FETCH NEXT from @Report
END
CLOSE @Report
DEALLOCATE @Report
GO
CLOSE Cur_Employee
DEALLOCATE Cur_Employee
GO
```

运行结果如图 15.9 所示。

图 15.9　sp_describe_cursor 属性

15.4　小　　结

　　本章主要介绍了游标的概念、类型及游标的基本操作。游标为应用程序提供了每次对结果集处理一行或一部分行的机制。虽然游标可以解决结果集无法完成的所有操作，但要避免使用游标，游标非常消耗资源，而且会对性能产生很大的影响。游标只能在别无选择的时候使用。

第16章

SQL 中的事务

(📹 视频讲解：28分钟)

在数据提交过程中，事务非常重要，它是一个独立的工作单元，如果某一事务成功，则在该事务中进行的所有数据修改均会提交，成为数据库中的永久组成部分，如果事务遇到错误且必须取消或回滚，则所有数据修改均被清除。本章将从事务的概念、显示与隐式事务、使用事务、事务的工作机制、事务的并发、锁和分布式事务处理等多个方面对 SQL 中的事务进行详细讲解。

学习摘要：

▶▶ 事务的概念

▶▶ 显式事务与隐式事务

▶▶ 使用事务

▶▶ 事务的工作机制

▶▶ 自动提交事务

▶▶ 事务的并发问题

▶▶ 事务的隔离级别

▶▶ 锁的机制

▶▶ 死锁的产生原理

▶▶ 分布式事务处理

视频讲解

16.1　事务的概念

事务是由一系列语句构成的逻辑工作单元。事务和存储过程等批处理有一定程度上的相似之处，通常都是为了完成一定业务逻辑而将一条或者多条语句"封装"起来，使它们与其他语句之间出现一个逻辑上的边界，并形成相对独立的一个工作单元。

当使用事务修改多个数据表时，如果在处理的过程中出现了某种错误，如系统死机或突然断电等情况，则返回结果是数据全部没有被保存。因为事务处理的结果只有两种：一种是在事务处理的过程中，如果发生了某种错误则整个事务全部回滚，使所有对数据的修改全部撤销，事务对数据库的操作是单步执行的，当遇到错误时可以随时回滚；另一种是如果没有发生任何错误且每一步的执行都成功，则整个事务全部被提交。从而可以看出，有效地使用事务不但可以提高数据的安全性，而且还可以增强数据的处理效率。

事务包含 4 种重要的属性，被统称为 ACID（原子性、一致性、隔离性和持久性），一个事务必须通过 ACID。

（1）原子性（Atomic）：事务是一个整体的工作单元，事务对数据库所做的操作要么全部执行，要么全部取消。如果某条语句执行失败，则所有语句全部回滚。

（2）一致性（ConDemoltent）：事务在完成时，必须使所有的数据都保持一致状态。在相关数据库中，所有规则都必须应用于事务的修改，以保持所有数据的完整性。如果事务成功，则所有数据将变为一个新的状态；如果事务失败，则所有数据将处于开始之前的状态。

（3）隔离性（Isolated）：由事务所做的修改必须与其他事务所做的修改隔离。事务查看数据时数据所处的状态，要么是另一并发事务修改它之前的状态，要么是另一事务修改它之后的状态，事务不会查看中间状态的数据。

（4）持久性（Durability）：当事务提交后，对数据库所做的修改就会永久保存下来。

视频讲解

16.2　显式事务与隐式事务

事务是单个的工作单元。如果某一事务成功，则在该事务中进行的所有数据修改均会提交，成为数据库中的永久组成部分。如果事务遇到错误且必须取消或回滚，则所有数据修改均被清除。

SQL Server 以下列事务模式运行。

- ☑　自动提交事务：每条单独的语句都是一个事务。
- ☑　显式事务：每个事务均以 BEGIN TRANSACTION 语句显式开始，以 COMMIT 或 ROLLBACK 语句显式结束。
- ☑　隐式事务：在前一个事务完成时新事务隐式启动，但每个事务仍以 COMMIT 或 ROLLBACK 语句显式完成。
- ☑　批处理级事务：只能应用于多个活动结果集（MARS），在 MARS 会话中启动的 Transact-SQL

显式或隐式事务变为批处理级事务。当批处理完成时没有提交或回滚的批处理级事务自动由 SQL Server 进行回滚。

在本节中主要介绍显式事务和隐式事务。

16.2.1 显式事务

显式事务是用户自定义或用户指定的事务。可以通过 BEGIN TRANSACTION、COMMIT TRANSACTION、COMMIT WORK、ROLLBACK TRANSACTION 或 ROLLBACK WORK 事务处理语句定义显式事务。下面将简单介绍以上几种事务处理语句的语法和参数。

（1）BEGIN TRANSACTION 语句

用于启动一个事务，它标志着事务的开始。语法格式如下：

```
BEGIN TRAN [SACTION] [transaction_name | @tran_name_variable[WITH MARK ['description']]]
```

参数说明如下。

- ☑ transaction_name：表示设定事务的名称，字符个数最多为 32 个字符。
- ☑ @tran_name_variable：表示用户定义的、含有有效事务名称的变量名称，必须用 char、varchar、nchar 或 nvarchar 数据类型声明该变量。
- ☑ WITH MARK ['description']：表示指定在日志中标记事务，description 是描述该标记的字符串。

（2）COMMIT TRANSACTION 语句

用于标志一个成功的隐式事务或用户定义事务的结束。语法格式如下：

```
COMMIT [TRAN [SACTION] [transaction_name | @tran_name_variable]]
```

参数说明如下。

- ☑ transaction_name：表示此参数指定由前面的 BEGIN TRANSACTION 指派的事务名称，此处的事务名称仅用来帮助程序员阅读，以及指明 COMMIT TRANSACTION 与哪些嵌套的 BEGIN TRANSACTION 相关联。
- ☑ @tran_name_variable：表示用户定义的、含有有效事务名称的变量名称，必须用 char、varchar、nchar 或 nvarchar 数据类型声明该变量。

说明

如果@@TRANCOUNT 为 1，COMMIT TRANSACTION 使得自从事务开始以来所执行的所有数据修改成为数据库的永久部分，释放连接占用的资源，并将@@TRANCOUNT 减少到 0。如果@@TRANCOUNT 大于 1，则 COMMIT TRANSACTION 使@@TRANCOUNT 按 1 递减。

（3）COMMIT WORK 语句

用于标志事务的结束。语法格式如下：

```
COMMIT [WORK]
```

此语句的功能与 COMMIT TRANSACTION 相同，但 COMMIT TRANSACTION 接受用户定义的事

务名称。

（4）ROLLBACK TRANSACTION 语句

用于将显式事务或隐式事务回滚到事务的起点或事务内的某个保存点。当执行事务的过程中发生某种错误，可以使用 ROLLBACK TRANSACTION 语句或 ROLLBACK WORK 语句，使数据库撤销在事务中所做的更改，并使数据恢复到事务开始之前的状态。语法格式如下：

```
ROLLBACK [TRAN [SACTION] [transaction_name | @tran_name_variable| savepoint_name | @savepoint_
variable]]
```

参数说明如下。

- ☑ transaction_name：表示 BEGIN TRAN 对事务名称的指派。
- ☑ @tran_name_variable：表示用户定义的、含有有效事务名称的变量名称，必须用 char、varchar、nchar 或 nvarchar 数据类型声明该变量。
- ☑ savepoint_name：是来自 SAVE TRANSACTION 语句对保存点的定义，当条件回滚只影响事务的一部分时使用 savepoint_name。
- ☑ @savepoint_variable：表示用户定义的、含有有效保存点名称的变量名称。

（5）ROLLBACK WORK 语句

用于将用户定义的事务回滚到事务的起点。语法格式如下：

```
ROLLBACK [WORK]
```

此语句的功能与 ROLLBACK TRANSACTION 相同，除非 ROLLBACK TRANSACTION 接受用户定义的事务名称。

16.2.2　隐式事务

隐式事务需要使用 SET IMPLICIT_TRANSACTIONS ON 语句将隐式事务模式设置为打开。在打开了隐式事务的设置开关时，执行下一条语句时自动启动一个新事务，并且每关闭一个事务时，执行下一条语句又会启动一个新事务，直到关闭了隐式事务的设置开关。

SQL Server 的任何数据修改语句都是隐式事务，如 ALTER TABLE、CREATE、DELETE、DROP、FETCH、GRANT、INSERT、OPEN、REVOKE、SELECT、TRUNCATE TABLE、UPDATE。这些语句都可以作为一个隐式事务的开始。如果要结束隐式事务，需要使用 COMMIT TRANSACTION 或 ROLLBACK TRANSACTION 语句来结束事务。

16.2.3　API 中控制隐式事务

用来设置隐式事务的 API 机制是 ODBC 和 OLE DB。

（1）ODBC

- ☑ 调用 SQLSetConnectAttr 函数启动隐式事务模式，其中 Attribute 设置为 SQL_ATTR_AUTOCOMMIT，ValuePtr 设置为 SQL_AUTOCOMMIT_OFF。

☑ 在调用 SQLSetConnectAttr 之前，连接将一直保持为隐式事务模式，其中 Attribute 设置为 SQL_ATTR_AUTOCOMMIT，ValuePtr 设置为 SQL_AUTOCOMMIT_ON。

☑ 调用 SQLEndTran 函数提交或回滚每个事务，其中 CompletionType 设置为 SQL_COMMIT 或 SQL_ROLLBACK。

（2）OLE DB

OLE DB 没有专门用来设置隐式事务模式的方法。

☑ 调用 ITransactionLocal::StartTransaction 方法启动显式模式。

☑ 当调用 ITransaction::Commit 或 ITransaction::Abort 方法（其中，fRetaining 设置为 TRUE）时，OLE DB 将完成当前的事务并进入隐式事务模式。只要 ITransaction::Commit 或 ITransaction::Abort 中的 fRetaining 设置为 TRUE，那么连接就将保持隐式事务模式。

☑ 调用 ITransaction::Commit 或 ITransaction::Abort（其中 fRetaining 设置为 FALSE）停止隐式事务模式。

16.2.4　事务的 COMMIT 和 ROLLBACK

结束事务包括"成功时提交事务"和"失败时回滚事务"两种情况，在 Transact-SQL 中可以使用 COMMIT 和 ROLLBACK 结束事务。

（1）COMMIT

提交事务，用在事务执行成功的情况下。COMMIT 语句保证事务的所有修改都被保存，同时 COMMIT 语句也释放事务中使用的资源，如事务使用的锁。

（2）ROLLBACK

回滚事务，用于事务在执行失败的情况下，将显式事务或隐式事务回滚到事务的起点或事务内的某个保存点。

视频讲解

16.3　使 用 事 务

在掌握事务的概念与运行模式之后，本节继续介绍如何使用事务。

16.3.1　开始事务

当一个数据库连接启动事务时，在该连接上执行的所有 Transact-SQL 语句都是事务的一部分，直到事务结束。开始事务使用 BEGIN TRANSACTION 语句。下面将以示例的形式演示如何在 SQL 中使用开始事务。

【例 16.01】　使用事务修改 Employee 表中的数据，首先使用 BEGIN TRANSACTION 语句启动事务 update_data，然后修改指定条件的数据，最后使用 COMMIT TRANSACTION 提交事务，SQL 语句及运行结果如图 16.1 所示。（**实例位置：资源包\源码\16\16.01**）

图 16.1　使用事务修改 Employee 表中的数据

SQL 语句如下：

```
USE db_2014                                      --引入数据库
SELECT * FROM Employee WHERE ID = 001
BEGIN TRANSACTION update_data                    --开始事务
  UPDATE Employee SET Name = '张婷'              --修改数据
    Where ID = 1                                 --条件
    COMMIT TRANSACTION update_data
    SELECT * FROM Employee WHERE ID =001
```

在例 16.01 中，BEGIN TRANSACTION 语句指定一个事务的开始，update_data 语句为事务名称，它可由用户自定义，但必须是有效的标识符。COMMIT TRANSACTION 语句指定事务的结束。

说明

BEGIN TRANSACTION 与 COMMIT TRANSACTION 之间的语句，可以是任何对数据库进行修改的语句。

16.3.2　结束事务

当一个事务执行完成之后，要将其结束，以便释放所占用的内存资源，结束事务使用 COMMIT 语句。

【例 16.02】　使用事务在 Employee 表中添加一条记录，并使用 COMMIT 语句结束事务，SQL 语句及运行结果如图 16.2 所示。（**实例位置：资源包\源码\16\16.02**）

SQL 语句如下：

```
USE db_2014                                      --打开数据局
SELECT * FROM Employee
BEGIN TRANSACTION INSERT_DATA                    --开始事务
  INSERT INTO Employee
  VALUES('16','门闻双','女','22',NULL)
COMMIT TRANSACTION INSERT_DATA                   --结束事务
GO
IF @@ERROR = 0
```

PRINT '插入新记录成功！'   --输出插入成功的信息
GO

图 16.2   使用 COMMIT 结束事务

在例 16.02 中，使用了@@ERROR 函数，此函数用于判断最后的 Transact-SQL 语句是否执行成功。此函数有两个返回值，如果此语句执行成功，则@@ERROR 返回 0；如果此语句产生错误，则@@ERROR 返回错误号。每一个 Transact-SQL 语句完成时，@@ERROR 的值都会改变。

16.3.3   回滚事务

使用 ROLLBACK TRANSACTION 语句可以将显式事务或隐式事务回滚到事务的起点或事务内的某个保存点。语法格式如下：

```
ROLLBACK {TRAN | TRANSACTION}
    [transaction_name | @tran_name_variable
    | savepoint_name | @savepoint_variable]
[;]
```

参数说明如下。

☑   transaction_name：是为 BEGIN TRANSACTION 上的事务分配的名称（即事务名称），它必须符合标识符规则，但只使用事务名称的前 32 个字符，当嵌套事务时，transaction_name 必须是最外面的 BEGIN TRANSACTION 语句中的名称。

☑   @tran_name_variable：是用户定义的、包含有效事务名称的变量的名称，它必须用 char、varchar、nchar 或 nvarchar 数据类型声明变量。

☑   savepoint_name：是 SAVE TRANSACTION 语句中的 savepoint_name（即保存点的名称），savepoint_name 必须符合标识符规则，当条件回滚只影响事务的一部分时，可使用 savepoint_name。

☑   @savepoint_variable：是用户定义的、包含有效保存点名称的变量的名称，它必须用 char、varchar、nchar 或 nvarchar 数据类型声明变量。

在 ROLLBACK TRANSACTION 语句中用到了保存点，通常使用 SAVE TRANSACTION 语句在事

务内设置保存点。语法格式如下：

SAVE {TRAN | TRANSACTION} {savepoint_name | @savepoint_variable}[;]

参数说明如下。

- ☑ savepoint_name：是保存点的名称，它必须符合标识符规则。当条件回滚只影响事务的一部分时，可使用 savepoint_name。
- ☑ @savepoint_variable：是用户定义的、包含有效保存点名称的变量的名称，它必须用 char、varchar、nchar 或 nvarchar 数据类型声明变量。

16.3.4　事务的工作机制

下面将通过一个示例讲解事务的工作机制。

【例 16.03】　使用事务修改 Employee 表中的数据，并将指定的员工记录删除，SQL 语句及运行结果如图 16.3 所示。（实例位置：资源包\源码\16\16.03）

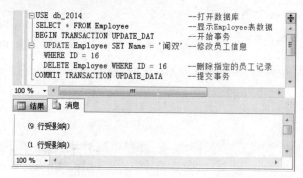

图 16.3　修改 Employee 表中的数据

SQL 语句如下：

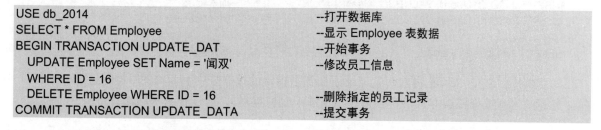

```
USE db_2014                              --打开数据库
SELECT * FROM Employee                   --显示 Employee 表数据
BEGIN TRANSACTION UPDATE_DAT             --开始事务
  UPDATE Employee SET Name = '闻双'       --修改员工信息
  WHERE ID = 16
  DELETE Employee WHERE ID = 16          --删除指定的员工记录
COMMIT TRANSACTION UPDATE_DATA           --提交事务
```

例 16.03 中的事务的工作机制可以分为以下几点。

（1）当在代码中出现 BEGIN TRANSACTION 语句时，SQL Server 将会显示事务，并会给新事务分配一个事务 ID。

（2）当事务开始后，SQL Server 将会运行事务体语句，并将事务体语句记录到事务日志中。

（3）在内存中执行事务日志中所记录的事务体语句。

（4）当执行到 COMMIT 语句时会结束事务，同时事务日志也会被写到数据库的日志设备上，从而保证日志可以被恢复。

16.3.5 自动提交事务

自动提交事务是 SQL Server 默认的事务处理方式，当任何一条有效的 SQL 语句被执行后，它对数据库所做的修改都将会被自动提交，如果发生错误，则将会自动回滚并返回错误信息。

【例 16.04】 使用 INSERT 语句向数据库中添加 3 条记录，但由于添加了重复的主键，导致最后一条 INSERT 语句在编译时产生错误，从而使这条语句没有被执行，SQL 语句及运行结果如图 16.4 所示。（实例位置：资源包\源码\16\16.04）

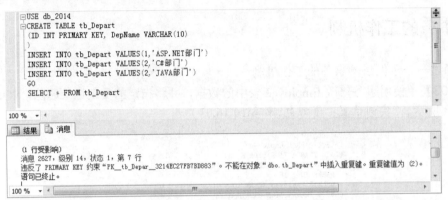

图 16.4 自动提交事务出现错误

SQL 语句如下：

```
USE db_2014                                          --打开数据库
CREATE TABLE tb_Depart                               --创建数据表
(ID INT PRIMARY KEY, DepName VARCHAR(10)
)
INSERT INTO tb_Depart VALUES(1,'ASP.NET 部门')       --插入记录
INSERT INTO tb_Depart VALUES(2,'C#部门')             --插入记录
INSERT INTO tb_Depart VALUES(2,'JAVA 部门')          --插入记录
GO
SELECT * FROM tb_Depart                              --检索记录
```

本示例中，SQL Server 将前两条记录添加到了指定的数据表中，而将第 3 条记录回滚，这是因为第 3 条记录出现编译错误并且不符合条件（主键不允许重复），所以被事务回滚。

16.3.6 事务的并发问题

事务的并发问题主要体现在丢失或覆盖更新、未确认的相关性（脏读）、不一致的分析（不可重复读）和幻象读 4 个方面，这些是影响事务完整性的主要因素。如果没有锁定且多个用户同时访问一个数据库，则当他们的事务同时使用相同的数据时可能会发生以上几种问题。下面分别进行说明。

（1）丢失更新

当两个或多个事务选择同一行，然后基于最初选定的值更新该行时，会发生丢失更新问题。每个事务都不知道其他事务的存在。最后的更新将重写由其他事务所做的更新，这样就会导致数据丢失。

例如，最初有一份原始的电子文档，文档人员 A 和 B 同时修改此文档，当修改完成之后保存时，最后修改完成的文档必将替换第一个修改完成的文档，那么就造成了数据丢失更新的后果。如果文档人员 A 修改并保存之后，文档人员 B 再进行修改则可以避免该问题。

（2）未确认的相关性（脏读）

如果一个事务读取了另外一个事务尚未提交的更新，则称为脏读。

例如，文档人员 B 复制了文档人员 A 正在修改的文档，并将文档人员 A 的文档发布，此后，文档人员 A 认为文档中存在着一些问题需要重新修改，此时文档人员 B 所发布的文档就将与重新修改的文档内容不一致。如果文档人员 A 将文档修改完成并确认无误的情况下，文档人员 B 再复制则可以避免该问题。

（3）不一致的分析（不可重复读）

当事务多次访问同一行数据，并且每次读取的数据不同时，将会发生不一致分析问题。不一致的分析与未确认的相关性类似，因为其他事务也正在更改该数据。然而，在不一致的分析中，事务所读取的数据是由进行了更改的事务提交的。而且，不一致的分析涉及多次读取同一行，并且每次信息都由其他事务更改，因而该行不可被重复读取。

例如，文档人员 B 两次读取文档人员 A 的文档，但在文档人员 B 读取时，文档人员 A 又重新修改了该文档中的内容，在文档人员 B 第二次读取文档人员 A 的文档时，文档中的内容已被修改，此时则发生了不可重复读的情况。如果文档人员 B 在文档人员 A 全部修改后读取文档，则可以避免该问题。

（4）幻象读

幻象读和不一致的分析有些相似，当一个事务的更新结果影响到另一个事务时，将会发生幻象读问题。事务第一次读的行范围显示出其中一行已不复存在于第二次读或后续读中，因为该行已被其他事务删除。同样，由于其他事务的插入操作，事务的第二次或后续读显示有一行已不存在于原始读中。

例如，文档人员 B 更改了文档人员 A 所提交的文档，但当文档人员 B 将更改后的文档合并到主副本时，却发现文档人员 A 已将新数据添加到该文档中。如果文档人员 B 在修改文档之前，没有任何人将新数据添加到该文档中，则可以避免该问题。

16.3.7　事务的隔离级别

当事务接受不一致的数据级别时被称为事务的隔离级别。如果事务的隔离级别比较低，会增加事务的并发问题，有效地设置事务的隔离级别可以降低并发问题的发生。

设置隔离数据可以使一个进程使用，同时还可以防止其他进程的干扰。设置隔离级别定义了 SQL Server 会话中所有 SELECT 语句的默认锁定行为，当锁定用作并发控制机制时，它可以解决并发问题。这使所有事务得以在彼此完全隔离的环境中运行，但是任何时候都可以有多个正在运行的事务。

在 SQL Server 中，可以使用 SET TRANSACTION ISOLATION LEVEL 语句来设置事务的隔离级别。

SET TRANSACTION ISOLATION LEVEL：控制由连接发出的所有 SELECT 语句的默认事务锁定行为。语法格式如下：

```
SET TRANSACTION ISOLATION LEVEL{READ COMMITTED | READ UNCOMMITTED | REPEATABLE
READ | SERIALIZABLE}
```

参数说明如下。

- ☑ **READ COMMITTED**：指定在读取数据时控制共享锁以避免脏读，但数据可在事务结束前更改，从而产生不可重复读取或幻象读取数据，该选项是 SQL Server 的默认值。
- ☑ **READ UNCOMMITTED**：执行脏读或 0 级隔离锁定，这表示不发出共享锁，也不接受排它锁，该选项的作用与在事务内所有语句中的所有表上设置 NOLOCK 相同，这是 4 个隔离级别中限制最小的级别。
- ☑ **REPEATABLE READ**：锁定查询中使用的所有数据以防止其他用户更新数据，但是其他用户可以将新的幻象读插入数据集，且幻象读包括在当前事务的后续读取中，因为并发低于默认隔离级别，所以应只在必要时才使用该选项。
- ☑ **SERIALIZABLE**：表示在数据集上放置一个范围锁，以防止其他用户在事务完成之前更新数据集或将行插入数据集内。

SQL Server 提供了 4 种事务的隔离级别，如表 16.1 所示。

表 16.1　事务的隔离级别

隔 离 级 别	脏　读	不可重复读	幻 象 读
READ UNCOMMITTED（未提交读）	是	是	是
READ COMMITTED（提交读）	否	是	是
REPEATABLE READ（可重复读）	否	否	是
SERIALIZABLE（可串行读）	否	否	否

SQL Server 的默认隔离级别为 READ COMMITTED，可以使用锁来实现隔离性级别。

（1）READ UNCOMMITTED（未提交读）

此隔离级别为隔离级别中最低的级别，如果将 SQL Server 的隔离级别设置为 READ UNCOMMITTED，则可以对数据执行未提交读或脏读，并且等同于将锁设置为 NOLOCK。

【例 16.05】　设置未提交读隔离级别。（实例位置：资源包\源码\16\16.05）

SQL 语句如下：

```
BEGIN TRANSACTION
UPDATE Employee SET Name = '章子婷'
SET TRANSACTION ISOLATION LEVEL READ UNCOMMITTED        --设置未提交读隔离级别
COMMIT TRANSACTION
SELECT * FROM Employee
```

运行结果如图 16.5 所示。

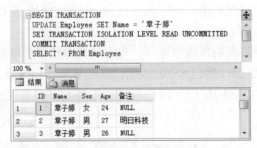

图 16.5　设置未提交读隔离级别

（2）READ COMMITTED（提交读）

此项隔离级别为 SQL 中默认的隔离级别，将事务设置为此级别，可以在读取数据时控制共享锁以避免脏读，从而产生不可重复读取或幻象读取数据。

【例 16.06】　设置提交读隔离级别。（实例位置：资源包\源码\16\16.06）

SQL 语句如下：

```
SET TRANSACTION ISOLATION LEVEL Read Committed
BEGIN TRANSACTION
SELECT * FROM Employee
ROLLBACK TRANSACTION
SET TRANSACTION ISOLATION LEVEL Read Committed          --设置提交读隔离级别
UPDATE Employee SET Name = '高丽'
```

运行结果如图 16.6 所示。

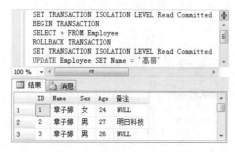

图 16.6　设置提交读隔离级别

（3）REPEATABLE READ（可重复读）

此项隔离级别增加了事务的隔离级别，将事务设置为此级别可以防止脏读、不可重复读和幻象读。

【例 16.07】　设置可重复读隔离级别。（实例位置：资源包\源码\16\16.07）

SQL 语句如下：

```
SET TRANSACTION ISOLATION LEVEL Repeatable Read
BEGIN TRANSACTION
SELECT * FROM Employee
ROLLBACK TRANSACTION
SET TRANSACTION   ISOLATION LEVEL Repeatable Read          --设置可重复读隔离级别
INSERT INTO Employee values ('18','张雨','男','22','明日科技')
```

运行结果如图 16.7 所示。

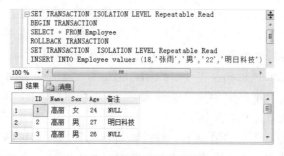

图 16.7　设置可重复读隔离级别

（4）SERIALIZABLE（可串行读）

此项隔离级别是所有隔离级别中限制最大的级别，它防止了所有的事务并发问题，此级别可以适用于绝对的事务完整性的要求。

【例 16.08】 设置可串行读隔离级别。（实例位置：资源包\源码\16\16.08）

SQL 语句如下：

```
SET TRANSACTION ISOLATION LEVEL Serializable
BEGIN TRANSACTION
SELECT * FROM Employee
ROLLBACK TRANSACTION
SET TRANSACTION ISOLATION LEVEL Serializable        --设置可串行读
DELETE FROM    Employee   WHERE ID = '1'
```

运行结果如图 16.8 所示。

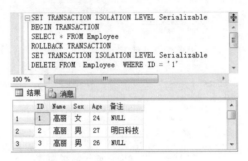

图 16.8　设置可串行读

视频讲解

16.4　锁

锁是一种机制，用于防止一个过程在对象上进行操作时，同某些已经在该对象上完成的事情发生冲突。锁可以防止事务的并发问题，如丢失更新、脏读（Dirty Read）、不可重复读（NO-Repeatable Read）和幻象（Phantom）等问题。本节主要介绍锁的机制、模式等。

16.4.1　SQL Server 锁机制

锁在数据库中是一个非常重要的概念，锁可以防止事务的并发问题，在多个事务访问下能够保证数据库完整性和一致性。例如，当多个用户同时修改或查询同一个数据库中的数据时，可能会导致数据不一致的情况，为了控制此类问题的发生，SQL Server 引入了锁机制。

在各类数据库中所使用的锁机制基本是一致的，但也有个别不同。当使用数据库时，SQL Server 采用系统来管理锁，例如，当用户向 SQL Server 发送某些命令时，SQL Server 将通过满足锁的条件为数据库加上适当的锁，这也就是动态加锁。

在用户对数据库没有特定要求的情况下，通过系统自动管理锁即可满足基本的使用要求，相反，如果用户在数据库的完整性和一致性方面有特殊的要求，则需要使用锁来实现用户的要求。

16.4.2　锁模式

锁具有模式属性，它用于确定锁的用途，如表 16.2 所示。

表 16.2　锁模式

锁　模　式	描　　述
共享（S）	用于不更改或不更新数据的操作（只读操作），如 SELECT 语句
更新（U）	用于可更新的资源中。防止当多个会话在读取、锁定以及随后可能进行的资源更新时发生常见形式的死锁
排它（X）	用于数据修改操作，如 INSERT、UPDATE 或 DELETE。确保不会同时出现同一资源进行多重更新
意向	用于建立锁的层次结构。意向锁的类型为意向共享（IS）、意向排它（IX）以及与意向排它共享（SIX）
架构	在执行依赖于表架构的操作时使用。架构锁的类型为架构修改（Sch-M）和架构稳定性（Sch-S）
大容量更新（BU）	向表中大容量复制数据并指定了 TABLOCK 提示时使用

（1）共享锁

共享锁用于保护读取的操作，它允许多个并发事务读取其锁定的资源。在默认情况下，数据被读取后，SQL Server 立即释放共享锁并可以对释放的数据进行修改。例如，执行查询 SELECT * FROM table1 时，首先锁定第一页，直到读取后的第一页被释放锁时才锁定下一页。但是，事务隔离级别连接的选项设置和 SELECT 语句中的锁定设置都可以改变 SQL Server 的这种默认设置。例如，SELECT * FROM table1 HOLDLOCK 在表的查询过程中一直保存锁定，直到查询完成才释放锁定。

（2）更新锁

更新锁在修改操作的初始化阶段用来锁定要被修改的资源。它避免使用共享锁造成的死机现象，因为使用共享锁修改数据时，如果同时有两个或多个事务同时对一个事务申请了共享锁，而这些事务都将共享锁升级为排它锁，这时，这些事务都不会释放共享锁而是一直等待对方释放，这样很容易造成死锁。如果一个数据在修改前直接申请更新锁并在修改数据时升级为排它锁，就可以避免死机现象。

（3）排它锁

排它锁是为修改数据而保留的，它锁定的资源既不能读取也不能修改。

（4）意向锁

意向锁表示 SQL Server 在资源的底层获得共享锁或排它锁的意向。例如，表级的共享意向锁表示事务意图将排它锁释放到表的页或行中。意向锁又可以分为共享意向锁、独占意向锁和共享式独占意向锁。共享意向锁表明事务意图锁定底层资源上放置共享锁来读取数据。独占意向锁表明事务意图锁定底层资源上放置排它锁来修改数据。共享式独占意向锁表明事务允许其他事务使用共享锁来读取顶层资源，并意图在该资源底层上放置排它锁。

（5）架构锁

架构锁用于执行依赖于表架构的操作。构架锁又分为架构修改（Sch-M）锁和架构稳定性 （Sch-S）锁。架构修改（Sch-M）锁表示执行表的数据定义语言（DDL）操作；架构稳定性（Sch-S）锁表示不阻塞任何事务锁并包括排它锁。在编译查询时，其他事务（包括在表上有排它锁的事务）都能继续运行，但不能在表上执行 DDL 操作。

（6）大容量更新锁

向表中大容量复制数据并且指定 tablock 提示，或者在 sp_tableoption 设置 table lock on bulk 表选项时而使用大容量更新锁。大容量更新锁允许进程将数据并发地大容量复制到同一表中，同时防止其他不进行大容量复制数据的进程访问该表。

16.4.3　锁的粒度

为了优化数据的并发性，可以使用 SQL Server 中锁的粒度，它可以锁定不同类型的资源。为了使锁定的成本减至最低，SQL Server 自动将资源锁定在适合任务的级别。如果锁的粒度大，则并发性高且开销大，如果锁的粒度小，则并发性低且开销小。

SQL Server 支持的锁粒度如表 16.3 所示。

表 16.3　锁的粒度

锁 大 小	描　　述
行锁（RID）	行标识符。用于单独锁定表中的一行，这是最小的锁
键锁	锁定索引中的节点。用于保护可串行事务中的键范围
页锁	锁定 8KB 的数据页或索引页
扩展盘区锁	锁定相邻的 8 个数据页或索引页
表锁	锁定整个表
数据库锁	锁定整个数据库

（1）行锁（RID）

行锁为锁的粒度当中最小的资源。行锁就是指事务在操作数据的过程中，锁定一行或多行的数据，其他事务不能同时处理这些行的数据。行锁占用的数据资源最小，所以在事务的处理过程中，允许其他事务操作同一个表中的其他数据。

（2）页锁

页锁是指事务在操作数据的过程中，一次锁定一页。在 SQL Server 中 25 个行锁可以升级为一个页锁，当此页被锁定后，其他事务就不能够操作此页数据，即使只锁定一条数据，那么其他事务也不能够对此页数据进行操作。从而可以看出页锁与其行锁相比，页锁占用的数据资源要多。

（3）表锁

表锁是指事务在操作数据的过程中，锁定了整个数据表。当整个数据表被锁定后，其他事务不能够使用此表中的其他数据。表锁的特点是使用事务处理的数据量大，并且使用较少的系统资源。但是当使用表锁时，如果所占用的数据量大，那么将会延迟其他事务的等待时间，从而降低了系统的并发性能。

（4）数据库锁

数据库锁可锁定整个数据库，可防止任何事务或用户对此数据库进行访问，数据库锁是一种比较特殊的锁，它可以控制整个数据库的操作。

数据库锁可用于在进行数据恢复操作，当进行此操作时，就可以防止其他用户对此数据库进行各种操作。

16.4.4　查看锁

在 SQL Server 2014 中，查看锁的相关信息，通常使用 sys.dm_tran_locks 动态管理视图，下面来看一个示例。

【例 16.09】　使用 sys.dm_tran_locks 动态管理视图查看活动锁的信息，SQL 语句及运行结果如图 16.9 所示。（**实例位置：资源包\源码\16\16.09**）

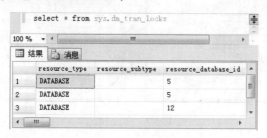

图 16.9　显示锁信息

SQL 语句如下：

```
select * from sys.dm_tran_locks
```

另外，在早期的版本中，通常使用 sp_lock 储存过程来查看，在 SQL Server 2014 数据库中，该存储过程同样适用。

语法格式如下：

```
sp_lock [[@spid1 =] 'spid1'] [,[@spid2 =] 'spid2']
```

参数说明如下。

☑　[@spid1 =] 'spid1'：表示来自 master.dbo.sysprocesses 的 SQL Server 进程 ID 号，spid1 的数据类型为 int，默认值为 NULL，执行 sp_who 可获取有关该锁的进程信息，如果没有指定 spid1，则显示所有锁的信息。

☑　[@spid2 =] 'spid2'：用于检查锁信息的另一个 SQL Server 进程 ID 号，spid2 的数据类型为 int，默认设置为 NULL，spid2 为可以与 spid1 同时拥有锁的另一个 spid，用户可以获取有关它的信息。

16.4.5　死锁

当两个或多个线程之间有循环相关性时，将会产生死锁。死锁是一种可能发生在任何多线程系统中的状态，而不仅仅发生在关系数据库管理系统中。多线程系统中的一个线程可能获取一个或多个资源（如锁）。如果正获取的资源当前为另一线程所拥有，则第一个线程可能必须等待拥有线程释放目标资源，这时就说等待线程在哪个特定资源上与拥有线程有相关性。

在数据库系统中，如果多个进程分别锁定了一个资源，并又要访问已经被锁定的资源，则此时就会产生死锁，同时也会导致多个进程都处于等待的状态。在事务提交或回滚之前两个线程都不能释放资源，而且它们因为正等待对方拥有的资源而不能提交或回滚事务。

例如，事务 A 的线程 T1 具有 Supplier 表上的排它锁。事务 B 的线程 T2 具有 Part 表上的排它锁，并且之后需要 Supplier 表上的锁。事务 B 无法获得这一锁，因为事务 A 已拥有它。事务 B 被阻塞，等待事务 A。然而，事务 A 需要 Part 表的锁，但又无法获得锁，因为事务 B 将它锁定了。

程序示意图如图 16.10 所示。

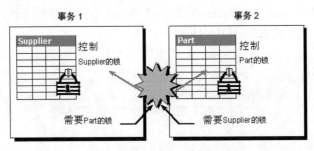

图 16.10　死锁示意图

在图 16.10 中，对于 Part 表锁资源，线程 T1 在线程 T2 上具有相关性。同样，对于 Supplier 表锁资源，线程 T2 在线程 T1 上具有相关性。因为这些相关性形成了一个循环，所以在线程 T1 和线程 T2 之间存在死锁。

说明

事务在提交或回滚之前不能释放持有的锁。因为事务需要对方控制的锁才能继续操作，所以它们不能提交或回滚。BEGIN TRANSACTION 与 COMMIT TRANSACTION 之间的语句，可以是任何对数据库进行修改的语句。

可以使用 LOCK_timeout 来设置程序请求锁定的最长等待时间，如果一个锁定请求等待超过了最长等待时间，那么该语句将被自动取消。LOCK_timeout 语句主要用于自定义锁超时。语法格式如下：

```
SET Lock_timeout[timeout_period]
```

参数 timeout_period 以毫秒为单位，值为-1（默认值）时表示没有超时期限（即无限期等待）。当锁等待超过超时值时，将返回错误。值为 0 时表示根本不等待，并且一遇到锁就返回信息。

【例 16.10】　将锁超时期限设置为 5000 毫秒。（实例位置：资源包\源码\16\16.10）

SQL 语句如下：

```
SET Lock_timeout 5000
```

视频讲解

16.5　分布式事务处理

在前面的学习中我们已经了解，事务是单个的工作单元，而分布式事务则是跨越两个或多个数据库的。本节主要介绍分布式事务、如何创建分布式事务与分布式事务处理协调器。

16.5.1　分布式事务简介

在事务处理中，涉及一个以上数据库的事务被称为分布式事务。分布式事务跨越两个或多个称为资源管理器的服务器。如果分布式事务由 Microsoft 分布式事务处理协调器（MS DTC）这类事务管理器或其他支持 X/Open XA 分布式事务处理规范的事务管理器进行协调，则 SQL Server 可以作为资源管理器运行。

16.5.2　创建分布式事务

保证数据的完整性十分重要，要保证数据的完整性，就要在事务处理中保证事务的原子性，在分布式事务处理中主要使用了分布式事务处理协调器，一台服务器上只能运行一个处理协调器实例，必须启动了分布式事务处理协调器才能执行分布式事务。否则事务就会失败。

下面通过一个示例讲解如何创建一个分布式事务。

【例 16.11】　利用分布式事务对链接的远程数据源 MR 的 db_CSharp 数据库中的 Employee 表和本地 Employee 表进行修改。（实例位置：资源包\源码\16\16.11）

SQL 语句如下：

```
SET Xact_Abort ON
BEGIN DISTRIBUTED TRANSACTION
UPDATE Employee SET Name = '星星' WHERE ID = 1
UPDATE [MR].[db_CSharp].[dbo].[Employee] SET Name = '婷子' WHERE ID = 1
COMMIT TRANSACTION
```

　注意

　本示例在执行分布式事务时，须启动服务项 Distributed Transaction Coordinator。

在上段代码中使用了 Xact_Abort 语句，此语句可实现当出现错误时回滚当前 Transact-SQL 命令，在 Xact_Abort 语句执行之后，任何运行时语句错误都将导致当前事务自动回滚。编译错误（如语法错误）不受 Xact_Abort 语句的影响。

　说明

　分布式事务处理要保证事务的原子性，即在事务执行过程中发生错误时，已更新操作必须可以回滚，否则事务数据库就会处于不一致状态。

16.5.3　分布式事务处理协调器

分布式事务处理协调器（DTC）系统服务负责协调跨计算机系统和资源管理器分布的事务，如数据库、消息队列、文件系统和其他事务保护资源管理器。如果事务性组件是通过 COM+配置的，就需要 DTC 系统服务。消息队列（也称作 MSMQ）中的事务性队列和 SQL Server 跨多系统运行也需要 DTC 系统服务。

16.6 小　　结

本章主要对 SQL Server 2014 中的事务进行详细讲解，具体讲解过程中，首先介绍事务的概念，让读者对什么是事务有一个清晰的了解；然后讲解了显式与隐式事务、如何使用事务、事务的工作机制及并发事务的使用等高级内容；最后还讲解了与事务关系密切的锁和分布式事务处理等内容。通过本章的学习，读者应该熟练掌握事务的使用，并能够使用事务解决数据库开发中遇到的问题。

第17章

SQL Server 高级开发

（ 📹 视频讲解：14分钟）

本章主要介绍 SQL Server 2014 的高级应用，包括用户自定义函数和实现交叉表查询。通过本章的学习，读者可以创建和管理用户自定义函数，可以使用 PIVOT、UNPIVOT 以及 CASE 实现交叉表查询。

学习摘要：

▶▶ 创建用户自定义函数

▶▶ 修改、删除用户自定义函数

▶▶ 使用 PIVOT 和 UNPIVOT 实现交叉表查询

▶▶ 使用 CASE 实现交叉表查询

视频讲解

17.1 用户自定义函数

SQL Server 2014 还可以根据用户需要来自定义函数，以便用在允许使用系统函数的任何地方。

用户自定义函数有两种方法：一种是利用 SQL Server Management Studio 管理工具直接创建；另一种是利用代码创建。

17.1.1 创建用户自定义函数

用 SQL Server Management Studio 管理工具直接创建用户自定义函数的具体步骤如下。

（1）选择"开始"→"程序"→Microsoft SQL Server 2014→SQL Server Management Studio 命令，打开 SQL Server Management Studio 管理工具窗口。

展开服务器组，选择要在其中创建用户自定义数据类型的数据库。展开"可编程性"→"函数"节点，单击鼠标右键，在弹出的快捷菜单中选择"新建"命令，如图 17.1 所示。

图 17.1 创建自定义函数

（2）根据函数的返回值不同，函数分为内联表值函数、多语句表值函数和标量值函数，用户可以根据需要任选其一。

（3）选择其中一种自定义函数后，打开一个创建自定义函数的数据库引擎查询模板，只需要修改其相应的参数即可。

17.1.2 使用 Transact-SQL 语言创建用户自定义函数

（1）创建自定义函数

利用 Transact-SQL 创建函数的语法格式如下：

```
CREATE FUNCTION  函数名 (@parameter 变量类型 [,@parameter 变量类型])
RETURNS 参数 AS
BEGIN
 命令行或程序块
END
```

函数可以有 0 个或若干个输入参数，但必须有返回值，RETURNS 后面就是设置函数的返回值类型。

用户自定义函数为标量值函数或表值函数。如果 RETURNS 子句指定了一种标量数据类型，则函数为标量值函数；如果 RETURNS 子句指定 TABLE，则函数为表值函数。根据函数主体的定义方式，表值函数可分为内联函数和多语句函数。

例如，创建一个自定义标量值函数 max1，max1 函数的功能是返回两个数中的最大值。SQL 语句如下：

```
CREATE FUNCTION max1( @x int , @y int)
RETURNS int AS
BEGIN
IF @x<@y
SET @x=@y
RETURN @x
END
```

（2）调用自定义函数

Transact-SQL 调用函数的语法格式如下：

```
PRINT dbo.函数 ([实参])
```

或：

```
SELECT dbo.函数 ([实参])
```

dbo 是系统自带的一个公共用户名。

例如，调用上个例子创建的 max1 函数，输出@a 和@b 两个变量中的最大值。SQL 语句如下：

```
DECLARE @a int , @b int
SET @a=10
SET @b=20
PRINT dbo.max1(@a , @b)
```

运行结果是：20。

【例 17.01】　创建 find 表的自定义函数。（实例位置：资源包\源码\17\17.01）

创建一个名称是 find 的内联表值函数，其功能是在 tb_basicMessage 表中，根据输入的 age 进行查询。SQL 语句如下：

```
CREATE FUNCTION find(@x int)
RETURNS TABLE
AS
RETURN(SELECT * FROM tb_basicMessage WHERE age>@x)
```

在 tb_basicMessage 表中，查询 age 大于所输入的参数的员工信息。SQL 语句如下：

```
USE db_supermarket
SELECT * FROM find (27)
```

查询结果如图 17.2 所示。

图 17.2　用 find 函数查询的结果

17.1.3　修改、删除用户自定义函数

1．修改自定义函数

利用 Transact-SQL 修改函数的语法格式如下：

```
ALTER FUNCTION 函数名 (@parameter 变量类型 [,@parameter 变量类型])
RETURNS 参数 AS
BEGIN
 命令行或程序块
END
```

修改函数与创建函数几乎相同，将 create 改成 alter 即可。

2．删除自定义函数

删除自定义函数的 Transact-SQL 语法格式如下：

```
DROP FUNCTION 函数名
```

例如，删除 tb_basicMessage 表的自定义函数：

```
DROP FUNCTION FIND
```

视频讲解

17.2　使用 SQL Server 2014 实现交叉表查询

17.2.1　使用 PIVOT 和 UNPIVOT 实现交叉表查询

　　PIVOT 和 UNPIVOT 运算符是 SQL Server 2014 新增的功能。通过 PIVOT 和 UNPIVOT 就完全可以实现交叉表的查询，用 PIVOT 和 UNPIVOT 编写更简单，更易于理解。

　　在查询的 FROM 子句中使用 PIVOT 和 UNPIVOT，可以对一个输入表值表达式执行某种操作，以获得另一种形式的表。PIVOT 运算符将输入表的行旋转为列，并能同时对行执行聚合运算。而 UNPIVOT 运算符则执行与 PIVOT 运算符相反的操作，它将输入表的列旋转为行。PIVOT 和 UNPIVOT 的语法格式如下：

```
[FROM {<table_source>} [,...n]]
<table_source> ::= {
```

```
    table_or_view_name [[AS] table_alias]
    <pivoted_table> | <unpivoted_table>}
<pivoted_table> ::=table_source PIVOT <pivot_clause> table_alias
<pivot_clause> ::=(aggregate_function (value_column)
  FOR pivot_column
    IN <column_list>)
<unpivoted_table> :: = table_source UNPIVOT <unpivot_clause> table_alias
<unpivot_clause> :: = value_column FOR pivot_column IN <column_list>
<column_list> :: = column_name [, ...] table_source PIVOT <pivot_clause>
```

参数说明如表 17.1 所示。

表 17.1　PIVOT 和 UNPIVOT 运算符的参数说明

参　　数	描　　述
<table_source>	指定要在 Transact-SQL 语句中使用的表、视图或派生表源（有无别名均可）。虽然语句中可用的表源个数的限值根据可用内存和查询中其他表达式的复杂性而有所不同，但一个语句中最多可使用 256 个表源。单个查询可能不支持最多有 256 个表源。在该参数中可将 table 变量指定为表源。表源在 FROM 关键字后的顺序不影响返回的结果集。如果 FROM 子句中出现重复的名称，SQL Server 2014 会返回错误消息
table_or_view_name	表或视图的名称。如果表或视图位于正在运行 SQL Server 实例的同一计算机上的另一个数据库中，请按照 database.schema.object_name 形式使用完全限定名。如果表或视图不在链接服务器上的本地服务器中，请按照 linked_server.catalog.schema.object 形式使用 4 个部分的名称。如果由 4 部分组成的表或视图名称的服务器部分使用的是 OPENDATASOURCE 函数，则该名称也可用于指定表源。有关该函数的详细信息，请参阅 OPENDATASOURCE（Transact-SQL）
[AS] table_alias	table_source 的别名，别名可带来使用上的方便，也可用于区分自联结或子查询中的表或视图。别名往往是一个缩短了的表名，用于在联结中引用表的特定列。如果联结中的多个表中存在相同的列名，SQL Server 要求使用表名、视图名或别名来限定列名。如果定义了别名则不能使用表名。如果使用派生表、行集或表值函数或者运算符子句（如 PIVOT 或 UNPIVOT），则在子句结尾处必需的 table_alias 是所有返回列（包括组合列）的关联表名
table_source PIVOT <pivot_clause>	指定基于 table_source 对 pivot_column 进行透视。table_source 是表或表表达式。输出是包含 table_source 中 pivot_column 和 value_column 列之外的所有列的表。table_source 中 pivot_column 和 value_column 列之外的列被称为透视运算符的组合列。PIVOT 对输入表执行组合列的分组操作，并为每个组返回一行。此外，input_table 的 pivot_column 中显示的 column_list 中指定的每个值，输出中都对应一列
aggregate_function	系统或用户定义的聚合函数。聚合函数应该对空值固定不变。对空值固定不变的聚合函数在求聚合值时不考虑组中的空值。不允许使用 COUNT(*)系统聚合函数
value_column	PIVOT 运算符的值列。与 UNPIVOT 一起使用时，value_column 不能是输入 table_source 中的现有列的名称
FOR pivot_column	PIVOT 运算符的透视列。pivot_column 必须属于可隐式或显式转换为 nvarchar()的类型。此列不能为 image 或 rowversion。使用 UNPIVOT 时，pivot_column 是从 table_source 中提取的输出列的名称。table_source 中不能有该名称的现有列
IN <column_list>	在 PIVOT 子句中，列出 pivot_column 中将成为输出表的列名的值。该列表不能指定被透视的输入 table_source 中已存在的任何列名。在 UNPIVOT 子句中，列出 table_source 中将被提取到单个 pivot_column 中的列

续表

参　　数	描　　述
table_alias	输出表的别名。必须指定 pivot_table_alias
UNPIVOT <unpivot_clause>	指定输入表从 column_list 中的多个列缩减为名为 pivot_column 的单个列

例如，如图 17.3 所示的商品表就是一个典型的交叉表，其中"数量"和"月份"可以继续添加。但是，这种格式在进行数据表存储的时候并不容易管理。例如，存储如图 17.4 所示的表格数据时，通常需要设计成如图 17.5 所示的结构。这样就带来一个问题，用户既希望数据容易管理，又希望能够生成一种方便阅读的表格数据。恰好 PIVOT 能够满足这两个条件。

数量\商品	一月	二月	三月	…
商品1				
商品2				
商品3				
…				

图 17.3　商品表

商品名称	销售数量	月份

图 17.4　商品表结构

现设计如图 17.5 所示的 sp（商品）表，其中有商品名称、销售数量和月份列，并存储相应的数据。SQL 语句如下：

```
USE STUDENT
SELECT  商品名称,a.[9] AS [九月],a.[10] AS [十月],a.[11] AS [十一月],a.[12] AS [十二月]
FROM sp
PIVOT(SUM(销售数量) FOR  月份  IN([9],[10],[11],[12] )) AS a
```

其中，sp 是输入表，月份是透视列（pivot_column），销售数量是值列（value_column）。上面的语句将按下面的步骤获得输出结果集。

（1）PIVOT 首先按值列之外的列（商品名称和月份）对输入表 sp 进行分组汇总，类似执行下面的 SQL 语句：

```
USE STUDENT
SELECT  商品名称, 月份, SUM(销售数量) AS total
FROM sp
GROUP BY  商品名称, 月份
```

执行上述 SQL 语句将得到如图 17.6 所示的中间结果集。

	商品名称	销售数量	月份
1	李小葱	888	9
2	周木人专辑	777	9
3	国产E601	564	11
4	920演唱会DVD	333	10
5	李小葱专辑	28888	10
6	周木人专辑	778	10
7	国产E601	2478	12
8	920演唱会DVD	6666	11
9	920演唱会DVD	8888	11
10	李小葱专辑	9999	11

	商品名称	月份	total
1	李小葱	9	888
2	周木人专辑	9	777
3	920演唱会DVD	10	333
4	李小葱专辑	10	28888
5	周木人专辑	10	778
6	920演唱会DVD	11	15554
7	国产E601	11	564
8	李小葱专辑	11	9999
9	国产E601	12	2478

图 17.5　sp 表　　　　图 17.6　sp 表经过分组汇总后的结果

（2）PIVOT 根据"FOR 月份 IN"指定的值 9，10，11，12 在结果集中建立名为 9，10，11，12 的列，然后在中间结果集从月份列中取出相符合的值，分别放置到 9，10，11，12 列。此时得到别名为 a（见语句中 AS a 的指定）的结果集，如图 17.7 所示。

（3）最后根据"SELECT 商品名称, a.[9] AS [九月],a.[10] AS [十月],a.[11] AS [十一月],a.[12] AS [十二月] FROM"的指定，从别名是 a 的结果集中检索数据，并分别将名为 9，10，11，12 的列在最终结果集中重新命名为：九月、十月、十一月、十二月。这里需要注意的是 FROM 的含义，其表示在通过 PIVOT 关系运算符得到的 a 结果集中检索数据，而不是从 sp 表中检索数据。最终得到的结果集如图 17.8 所示。

	商品名称	九月	十月	十一月	十二月
1	920演唱会DVD	NULL	333	15554	NULL
2	国产E601	NULL	NULL	564	2478
3	李小葱专辑	888	28888	9999	NULL
4	周木人专辑	777	778	NULL	NULL

图 17.7　使用"for 月份 in([9]，[10]，[11]，[12])"后得到的结果集

	商品名称	九月	十月	十一月	十二月
1	920演唱会DVD	NULL	333	15554	NULL
2	国产E601	NULL	NULL	564	2478
3	李小葱专辑	888	28888	9999	NULL
4	周木人专辑	777	778	NULL	NULL

图 17.8　由 sp 表经行转列得到的最终结果集

UNPIVOT 与 PIVOT 执行几乎完全相反的操作，将列转换为行。假设如图 17.8 所示的结果集存储在一个名为 temp 的表中，现在需要将列标识符"九月""十月""十一月""十二月"转换到对应于相应商品名称的行值中。这意味着必须另外标识两个列，一个用于存储月份，一个用于存储销售数量。为了便于理解，仍旧将这两个列命名为月份和销售数量。SQL 语句如下：

```
USE STUDENT
SELECT * FROM temp
UNPIVOT(销售数量
FOR  月份 in([九月],[十月],[十一月],[十二月])) AS b
```

运行上述 SQL 语句后的结果集如图 17.9 所示。

	商品名称	销售数量	月份
1	920演唱会DVD	333	十月
2	920演唱会DVD	15554	十一月
3	国产E601	564	十一月
4	国产E601	2478	十二月
5	李小葱专辑	888	九月
6	李小葱专辑	28888	十月
7	李小葱专辑	9999	十一月
8	周木人专辑	777	九月
9	周木人专辑	778	十月

图 17.9　使用 UNPIVOT 得到的结果集

但是，UNPIVOT 并不完全是 PIVOT 的逆操作，由于在执行 PIVOT 过程中，数据已经被进行了分组汇总，所以使用 UNPIVOT 有时并不会重现原始表值表达式的结果。

1．用 PIVOT 举例

【例 17.02】　使用 PIVOT 运算符实现交叉表查询。（实例位置：资源包\源码\17\17.02）

在 sp 表中，按"商品名称"实现交叉表查询。结果表显示各商品在各月的销售情况。SQL 语句如下：

```
USE STUDENT
SELECT * FROM sp PIVOT(SUM(销售数量) FOR 商品名称 IN([李小葱专辑],[周木人专辑],[国产 E601],[920 演唱会 DVD] )) AS 统计
```

实现的结果如图 17.10 所示。

有时还需要根据表的其他字段进行交叉查询。例如，在 sp 表中，按"月份"交叉查询。逐月进行聚合计算。SQL 语句如下：

```
USE STUDENT
SELECT 商品名称,a.[9] AS [九月],a.[10] AS [十月],a.[11] AS [十一月],a.[12] AS [十二月] FROM sp
PIVOT(SUM(销售数量) FOR 月份 IN([9],[10],[11],[12] )) AS a
```

实现的结果如图 17.11 所示。

	月份	李小葱专辑	周木人专辑	国产E601	920演唱会DVD
1	9	888	777	NULL	NULL
2	10	28888	778	NULL	333
3	11	9999	NULL	564	15554
4	12	NULL	NULL	2478	NULL

	商品名称	九月	十月	十一月	十二月
1	920演唱会DVD	NULL	333	15554	NULL
2	国产E601	NULL	NULL	564	2478
3	李小葱专辑	888	28888	9999	NULL
4	周木人专辑	777	778	NULL	NULL

图 17.10　sp 表按商品名称交叉查询　　　　图 17.11　sp 表按月份交叉查询

2．用 UNPIVOT 举例

UNPIVOT 是 PIVOT 的逆操作。假设如图 17.12 所示的结果集存储在结果表 temp1 中，如图 17.13 所示的结果集存储在结果表 temp2 中。

【例 17.03】　使用 UNPIVOT 运算符实现交叉表查询。（**实例位置：资源包\源码\17\17.03**）

用 UNPIVOT 实现把 temp1 表中的列标识李小葱专辑、周木人专辑、国产 E601 和 920 演唱会 DVD 转换到商品名称的行值中。相当于示例 PIVOT 的逆操作。SQL 语句如下：

```
USE STUDENT
SELECT * FROM temp1 UNPIVOT(销售数量 FOR 商品名称 IN([李小葱专辑],[周木人专辑],[国产 E601],[920 演唱会 DVD] )) AS a
```

实现的结果如图 17.12 所示。

用 UNPIVOT 实现把 temp2 中的列标识 9 月份、10 月份、11 月份和 12 月份列标识名称的行值中。相当于把示例的 PIVOT 实现逆操作。SQL 语句如下：

```
USE STUDENT
SELECT * FROM temp2 UNPIVOT(销售数量 FOR 月份 IN([九月],[十月],[十一月],[十二月] )) AS a
```

实现的结果如图 17.13 所示。

	月份	销售数量	商品名称
1	9	888	李小葱专辑
2	9	777	周木人专辑
3	10	28888	李小葱专辑
4	10	778	周木人专辑
5	10	333	920演唱会DVD
6	11	9999	李小葱专辑
7	11	564	国产E601
8	11	15554	920演唱会DVD
9	12	2478	国产E601

	商品名称	销售数量	月份
1	920演唱会DVD	333	十月
2	920演唱会DVD	15554	十一月
3	国产E601	564	十一月
4	国产E601	2478	十二月
5	李小葱专辑	888	九月
6	李小葱专辑	28888	十月
7	李小葱专辑	9999	十一月
8	周木人专辑	777	九月
9	周木人专辑	778	十月

图 17.12　UNPIVOT 对 temp1 表实现逆操作　　　图 17.13　UNPIVOT 对 temp2 实现逆操作

17.2.2　使用 CASE 实现交叉表查询

利用 CASE 语句可以返回多个可能结果的表达式。CASE 具有简单 CASE 和 CASE 查询两种函数格式。下面介绍简单 CASE 语句的语法。

简单 CASE 语句：将某个表达式与一组简单表达式进行比较以确定结果。其语法格式如下：

```
CASE input_expression
    WHEN when_expression THEN result_expression
        [...n]
    [
        ELSE else_result_expression
    END
```

参数说明如下。

☑ input_expression：是使用简单 CASE 格式时所计算的表达式。input_expression 是任何有效的 SQL Server 表达式。

☑ WHEN when_expression：使用简单 CASE 格式时 input_expression 所比较的简单表达式。when_expression 是任意有效的 SQL Server 表达式。input_expression 和每个 when_expression 的数据类型必须相同，或者是隐性转换。

☑ n：占位符，表明可以使用多个 WHEN when_expression THEN result_expression 子句或 WHEN Boolean_expression THEN result_expression 子句。

☑ THEN result_expression：当 input_expression=when_expression 取值为 TRUE，或者 Boolean_expression 取值为 TRUE 时返回的表达式。result_expression 是任意有效的 SQL Server 表达式。

☑ ELSE else_result_expression：当比较运算取值不为 TRUE 时返回的表达式。如果省略此参数并且比较运算取值不为 TRUE，CASE 将返回 NULL 值。else_result_expression 是任意有效的 SQL Server 表达式。else_result_expression 和所有 result_expression 的数据类型必须相同，或者必须是隐性转换。

【例 17.04】　使用 CASE 语句实现交叉表查询。（实例位置：资源包\源码\17\17.04）

在 sp 表中，按照"商品名称"进行交叉表查询。结果表显示各商品各月的销售情况。SQL 语句如下：

```
USE   student
SELECT 月份,SUM(CASE 商品名称 WHEN '李小葱专辑' THEN 销售数量 ELSE NULL END)AS [李小葱专辑],SUM(CASE 商品名称 WHEN '周木人专辑' THEN 销售数量 ELSE NULL END)AS [周木人专辑] ,SUM(CASE 商品名称 WHEN '国产 E601' THEN 销售数量 ELSE NULL END)AS [E601],SUM(CASE 商品名称 WHEN '920 演唱会 DVD' THEN 销售数量 ELSE NULL END)AS [920 演唱会 DVD] FROM sp GROUP BY 月份
```

实现的结果如图 17.14 所示。

	月份	李小葱专辑	周木人专辑	E601	920演唱会DVD
1	9	888	777	NULL	NULL
2	10	28888	778	NULL	333
3	11	9999	NULL	564	15554
4	12	NULL	NULL	2478	NULL

图 17.14　sp 表按照商品名称交叉表查询

在 sp 表中，按照"月份"进行交叉表查询。SQL 语句如下：

```
USE student
SELECT 商品名称,SUM(CASE 月份 WHEN '9' THEN 销售数量 ELSE NULL END)AS [9 月份],SUM(CASE 月
```

份 WHEN '10' THEN 销售数量 ELSE NULL END) AS [10 月份] ,SUM(CASE 月份 WHEN '11' THEN 销售数量 ELSE NULL END)AS [11 月份],SUM(CASE 月份 WHEN '12' THEN 销售数量 ELSE NULL END)AS [12 月份] FROM sp GROUP BY 商品名称

实现的结果如图 17.15 所示。

	商品名称	9月份	10月份	11月份	12月份
1	920演唱会DVD	NULL	333	15554	NULL
2	国产E601	NULL	NULL	564	2478
3	李小葱专辑	888	28888	9999	NULL
4	周木人专辑	777	778	NULL	NULL

图 17.15 sp 表按照月份交叉表查询

17.3 小 结

本章介绍了关于 SQL Server 2014 的高级应用，如用户自定义函数和交叉表查询。读者通过创建用户自定义函数可以实现将代码封装在一个函数体内方便调用；可以使用 PIVOT、UNPIVOT 运算符以及 CASE 语句实现交叉表查询。

第 *18* 章

SQL Server 安全管理

（ 📹 视频讲解：21 分钟 ）

本章主要介绍 SQL Server 2014 安全管理，主要包括 SQL Server 身份验证、数据库用户、SQL Server 角色和管理 SQL Server 权限。通过本章的学习，读者能够使用 SQL Server 的安全管理工具构造灵活、安全的管理机制。

学习摘要：

▶▶ SQL Server 的登录验证模式

▶▶ 创建以 SQL Server 方式登录的登录名

▶▶ 更改登录名

▶▶ 使用 SQL 语句管理登录名

▶▶ 为用户设置访问权限

视频讲解

18.1　SQL Server 身份验证

18.1.1　验证模式

验证模式指数据库服务器如何处理用户名与密码。SQL Server 2014 的验证模式包括 Windows 验证模式与混合验证模式。

1. Windows 验证模式

Windows 验证模式是 SQL Server 2014 使用 Windows 操作系统中的信息验证账户名和密码。这是默认的身份验证模式，比混合模式安全。Windows 验证使用 Kerberos 安全协议，通过强密码的复杂性验证提供密码策略强制，提供账户锁定与密码过期功能。

2. 混合模式

允许用户使用 Windows 身份验证或 SQL Server 身份验证进行连接。通过 Windows 用户账户连接的用户可以使用 Windows 验证的受信任连接。

18.1.2　配置 SQL Server 的身份验证模式

SQL Server 2014 的验证方式可以通过 SQL Server Management Studio 工具进行设置。具体设置步骤如下。

（1）通过"开始"→"程序"→Microsoft SQL Server 2014→SQL Server Management Studio 菜单打开 SQL Server Management Studio 工具。

（2）打开 SQL Server Management Studio 后，弹出"连接到数据库引擎"对话框。输入服务器名称，并选择登录服务器使用的身份验证模式，输入用户名与密码，如图 18.1 所示，单击"连接"按钮连接到服务器中。

图 18.1　"连接到数据库引擎"对话框

（3）服务器连接完成后，用鼠标右键单击"对象资源管理器"中的服务器，在弹出的快捷菜单中选择"属性"命令，如图 18.2 所示。

（4）弹出"服务器属性"窗口，打开"安全性"页面，如图 18.3 所示。

图 18.2　选择命令

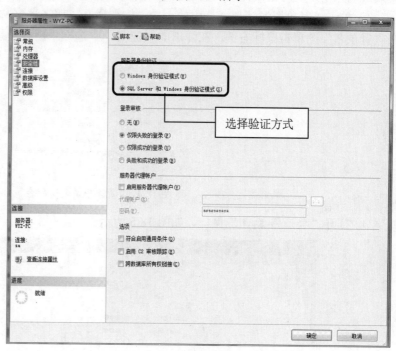

图 18.3　"服务器属性"窗口

（5）在"服务器属性"窗口的"安全性"页面中设置 SQL Server 的验证模式。单击"确定"按钮，即可更改验证模式。

18.1.3　管理登录账号

在 SQL Server 2014 中有两个登录账户：一个是登录服务器的登录名；另外一个是使用数据库的用户账号。登录名是指能登录到 SQL Server 的账号，它属于服务器的层面，本身并不能让用户访问服务器中的数据库，而登录者要使用服务器中的数据库时，必须要有用户账号才能存取数据库。本节介绍如何创建、修改和删除 SQL Server 登录名。

管理员可以通过 SQL Server Management Studio 工具对 SQL Server 2014 中的登录名进行创建、修改、删除等管理。

1．创建登录名

创建登录名可以通过手动创建或执行 SQL 语句实现，手动创建登录名要比执行 SQL 语句创建更直观、简单，建议初学 SQL Server 的人员采用该种方法。下面分别使用这两种方法创建登录名，具体步骤如下。

（1）手动创建登录名

① 通过"开始"→"程序"→Microsoft SQL Server 2014→SQL Server Management Studio 菜单启动 SQL Server Management Studio 工具。

② 在弹出的"连接到数据库引擎"对话框，输入服务器名称，并选择登录服务器使用的身份验证模式，输入用户名与密码，单击"连接"按钮连接到服务器中。

③ 单击"对象资源管理器"中的⊞号，依次展开"服务器名称"→"安全性"→"登录名"，并在"登录名"上单击鼠标右键，在弹出的快捷菜单中选择"新建登录名"命令，如图 18.4 所示。

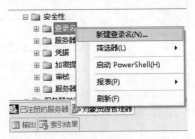

图 18.4 "新建登录名"命令

④ 打开"登录名-新建"窗口，如图 18.5 所示。

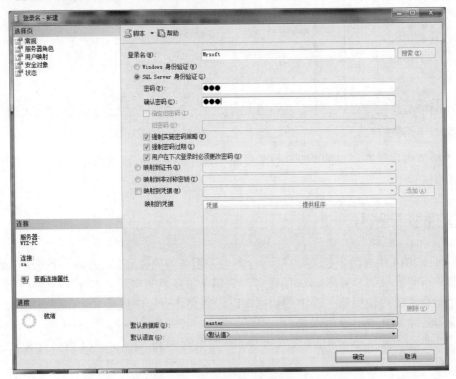

图 18.5 "登录名-新建"窗口

⑤ 在"登录名"文本框中输入所创建登录名的名称。若选中"Windows 身份验证"单选按钮，可通过单击"搜索"按钮，查找并添加 Windows 操作系统中的用户名称；若选中"SQL Server 身份验证"单选按钮，则需在"密码"与"确认密码"文本框中输入登录时采用的密码。

⑥ 在"默认数据库"与"默认语言"下拉列表框中选择该登录名登录 SQL Server 2014 后默认使用的数据库与语言。

⑦ 单击"确定"按钮，即可完成创建 SQL Server 登录名。

（2）执行 SQL 语句创建登录名

在 SQL Server Management Studio 工具中也可通过执行 CREATE LOGIN 语句创建登录名。语法格式如下：

```
CREATE LOGIN login_name
  {
    WITH
      <
        PASSWORD = 'password'
        [HASHED]
        [MUST_CHANGE]
        [
          ,
          <
            SID = sid
            |
            DEFAULT_DATABASE = database
            |
            DEFAULT_LANGUAGE = language
            |
            CHECK_EXPIRATION = {ON | OFF}
            |
            CHECK_POLICY = {ON | OFF}
            [CREDENTIAL = credential_name]
          >
          [,...]
        ]
      >
    |
    FROM
    <
      WINDOWS
        [
          WITH
            <
              DEFAULT_DATABASE = database
              |
              DEFAULT_LANGUAGE = language
            >
          [,...]
        ]
      |
      CERTIFICATE certname
      |
      ASYMMETRIC KEY asym_key_name
    >
  }
```

参数的说明如表 18.1 所示。

表 18.1　CREATE LOGIN 语句语法中参数的说明

参　　数	说　　明
login_name	指定创建的登录名。有 4 种类型的登录名：SQL Server 登录名、Windows 登录名、证书映射登录名和非对称密钥映射登录名。如果从 Windows 域账户映射 login_name，则 login_name 必须用方括号（[]）括起来
PASSWORD = 'password'	仅适用于 SQL Server 登录名。指定正在创建的登录名的密码。此值提供时可能已经过哈希运算
HASHED	仅适用于 SQL Server 登录名。指定在 PASSWORD 参数后输入的密码已经过哈希运算。如果未选择此选项，则在将作为密码输入的字符串存储到数据库之前，对其进行哈希运算
MUST_CHANGE	仅适用于 SQL Server 登录名。如果包括此选项，则 SQL Server 将在首次使用新登录名时提示用户输入新密码
SID = sid	仅适用于 SQL Server 登录名。指定新 SQL Server 登录名的 GUID。如果未选择此选项，则 SQL Server 将自动指派 GUID
DEFAULT_DATABASE = database	指定将指派给登录名的默认数据库。默认设置为 master 数据库
DEFAULT_LANGUAGE = language	指定将指派给登录名的默认语言，默认语言设置为服务器的当前默认语言。即使服务器的默认语言发生更改，登录名的默认语言仍保持不变
CHECK_EXPIRATION = {ON	OFF}	仅适用于 SQL Server 登录名。指定是否对此登录名强制实施密码过期策略。默认值为 OFF
CHECK_POLICY = {ON	OFF}	仅适用于 SQL Server 登录名。指定应对此登录名强制实施运行 SQL Server 的计算机的 Windows 密码策略。默认值为 ON
CREDENTIAL = credential_name	将映射到新 SQL Server 登录名的凭据名称。该凭据必须已存在于服务器中
WINDOWS	指定将登录名映射到 Windows 登录名
CERTIFICATE certname	指定将与此登录名关联的证书名称。此证书必须已存在于 master 数据库中
ASYMMETRIC KEY asym_key_name	指定将与此登录名关联的非对称密钥的名称。此密钥必须已存在于 master 数据库中

例如，使用该语句创建以 SQL Server 方式登录的登录名，代码如下：

```
CREATE LOGIN Mr WITH PASSWORD = 'MrSoft'
```

执行 SQL 语句创建登录名具体步骤如下。

① 通过"开始"→"程序"→Microsoft SQL Server 2014→SQL Server Management Studio 菜单启动 SQL Server Management Studio 工具。

② 在弹出的"连接到数据库引擎"对话框中输入服务器名称，并选择登录服务器使用的身份验证模式，输入用户名与密码，单击"连接"按钮连接到服务器中。

③ 单击工具栏中的 新建查询(N) 按钮，打开查询编辑器窗口。该窗口可以用来创建和运行 Transact-SQL 脚本，如图 18.6 所示。

④ 在查询编辑器窗口内编辑创建登录名的 SQL 语句。按 F5 键执行编辑的 SQL 语句，完成创建登录名操作，如图 18.7 所示。

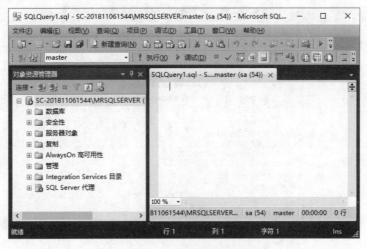

图 18.6　查询编辑器窗口

2. 修改登录名

（1）手动修改登录名

① 在"开始"→"程序"→Microsoft SQL Server 2014→SQL Server Management Studio 菜单启动 SQL Server Management Studio 工具。

② 在弹出的"连接到数据库引擎"对话框中输入服务器名称，并选择登录服务器使用的身份验证模式，输入用户名与密码，单击"连接"按钮连接到服务器中。

③ 单击"对象资源管理器"中的⊞号，依次展开"服务器名称"→"安全性"→"登录名"。

④ 选择"登录名"下需要修改的登录名，单击鼠标右键，在弹出的快捷菜单中选择"属性"命令，如图 18.8 所示。

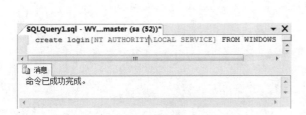

图 18.7　执行 SQL 语句创建登录名　　　　　　　图 18.8　修改登录名

⑤ 在弹出的"登录属性"窗口中修改有关该登录名的信息，如图 18.9 所示，单击"确定"按钮即可完成修改。

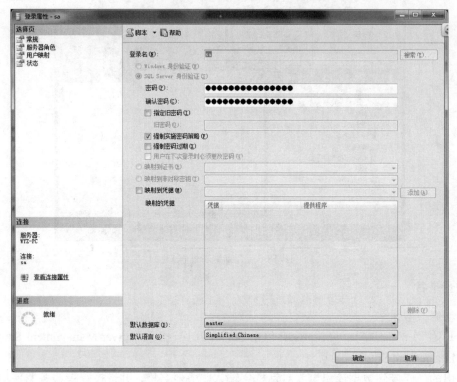

图 18.9 "登录属性"窗口

（2）执行 SQL 语句修改登录名

通过执行 ALTER LOGIN 语句，也可以修改更改 SQL Server 登录名的属性。语法格式如下：

```
ALTER LOGIN login_name
  {
    <
      ENABLE | DISABLE
    >
    |
    WITH
      <
        PASSWORD = 'password'
        [
          OLD_PASSWORD = 'oldpassword'
          | <MUST_CHANGE | UNLOCK>
          [<MUST_CHANGE | UNLOCK>]
        ]
        | DEFAULT_DATABASE = database
        | DEFAULT_LANGUAGE = language
        | NAME = login_name
        | CHECK_POLICY = {ON | OFF}
        | CHECK_EXPIRATION = {ON | OFF}
        | CREDENTIAL = credential_name
        | NO CREDENTIAL
```

```
        >
    [,...]
}
```

参数的说明如表 18.2 所示。

表 18.2　ALTER LOGIN 语句语法参数的说明

参　　数	说　　明
login_name	指定正在更改的 SQL Server 登录的名称
ENABLE | DISABLE	启用或禁用此登录
PASSWORD = 'password'	仅适用于 SQL Server 登录账户。指定正在更改的登录的密码
OLD_PASSWORD = 'oldpassword'	仅适用于 SQL Server 登录账户。要指派新密码登录的当前密码
MUST_CHANGE	仅适用于 SQL Server 登录账户。如果包括此选项，则 SQL Server 将在首次使用已更改的登录时提示输入更新的密码
UNLOCK	仅适用于 SQL Server 登录账户。指定应解锁被锁定的登录
DEFAULT_DATABASE = database	指定将指派给登录的默认数据库
DEFAULT_LANGUAGE = language	指定将指派给登录的默认语言
NAME = login_name	正在重命名的登录的新名称。如果是 Windows 登录，则与新名称对应的 Windows 主体的 SID 必须匹配与 SQL Server 中的登录相关联的 SID。SQL Server 登录的新名称不能包含反斜杠字符（\）
CHECK_POLICY = {ON | OFF}	仅适用于 SQL Server 登录账户。指定应对此登录账户强制实施运行 SQL Server 的计算机的 Windows 密码策略。默认值为 ON
CHECK_EXPIRATION = {ON | OFF}	仅适用于 SQL Server 登录账户。指定是否对此登录账户强制实施密码过期策略。默认值为 OFF
CREDENTIAL = credential_name	将映射到 SQL Server 登录的凭据的名称。该凭据必须已存在于服务器中
NO CREDENTIAL	删除登录到服务器凭据的当前所有映射

例如，使用该语句更改 SQL Server 登录方式的登录名密码，代码如下：

```
ALTER LOGIN sa WITH PASSWORD = "
```

执行 SQL 语句修改登录名属性的具体步骤如下。

① 通过"开始"→"程序"→Microsoft SQL Server 2014→SQL Server Management Studio 菜单启动 SQL Server Management Studio 工具。

② 在弹出的"连接到数据库引擎"对话框中输入服务器名称，并选择登录服务器使用的身份验证模式，输入用户名与密码，单击"连接"按钮连接到服务器中。

③ 单击工具栏中的 新建查询(N) 按钮，打开查询编辑器窗口。

④ 在查询编辑器窗口内编辑修改登录名的 SQL 语句。按 F5 键执行编辑的 SQL 语句，完成修改登录名的操作，如图 18.10 所示。

3．删除登录名

当 SQL Server 2014 中的登录名不再使用时，就可以将

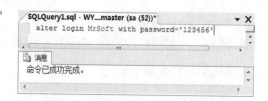

图 18.10　执行 SQL 语句修改登录名属性

其删除。与创建、修改登录名相同，删除登录名也可以通过手动及执行 SQL 语句来实现。

（1）手动删除登录名

① 通过"开始"→"程序"→Microsoft SQL Server 2014→SQL Server Management Studio 菜单启动 SQL Server Management Studio 工具。

② 在弹出的"连接到数据库引擎"对话框中输入服务器名称，并选择登录服务器使用的身份验证模式，输入用户名与密码，单击"连接"按钮连接到服务器中。

③ 单击"对象资源管理器"中的田号，依次展开"服务器名称"→"安全性"→"登录名"。

④ 选择"登录名"下需要修改的登录名，单击鼠标右键，在弹出的快捷菜单中选择"删除"命令，如图 18.11 所示。

⑤ 打开"删除对象"窗口，在该窗口中确认删除的登录名。确认后单击"确定"按钮，将该登录名删除，如图 18.12 所示。

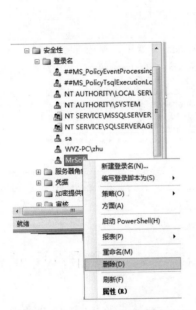

图 18.11　选择"删除"命令

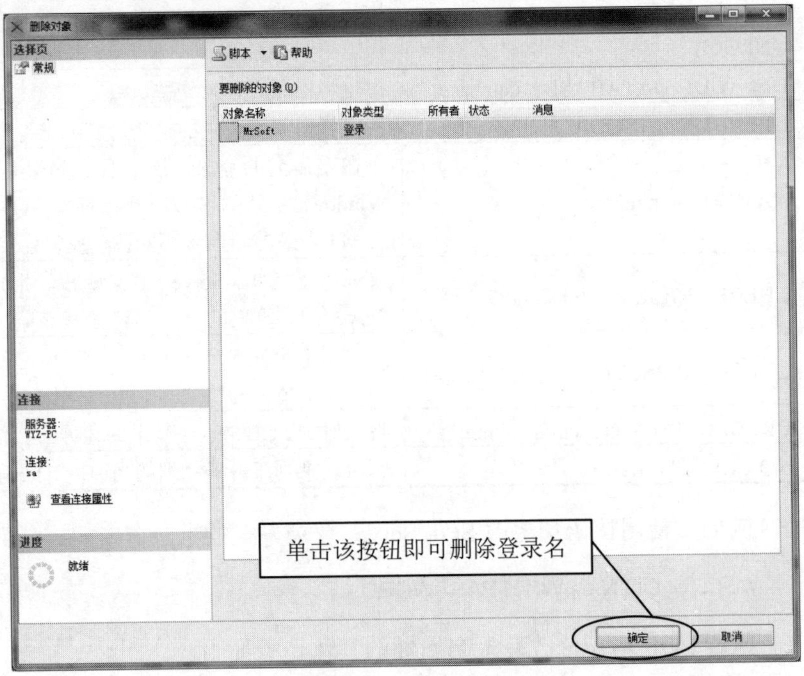

图 18.12　"删除对象"窗口

（2）执行 SQL 语句删除登录名

通过执行 DROP LOGIN 语句可以将 SQL Server 2014 中的登录名。语法格式如下：

```
DROP LOGIN login_name
```

login_name 为指定要删除的登录名。

例如，使用该语句删除 MrSoft 登录名，代码如下：

```
DROP LOGIN MrSoft
```

执行 SQL 语句删除登录名具体步骤如下。

① 通过"开始"→"程序"→Microsoft SQL Server 2014→SQL Server Management Studio 菜单启动 SQL Server Management Studio 工具。

② 在弹出的"连接到数据库引擎"对话框中输入服务器名称，并选择登录服务器使用的身份验证模式，输入用户名与密码，单击"连接"按钮连接到服务器中。

③ 单击工具栏中的 新建查询(N) 按钮，打开查询编辑器窗口。

④ 在查询编辑器窗口内编辑删除登录名的 SQL 语句。按 F5 键执行编辑的 SQL 语句，完成删除登录名的操作，如图 18.13 所示。

图 18.13　执行 SQL 语句删除登录名

18.2　数据库用户

视频讲解

登录名创建之后，用户只能通过该登录名访问整个 SQL Server 2014，而不是 SQL Server 2014 中的某个数据库。若要使用户能够访问 SQL Server 2014 中的某个数据库，还需要给这个用户授予访问某个数据库的权限，也就是在所要访问的数据库中为该用户创建一个数据库用户账户。

📢注意

默认情况下，数据库创建时就包含一个 guest 用户。guest 用户不能删除，但可以通过在除 master 和 temp 以外的任何数据库中执行 REVOKECONNECT FROM GUEST 来禁用该用户。

18.2.1　创建数据库用户

创建数据库用户的具体步骤如下。

（1）通过"开始"→"程序"→Microsoft SQL Server 2014→SQL Server Management Studio 菜单启动 SQL Server Management Studio 工具。

（2）在弹出的"连接到数据库引擎"对话框中输入服务器名称，并选择登录服务器使用的身份验证模式，输入用户名与密码，单击"连接"按钮连接到服务器中。

（3）单击"对象资源管理器"中的⊞号，依次展开"服务器名称"→"数据库"→"数据库名称"→"安全性"→"用户"，并在"用户"上单击鼠标右键，在弹出的快捷菜单中选择"新建用户"命令，如图 18.14 所示。

（4）打开"数据库用户"窗口，通过该窗口输入要创建的用户名，并选择使用的登录名。设置该用户拥有的架构与数据库角色成员。单击"确定"按钮即可创建该用户。"数据库用户"窗口如图 18.15 所示。

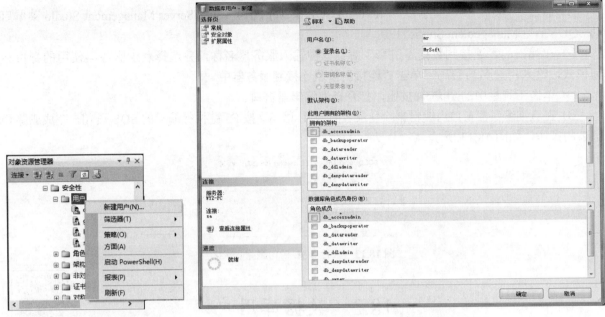

图 18.14　选择"新建用户"命令　　　　　　　　图 18.15　"数据库用户"窗口

18.2.2　删除数据库用户

删除数据库用户具体步骤如下。

（1）通过"开始"→"程序"→Microsoft SQL Server 2014→SQL Server Management Studio 菜单启动 SQL Server Management Studio 工具。

（2）在弹出的"连接到数据库引擎"对话框中输入服务器名称，并选择登录服务器使用的身份验证模式，输入用户名与密码，单击"连接"按钮连接到服务器中。

（3）单击"对象资源管理器"中的⊞号，依次展开"服务器名称"→"数据库"→"数据库名称"→"安全性"→"用户"，在要删除的用户上单击鼠标右键，如 mr，在弹出的快捷菜单中选择"删除"命令，如图 18.16 所示。

图 18.16　删除用户

（4）在弹出的"删除对象"窗口中确认删除的用户名称，单击"确定"按钮即可将该用户删除。

视频讲解

18.3 　 SQL Server 角色

角色是指用户对 SQL Server 进行的操作类型。角色根据权限的划分可以分为固定服务器角色与固定数据库角色。

18.3.1 　 固定服务器角色

SQL Server 自动在服务器级别预定义了固定服务器角色与相应的权限，如表 18.3 所示。

表 18.3 　 固定服务器角色与相应的权限

固定服务器角色名称	权　　限
bulkadmin	该角色可以运行 BULK INSERT 语句
dbcreator	该角色可以创建、更改、删除和还原任何数据库
diskadmin	该角色用于管理磁盘文件
processadmin	该角色可以终止 SQL Server 实例中运行的进程（结束进程）
securityadmin	该角色管理登录名及其属性（如分配权限、重置 SQL Server 登录名的密码）
serveradmin	该角色可以更改服务器范围的配置选项和关闭服务器
setupadmin	该角色可以管理以链接的服务器（如添加和删除链接服务器），并且也可以执行系统存储过程
sysadmin	该角色可以在服务器中执行任何操作。Windows BUILTIN\Administrators 组（本地管理员组）的所有成员都是 sysadmin 固定服务器角色的成员

18.3.2 　 固定数据库角色

固定数据库角色与相应的权限，如表 18.4 所示。

表 18.4 　 固定数据库角色与相应的权限

固定数据库角色名称	数据库级权限
db_accessadmin	该角色可以为 Windows 登录账户、Windows 组和 SQL Server 登录账户设置访问权限
db_backupoperator	该角色可以备份该数据库
db_datareader	该角色可以读取所有用户表中的所有数据
db_datawriter	该角色可以在所有用户表中添加、删除或更改数据
db_ddladmin	该角色可以在数据库中运行任何数据定义语言（DDL）命令
db_denydatareader	该角色不能读取数据库中用户表的任何数据
db_denydatawriter	该角色不能在数据库内的用户表中添加、修改或删除任何数据
db_owner	该角色可以执行数据库的所有配置和维护活动

续表

固定数据库角色名称	数据库级权限
db_securityadmin	该角色可以修改角色成员身份和管理权限
public	每个数据库用户都属于 public 数据库角色。当尚未对某个用户授予特定权限或角色时，则该用户将继承 public 角色的权限

18.3.3　管理 SQL Server 角色

为角色添加与删除用户，分为服务器角色与数据库角色两种，这两种的操作方法大致相同。下面分别介绍为服务器角色添加、删除用户与为数据库角色添加、删除用户的操作步骤。

1．为服务器角色添加、删除用户

（1）通过"开始"→"程序"→Microsoft SQL Server 2014→SQL Server Management Studio 菜单启动 SQL Server Management Studio 工具。

（2）在弹出的"连接到数据库引擎"对话框中输入服务器名称，并选择登录服务器使用的身份验证模式，输入用户名与密码，单击"连接"按钮连接到服务器中。

（3）单击"对象资源管理器"中的⊞号，依次展开"服务器名称"→"安全性"→"服务器角色"，在"服务器角色"中选择需要设置的角色，单击鼠标右键，在弹出的快捷菜单中选择"属性"命令，如图 18.17 所示。

图 18.17　选择"属性"命令

（4）打开"服务器角色属性"窗口，单击"添加"按钮为服务器角色添加用户成员，单击"删除"按钮可以将选中的用户从该角色中删除。单击"确定"按钮即可完成对服务器角色所做的修改，如图 18.18 所示。

2．为数据库角色添加、删除用户

（1）通过"开始"→"程序"→Microsoft SQL Server 2014→SQL Server Management Studio 菜单启动 SQL Server Management Studio 工具。

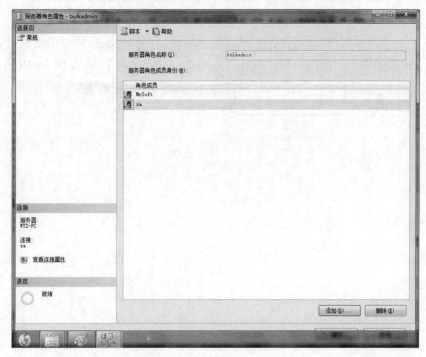

图 18.18　"服务器角色属性"窗口

（2）在弹出的"连接到数据库引擎"对话框中输入服务器名称，并选择登录服务器使用的身份验证模式，输入用户名与密码，单击"连接"按钮连接到服务器中。

（3）单击"对象资源管理器"中的田号，依次展开"服务器名称"→"数据库"→"数据库名称"→"安全性"→"角色"→"数据库角色"，在"数据库角色"中选择需要设置的角色，单击鼠标右键，在弹出的快捷菜单中选择"属性"命令。

（4）打开"数据库角色属性"窗口，单击"添加"按钮为数据库角色添加用户成员，单击"删除"按钮可以将选中的用户从该角色中删除。单击"确定"按钮即可完成对数据库角色所做的修改。

18.4　管理 SQL Server 权限

视频讲解

权限用来控制用户对数据库访问与操作，可以通过 SQL Server Management Studio 工具对数据库中用户授予或删除访问与操作数据库的权限。

1. 授予权限

授予用户权限具体操作步骤如下。

（1）通过"开始"→"程序"→Microsoft SQL Server 2014→SQL Server Management Studio 菜单启动 SQL Server Management Studio 工具。

（2）在弹出的"连接到数据库引擎"对话框中输入服务器名称，并选择登录服务器使用的身份验证模式，输入用户名与密码，单击"连接"按钮连接到服务器中。

（3）单击"对象资源管理器"中的⊞号，依次展开"服务器名称"→"数据库"→"数据库名称"→"安全性"→"用户"，在"用户"上单击鼠标右键，在弹出的快捷菜单中选择"属性"命令。

（4）打开"数据库用户"窗口，在"选择页"中单击"安全对象"，如图18.19所示。

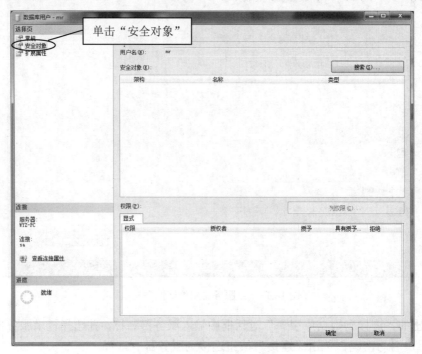

图18.19　"数据库用户"窗口

（5）单击"添加"按钮，弹出"添加对象"对话框，通过该对话框选择对象类型限制。这里选中"特定类型的所有对象"单选按钮，如图18.20所示，单击"确定"按钮。

图18.20　"添加对象"对话框

说明

根据设置不同的操作，选择不同的对象。"特定对象"可以进一步定义对象搜索；"特定类型的所有对象"可以指定应包含在基础列表中的对象类型；"属于该架构的所有对象"用于添加到"架构名称"文本框中指定架构拥有的所有对象。

（6）打开"选择对象类型"对话框，如图18.21所示，在此选择访问及操作的对象类型。

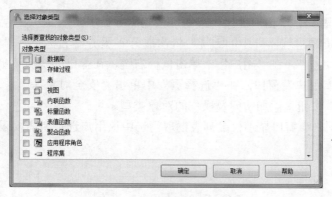

图 18.21　"选择对象类型"对话框

（7）选择"选择对象类型"对话框中的"数据库"选项，单击"确定"按钮返回"数据库用户"窗口，如图 18.22 所示。

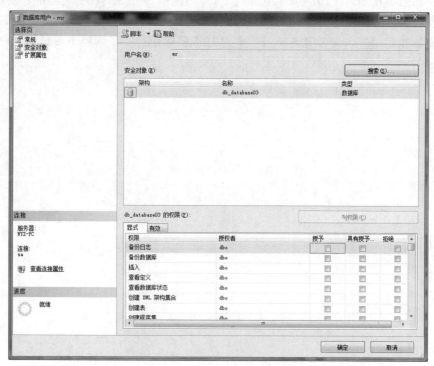

图 18.22　"数据库用户"窗口

（8）在显示权限列表框为该用户选择所需权限，单击"确定"按钮即可将所选权限授予该用户。

2．删除权限

删除权限的操作与授予权限操作基本相同。删除权限的主要步骤如下。

（1）通过"开始"→"程序"→Microsoft SQL Server 2014→SQL Server Management Studio 菜单启动 SQL Server Management Studio 工具。

（2）在弹出的"连接到数据库引擎"对话框中输入服务器名称，并选择登录服务器使用的身份验证模式，输入用户名与密码，单击"连接"按钮连接到服务器中。

（3）单击"对象资源管理器"中的⊞号，依次展开"服务器名称"→"数据库"→"数据库名称"→"安全性"→"用户"，在"用户"上单击鼠标右键，在弹出的快捷菜单中选择"属性"命令。

（4）弹出"数据库用户"窗口，在"选择页"中单击"安全对象"。

（5）单击"添加"按钮，添加访问及操作的对象类型。

（6）在"数据库用户"窗口显示权限列表框取消选中该用户选择所需权限，单击"确定"按钮即可将权限从该用户删除。

18.5 小　　结

本章介绍了加强 SQL Server 2014 安全管理的方式。例如，SQL Server 身份验证、创建数据库用户、SQL Server 角色和 SQL Server 权限。读者应熟悉两种 SQL Server 身份验证模式，并能够创建和管理登录账户，为数据库指定用户，为 SQL Server 角色添加或删除用户；了解授予或删除用户的操作权限的方法。

第19章

SQL Server 维护管理

（ ▦▦ 视频讲解：27分钟 ）

数据库在使用的过程中，所有的对象（如表、视图和存储过程等）和数据都有可能根据需要随时进行更新，如果数据库出现突发的灾难性事件，导致数据丢失和损坏，后果将不堪设想，所以对数据库的维护工作将是数据库使用过程中一个重要的环节。

学习摘要：

▸▸ 数据库的脱机与联机

▸▸ 分离和附加数据库

▸▸ 导入和导出数据表

▸▸ 备份和恢复数据库

▸▸ 将数据库或数据表生成脚本

▸▸ 执行脚本

视频讲解

19.1 脱机与联机数据库

如果需要暂时关闭某个数据库的服务，用户可以通过选择脱机的方式来实现。脱机后，在需要时可以对暂时关闭的数据库通过联机操作的方式重新启动服务。下面分别介绍如何实现数据库的脱机与联机操作。

19.1.1 脱机数据库

实现数据库脱机的具体操作步骤如下。

（1）启动 SQL Server Management Studio 工具，并连接到 SQL Server 2014 中的数据库。在"对象资源管理器"中展开"数据库"节点。

（2）鼠标右键单击要脱机的数据库 MR_KFGL，在弹出的快捷菜单中选择"任务"→"脱机"命令，进入"使数据库脱机"对话框，如图 19.1 和图 19.2 所示。

图 19.1 选择脱机数据库

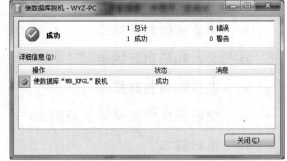

图 19.2 使数据库脱机

（3）脱机完成后，单击"关闭"按钮即可。

19.1.2 联机数据库

实现数据库联机的具体操作步骤如下。

（1）启动 SQL Server Management Studio 工具，并连接到 SQL Server 2014 中的数据库。在"对象资源管理器"中展开"数据库"节点。

（2）鼠标右键单击要联机的数据库 MR_KFGL，在弹出的快捷菜单中选择"任务"→"联机"命令，进入"使数据库联机"对话框，如图 19.3 和图 19.4 所示。

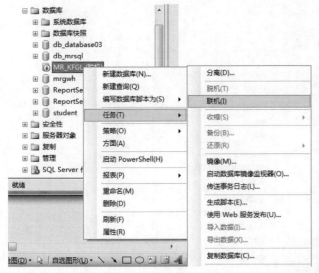

图 19.3　选择联机数据库

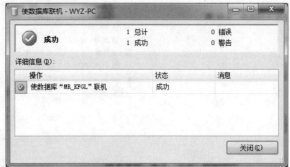

图 19.4　使数据库联机

（3）联机完成后，单击"关闭"按钮即可。

视频讲解

19.2　分离和附加数据库

分离和附加数据库的操作可以将数据库从一台计算机移到另一台计算机，而不必重新创建数据库。

除了系统数据库以外，其他数据库都可以从服务器的管理中分离出来，脱离服务器管理的同时保持数据文件和日志文件的完整性和一致性。分离后的数据库又可以根据需要重新附加到数据库服务器中。本节主要介绍如何分离与附加数据库。

19.2.1　分离数据库

分离数据库不是删除数据库，它只是将数据库从服务器中分离出去。下面介绍如何分离数据库 MR_KFGL。具体操作步骤如下。

（1）启动 SQL Server Management Studio 工具，并连接到 SQL Server 2014 中的数据库。在"对象资源管理器"中展开"数据库"节点。

（2）鼠标右键单击要分离的数据库 MR_KFGL，在弹出的快捷菜单中选择"任务"→"分离"命令，如图 19.5 所示。

（3）进入"分离数据库"窗口，如图 19.6 所示，在"要分离的数据库"列表中选择可以分离的数据库选项。其中，"删除连接"表示是否断开与指定数据库的连接；"更新统计信息"表示在分离数据库之前是否更新过时的优化统计信息；在此选择"删除连接""更新统计信息"选项。

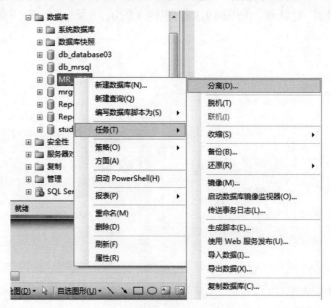

图 19.5　分离数据库

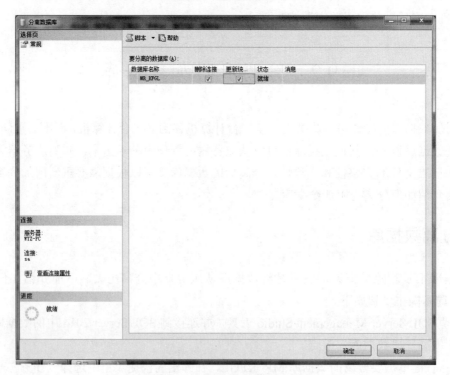

图 19.6　"分离数据库"窗口

（4）单击"确定"按钮完成数据库的分离操作。

19.2.2　附加数据库

与分离操作相对应的就是附加操作，它可以将分离的数据库重新附加到服务器中，也可以附加其他服务器组中分离的数据库。但在附加数据库时必须指定主数据文件（MDF 文件）的名称和物理位置。

下面附加数据库 MR_KFGL，具体操作步骤如下。

（1）启动 SQL Server Management Studio 工具，并连接到 SQL Server 2014 中的数据库。在"对象资源管理器"中展开"数据库"节点。

（2）鼠标右键单击"数据库"选项，在弹出的快捷菜单中选择"附加"命令，如图 19.7 所示。

（3）进入"附加数据库"窗口，如图 19.8 所示。单击"添加"按钮，在弹出的"定位数据库文件"对话框中选择要附加的扩展名为.mdf 的数据库文件，单击"确定"按钮后，数据库文件及数据库日志文件将自动添加到列表框中。最后单击"确定"按钮完成数据库附加操作。

图 19.7　附加数据库

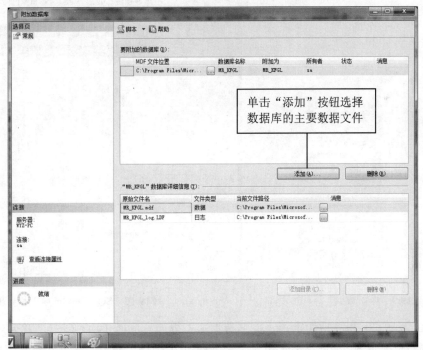

图 19.8　"附加数据库"窗口

19.3　导入和导出数据表

视频讲解

SQL Server 2014 提供了强大的数据导入和导出功能，它可以在多种常用数据格式（数据库、电子表格和文本文件）之间导入和导出数据，为不同数据源间的数据转换提供了方便。本节主要介绍如何导入和导出数据表。

19.3.1　导入 SQL Server 数据表

导入数据是从 SQL Server 的外部数据源中检索数据，然后将数据插入 SQL Server 表的过程。下面主要介绍通过导入和导出向导将 SQL Server 数据库 student 中的部分数据表导入 SQL Server 数据库 MR_KFGL 中。具体操作步骤如下。

（1）启动 SQL Server Management Studio 工具，并连接到 SQL Server 2014 中的数据库。在"对象资源管理器"中展开"数据库"节点。

（2）鼠标右键单击指定的数据库 MR_KFGL 选项，在弹出的快捷菜单中选择"任务"→"导入数据"命令，如图 19.9 所示。

（3）进入"SQL Server 导入和导出向导"窗口，如图 19.10 所示。

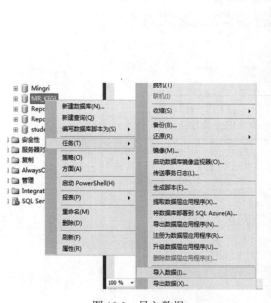
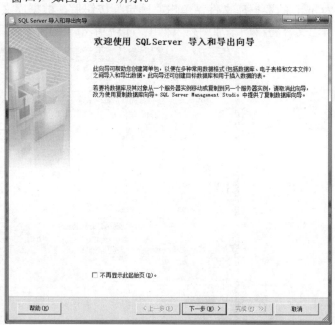

图 19.9　导入数据　　　　　　　　　　图 19.10　SQL Server 导入和导出向导

（4）直接单击"下一步"按钮进入"选择数据源"界面，如图 19.11 所示。首先从"数据源"下拉列表框中选择数据库类型，这里是从 SQL Server 的数据库中导入数据，所以选择默认设置 SQL Server Native Client 10.0 选项即可；然后在"数据库"下拉列表框中选择从哪个数据库导入数据，这里选择数据库 student。

（5）单击"下一步"按钮，进入"选择目标"界面，如图 19.12 所示。这里是将数据导入 SQL Server 数据库，所以在"目标"下拉列表框中选择默认设置 SQL Server Native Client 10.0 选项即可，要导入的目标数据库是 MR_KFGL，所以在"数据库"下拉列表框中选择数据库 MR_KFGL。

图 19.11　选择数据源

图 19.12　选择目标

（6）单击"下一步"按钮，进入"指定表复制或查询"界面，如图 19.13 所示。

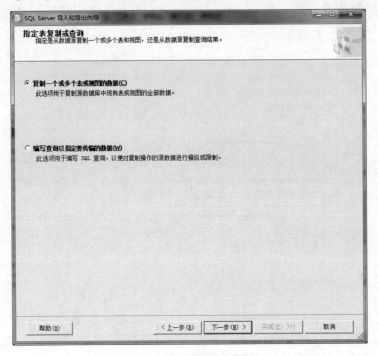

图 19.13　指定表复制或查询

（7）直接单击"下一步"按钮，进入"选择源表和源视图"界面，如图 19.14 所示。这里选择复制 grade 表选项。

图 19.14　选择源表和源视图

（8）单击"下一步"按钮，进入"保存并运行包"界面，如图 19.15 所示。

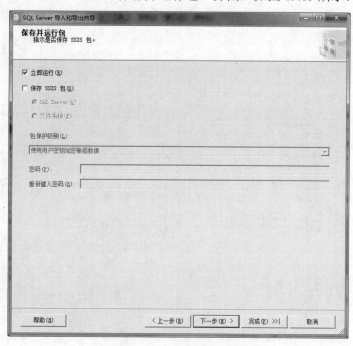

图 19.15　保存并运行包

（9）单击"下一步"按钮，进入"完成该向导"界面，如图 19.16 所示。

图 19.16　完成该向导

（10）单击"完成"按钮开始执行复制，如图 19.17 所示。最后单击"关闭"按钮完成数据表的导入操作。

图 19.17　复制成功

（11）展开数据库 MR_KFGL，单击"表"选项，即可查看从数据库 student 中导入的数据表，如图 19.18 所示。

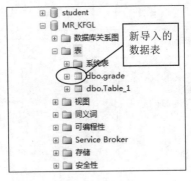

图 19.18　数据表

19.3.2　导出 SQL Server 数据表

导出数据是将 SQL Server 实例中的数据设取为某些用户指定格式的过程，如将 SQL Server 表的内容复制到 Excel 表格中。

下面主要介绍通过导入和导出向导将 SQL Server 数据库 MR_KFGL 中的部分数据表导出到 Excel 表格中。具体操作步骤如下。

（1）启动 SQL Server Management Studio，并连接到 SQL Server 2014 中的数据库。在"对象资源

管理器"中展开"数据库"节点。

　　（2）鼠标右键单击数据库 MR_KFGL，在弹出的快捷菜单中选择"任务"→"导出数据"命令，如图 19.19 所示，此时将弹出"选择数据源"界面，在该界面中选择要从中复制数据的源，如图 19.20 所示。

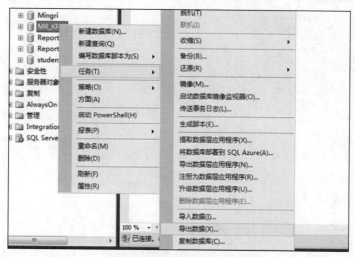

图 19.19　选择"导出数据"命令

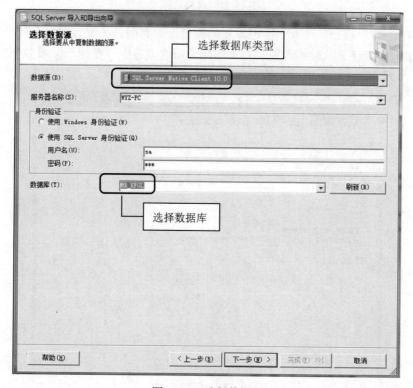

图 19.20　选择数据源

　　（3）单击"下一步"按钮，进入"选择目标"界面，在该界面中选择要将数据库复制到何处，在该界面中分别选择数据源类型和 Excel 文件的位置，如图 19.21 所示。

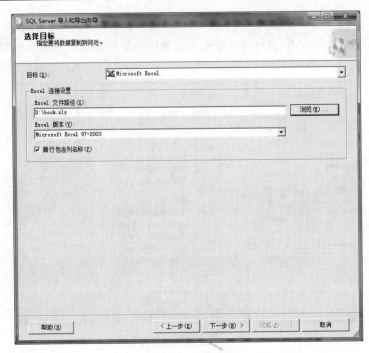

图 19.21　选择目标

（4）单击"下一步"按钮，进入"指定表复制或查询"界面，在该界面中选择是从指定数据源复制一个或多个表和视图，还是从数据源复制查询结果，在这里选中"复制一个或多个表或视图的数据"单选按钮，如图 19.22 所示。

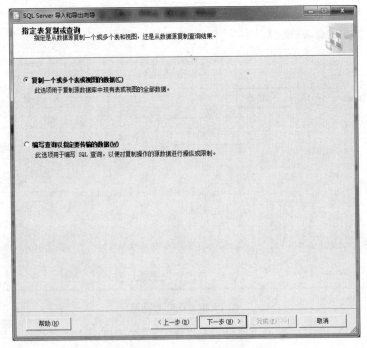

图 19.22　指定表复制或查询

（5）单击"下一步"按钮，进入"选择源表和源视图"界面，在该界面中选择一个或多个要复制的表或视图，这里选择 grade 表，如图 19.23 所示。

图 19.23　选择源表和源视图

（6）单击"下一步"按钮，进入"保存并运行包"界面，该界面用于提示是否选择 SSIS 包，如图 19.24 所示。

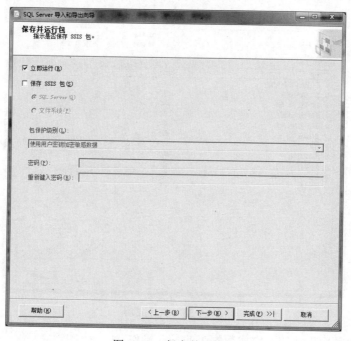

图 19.24　保存并运行包

（7）单击"下一步"按钮，进入"完成该向导"界面，如图 19.25 所示。

图 19.25　完成该向导

（8）单击"完成"按钮开始执行复制操作，进入"执行成功"界面，如图 19.26 所示。

图 19.26　执行成功

（9）最后单击"关闭"按钮，完成数据表的导入操作。

（10）打开 book.xls，即可查看从数据库 MR_KFGL 中导入的数据表中的内容，如图 19.27 所示，如图 19.28 所示为 grade 表中的内容。

	A	B	C	D
1	学号	课程代号	课程成绩	学期
2	B005	K02	93.2	2
3	B003	K03	98.3	1
4	B001	K01	96.7	1
5				

图 19.27　Excel 文件中的内容

学号	课程代号	课程成绩	学期
B005	K02	93.2	2
B003	K03	98.3	1
B001	K01	96.7	1
NULL	*NULL*	*NULL*	*NULL*

图 19.28　grade 表中的内容

视频讲解

19.4　备份和恢复数据库

对于数据库管理员来说，备份和恢复数据库是保证数据库安全性的一项重要工作。SQL Server 2014 提供了高性能的备份和恢复功能，它可以实现多种方式的数据库备份和恢复操作，避免了由于各种故障造成的数据损坏或丢失。本节主要介绍如何实现数据库的备份与恢复操作。

19.4.1　备份类型

"备份"是数据的副本，用于在系统发生故障后还原和恢复数据。SQL Server 2014 提供了 3 种常用的备份类型：数据库备份、差异数据库备份和事务日志备份，下面分别对其进行介绍。

1．数据库备份

数据库备份包括完整备份和完整差异备份。它简单、易用，适用于所有数据库，与事务日志备份和差异数据库备份相比，数据库备份中的每个备份使用的存储空间更多。

（1）完整备份：完整备份包含数据库中的所有数据，可以用作完整差异备份所基于的"基准备份"。

（2）完整差异备份：完整差异备份仅记录自前一完整备份后发生更改的数据。

相比之下，完整差异备份速度快，便于进行频繁备份，降低丢失数据的风险。

2．差异数据库备份

差异数据库备份只记录自上次数据库备份后发生更改的数据。其比数据库备份小，并且备份速度快，可以进行经常的备份。

在下列情况中，建议使用差异数据库备份。

（1）自上次数据库备份后，数据库中只有相对较少的数据发生了更改。

（2）使用的是简单恢复模型，希望进行更频繁的备份，但不希望进行频繁的完整数据库备份。

（3）使用的是完全恢复模型或大容量日志记录恢复模型，希望在还原数据库时前滚事务日志备份的时间最少。

3．事务日志备份

事务日志是自上次备份事务日志后对数据库执行的所有事务的一系列记录。使用事务日志备份可以将数据库恢复到故障点或特定的即时点。一般情况下，事务日志备份比数据库备份使用的资源少。

可以经常地创建事务日志备份，以减小丢失数据的危险。

若要使用事务日志备份，必须满足下列要求。

（1）必须先还原前一个完整备份或完整差异备份。

（2）必须按时间顺序还原完整备份或完整差异备份之后创建的所有事务日志。如果此事务日志链中的事务日志备份丢失或损坏，则用户只能还原丢失的事务日志之前的事务日志。

（3）数据库尚未恢复。直到应用完最后一个事务日志之后，才能恢复数据库。如果在还原其中一个中间事务日志备份（日志链结束之前的备份）后恢复数据库，则除非从完整备份开始重新启动整个还原顺序，否则不能还原该备份点之后的数据库。建议用户在恢复数据库之前还原所有的事务日志，然后再另行恢复数据库。

19.4.2　恢复类型

SQL Server 提供了 3 种恢复类型，用户可以根据数据库的可用性和恢复要求选择适合的恢复类型。

（1）简单恢复：允许将数据库恢复到最新的备份。

简单恢复仅用于测试和开发数据库或包含的大部分数据为只读的数据库。简单恢复所需的管理最少，数据只能恢复到最近的完整备份或差异备份，不备份事务日志，且使用的事务日志空间最小。

与以下两种恢复类型相比，简单恢复更容易管理，但如果数据文件损坏，出现数据丢失的风险系数会更高。

（2）完全恢复：允许将数据库恢复到故障点状态。

完全恢复提供了最大的灵活性，使数据库可以恢复到早期时间点，在最大范围内防止出现故障时丢失数据。与简单恢复类型相比，完全恢复模式和大容量日志恢复模式会向数据提供更多的保护。

（3）大容量日志记录恢复：允许大容量日志记录操作。

大容量日志恢复模式是对完全恢复模式的补充。对某些大规模操作（如创建索引或大容量复制），它比完全恢复模式性能更高，占用的日志空间会更少。不过，大容量日志恢复模式会降低时点恢复的灵活性。

19.4.3　备份数据库

"备份数据库"任务可执行不同类型的 SQL Server 数据库备份（完整备份、差异备份和事务日志备份）。

下面以备份数据库 Mingri 为例介绍如何备份数据库。具体操作步骤如下。

（1）启动 SQL Server Management Studio 工具，并连接到 SQL Server 2014 中的数据库。在"对象资源管理器"中展开"数据库"节点。

（2）鼠标右键单击要备份的数据库 Mingri 选项，在弹出的快捷菜单中选择"任务"→"备份"命令，如图 19.29 所示，进入"备份数据库"窗口，如图 19.30 所示。

（3）可以单击"确定"按钮，直接完成备份（本书是直接单击"确定"按钮完成备份的）。也可以在"目标"面板中更改备份文件的保存位置。单击"添加"按钮，弹出"选择备份目标"对话框，如图 19.31 所示，这里选中"文件名"单选按钮，单击其后的▇按钮，设置文件名及其路径。

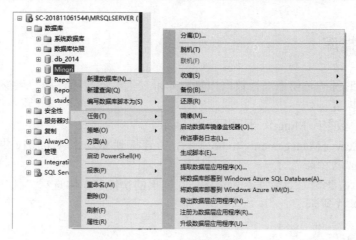

图 19.29　备份数据库

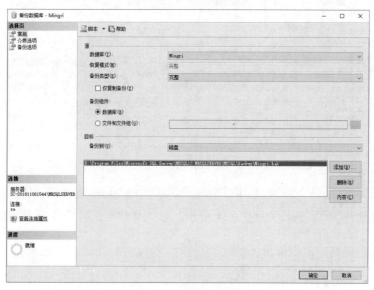

图 19.30　备份数据库

（4）单击"确定"按钮，系统提示备份成功的提示信息，如图 19.32 所示。单击"确定"按钮后即可完成数据库的完整备份。

图 19.31　选择备份目标

图 19.32　提示信息

19.4.4　恢复数据库

执行数据库备份的目的是便于进行数据恢复。如果发生机器故障、用户误操作等，用户就可以对备份过的数据库进行恢复。

下面介绍如何恢复数据库 Mingri。具体操作步骤如下。

（1）启动 SQL Server Management Studio 工具，并连接到 SQL Server 2014 中的数据库。在"对象资源管理器"中展开"数据库"节点。

（2）鼠标右键单击要恢复的数据库 Mingri，在弹出的快捷菜单中选择"任务"→"还原"→"数据库"命令，如图 19.33 所示。

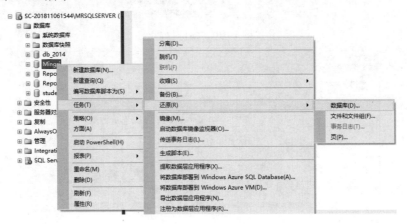

图 19.33　恢复数据库

（3）进入"还原数据库"窗口，如图 19.34 所示。在"常规"选项卡中设置还原数据库的名称及源数据库。

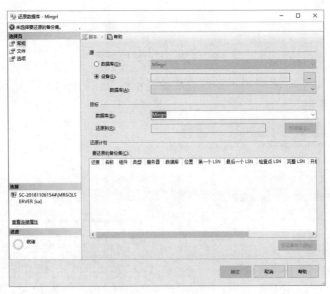

图 19.34　还原数据库

（4）在"源"选项组中选中"设备"单选按钮，然后单击后面的 ▒▒ 按钮，这时弹出"选择备份设备"窗口，如图 19.35 所示。

（5）在"备份介质类型"下拉列表框中选择"文件"，单击"添加"按钮，在弹出的"定位备份文件"窗口中选择要恢复的数据库备份文件，然后单击"确定"按钮，如图 19.36 所示。

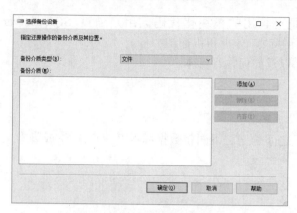

图 19.35　选择备份设备

图 19.36　定位备份文件

（6）回到"选择备份设备"窗口，如图 19.37 所示，单击"确定"按钮，在"还原数据库"窗口中单击"确定"按钮，如图 19.38 所示。最后数据库还原成功，如图 19.39 所示。

图 19.37　选择备份设备

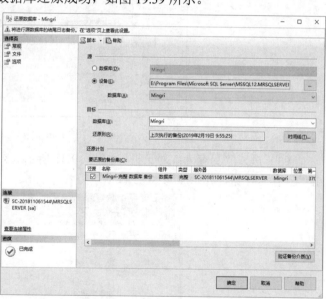

图 19.38　还原数据库

图 19.39　完成还原数据库

视频讲解

19.5 脚　本

　　脚本是存储在文件中的一系列 SQL 语句，是可再用的模块化代码。用户通过 SQL Server Management Studio 工具可以对指定文件中的脚本进行修改、分析和执行。

　　本节主要介绍如何将数据库、数据表生成脚本，以及如何执行脚本。

19.5.1　将数据库生成脚本

　　数据库在生成脚本文件后，可以在不同的计算机之间传送。下面将数据库 MR_KFGL 生成脚本文件。具体操作步骤如下。

　　（1）启动 SQL Server Management Studio 工具，并连接到 SQL Server 2014 中的数据库。在"对象资源管理器"中展开"数据库"节点。

　　（2）鼠标右键单击指定的数据库 MR_KFGL，在弹出的快捷菜单中选择"编写数据库脚本为"→"CREATE 到"→"文件"命令，如图 19.40 所示。

图 19.40　编写脚本模式

　　（3）进入"另存为"对话框，如图 19.41 所示。在"文件名"文本框中输入相应的脚本名称，单击"保存"按钮，开始编写 SQL 脚本。

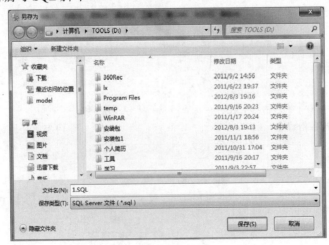

图 19.41　生成脚本

338

19.5.2　将数据表生成脚本

除了将数据库生成脚本文件以外，用户还可以根据需要将指定的数据表生成脚本文件。下面将数据库 student 中的数据表 course 生成脚本文件。具体操作步骤如下。

（1）启动 SQL Server Management Studio 工具，并连接到 SQL Server 2014 中的数据库。在"对象资源管理器"中展开"数据库"节点。

（2）展开指定的数据库 student→"表"选项。

（3）鼠标右键单击数据表 course，在弹出的快捷菜单中选择"编写表脚本为"→"CREATE 到"→"文件"命令，如图 19.42 所示。

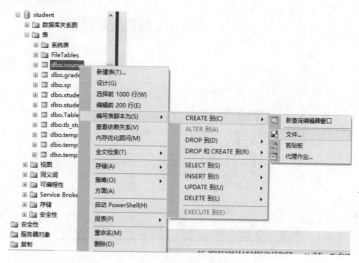

图 19.42　编写脚本模式

（4）进入"另存为"对话框，如图 19.43 所示。选择脚本保存位置，在"文件名"文本框中输入相应的脚本名称，单击"保存"按钮，开始生成 SQL 脚本。

图 19.43　生成脚本

19.5.3 执行脚本

脚本文件生成以后，用户可以通过 SQL Server Management Studio 工具对指定的脚本文件进行修改，然后执行该脚本文件。具体操作步骤如下。

（1）启动 SQL Server Management Studio 工具，并连接到 SQL Server 2014 中的数据库。在"对象资源管理器"中展开"数据库"节点。

（2）选择"文件"→"打开"→"文件"命令，弹出"打开文件"对话框，从中选择保存过的脚本文件，单击"打开"按钮。脚本文件就被加载到 SQL Server Management Studio 工具中了，如图 19.44 所示。

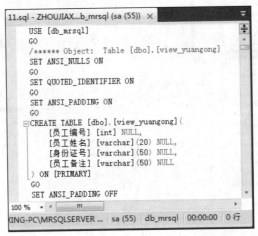

图 19.44 脚本文件

（3）在打开的脚本文件中可以对代码进行修改。修改完成后，可以按 Ctrl+F5 快捷键或✔按钮首先对脚本语言分析，然后按 F5 键或 ! 执行(X) 按钮执行脚本。

视频讲解

19.6 数据库维护计划

数据库在使用的过程中必须进行定期维护，如更新数据库统计信息，执行数据库备份等，以确保数据库一直处于最佳的运行状态。SQL Server 2014 提供了维护计划向导，通过它读者可以根据需要创建一个维护计划，生成的数据库维护计划将对从列表中选择的数据库按计划的间隔定期运行维护任务。

下面将通过维护计划向导创建一个维护计划，名为"MR 维护计划"，完成对数据库 books、MR_KFGL 和 MR_Buyer 的维护任务（包括数据库检查完整性及更新统计信息）。具体操作步骤如下。

（1）启动 SQL Server Management Studio 工具，并连接到 SQL Server 2014 中的数据库。在"对象资源管理器"中展开"管理"节点。

（2）鼠标右键单击"维护计划"选项，在弹出的快捷菜单中选择"维护计划向导"命令，如图 19.45 所示。

（3）进入"SQL Server 维护计划向导"界面，如图 19.46 所示。

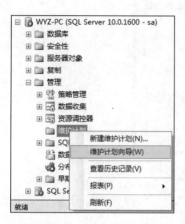

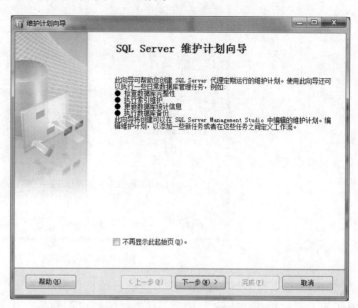

图 19.45　新建维护计划　　　　　　　　　　　图 19.46　SQL Server 维护计划向导

（4）直接单击"下一步"按钮进入"选择计划属性"界面，在"名称"文本框内输入维护计划的名称"MR 维护计划"，如图 19.47 所示。

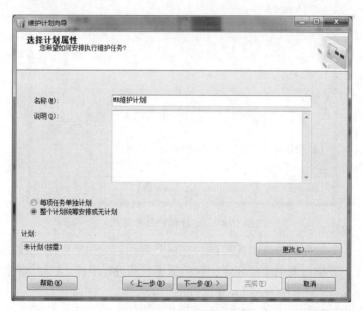

图 19.47　选择计划属性

（5）单击"下一步"按钮，进入"选择维护任务"界面，如图 19.48 所示。从列表框中选择一项或多项维护任务。这里选择"检查数据库完整性"和"更新统计信息"选项。

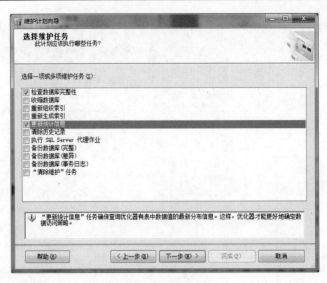

图 19.48　选择维护任务

（6）单击"下一步"按钮，进入"选择维护任务顺序"界面，如图 19.49 所示。在该界面中选择维护任务，通过单击"上移"和"下移"按钮可以调整执行任务的顺序。

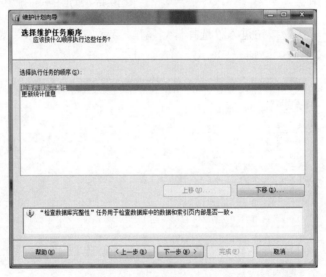

图 19.49　选择维护任务顺序

（7）单击"下一步"按钮，进入"配置维护任务"界面，这里要配置的维护任务是"数据库检查完整性"。在"数据库"下拉列表中选择任意一种数据库对其进行维护。这里选中"以下数据库"单选按钮，从中选择数据库 books、MR_Buyer 和 MR_KFGL。

（8）单击"下一步"按钮，进入"配置维护任务"界面，这里要配置的维护任务是"更新统计信息"，按照同样的操作选择特定的数据库 books、MR_Buyer 和 MR_KFGL 进行维护。

（9）单击"下一步"按钮，进入"选择计划属性"界面。

（10）单击"确定"按钮，进入"定义'更新统计信息'任务"界面，如图 19.51 所示。

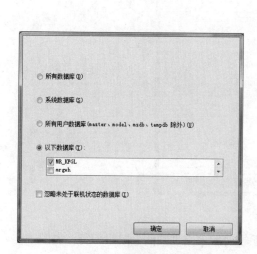

图 19.50   配置维护任务

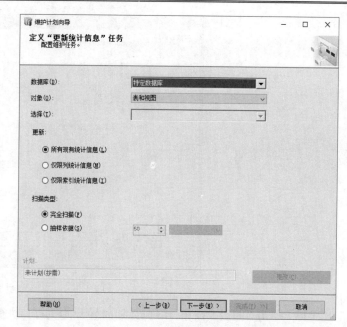

图 19.51   定义"更新统计信息"任务

（11）单击"下一步"按钮，进入"选择报告选项"界面，如图 19.52 所示。通过该界面对维护计划选择一种方式进行保存或分发。这里选中"将报告写入文本文件"复选框，单击其后的 ▒▒ 按钮，选择保存位置。

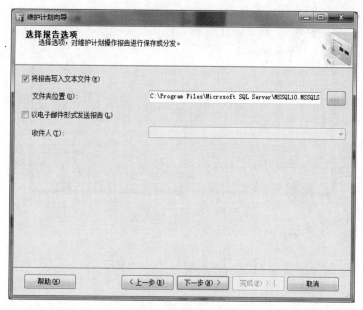

图 19.52   选择报告选项

（12）单击"下一步"按钮，进入"完成该向导"界面，如图 19.53 所示。该界面列出了维护计划中创建的相关选项。

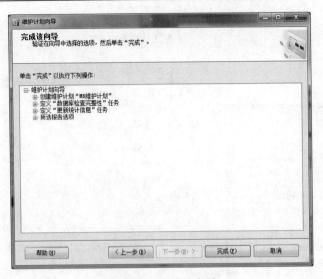

图 19.53　完成该向导

（13）单击"完成"按钮，维护计划向导开始执行，执行成功后单击"关闭"按钮即可，如图 19.54 所示。

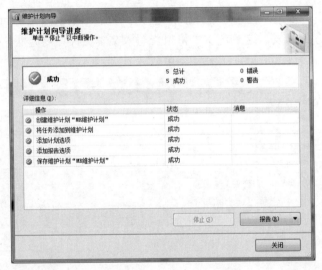

图 19.54　维护计划向导进度

19.7　小　　结

本章介绍 SQL Server 2014 中对数据库及数据表的维护管理。读者应熟练掌握脱机与联机数据库、分离和附加数据库、导入和导出数据表、备份和恢复数据库等操作，能够执行将数据库或数据表生成脚本的操作，了解数据库维护计划。